海洋的世界史
探索、旅游与贸易

[美] 斯蒂芬·K.斯坦因 ◎ 编著

陈　菲　冯维江 ◎ 译

上

THE SEA IN WORLD HISTORY
EXPLORATION, TRAVEL, AND TRADE

中国社会科学出版社

图字：01-2018-0587 号

图书在版编目（CIP）数据

海洋的世界史：探索、旅游与贸易：全2册 /（美）斯蒂芬·K. 斯坦因编著；
陈菲，冯维江译 .—北京：中国社会科学出版社，2021.10

书名原文：The Sea in World History：Exploration，Travel，and Trade

ISBN 978-7-5203-8283-0

Ⅰ. ①海…　Ⅱ. ①斯…②陈…③冯…　Ⅲ. ①海洋—文化史—研究—世界
Ⅳ. ①P7-091

中国版本图书馆 CIP 数据核字（2021）第 076135 号

出 版 人	赵剑英
责任编辑	宫京蕾　郭如玥　周慧敏
责任校对	周　昊
责任印制	郝美娜

出　　版	中国社会科学出版社
社　　址	北京鼓楼西大街甲 158 号
邮　　编	100720
网　　址	http：//www.csspw.cn
发 行 部	010-84083685
门 市 部	010-84029450
经　　销	新华书店及其他书店

印刷装订	北京君升印刷有限公司
版　　次	2021 年 10 月第 1 版
印　　次	2021 年 10 月第 1 次印刷

开　　本	710×1000　1/16
印　　张	57.75
插　　页	2
字　　数	978 千字
定　　价	298.00 元（全 2 册）

序　言

　　《海洋的世界史：探索、旅游与贸易》是一部两卷本的百科全书，它旨在向本科学生和普通读者介绍海洋从古至今对世界历史的影响。本书给出了一份针对海洋历史的跨文化调查，强调了海洋是一个联系不同民族的地方。海洋在塑造世界历史中起着关键作用。古往今来，海洋促进了外交、贸易和旅行。这是一个探险和战争之地。在世界海洋的航行和探索，推动了科学技术的进步，激发了人们的想象力，启迪了艺术和文学的创作。研究人类对海洋的利用，为世界历史提供了独特的见解。直到20世纪中叶，水上航行仍是长途旅行的最快方式，也是运送大批量货物的唯一途径。即使在今天，90%以上的世界贸易都由海运驱动。远在地理大发现时代即现代的全球化时代之前，海洋连接着不同的民族，促进了贸易和思想交流。在不忽视欧洲的海外探索和扩张这一伟大时代的重要性的条件下，这项研究力求将重点放在更大的背景之下，并引出古埃及和美索不达米亚到现代世界各地海洋活动的广泛讨论。了解人类对海洋活动的参与是了解人类历史的基础。

　　本书按时间顺序分为八章。每章开头都有一个时间表和对应时代重要海事发展概况。接下来是关于该时期重要的航海文化和国家的文章，这些文章探讨了他们与海洋的相互作用，海洋如何影响他们的发展，以及人们使用和看待海洋的方式如何随着时间的推移而改变。此外，还有一些较短的重点条目，包括探险家、发明家、重大事件、港口、造船厂、船舶和技术。尽管本书会涉及军事主题，但重点是贸易、旅游和探索。

　　侧边栏伴随着许多较长的条目，并提供关于特定技术、船舶、人员、事件和问题的额外见解。每一章都以重要文献结尾，这些文献提供了当代航海的案例，并通过强调不同时代的探险家、商人、旅行者、战士的观察，以及来自不同文化和时代的海洋文学来加强观点。本书的行文结构是按民族或文化来安排，它使读者能够详细地探索特定的地区和民族，通过历史来跟进民族，而不是像按主题字母顺序排列的参考书那样从一个主题跳到另一个主题。这种连续性有助于深入学习。

这本书涵盖了大约5000年的海洋历史，同时用一种本科生和普通读者能够理解和接受的方式表述出来。它对人类利用海洋的历史提出了一个多国和多元文化的观点。广泛的书目资源——包括在书的末尾加上注释的书目——为读者提供书籍和其他资源，这些资源可以进一步扩展他们对本书所涵盖主题的知识。

致　　谢

　　这样的一个项目就像它的编辑一样，是许多作者个人条目的创作，我深深地感激他们。这些作家来自世界各地，包括各自领域的顶尖学者。他们中的许多人的贡献超出了我的预期。克里斯·亚历克安德森、考特尼·卢克哈特和爱德华·梅利洛提出了重要的建议，并帮助我创建和最终确定了主题列表。皮尔斯·保罗·克里斯曼提供了设计埃及版块的重要建议，并帮助我联系他的埃及学家同事。许多学者在原始资料的搜集上给了我许多建议和意见，包括皮尔斯·保罗·克里斯曼、凯文·道森、杰弗里·P.伊曼纽尔、斯蒂芬·克勒、茱莉亚·莱肯、考特尼·卢卡哈特、乔伊·麦肯、泰勒·帕里和费利克斯·舒尔曼。其他人在最后一分钟还写了一些能让这本书及时完成的条目，包括托尔斯滕·阿诺德、布莱恩·N.贝克尔、吉尔·丘奇、萨拉·戴维斯、塞科德、凯伦·S.加文、萨曼莎·海恩斯、迈克尔·拉弗、爱德华·梅利洛、卡尔·佩特鲁索、阿德维塔·拉伊、伯吉特·特雷姆尔·韦纳和艾玛·苏罗斯基。我在 ABC-CLIO 的编辑帕特里克·霍尔，为项目的顺利进行提供了特别帮助。在我 2015 年海洋历史研究生研讨会上的学生们帮助我形成了这个项目的概念，这本书收录了其中一些学生的作品。最后，感谢我的妻子卡罗琳一贯坚定的支持。此外，她还帮助完成手稿的最后准备工作。

引　言

现在，我们仍不能确定人们第一次造船出海的具体时间。5000 多年前，当中国、埃及、印度和美索不达米亚形成它们的第一个城市文明时，人们中已有出色的航海家，航海使他们的全球旅行十分便利。正如柏拉图在《斐多篇》中所说，在爱琴海或地中海的岛屿或沿海地区，人群沿水分布，就像"池塘周围的青蛙"（柏拉图：《斐多篇》，公元前 109 年)，这使海洋成为贸易、旅行、探险和冲突的场所。占据地球表面 70% 的海洋不仅是联系不同文化的地方，也有助于人类与动物的迁徙和植物与思想技术的传播。不过，它也有可能给新大陆带来具有毁灭性后果的疾病。在 19 世纪铁路运输得以发展以前，水上运输提供了到达数百英里距离之外地方的最快方式，也是长途运输大型货物的唯一有效方式。即使在今天，世界上大部分的货物还是通过海运进行运输。

我们最早的一些历史文献记录了河流和海洋上的旅行，以及我们最早的冒险故事中的海洋人物，例如《伊利亚特》中奥德修斯的航行或早期的埃及水手的故事。无论是马可·波罗和伊本·巴图塔这样的旅行者的真实描述、向维京人的英雄致敬的史诗、历代流传下来的波利尼西亚航海家的故事，还是水手辛巴达和船长亚哈的虚构冒险，有关海洋的故事从来不缺听众。早在欧洲伟大的探险之旅（以克里斯托弗·哥伦布和詹姆斯·库克的航海旅行而告终）之前，人们就已经为腓尼基人环航非洲的壮举，以及马赛利亚人毕提亚斯由不列颠群岛北上的航行感到震撼。在 19 世纪，从北极回来的探险家们对狂热的听众演讲，像雅克·库斯托这样的深海探险家在第二次世界大战后的几十年里也得到了类似的关注。

海上历史常常是从克里斯托弗·哥伦布航海开始的西方视角叙事。希望这本书能通过着重描述世界各地不同文化的悠久航海历史，帮助纠正这种不平衡的印象。尤其是印度洋，早在葡萄牙人 1498 年到达那里之前，就已经是一个海洋活动十分频繁的地方。波利尼西亚人穿越太平洋，在数千英里之外的岛屿上定居下来。阿拉伯水手到达东南亚和印度尼西亚，在那里传播了他们的信仰。非洲人虽然往往只作为奴隶贩子的货物出现在航海史上，但他们发展了自己的航海传统，并在奴隶贸易和殖民主义瓦解后仍维持着这些传统。

海洋对于不同的人类社会十分重要。人们投入精力和资源去提升船只复杂性和更远航距。尼罗河连接了古埃及人，促进了他们民族国家的发展。埃及与黎凡特交易木材建造船只，试图征服它以获得稳定的造船资源，它还面临着来自黎凡特的"海洋民族"对埃及的入侵。中国、印度和美索不达米亚的古代文明也同样傍水发展，他们沿着河流和海岸线扩张，并通过海洋与遥远的民族进行贸易。海外贸易促进了今后这些社会的繁荣。但同时，如公元前1200年前后地中海和美索不达米亚发生的贸易崩溃，必然会损害当地经济，甚至导致伟大国家和帝国的崩溃。海上贸易为公元前5世纪雅典的黄金时代提供了资金，并支撑了亚洲、欧洲与非洲各国和帝国的发展。到了共同时代的开始，海上贸易又连接了北欧、地中海、印度洋以及东南亚和中国。在这些年里，没有一艘船可以从英国航行到中国，但是货物——特别是丝绸、黄金、香料和其他奢侈品——经常横渡大海，在罗马和中国这样遥远的帝国之间往来。

尽管人们学会了建造越来越大的船只，15世纪的中国和18世纪欧洲的实用性木船建造达到了大船建造的最高水平。但是，把人类在海上的活动看作一种稳步进展的看法是错误的。帝国衰亡了，但海上贸易仍在继续。例如，尽管汉朝和罗马帝国崩溃，印度洋的贸易仍在继续。除了他们运送的货物和乘客外，水手们还向新大陆传播了大量的宗教信仰，海洋成了佛教、基督教和穆斯林朝圣者的路线。尤其是活跃在印度洋的穆斯林商人，他们发展了从东非经印度到达东南亚和中国的贸易网络。尽管在16世纪就到达此地的欧洲人通常以暴力的方式取代本地人的贸易，这些贸易网络依旧存在。

西欧全套装备船的发展源于一个长期的海上改进过程。在此过程中，不同的文化相互学习，共享和传播了一系列技术。这些技术包括指南针和船尾柱方向舵、风帆和索具的样式、施工技术。人们还开发了一系列导航仪器，使欧洲船长能够驶船环游世界，并进入其最危险的海域。得益于技术的发展，世界贸易由欧洲国家开始主导，并在随后的几个世纪里不断增长。19世纪末，欧洲的国家发起了一系列殖民和帝国主义的冒险活动，由此带来的收益不相称地流向欧洲。

19世纪引入的汽船增加了海上贸易量，也增加了数百万移民到美洲的乘客。全球经济得到发展，但首先主要集中在欧洲，其次是美国，这些国家的工厂消耗了世界各地的资源，同时他们生产的商品数量和技术水平不断提高。两次世界大战都破坏了世界贸易，削弱了欧洲的殖民帝国。在第一次世界大战中，作为实用武器引进的飞机主导了第二次世界大战，并在战后彻底改变了旅行方式。在20世纪的前十年，数百万乘客乘船横渡大西洋，然后在20世纪的最后几十年乘飞机旅行。同一时期，船舶变得越来越大，效率也越来越高，越来越多的船舶是在亚洲造船厂建造的，而不在欧洲或美国。欧洲长达四个世纪的海上主导局面结束了，世界海洋再次为来自不同地区和国家的船只和人民服务。20世纪90年代集装箱革命创造了卡车、铁路和海上运输的综合系统。此后，船舶运载的货物越来越多，但在海上工作的人越来越少。越来越多的人，特别是在发达国家，乘坐游轮或他们自己的小船或游艇出海休闲。他们也越来越关注人类活动对海洋环境的危害，这样的关注推动了环境组织的发展。

5000多年来，海上旅行的改善加强了不同民族之间的联系，扩大了国际贸易的范围。在20世纪后期，它们促生了人们最近称为"全球化"的东西，这是一个复杂的，相互交织且遍布世界的金融、劳动力、生产、运输和市场网络。没有航空旅行和大量通信技术，全球化是不可能实现的，但是占货物总量90%以上的海运货物是全球经济的支柱。在某种程度上，这本书是一部记录不同民族日益充分地利用海洋资源的编年史，但它也说明了人们对海洋的各种设想、它在艺术和文学中的出现以及海洋对人类发展的持续重要性。

总　目　录

第一卷

第二卷　从革命的世界到现在

分 目 录

第一卷

第二卷　从革命的世界到现在

第一卷

第一章　早期文明，公元前 4000 年至前 1000 年

概　述

　　流动性也许植根于人类的本性。我们远古的祖先在陆地上走了很远的路，船艇的发明加速了这种流动性。他们的第一次水上航行无疑是沿着河流和小湖泊。人们第一次出海的时间还不清楚。不过，可以肯定的是，他们在有记载的历史之前就这么做了。50000 多年前，人们开始在东南亚的岛屿上繁衍迁徙。在 60000—10000 年前，也就是上一个大冰河时期，海平面比现在低，人们可以在东南亚岛屿之间航行相当长的距离而不必离开陆地。人们在公元前 50000 年到达新几内亚，并辗转于大小岛屿之间。他们 40000 多年前到达澳大利亚，30000 年前到达日本。大约 13000 年前，人类到达新几内亚东北 150 英里处的马努斯岛。那次航行的一部分可能会超出陆地的视野，这表明这些海员对他们的航行能力和船只都有信心。人们同样航行于印度洋和地中海沿岸，并定居于附近的岛屿，如爱琴海，爱琴海在公元前 5000 年之前拥有大量的定居点。

　　最初的船可能是简单的原木。后来人们把原木或芦苇捆在一起做成木筏。随着时间的推移，他们学会了修造船壳，并发展了三种类型的船：独木舟，缝合树皮或兽皮的独木舟，以及芦苇船。后来，他们发展了将原木切割成木板的技术，并用这些木板建造了船只。

　　最简单的独木舟只不过是挖空的树干。它们又长又窄，很容易被淹没，货物容量有限。人们使用外伸支架或双船体以及此类支撑平台来解决它们的稳定性问题，这些平台提高了独木舟的承载能力。后来，波利尼西亚人建造了能够在太平洋上航行的独木舟，北美西北海岸的土著人建造了 40 英尺长、7 英尺宽的独木舟，用其捕鱼和捕猎鲸鱼。考古学家在世界各

地发现了独木舟的残骸。最古老的发现于荷兰，可追溯到公元前 6300 年。

木舟的另一种选择是把兽皮、树皮或其他材料固定在木架上。其中最著名的是爱斯基摩单人划子，它促进了人类前往北极的迁徙。图尔人用海豹或海象在鲸骨和肌肉的框架上筑起爱斯基摩单人划子和更大的木架蒙皮船，利用它们从阿留申群岛到格陵兰岛横跨北极。爱尔兰人建造了类似的船只，称为"卡拉格"。岩石雕刻表明在公元前 10000 年，斯堪的纳维亚人也建造并使用过类似的船只。在南方，木材丰富，它们是首选的建造材料。美洲土著从树上剥下树皮，尤其是桦树，将树皮拼接在一起，然后将树皮固定在一个木头框架上。他们用从树上提取的树胶和树脂给这些树皮独木舟做防水。这些独木舟非常轻便且机动性强，有助于美洲人沿河贸易的发展。

其他古代人则倾向芦苇造船，尤其是埃及人，他们建造的芦苇船越来越复杂。芦苇相比其他材料有很多优点。它们使轻型船只易于上岸，成捆的芦苇比原木更容易成型，这使建船工人可以缩小船头，制作流线形船体。然而芦苇容易折断，因此限制了芦苇船的长度；它们也会被水打湿，使用几天后必须晾干。制造成本低廉的芦苇船，如今仍然被越南和秘鲁的沿海渔民使用。

无论在哪里，人们获得了木材，最终都会把它用于造船。起初，他们用木板把独木舟的两侧抬高。随着工具和工艺技术的改进，他们完全用木板建造船只。这种技术在公元前 3500 年美索不达米亚使用，几个世纪后在埃及使用。这些早期的船只是"中空的"，正如荷马在他的史诗中所指出的，但是建造者很快用甲板覆盖了他们的船只，这有助于他们的航行，并保护船员和货物。公元前 2650 年为胡夫法老建造的两艘船只埋葬在他的坟墓附近，展示了埃及古代建造者的非凡技艺。他们先造壳，然后用绳子把木板缝在一起，制成结实又柔韧的船体。这两条船以及当时大多数埃及船只，都是用来自黎巴嫩的雪松造的。使用雪松是为了保护造船的木板以及埃及人带往海上的越来越多的货物。

人们用短桨推动第一艘船。由嵌入桨架或由桨栓固定的多只短桨组成的长桨，能够使划艇者通过杠杆施加更多的力量。长桨使用历史悠久，在公元前 3000 年、公元前 2000 年就分别被埃及和米诺安（Minoans）造船者采用。不过，帆是大多数古代船只的最初动力。其发明时间仍不确定。但公元前 4000 年末，在地中海和印度洋已经开始使用。它也出现在公元前 3100 年的埃及艺术品中。帆的发明使海上旅行发生了革命性的变化，允许更少的船员配置和更大的货物承载，从而促进了贸易。人们还开发了方向舵来帮助驾驶这些船只，并且用锚来固定它们。

青铜时代最重要的事件之一，是不同文明之间持续的联系和贸易网络的发展。尽管我们对其中的一些情况知之甚少，比如以印度河流域为中心的哈拉尔文明，但其它文明的航海史对此留下了更为丰富的纪录，水下考古学在近几十年中对许多沉船的勘探为这一点增添了许多内容。古代船只的残骸，如乌鲁布伦船，证明了横跨地中海东部和中东的贸易网络的存在，并且大部分贸易是通过海洋推动的。同样的货物，船运比陆运容易得多，也便宜得多。一匹驮马能驮大约 200 磅重。如果马具齐全，驾在马车上，在古时十分罕见的相当好的路上，一匹马能拉 4000 磅重。相比之下，船只可以运载几十吨重的货物。到公元前 2000 年贸易蓬勃发展，地中海东部的人民之间建立了贸易网络。波斯湾和印度洋也建立了类似的贸易网络。

制造青铜所需的锡和铜，是地中海贸易中极其重要的组成部分。除了其他货物外，乌鲁布伦船还装载了足以装备 300 名战士的武器和盔甲的 1 吨锡和 10 吨铜。埃及人经常交易木材，我们最早的一些古代商业记录描述从比布罗斯和黎凡特其他城市获取雪松原木的航行。海洋运输的谷物、动物、奴隶、香料、宝石、金属和木材，以及越来越多的制成品，特别是纺织品和陶器。特定的地区与特定的商品联系在一起：塞浦路斯是铜，西西里岛是粮食，黑海是鱼。有些货物，包括橄榄、橄榄油、鱼和葡萄酒，都是用双耳瓶（高而窄的黏土容器，侧面有把手）运输的。它们成排堆放在船上，很可能被安装在木制的架子上，并用绳子穿过把手固定。

在这段时间内，船只大多沿着海岸、近海航行。例如，来自爱琴海的船只从克里特岛沿海岸航行到塞浦路斯，然后再航行到叙利亚。从那里，他们沿着海岸线来到埃及。成功的航行需要不断计算航行的距离和方向，但我们对古代航海家的技能所知甚少。除了固定在绳索上测量水深的测深砣码外，还没有发现古代航海仪器。然而，到公元前 1700 年，米诺斯人穿越地中海直接航行到埃及，这是一项令人印象深刻的成就，表明其具有重要的导航能力。在"荷马史诗"中，奥德修斯是靠星星导航的，很可能米诺斯人也是这样做的。

随着海上贸易的蓬勃发展，发达的港口应运而生。考古学家在印度洛塔尔发现了可追溯到公元前3000年的码头遗址。到公元前2000年，沿印度河流域和印度西北海岸传播的哈拉潘（Harapan）文明成为海上贸易的中心。到目前为止，尚未发现哈拉潘船只的遗存，但巴鲁克、德瓦拉卡、洛塔尔和索帕拉的港口设施十分广泛，哈拉潘的货物遍布波斯湾，表明其贸易十分广泛。在乌尔邦发现的楔形书写板上描述了美索不达米亚的海员前往印度西部和阿拉伯东部的贸易，像迪尔蒙这样的港口城市则因其经济繁荣在古代苏美尔半岛上闻名。

船只促进了第一帝国的发展，对战争起到了重要作用，因为船只可以在战争中支持军队的前进。埃及向黎凡特发动了定期战役，在埃及军队沿着今天的以色列和黎巴嫩海岸行进的同时，补给船也伴随着他们。大约在公元前2450年，法老萨胡尔用船只将军队运送到黎凡特进行他的一次战役。有记载的最早的海战始于这个时代。就像公元前12世纪埃及人和海洋民族之间的战争一样，他们通常在近岸或河流中作战，以近战和试图登上及捕获敌舰为特点。从荷马和其他文献来源的反复提及中可以看出，海盗问题在地中海地区已成为一个严重的问题。埃及的新王国统治者建立了堡垒，以保护尼罗河三角洲免受海上袭击，并对海盗进行了打击。由于在海上抓捕海盗的可能性很小，反海盗运动的重点是抓捕海盗，摧毁海盗基地和支持他们的社会团体。

随着时间的推移，船舶发展成为专门的类型：由长桨来推动的细长而光滑的战舰；更圆、更深的主要依靠帆的货船；还有轻型渔船。更大、更慢的船运载木材和谷物等大宗货物，而更小、更光滑的船运载贵重或易腐货物，包括葡萄酒、黄金和其他珍贵物资。船舶反映当地情况，包括可用的建筑材料、海风条件、水深和贸易网络。反过来，这些因素又影响了可供商人使用的货物类型。战船在公元前1200年前相对稀少。大多数船只的设计和建造都是为了捕鱼或运输货物。

大约公元前1200年，一系列灾难、入侵和大规模移民导致地中海和美索不达米亚地区的大部分主要国家趋于灭亡。"海洋民族"沿着叙利亚海岸发动毁灭性袭击，入侵埃及。贸易崩溃，海盗活动猖獗。埃及勉强避免了毁灭，米诺斯人、迈锡尼人、希提人和其他民族都被倾覆。然而，这些帝国的覆灭使小国得以繁荣，特别是叙利亚海岸的腓尼基城邦，这些城邦的水手很快就在整个地中海进行了贸易。

斯蒂芬·K. 斯坦

拓展阅读

Adney, Tappan, and Howard Chapelle. 1964. *The Bark Canoes and Skin Boats of North America*. Washington：Smithsonian.

Cline, Eric H. 2014. *1177 B. C.：The Year Civilization Collapsed*. Princeton：Princeton University Press.

Fabre, David. 2004. *Seafaring in Ancient Egypt*. London：Periplus.

Fagan, Brian. 2012. *Beyond the Blue Horizon：How the Earliest Mariners Unlocked the Secrets of the Oceans*. New York：Bloomsbury Press.

McGrail, Sean. 2001. *Boats of the World from the Stone Age to Medieval Times*. Oxford：Oxford University Press.

Wachsmann, Shelley. 1998. *Seagoing Ships and Seamanship in the Bronze Age Levant*. College Station：Texas A&M University.

年表 早期文明，公元前4000年至前1000年

约公元前50000年	人类开始定居东南亚岛屿
约公元前14000年	美洲人开始定居
约公元前3500年	美索不达米亚平原出现木板船
约公元前3400年	帆的发展
约公元前3100年	在美索不达米亚艺术中出现帆
约公元前3050年	埃及在那尔迈的带领下统一，他创造了第一个王朝
公元前2750年	提尔——地中海沿岸城市的传奇性崛起
约公元前2640年	埃及人开始建造第一座金字塔
约公元前2600年	法老斯奈夫鲁从黎巴嫩进口木材来造船
约公元前2600—前1900年	印度哈拉潘文明蓬勃发展，并与美索不达米亚进行贸易
约公元前2580—前2560年	吉萨大金字塔建成
约公元前2575年	胡夫船建成，这是现存最古老的船只
约公元前2450年	迪尔蒙和苏美尔城市之间的第一份贸易协议
约公元前2100年	史诗《吉尔伽美什》写成
约公元前2000年	克诺索斯和其他米诺斯宫殿中心的出现；米诺斯海外贸易繁荣
约公元前2000—前1650年	古埃及第十一至十四王朝时期；《失事水手的故事》写成

约公元前 1700 年	米诺斯人开始直接航行到埃及
约公元前 1500 年	锡拉岛的喷发和米诺斯文明的衰落
约公元前 1500—前 1200 年	《梨俱吠陀》写成
约公元前 1470 年	哈特谢普苏特女王派遣远征队去朋特岛
公元前 1379—前 1362 年	阿赫那吞统治埃及并试图进行宗教改革
约公元前 1325 年	乌鲁布伦船沉没
约公元前 1279—前 1213 年	拉美西斯二世开始在埃及的统治
约公元前 1200 年	第一批 "海洋民族" 抵达埃及
约公元前 1180 年	迈锡尼的皮洛斯城被摧毁；迈锡尼文明衰落
约公元前 1175 年	三角洲之战；文阿蒙·拉美西斯三世打败了 "海洋民族"
约公元前 1050 年	《文阿蒙报告》写成
约公元前 950—前 750 年	荷马的《伊利亚特》和《奥德赛》写成

埃及，公元前 4000 年至前 1000 年

古埃及人的现实世界包括三大水体：尼罗河、地中海和红海。每一个都为人民、产品和思想提供了相互交流的渠道，从而促进了古埃及帝国的兴盛。这些水流在精神世界中同样重要，在一个创世神话中，世界被想象成一个漂浮在永恒的原始水域中的岛屿。埃及人认为他们的世界是一个岛屿，这个认识有力地说明了他们是海洋的主体。难怪在整个法老时期，寺庙和坟墓中到处都有船的图像，甚至有船的葬礼。

从公元前 5300 年到公元前 3500 年，季风性降雨使史前撒哈拉沙漠东部的绿洲发生了变化。新的更严酷的条件迫使生活在那里的史前人口向资源丰富的尼罗河流域迁移。在接下来的 500 年里，迅速的社会变革和技术发展使人类适应了新的环境，也为繁荣了近 3000 年的复杂的埃及法老社会奠定了基础。

海洋世界对埃及人的重要性，可以从最早的 "埃及人" 身份被识别的时代得到证明。早期的埃及人清楚地认识到他们与水的基本联系，以及他们在水上航行的必要性。船只在前王朝时期（约公元前 4000—前 3100 年）的艺术中经常出现，尤其是在陶瓷和岩画中，船只是当时唯一已知

的陵墓绘画中最突出的主题。此后不久，象牙刀柄上的装饰雕刻了疑似世界上第一次海军战斗的场景。

带船的彩绘陶瓷罐：埃及，纳卡达二世时期，公元前 3500—前 3150 年（洛杉矶郡立艺术馆）

埃及早期的海上控制能力是内生性的。埃及人驾驭河流的能力是在国家发展之前（或者可能是在国家发展的同时）发展起来的。建立一个统一的埃及，需要每一个有希望称王的国王把分布在阿斯旺的第一个尼罗河瀑布（一个急流地区）到尼罗河三角洲的 700 英里河流上的不同社区聚集在一起。人员（如士兵、管理人员、劳工）的快速转移、物资的迅速运输和信息的高速传播，是管理如此广大地区的必要条件。船只的描绘出

现在最早的与国家形成有关的肖像中。例如，一艘船出现在纳尔迈调色板
（约公元前 3000 年）上一排被斩首的囚犯的上方，这是一位法老控制上
（南）和下（北）埃及的最早记录之一。

到了早期王朝时期（约公元前 3100—前 2700 年），埃及人已经发展
了帆。这是一个里程碑式的进步。由于尼罗河流域盛行的风为南风，上游
航行十分便利。由此，掌握在相对平静的河流上航行的技巧十分重要，是
航海的先决条件。

木船不仅是埃及统一和管理的基本工具，而且以军队和使者的形式支
持了埃及边界以外的王室力量的输出。随着国家的统一，第一个法老
（约公元前 3000—前 2800 年）的目光超越了他们的边界。埃及与最近的
亚洲邻国迦南之间的早期贸易本质上是海上贸易，但贸易的程度很难判
断。一条海路可能有助于支持埃及在那里建立（后来被抛弃）的贸易殖
民地，但这一时期的沉船事件（对任何文明来说）是没有的。也没有任
何直接的考古证据表明埃及人或他们的邻居有能力进入公海。尽管如此，
在以色列海岸附近的水域发现了早期王朝时期的埃及和黎凡特陶器。更确
切地说，在特拉什克伦（以色列）有一个当代港口，它证明了一个海上
贸易网络的存在。但目前还不清楚埃及人是否直接参与其中。

直到古王国（约公元前 2700—前 2150 年）才能确认埃及人进行了航
海活动。巴勒莫石碑上记载的皇室年鉴写道，在第四王朝法老斯内弗鲁统
治期间，"40 艘满载针叶林木材的船只"抵达埃及（布雷斯特德，1906：
66）。最接近埃及的雪松来源于现代黎巴嫩，是通过海运进口的。属于斯
内弗鲁的儿子和继承者胡夫（约公元前 2575 年）的两艘船埋在吉萨大金
字塔旁，每艘船都是用 30 多吨的雪松建造的。

已知最古老的埃及航海的直接证据，可以追溯到胡夫统治时期。埃及
在红海的活动遗迹保存在苏伊士湾（红海北端）的瓦迪埃尔贾夫。那里
有嵌入山坡以便储存东西的岩洞，有木材修理和船舶建造的证据，还有石
锚和建在海上的防波堤。在苏伊士湾的艾恩苏克纳，至少有一个类似的旧
的王国遗址。这两个国家可能都从西奈半岛对岸的矿山运输铜矿石。

埃及的航海业一直持续到第五王朝，可能是有规律可循的。第五王朝
法老萨胡尔金字塔上的神庙浮雕描绘了配有新技术的坚固船只，这些技术
用以帮助抵御海上旅行的严酷考验。从第五和第六王朝墓葬的画像可知，
内河船在建造和技术上也发生了变化，主要体现在后来的远洋船上的帆和

舵机上。

　　萨胡尔浮雕中描绘到，埃及船只在返回时携带着西亚男人、女人和孩子。在此期间，埃及与港口城市比布鲁斯（现代黎巴嫩的朱拜尔）进行了定期贸易往来，并与之形成了密切的关系，这种关系在法老时期的大部分时间得以延续。

　　萨胡尔还在红海发起了最早的远洋探险，这与人们第一次提到蓬特大陆的时间是一致的。埃及人从位于红海南端的蓬特地区获得了异国商品，尤其是寺庙仪式所需的芳香树脂。艰苦的航行需要大量的资源，这使之成为国王的独家特权。萨胡尔的金字塔建筑以浮雕为特色，描绘了返回的舰队和香树，这可能反映了巴勒莫石碑上记载的在他统治期间从蓬特运来大量货物的历史。

锚

　　用绳子或链条把锚拴在船舶上，然后降下锚到水体的底部，目的是用来防止船舶的移动。目前锚是由金属制成的，通常有钩子。这些钩子，或称"吸盘"，使锚能够抓到河床。史前的人们用麻绳绑着的石头来锚定他们的独木舟或木筏。在后来的青铜时代，人们用装满石头的篮子、装满铅的空心圆木、装满沙子的袋子和其他重物作为锚。虽然这些物体没有钻入河床，但它们确实会引起摩擦，这对减缓漂移很有用。大卵石过去和现在仍然用作永久锚或停泊用具。巨石太重，难以移动。它们对在近海或港口停泊船只的固定很有帮助，避免船只漂走。随着造船技术的日益成熟，古希腊人和其他文明发展出具有一到两个齿的金属锚，就像今天使用的锚一样。

马修·布莱克·斯特里克兰

　　在古王国的鼎盛时期，埃及人越来越频繁地前往邻近海域的新地方。一系列错综复杂事件致使国家管制失控，最终导致旧王国的终结（约公元前 2150 年）。在接下来的大约 150 年里，也就是第一个中间时期，没有一个法老统治整个埃及，致使我们对这个时期埃及的海上活动知之甚少。

　　在第十一王朝期间，第一个中间时期随着门图霍特普二世统一上下埃及而结束。中王国（约公元前 2000—前 1650 年）的第一位国王门图霍特普二世从上埃及的底比斯（现代卢克索）开始他的统治，那里的地理位置是他对抗北部敌对王朝的战略优势。下游比上游更容易运送人员和物资去征服敌人。从南方开始统一（或征服）埃及是整个法老历史上的一种趋势。

航海事业似乎只在第十二王朝的中王国的顶峰重现。《失事水手的故事》，也许是这一时期最著名的文学作品，讲述了一个命运多舛的虚构人物航行到一个由自称"蓬特之王"的蛇统治的"灵魂之岛"上的故事。大量的历史铭文表明前往蓬特的探险开始了。来往蓬特岛的中王国主要港口，有可能位于红海的一个叫作"默萨/瓦迪加瓦西斯"的地方。那里发现了大多数第十二王朝法老的名字。

尽管中东王国也与比布罗斯恢复了国际贸易网络，但埃及人并没有优先考虑地中海的勘探和航行。他们确实与爱琴海世界有过接触，但仍不清楚是否有除海上航行之外的交往。埃及人通过比布罗斯与地中海和近东世界建立了可靠的定期联系，之后他们将注意力转向了其他地方。

对埃及来说，中王国时期是一个重要的地理扩张时期，其中大多数努力集中于在西奈重新开矿和将南部边界延伸到努比亚（现代苏丹）。舰队是支持这两项任务的。埃及人利用运河和滑道绕过尼罗河艰难河段，改善了该河的通航能力，使前往和途经努比亚更加方便。

尽管在中王国时期，存在官僚"中产阶级"的经济增长和扩张，以及由此产生物质和文化的扩张，但海事活动的直接证据是微不足道的。随着国际贸易继续增长，黎巴嫩雪松用于船只和棺材，亚洲和爱琴海货物沿尼罗河分布，埃及在这些地区的出口也在增长。埃及世界观的埃及中心主义特征很可能是由于文本的相对缺乏，尤其是以海洋为基础的对外契约图像证据的缺乏。

中王国以一系列弱小的统治者结束，并在东尼罗河三角洲出现了一个独立的亚洲人王国。其结果是在持续大约一个世纪（约公元前1650—前1550年）的第二个中间时期，相互竞争的文化统治着前埃及王国的各个地区：北部的希克索斯人（亚洲人），中部的埃及人，南部的库什人（努比亚人）。从这一时期起，几乎没有迹象表明埃及在海上的进展，因为它们实际上被希克索斯（其本身也参与了一个动态的地中海贸易网络）封闭在内陆。穿过东部沙漠到红海仍然是埃及唯一可能获得海上交通的通道，但目前还没有找到红海旅行的证据，很可能是因为埃及缺乏支持固有风险的航海活动所需的强大的中央机构和资源。

　　一个建立在底比斯（上埃及）的地区国王再一次利用地理优势重新统一了国家，建立了新王国（约公元前 1550—前 1075 年）。底比斯国王在依靠船只来运输步兵以及进行海军作战的战役中，将库什人和希克索斯人驱逐出埃及的传统边界，并决心将埃及的势力扩大到前所未有的范围。随着通往地中海的安全通道变得安全，埃及第一次试图控制尼罗河以外的土地。

　　埃及在这个时期的航海记录是所有法老历史上最丰富的。经过红海的前往蓬特岛的远征，在新王国政治中发挥了重要作用。在哈特谢普苏特（大概在第十八王朝开始时）重新开始了前往蓬特岛的航行时，她的联合摄政者和斯蒂芬·图特摩斯三世在地中海地区积极从事军事开发，从西奈半岛一直向北到现代土耳其，再到远于幼发拉底河的内陆地区（今天在叙利亚）。图特摩斯三世在大多数战役中使用了船只，包括在敌方港口掳获的船只。正是在图特摩斯三世的带领下，埃及的水手在其强大的海军力量下达到了最大数量。

　　泰的马斯塔巴墓中一艘古王国的埃及船只，位于塞加拉。在图坦卡门和/或阿伊的第十八王朝统治时期，泰是孟斐斯的普塔大祭司。（**P. P. 克里斯曼**）

　　新王国时期的地中海地区存在着一个动态的、多元文化的海洋网络。无论是作为供应商（特别是黄金和谷物）还是消费者（几乎所有东西），埃及都是一个重要的参与者。乌鲁布伦海难（约公元前 1325 年）是解释当时海上贸易网络复杂性的最清楚的例子。

　　在阿蒙霍特普三世及其继承人阿赫纳滕的统治下，埃及与埃及船只和船员在地中海贸易体系的参与可能在十八王朝中后期（约公元前 1350 年）达到高潮。阿赫纳滕对埃及宗教和政治机构进行彻底改革的失败尝试为这项任务提供了所有可用的资源。在他死后，为恢复先前的传统消耗了更多资源。这一进程似乎造成了埃及海上实力的无意损失：埃及关注内部事务，其他国家取代埃及曾经扮演的角色，继续在世界进行活跃的海上贸易。这些情况加上埃及未能掌握能更有效地实现航海贸易的造船技术（例如榫眼和榫舌的建造），导致埃及对地中海的海上控制式微。

　　帕赫里（Paheri）的坟墓是 18 世纪初保存最好的坟墓之一，上面装饰着这样的浮雕，这表明袋子被装在其中一艘系泊船上。如图所示，它在埃及典型的废墟中也抬起锚点向北航行（由于桅杆向后倾斜），要么朝另一个省级存储地点，要么朝首都孟斐斯前进。（美国国会图书馆）

　　新王国埃及的地中海网络主要基于与叙利亚—迦南海岸（现黎巴嫩和叙利亚）和爱琴海的贸易。因为埃及经常与叙利亚—迦南交战，爱琴海的联系变得越来越重要。爱琴海文化和埃及在公元前 16 世纪初（约公元前 1550 年）建立了正常的直接贸易，导致两个地区之间的文化和技术传播增加。这一点在两个地区的考古发现中都得到了很好的证明。埃及人雇用爱琴海人为雇佣军，为他们提供了在埃及境内进行贸易的重要途径。埃及坟墓里的浮雕描绘了爱琴海人（米诺斯人和迈锡尼人）及其货物。

埃及创世神话的图像，来自安海的纸莎草，展示了舒（空气之神）支持开夫里（长有甲虫头的造物主）的船和纳特正在接受太阳（天空之神）。（CM 迪克森/打印收藏品/盖帝图像）

当叙利亚—迦南人不与埃及敌对时，他们也被允许进入尼罗河进行贸易。墓穴中的浮雕也描绘了他们在埃及中部进行船上贸易的场景。一位埃及统治者被派到比布罗斯维护埃及在那里的利益。到了第十九王朝（约公元前 1300—前 1190 年），埃及的存在影响非常大，以至于埃及风格的寺庙和堡垒拔地而起。

在第十九王朝短暂复苏后，埃及的海上实力在第二十王朝（约公元前 1190—前 1075 年）逐渐减弱，这是新王国的最后一个王朝。拉美西斯三世统治的第八年，梅迪内特哈布的文献和寺庙浮雕都描绘了尼罗河三角洲的一场伟大的海战。一个被埃及人称为"海洋民族"的外国部落试图入侵但被击败。

一部名为《文阿蒙报告》(*The Report of Wenamun*) 的文学作品进一步证明了埃及海上力量的瓦解。这本书据称是一个高阶级埃及人写的，在新王国结束后，也就是第三个中期早期（约公元前 1050 年），他在前往比布罗斯完成任务（为一艘神圣的船获取木材）的过程中遇到了抢劫和不尊重他权威的事。他在当地统治者手中的遭遇表明埃及没有构成足够的威慑。在那个阶段的后期，埃及海军凭借希腊雇佣军和造船技术再次成为地中海地区的一支力量，但最终它无法阻止来自亚洲和努比亚的外国入侵，这些入侵将使埃及本土法老黯然失色。

皮尔斯·保罗·克里斯曼

拓展阅读

Breasted, James H.1906.*Ancient Records of Egypt*, Vol.1.Chicago：University of Chicago Press.

Creasman, Pearce Paul, ed., 2013. *Seafaring and Maritime Interconnections*. Tucson：Journal of Ancient Egyptian Interconnections.

Creasman, Pearce Paul, and Noreen Doyle.2015. "From Pit to Procession：The Diminution of Ritual Boats and the Development of Royal Burial Practices in Pharaonic Egypt." *Studien zur Altägyptischen Kultur* 44：83-101, pl.8-11.

Redford, Donald B.1992.*Egypt, Canaan, and Israel in Ancient Times*. Princeton：Princeton University Press.

Vinson, Steven.2009. "Seafaring." In *UCLA Encyclopedia of Egyptology*, edited by Elizabeth Frood and Willeke Wendrich, 1 - 10. Los Angeles：University of California, Los Angeles.

Wachsmann, Shelley.1998.*Seagoing Ships and Seamanship in the Bronze Age Levant*.College Station：Texas A&M University Press.1993.

三角洲战役，约公元前 1175 年

这是有史以来第一次出现在文字和浮雕中的航海战役，该战役于公元前 1175 年前后在尼罗河三角洲爆发。埃及法老拉美西斯三世因战胜外国联盟而闻名，这一外国联军在现代学界被称为"海洋民族"。纪念这一胜利的浮雕和铭文刻在底比斯西部（现为卢克索）梅迪内特哈布拉美西斯三世寝陵的墙壁上。

战斗场景描述了四艘装备有长桨、帆索和埃及士兵的埃及战舰，以及五艘由"海洋民族"驾驶的船只，其中一艘已经倾覆。海水中到处都是倒下的"海洋民族"的尸体，他们面对组织良好的埃及军队陷入了完全的混乱。法老本人站在河岸上，卫兵向无助的"海洋民族"射箭。

浮雕上的长铭文记录了拉美西斯三世第五个和第八个帝王时代的事件。法老讲述了他为侵略者设置的陷阱，说："那些进入尼罗河河口的人就像是被网困住的鸟"，以及他们随后的彻底毁灭，"他们的胳膊和心脏都被斩断、挖出，不再在他们的身体里。他们的首领被掳去，被杀；他们俯伏在地，被钉死了"。

当然，这是对这场战争的政治宣传，目的是美化埃及法老，而不一定是对事件的现实描绘。然而，历史学家从这些描述中得出了一些重要的结论。索具帆首次出现在这一场景中，这是一项技术进步，对航海的持续时间和速度有相当大的影响。这也是历史上海战战略的第一次出现。文献和浮雕显示，"海洋民族"的船只刚进入河口就被埃及船只伏击；同时，埃及船只从海上对他们进行封锁，以防止他们逃跑，并在河岸阻止他们安全停泊。

战斗的实际结果是有争议的。根据古埃及的消息来源，"海洋民族"被打败，幸存者被整合为埃及要塞的兵员。然而不久之后，埃及对南黎凡特的控制权瓦解了，埃及再也没有恢复原来的实力。

雪利·本一多·埃维昂

拓展阅读

Nelson, H. H. 1943. "The Naval Battle Pictured at Medinet Habu." Journal of Near Eastern Studies 2：40-55.

Spalinger, A.J.2005.*War in Ancient Egypt*.Oxford：Wiley.

Wachsmann, S. 2000. "To the Sea of the Philistines." In The Sea

Peoples and Their World：A Reassessment.Edited by Oren，103－43.University Museum Monograph 108. Phila－delphia：University Museum Symposium Series 11.

胡夫船

　　自 1954 年发现埋藏在埃及吉萨大金字塔旁的两艘大型船，重新定义了我们对古埃及造船和航海能力的理解。"胡夫一号"和"胡夫二号"这两艘船在为胡夫王（第四王朝，公元前 26 世纪）修建的墓穴旁的一个密封岩石切割坑中被发现。1954—1957 年挖掘出来的"胡夫一号"，是世界上现存最古老、最宏伟的复杂船只的典范。1957—1974 年，埃及考古部门将约 38 吨的黎巴嫩雪松重建成一艘长约 140 英尺、宽 18.5 英尺、深 6 英尺的船只。他们用大约 700 个榫头（木制细木工件）和 3 英里长的绳

约公元前 2500 年胡夫重建的陪葬船。这艘船是在吉萨大金字塔附近发现的。（保拉·斯坦利/梦想时代）

子固定了 651 根木材。

因为它不是公海中的船只，学者们争论"胡夫一号"在结构上是否有能力驶过尼罗河。尽管如此，胡夫一号还是符合古埃及航海和造船的一些记录。胡夫的父亲斯内弗鲁统治期间的古代王室记录提到，该船长 100英尺（约 171 英尺）。在胡夫一号的重建证实这是可行的之前，学者们一直认为这个尺寸被夸大了。在最早记录埃及和地中海世界航行的文献里，有提及 40 艘船只在同一时期"运送"针叶林木材到埃及。胡夫船的木材反映了地中海的这种国际海上贸易。

胡夫二世的坟墓被发现后，近 50 年来一直未被发掘。不过现在，由樱木吉村教授领导的埃及（文物部）和日本（早稻田大学埃及学研究所）联合小组正在对它进行挖掘和保护。

樱木吉村

皮尔斯·保罗·克里斯曼

拓展阅读

Lipke，Paul. 1984. *The Royal Ship of Cheops*. Oxford：BAR International Series 225.

Mark，Samuel. 2009. "The Construction of the Khufu I Vessel（c. 2566 BC）：A Re-Evaluation". *International Journal of Nautical Archaeology* 38.1：133-52.

Nour，M. Z.，Z. Y. Iskandar，M. S. Osman，and A. Y. Moustafa. 1960. *The Cheops Boat*，*Part I. Cairo*：Egyptian Government Press.

Vinson，Steven. 2009. "Seafaring，" http：//www. escholarship. org/uc/item/9d93885v. Accessed September 16，2016.

蓬特岛远征

在古埃及人所知的许多外国土地中，有一个被称为"蓬特"的地区。这个名字首先出现在第五王朝法老萨胡尔（约公元前 2450 年）统治时期一段描述珍贵货物到达的铭文中。货物中含有大量的芳香树脂，称为"安泰"，这通常被认为是没药。与在阿布西尔的萨胡尔金字塔相关的浮雕展示了一支埃及海军探险队从蓬特岛返回，带回来了生产这种树脂的树，这种树脂是埃及神庙仪式的重要组成部分。埃及人还从蓬特岛获得了乌木、黄金、狗、猴子和许多其他"异国风情"的东西，包括蓬特岛居民。

蓬特岛的位置一直备受争议，至今尚未得到解决。"蓬特"似乎位于埃及南部和东部，边界根据政治关系变化。至少，蓬特岛指的是南红海和邻近地区的非洲海岸（现代厄立特里亚和苏丹东部）。由于红海的两个海岸长期以来都是活跃的贸易伙伴，所以蓬特至少有时可能包括现代也门和邻近地区。

埃及和蓬特之间的贸易是通过两条路线进行的。其中一条（可能比较古老）是经由尼罗河走廊，通过埃及南部邻国努比亚（现代苏丹）。另一条经过红海。红海对一支帆船船队意味着风浪和暗礁的挑战，尤其是在北行返航期间。古埃及人可能更倾向于选择艰苦的海上航行，尤其是在努比亚人强大到足以统治旧的河陆路线的时候。

派出舰队到蓬特岛总是法老们的特权，他们可以聚集必要的人力和物力资源。在尼罗河上建造的工厂里，船用木材和其他海军装备以及物资被运过沙漠，运到沿海的临时营地。在这里，船夫们组装船只。这些地点（包括北部的瓦迪埃尔贾夫和艾恩苏克纳，南部的默萨/瓦迪加瓦西斯）的邻近山丘中都挖掘出狭长的走廊（洞穴），用于庇护和长期储存。探险队的人数可以达到数千人，其中通常包括船只离开埃及东部沙漠后在那里采矿和采石的人。当一支舰队从蓬特岛返回时，船壳被拆除，受损的木材部分被替换掉。埃及人没有从尼罗河带回他们储存在长廊里的东西，以及以备将来的探险之用的其他设备。

第十二王朝（约公元前 2000—前 1800 年）的许多法老曾派遣远征队前往蓬特岛，但最著名的是由第十八王朝（约公元前 1470 年）的哈特谢普苏特女王委任的船队。为了加强她对于王位继承的合法性，她的航行可能是 200 年或 300 年间的第一次。随着新王国的建立，埃及对蓬特的记录和贸易都在减少。最后一次能被证实的海上航行记录在拉美西斯三世（约公元前 1175 年）统治时期。

皮尔斯·保罗·克里斯曼

诺瑞恩·多伊尔

拓展阅读

Bard, Kathryn A., and Rudolfo Fattovich, eds.2007.*Harbor of the Pharaohs to the Land of Punt*: *Archaeological Investigations at Mersa/Wadi Gawasis*, *Egypt*, *2001-2005*.Naples: Università degli Studi di Napoli "L'Orientale."

Creasman，Pearce Paul.2014. "Hatshepsut and the Politics of Punt." *African Archaeological Review* 31 （3）：366-405.

Fattovich，Rudolfo. 2012. "Egypt's Trade with Punt：New Discoveries on the Red Sea Coast." *British Museum Studies in Ancient Egypt and Sudan* 18：1-59.

Kitchen，K.A.1993. "The Land of Punt." In *The Archaeology of Africa：Food，Metals，and Towns*，edited by Thurston Shaw，587 - 608. London：Routledge.

Manzo，Andrea.2012. "From the Sea to the Deserts and Back：New Research in Eastern Sudan." *British Museum Studies in Ancient Egypt and Sudan* 18：75-106.

"海洋民族"

关于"海洋民族"的最著名的表述出现在公元前 13 和公元前 12 世纪的埃及记录中，在那里他们被描绘成外国侵略者，在青铜时代晚期到铁器时代动荡过渡的几年里，他们向近东的帝国进发。在埃及语中，组成"海洋民族"的群体主要以"丹尼恩"、"埃克威什"、"卢卡"、"佩勒塞特"（圣经中的非利士人）、"谢克来锡"、"谢尔登"、"希基尔斯"（或"特杰克"）、"特雷施"和"韦舍什"单独出现，并以各种组合出现在法老拉美西斯二世（公元前 1279—前 1213）、默内帕塔（公元前 1213—前 1203）和拉美西斯三世（公元前 1183—前 1153）以及叙利亚乌加里特贸易中心的多个文献的记录中。

这个术语来源于埃及的铭文，该铭文提到（公元前 1207 年）邻国利比亚作为"境外海洋国家"入侵尼罗河三角洲。最著名的描述来自梅迪内特哈布（Medinet Habu）的拉美西斯三世（Ramesses Ⅲ）的寝陵神庙，其中的纪念碑浮雕描绘了两个国家之间的海陆之战。在一段夸张的铭文中，埃及和"海洋民族"一致宣称"没有一个国家能抵御他们的进攻"，并列举了从安纳托利亚到黎凡特的城邦，认为联军已经摧毁了这些微型国家。

来自埃及和乌加里特的记录证明了一些"海洋民族"因航海而结成的亲缘关系和海盗性质。例如，拉美西斯二世在法老统治初期提到"谢登……一个从海洋中部乘船过来的人"。甚至有更早的文献提到"卢卡"

在塞浦路斯和埃及海岸进行海上袭击。此外，关于"*sikils*"住在船上的问题也出现在赫梯人国王写给乌加里特长官的信中（伊曼纽尔，2014：35）。文献资料很少提供有关"海洋民族"航行的船只类型的信息；然而，在哈布城显示的那些船只是仿照海拉迪奇桨帆船，这是一种非常适合突袭和作战的爱琴海船只。埃及中部的一座墓穴中发现的一个小木船模型使这一联系得以加强。埃及中部居住着"谢尔登"，他们可能会因服兵役被奖赏土地。

尽管起源可能多种多样（虽偶有存疑，考古和语言学研究已将他们与迈锡尼希腊、塞浦路斯、撒丁岛和西安纳托利亚等地建立了联系），但公元前1200年之后在土耳其和黎凡特海岸的几个地方出现了爱琴海风格的物质文化和国内习俗，进一步证明了至少有一些海洋民族与爱琴海存有亲缘关系。其中最著名的遗址是位于迦南南部沿海平原的"腓力斯五城"的城市。

当他们戏剧性地出现在埃及记录中之后，大多数"海洋民族"似乎已经被同化到安纳托利亚、黎凡特或埃及当地的社会。在后来的埃及文献中，一直存在对谢尔登人、锡克人和佩勒塞特人的简要提及，包括阿蒙诺普的《拟声诗》《文阿蒙报告》以及具有纪念意义的莎草纸文献，其中列出了几个谢尔登作为埃及中部的土地所有者的事迹。同时在希伯来《圣经》中，佩勒塞特人也作为以色列人的主要敌人扮演了重要角色。尽管该地区早在公元前1000年就不再是腓力斯人的了，但地名巴勒斯坦（罗马宫）仍然至少是一个"海洋民族"群体到来并产生影响的持久证明。

杰弗里·P.伊曼纽尔

拓展阅读

Cline, Eric H.2014.*1177 BC：The Year Civilization Collapsed.*Princeton：Princeton University Press.

Emanuel, Jeffrey P.2013. "Šrdn from the Sea：The Arrival, Integration, and Acculturation of a Sea People." *Journal of Ancient Egyptian Interconnections* 4.1：14-27.

Emanuel, Jeffrey P.2014. "The Sea Peoples, Egypt, and the Aegean：Transference of Maritime Technology in the Late Bronze-Early Iron Transition (LH IIIB-C)." *Aegean Studies* 1：21-56.

Sandars, Nancy K.1985.*The Sea Peoples：Warriors of the Ancient Mediterranean.*London：Thames & Hudson.

Stager，Lawrence E. 1995. "The Impact of the Sea Peoples in Canaan (1185-1050 bce)." In *The Archaeology of Society in the Holy Land*，edited by Thomas E.Levy.London：Facts on File，332-48.

Wachsmann，Shelley.2013.*The Gurob Ship-Cart Model and Its Mediterranean Context*.College Station：Texas A&M Press.

乌鲁布伦海难

乌鲁布伦号于公元前 14 世纪下半叶（约公元前 1340—前 1305

土耳其博德鲁姆水下考古博物馆发现的乌鲁布伦青铜时代出土的黄金物品，这是迄今为止发现的最古老的沉船。（图片、故事/阿拉米库存图片）

年）失事，是世界上最古老的已发掘沉船。1982 年，海绵潜水员穆罕默
德·卡吉尔在土耳其西南海岸附近的卡斯镇发现了这艘船及其货物，这一
研究重新定义了我们对青铜时代晚期地中海世界的认识。

乌鲁布伦海难于 1983 年被航海考古研究所发现，在航海考古学先驱
乔治·F.巴斯的指导下，于第二年开始发掘。杰马尔·普拉克指导了接下
来 10 年的水下发掘（总计超过 22000 次潜水）和 30 多年的研究，目前仍
在进行中。通过有条理的发掘、保护和研究，该遗址揭示了青铜时代晚期
东地中海世界、北非和欧洲之间的复杂联系。

这艘长约 49 英尺的船只失事时满载货物，其中有数千件来自塞浦路
斯、埃及、希腊、叙利亚、巴勒斯坦以及其他远至北欧地区的货物。这艘
船似乎被王室派往卡默尔海岸（以色列北部）的一个独立且未知的目的
地，运载着大量的原材料和制成品。船上的异国原料包括玻璃锭、鸵鸟蛋
壳、彩瓷和河马乐象牙。小而重要的奢侈品包括黄金珠宝（例如，一个
名叫埃及王后奈菲尔提提的圣甲虫），加工过的象牙和半宝石。大宗货物
包括更常见的物品，如可能用于青铜生产的 10 吨铜和 1 吨锡，以及塞浦
路斯陶器和各种食品。整批货物似乎都在两名武装迈锡尼人的护送之下，
他们很可能在船上见证这艘船停靠在爱琴海某个地方。

皮尔斯·保罗·克里斯曼

拓展阅读

Pulak, Cemal.2005. "Discovering a Royal Ship from the Age of King Tut:
Uluburun, Turkey." In *Beneath the Seven Seas: Adventures with the Institute of
Nautical Archaeology*.Edited by G.F.Bass, 34－47.London: Thames and Hud-
son.

Pulak, Cemal. 2008. "The Uluburun Shipwreck and Late Bronze Age
Trade." *In Beyond Babylon: Art, Trade, and Diplomacy in the Second Millen-
nium B.C.*Edited by J.Aruz, K.Benzel, and J.M.Evans, 288－305.New York:
The Metropolitan Museum of Art.

Pulak, Cemal. 2010. "Uluburun Shipwreck." In *The Oxford Handbook
of the Bronze Age Aegean (ca.3000－1000 BC)*.Edited by E.H.Cline, 862－
76.Oxford: Oxford Uni-versity Press.

爱琴海，公元前 4000 年至前 1000 年

爱琴海及其周边地区位于希腊和土耳其之间，北部以马其顿和色雷斯为界，南部以克里特岛为界，克里特岛是地中海第五大岛屿。爱琴海孕育了基克拉迪群岛（环状岛）上的文明。它包括大约 36 个可居住的岛屿，这些岛屿大多海拔较低，干旱且裸露，土壤较薄，岩石多。在基克拉迪群岛航行相对简单，因为航行中的船只几乎都看得到陆地。这有利于勘探、接触和贸易。

在石器时代的最后几个世纪（大约公元前 4000 年）到青铜时代末期（大约公元前 1100 年），这个小地区在建筑、艺术和社会政治组织方面存在着显著的地区差异，各有特色。岛上新的考古发掘及对发掘做出的新解释，已经证明爱琴海文化在这一时期的演变具有巨大复杂性。

尽管零星的石器发现证实了在 25 万年前（旧石器时代晚期）古希腊大陆存在着人类，但人类在爱琴海群岛存在的考古证据要晚得多。最近在克里特岛出土了石英岩质的阿舍利工业类型手斧，根据其产出层位可以从地质学上推断，早在 13 万年前，岛上就已经有了人类的栖息地。由于克里特岛已经与大陆分离了 500 万年，人类对该岛的占领是以人类能够达到该海岸并定居为前提的。因此，人类到达该岛的时间和在公元前 7000 年前后建立栖息地的时间之间出现了一段空白。

尽管克里特岛一直是一个岛屿，但对许多希克索斯人来说这并不是真实情况。在更新世（Pleistocene）的四个主要阶段（冰河时代），地中海的表面比今天低 400 英尺，因此在今天的希腊和土耳其的陆地上暴露出广阔的沿海平原。在那个寒冷的时期，基克拉迪群岛的面积比现在大得多，一些岛屿靠近或与附近的大陆相连。

爱琴海航海故事下一阶段的主要证据来源于希腊南部的弗兰克西洞穴，那里在 38000—5000 年前就有了人类栖居，当时陆地正在经历更新世的最后阶段。弗兰克西地层序列记录了从旧石器时代晚期以狩猎和采集为基础的经济向新石器时代以混合农业（约公元前 7000 年）为基础的经济的转变。该遗址使历史学家能够自信地推论出该地区第一次持续的航海活动。11000 年前，沉积物中出现了由灰黑色黑曜石（一种火山玻璃岩）制成的碎石工具，它具有锋利的边缘，优于当地的燧石。希腊大陆上没有火

山；最近的一座（也是黑曜石的来源地）位于梅洛斯岛，距离中央的赛克拉德斯 100 多公里。黑曜石的数量在新石器时代增加，表明人们对这种物质的渴望迫使他们定期前往梅洛斯。这些航行的船只没有留下任何残骸（渡槽和木筏是最接近船只的东西）；但是在弗兰克西洞穴中，越来越多的人把海洋作为食物来源地，小型和大型咸水鱼（包括金枪鱼，偶尔也包括大型鲸类）骨骼可以很好地证明这一点。网、钩和鱼叉（使用带有锋利钩的杆）都被用来捕鱼。

奇怪的是，基克拉迪人的实际定居地仅仅出现在新石器时代末期（公元前 5000—前 4000 年），也许是因为他们对农业用地的需求超过了希腊大陆。随后的早期青铜时代（公元前 3100—前 2000 年）是一个显著的文化繁荣时期，其典型代表是大理石雕塑和器皿（西部岛屿有丰富的资源）以及青铜和陶瓷、工具和武器。在青铜时代早期（EBA）的中期（该阶段标记为基克拉迪第二代早期，约公元前 2700—前 2200 年）出现了刻在当地陶器上的船只，以及一些船只的黏土模型。有两种类型船只的出现说明：独木舟（摇橹）和"长艇"——本质上是细长的船，与独木舟一样，也是通过桨来驱动的。

简单的透视图表明，这些船只是由二十多只手推动的。它们可以用来在爱琴海内外运输货物（牲畜、食品、黑曜石和矿石等原材料，以及铜、青铜，偶尔还有银和金的制成品）。这些长艇很可能也起到了突袭工具和权力象征的作用。事实上，公元前 5 世纪的历史学家修昔底德描述了一个传统，即在过去的日子里，克里特岛的传奇海上国王米诺斯的海军使爱琴海免受海盗的袭击（修昔底德，1.4）。这表明海盗是一种常见的现象——可能是早期航海时代的主导者。长艇的描绘与爱琴海地区考古记录中其他新器具几乎同时出现绝非巧合，而人类定居点周围坚固的防御墙和各种青铜武器的建造更能说明问题。半个世纪前，EBA II 时期被学者们描述为一个关于联系、交流、贸易和思想运动的世界性时期，在爱琴海考古记录中首次有足够的证据证明这些现象。

独特的爱琴海地理环境，加上岛屿的次优农业用地（因此人口相对较少），激发了一种外向型文化的发展。在造船和航海方面拥有技术技能的岛民，以及那些倾向于海盗活动和贸易的岛民，可能享有更高的地位。到了 EBA II 时期，基克拉迪已成为海洋网络上的节点：爱琴海已成为一条公路。人们比以往任何时候都更紧密地联系在一起，而不是分裂开来。

随着下一项技术成果的应用，即利用风力推动船只航行，爱琴海世界将大大扩大，并将与遥远的邻国建立日益正常的互动关系。

爱琴海的青铜时代中期（MBA）诞生了第一个欧洲的高度文明，克里特岛是它的诞生地。在公元前 2000 年之后，岛上出现了四座称得上宫殿的建筑群，其中最著名的是克诺索斯。早在 20 世纪初，考古学家阿瑟·埃文斯爵士（1851—1941）就把这个社会称为"米诺斯"，它是分层的、复杂的、广阔的。它的宫殿是行政控制的中心，由一个自成一格的字母系统雕刻在黏土板上，现在被称为 A 类线形文字（虽然还没有破译，但它不是希腊语）。米诺斯宫艺术以色彩鲜艳、生动和壁画细节而闻名，尤其是对那些穿着时髦服装的宫廷女性的描绘。米诺斯的精英们与地中海东部和南部的精英们保持着联系。位于克里特岛东端附近的卡托扎克罗斯小而偏僻的宫殿是爱琴海和叙利亚—巴勒斯坦海岸之间高价值货物和材料的中转站。

上文提到修昔底德赞扬米诺斯国王清除爱琴海海盗的事迹，这段话引入了"制海权"（字面意思是"海洋规则"）的概念。在这个时代，学者们一直在争论这一时期爱琴海地区这个概念的产生、性质和影响。但是这些宫殿被认为是皇室、艺术和工业的中心，以及农产品的管理、储存和分配的中心。克里特人无疑是爱琴海的主人。

正是由于我们把刻在克里特岛岩石上的桅杆和船帆认定为出现在青铜时代中期的爱琴海地区，我们通过展示陈列桅杆和船帆的船的描述（刻在克里特岛的海石上），清楚地预测了一个新时代。然而，最精确的描绘和最引人入胜的船型描绘是在苏门答腊岛南部圣托里尼岛（锡拉岛）上的阿克罗提里遗址发掘出来的，这遗址距离克里特岛以北约 60 英里（100 公里），可以追溯到晚期青铜时代（LBA）（约公元前 1600 年）。从该遗址的一个上层贵族居住的建筑中发现的壁画，可以帮助人们更好地理解"制海权"的概念。这些壁画展示了一支由八艘船组成的特别仪式队伍，其中包括一艘旗舰。这些船舶是精心绘制和装饰的，虽然体积小（它们构成了所谓的"微型壁画"的主要场景），但它们被精确地描绘出来。它们由舵手驾驶，乘客端庄地坐在甲板上。其中七艘船由桨手推动，他们有 21 排，专注于他们的工作。第八艘船正满帆航行。这些船上的人为船只的规模和大小提供了很好的证据，更不用说全面的剖面图了。这些剖面图没有画出水线，好像是为了强调船只优美的水动力剖面，从而强调它们可能达到的速度。

这幅非同寻常的壁画启发了数十篇文章和多部书籍，旨在解释这一庄严而复杂的场景。很明显，到公元前 2000 年中期，爱琴海上的水手们已经利用了风力，这种技术在蒸汽时代之前，几乎是 3500 年后才得到实质性的改进。

希拉火山爆发

希拉岛（Chira，今圣托里尼）发生在公元前 1500 年前后的灾难性火山爆发，一般认为是引发米诺斯社会衰落的催化剂。

这次喷发有四个阶段，持续了几年。一系列的地震以及最初的火山爆发使这个岛一度无法居住。火山碎屑流动，热气和火山物质形成的云很快烧毁了这个岛，同时 20 英尺厚的火山灰和浮石掩埋了这个岛和周围的海洋。大约 20 年后，火山爆发的第二阶段以蒸汽和火山灰爆炸为特征，形成了大约 40 英尺厚的泥流。第三阶段紧随第二阶段，是最具破坏性的阶段。海水很可能进入了岩浆层，爆炸产生的冲击留下了 200 英尺深的沉积物，并在尼罗河三角洲附近沉积了火山灰。爆炸产生的海啸摧毁了北克里特岛，火山灰掩埋了农田。

在克里特岛和其他附近岛屿的火山灰层上发现的文物表明，火山爆发并没有立即导致米诺斯文明的崩溃。事实上，希拉岛上文物的缺乏表明米诺斯人可能在火山爆发前撤离了该岛。尽管如此，火山爆发和海啸很可能摧毁了米诺斯人赖以维持生计的航运，这使米诺斯人容易受到处于持续发展中的希腊人的攻击。

吉尔·M. 丘奇

在青铜时代晚期（约公元前 1100 年），迈锡尼人在爱琴海上希腊大陆的宫殿群中脱颖而出，特别是在阿戈利德的迈锡尼和提林，希腊西南部的皮勒斯，希腊中部的底比斯和雅典。迈锡尼统治者有崇拜符号的传统和米诺斯人富有想象力的小众艺术；此外，米诺斯人的 A 类线形文字激励他们发展自己的字母系统，即现在被称为希腊语的 B 类线形文字。过去的青铜时代中期和青铜时代晚期，显然是这两个民族密切接触的时期，但从各种艺术中幸存下来的壁画和浮雕场景可以判断大陆人对领土扩张表现出更浓厚的兴趣，同时也表现出好斗

的倾向。与米诺斯时期的类似建筑不同，迈锡尼时期的大多数宫殿都被高大的城墙所保护，这些城墙展示了复杂的军事设计，每一处都与安纳托利亚、叙利亚、巴勒斯坦和美索不达米亚的古老和当代军事防御工事一样令人生畏。

迈锡尼人与近东和埃及（以及较小程度上的地中海中部）的贸易持续且活跃，既有当时精英阶层交换的外来原料（如象牙、宝石、贵金属）和成品，也有精细陶瓷，尤其是铜、锡及其合金青铜。这些材料在从叙利亚到撒丁岛的青铜时代晚期遗址被大量发掘出来。毫无疑问，帆技术促进了这些材料和货物的交流，正如船艇的绘画所表明的那样，船和舰的制造技术变得越来越专业。据信，在土耳其南部的格利多尼亚和乌鲁布伦，有两艘叙利亚的青铜时代晚期商船被发掘出来，几个战舰的样本也被发现。这里是商业和军事中心，与地中海东部其他几个地方的青铜时代晚期政权的野心是一脉相承的。

另一种与此相关的证据，预示着爱琴海混乱青铜时代晚期的结束。在皮洛斯迈锡尼宫出土的最大的 B 类线形文字的文献，包括了一系列的五块石碑，这些石碑的前言是："因此，守望者们在保护沿海地区。"随后是一个列有 800 人及其 10 名指挥官的分队名单（查德威克，1976：175）。这些石板是皮利安记录员最后写下的一批石板中的几块。许多学者认为，这一段反映了人们对海上袭击的焦虑，也许正是那些在埃及浮雕中被称为"海洋民族"的掠夺者。最后，位于皮洛斯的宫殿实际上被大火烧毁，并在公元前 1180 年前后被遗弃。这座宫殿显然没有防御工事，因此与希腊大陆的其他城堡不同。书写这些石碑的海岸观察者可能构成了唯一的防御系统，那么，如果没有考古证据表明皮洛斯出现了大屠杀的迹象，可能表明海岸警卫力量很好地履行了其职责，并成功地在末日到来之前疏散了这个建筑群。

这个地区接下来的四个世纪的发展，考古学上能提供的证据并不充分，随后便是长达几个世纪的墨守成规——一个被称为"希腊黑暗时代"的时期，在此期间，技术创新几乎没有留下痕迹。按照传统，在 11 世纪，爱琴海恢复了"公路"的功能，爱奥尼亚人开始向安纳托利亚海岸迁移，不久之后又向意大利和其他西部地区迁移。在公元前 2 世纪罗马吞并希腊之前，一个充满活力的希腊的存在是爱琴海另一个千年的特征。

卡尔·M. 佩特鲁索

拓展阅读

Barrett, John C., and Paul Halstead (eds.), 2004. *The Emergence of Civilisation Revisited*. Oxford：Oxbow Books.

Broodbank, Cyprian. 2000. *An Island Archaeology of the Early Cyclades*. Cambridge：Cambridge University Press.

Chadwick, John. 1976. *The Mycenaean World*. Cambridge：Cambridge University Press.

Cline, Eric. 1994. *Sailing the Wine-Dark Sea：International Trade and the Late Bronze Age Aegean*. British Archaeological Reports Series, no. 591. Oxford：Tempus Reparatum.

Cline, Eric, ed. 2010. *The Oxford Handbook of the Aegean Bronze Age*. Oxford：Oxford University Press.

Renfrew, Colin. 1972. *The Emergence of Civilisation：The Cyclades and the Aegean in the Third Millennium BC*. London：Methuen.

Runnels, Curtis. 2014. "Early Palaeolithic on the Greek Islands?" *Journal of Mediterranean Archaeology* 27 (2)：211-30.

Shelmerdine, Cynthia, ed. 2008. *The Cambridge Companion to the Aegean Bronze Age*. Cambridge：Cambridge University Press.

Simmons, Alan H. 2014. *Stone Age Sailors：Paleolithic Seafaring in the Mediterranean*. Walnut Creek, CA：Left Coast Press.

Tartaron, Thomas. 2013. *Maritime Networks in the Mycenaean World*. Cambridge：Cambridge University Press.

荷马

荷马是一位希腊人物的名字，他创作的史诗《伊利亚特》和《奥德赛》被古希腊人视为他们文明的基石。现代学者对荷马这个人的身份、生辰以及是否存在的理解和认同，并不比古人更为清楚。荷马诗歌或荷马史诗是一个漫长的口头传统的产物，史诗的元素反映了从青铜时代到古希腊的古代时期，即公元前 13 世纪到公元前 8 世纪的几个世纪的跨度。

《海》［通常表述为"海"（hales）、"地中海"（pontos）和"黑海"（thalassa）］在"荷马史诗"中扮演着多重角色：它是一幅画布，许多事件都发生在上面；它是在旁白中连接人和地方的工具；它也是这些口头诗歌的显著特征——生动隐喻和转喻的来源。《伊利亚特》和《奥德赛》将航海描绘为文明的一个组成部分，这一事实反映了海洋在青铜时代晚期以及从古代开始的作用，当时相互联系的文明和非国家行为体出于旅行、贸易、殖民、海盗和战争的目的而在地中海上航行。

　　史诗中的船只由桨和帆推动，既用于战斗，又用于运输，白天和晚上都能熟练地进行长距离航行（如《伊利亚特》. VII 4—6；《奥德赛》. II 434，IV 634—637，X 28，XV 476）。它们被描述为"迅捷"、"弯曲"和"中空"，以及"黑色"和"深色—船首"，指的是用于覆盖船体铺板的深色沥青（如《伊利亚特》. XV 694，715—716；《奥德赛》. XIII 83）。奥德修斯的船也被称为"红颊"和"紫颊"，这是指有时在船头栏杆下方和船桨上方涂上一层颜料。（《伊利亚特》. II 637；《奥德赛》. IX 125，XI 124，XXIII 271）。标准船的尺寸是"五角艇"，由 50 名划艇手驾驶，尽管荷马还提到船员规模既可以小到 20 人，又可以大到 100 人或更多（《伊利亚特》. I 309，II 509—510、719，XVI 170，XX 247；《奥德赛》. I 280，IV 669）。

《奥德修斯与塞壬》，这是"荷马史诗"《奥德赛》中的马赛克作品，摄于突尼斯巴多博物馆。（fotokon/dreamstime.com）

测深线

"测深"是指测量水深。测深线，或铅垂线，是一种有标记的绳索，其一端装有重物。它们从船上降下，用绳子上的记号测量深度。荷马和其他古希腊和古罗马的资料中提到，测深线是最古老的船载仪器之一，对于在浅水中航行船舶至关重要。最开始，打湿的部分被拖上船并测量。后来，皮革或其他材料的碎片被系在绳子上作为测量标记。加重的一端允许绳索到达水体底部并保持相对的直线。重体也可用于从海底取样，为经验丰富的船长提供关于其位置的重要信息。

马修·布莱克·斯特里克兰

征服特洛伊和收回海伦的亚加亚舰队是荷马史诗中记载的最大的船只活动（《伊利亚特》. Ⅱ）。然而，航海活动在史诗中有许多形式，包括突袭，如赫拉克利斯、阿基里斯和奥德修斯（如《伊利亚特》. Ⅴ 638—642，Ⅺ 327—330；《奥德赛》. Ⅸ 38—46，ⅩⅣ 245—284）；从危险中逃出或流亡（《伊利亚特》. Ⅱ 664—666）；以及迁徙，如国王瑙西索斯强制迁移独眼巨人（《奥德赛》. Ⅵ 6—8）。其他例子包括贸易航行（如《伊利亚特》. Ⅶ 470—475；《奥德赛》. Ⅰ 184），运送旅客和牲畜（《奥德赛》. ⅩⅩⅣ 419），以及贩运赃物和人（如《奥德赛》. Ⅸ 39—41，ⅩⅣ 229—233）。有关海战的匆匆提及，可以在"用于海战"的船上的长矛中找到（参见《伊利亚特》. ⅩⅤ 388—389，Ⅵ 319，ⅩⅤ 674—678），尽管水面上的战斗通常是由伏击造成的，正如《奥德赛》Ⅳ中所写的请愿者为忒勒马科斯设置的陷阱。

荷马史诗强调了海洋的双重性：它是一种肥沃的、能提供生命的资源，为东地中海世界的人们提供了交通、通讯和生活的手段（如《奥德赛》. Ⅱ 416—Ⅲ 12，ⅩⅤ 283—300，495—500，ⅩⅣ 113—114）；同时它也是一个严厉的情妇，甚至可以"削弱一个强壮的男人"（《奥德赛》. Ⅷ 138—139）。对于那些在水上旅行的人来说，暴风雨和海难的风险是永远存在的（如《奥德赛》. Ⅴ 313—332，Ⅶ 270—279，Ⅸ 282—286，Ⅻ 66—68、403—425，ⅩⅣ 301—303，ⅩⅩⅢ 233—235；《伊利亚特》. ⅩⅤ 381—383、624—628）。荷马在诗歌中认为，海洋本身应谨慎地对待，它是"汹涌"、"黑暗"、"危险"、"贫瘠"和"声音嘹亮"的，其中经常使用类似于风暴和沉船的比喻，特别是在描述人的活动和伊利亚特的激烈战斗场面时（如《伊利亚特》．Ⅱ 144，Ⅶ 63—64，XV 381—383、624—628，XXⅢ 60—62；《奥德赛》．Ⅱ 370，Ⅵ 205）。其他荷马的比喻则详细说明了船舶船员的角色，以及劳动密集型的资源采购和造船的过程（如《伊利亚特》．ⅫⅠ 389—391，XVⅡ 742—744，XXⅢ 316—317）。

杰弗里·P.伊曼纽尔

拓展阅读

Crielaard, Jan P. 1998. "Surfing on the Mediterranean Web: Cypriot Long-Distance Communications During the Eleventh and Tenth Centuries B.C." In *Proceedings of the Inter - national Symposium "Eastern Mediterranean: Cyprus-Dodecanese-Crete 16th-6th Cent.B.C. ,"* edited by V.Karageorghis and N.Stampolidis, 187-206.Athens: A.G.Leventis Foundation.

Davis, Dan. 2013. "Ship Colors in the Homeric Poems." In S. Wachsmann, *The Gurob Ship-Cart Model and Its Mediterranean Context*, 219-224.College Station: Texas A&M.

Emanuel, Jeffrey P.2014. "Odysseus' Boat? Bringing the Homeric Epics to Life with New Mycenaean Evidence from Ramesside Egypt." *Discovery of the Classical World: An Interdisciplinary Workshop on Ancient Societies Hosted by the Departments of History and the Classics at Harvard University*, 2014-15.Cambridge, MA. http: //www. aca demia. edu/6928217/Odysseus_Boat_Bringing_Homers_Epics_to_Life_with_New Mycenaean_Evidence_from_Ramesside_Egypt_DCW_Lecture_.Accessed September 16, 2016.

Mark, Samuel.2005.*Homeric Seafaring*.College Station: Texas A&M University Press.

McGrail, Sean.1996. "Navigational Techniques in Homer's Odyssey." *In TROPIS IV: 4th International Symposium on Ship Construction in Antiquity, Athens 1991*, edited by H.Tzalas, 311-320.Athens: Hellenic Institute for the Preservation of Nautical Tradition.

Nagy, Gregory.2013.*The Ancient Greek Hero in 24 Hours*.Cambridge: Harvard University Press.

克诺索斯

在人类居住了许多世纪之后，克诺索斯（Knossos）成为最大和最繁荣的米诺斯宫建筑群。它位于两条河流交汇处的一个小山丘上，距克里特岛北部海岸约5英里，在青铜时代成为南欧、埃及和黎凡特之间贸易的十字路口。

克诺索斯的宫殿建筑群是米诺斯文化的仪式、政治和经济中心。第一座宫殿大约建于公元前2000年中米诺斯时期的开端。在其历史上，克诺索斯曾多次遭到破坏和重建，它有1300多间房，包括用作住宅的房间、储藏室、谷物加工室、加工葡萄酒和橄榄的工作室、礼仪室和避难所。这座宫殿在建筑上很先进，有些部分高达五层。克诺索斯有利用海风来进行通风的舷窗和通风井，并有先进的排水系统。铺砌的道路通向克里特岛上的其他城镇，皇家公路直接连接到它在尼索斯和卡桑巴的港口。大约在公元前1700年，鼎盛时期的克诺索斯有大约10万居民，是最大的米诺斯宫殿的两倍。

后来，希腊的传说提到克诺索斯国王米诺斯拥有大量的船只用于在爱琴海压制海盗，并且米诺斯人在尼罗河三角洲建立了贸易站。在克诺索斯发现的文物支持米诺斯广泛交易的存在。这些文物包括象牙、雪花石膏、黑曜石、埃及和叙利亚的石器，以及近东的各种青铜、铜和锡制品。米诺斯人的手工艺品，特别是陶器，相继在小亚细亚、希腊、埃及、叙利亚、塞浦路斯和黎凡特发现。埃及文献提到了尼索斯和克里特人的商人。迈锡尼希腊人在公元前15世纪入侵克里特岛，大约一个世纪后克诺索斯被遗弃。英国考古学家阿瑟·埃文斯在1878年发现了克诺索斯的遗迹，后来发掘了这座城市。

吉尔·M.丘奇

拓展阅读

Abulafia，David.2011.*The Great Sea：A Human History of the Mediterranean*.New York：Oxford University Press，Inc.

The British School at Athens. "The Palace at Knossos：A 3-D Virtual Tour." http：//www.bsa.ac.uk/knossos/vrtour/.Accessed March 1，2015.

Castleden，Rodney.1990.*The Knossos Labyrinth：A New View of the "Palace of Minos" at Knossos*.London & New York：Routledge.

Castleden, Rodney. 1993. *Minoans: Life in Bronze Age Crete*, London, New York: Routledge.

美索不达米亚，公元前 4000 年至前 1000 年

美索不达米亚南部缺乏木材、石头和金属矿石等基本资源，但由于底格里斯河和幼发拉底河流经此地，该地区谷物、牛等农牧产品丰富。到公元前 3000 年，包括乌拜德、厄立都、乌鲁克和乌尔邦在内的众多城邦建立在河流边。木材、石头和金属被带到下游，由膨胀的牛皮制成的木筏被木框架固定在一起，大型的流通船由植物材料编织或用皮革制成，并用沥青密封缝隙。驴车运进从伊朗来的进口货物。进口货物也通过波斯湾运往这些城市。随着城市变得更加富裕，外来进口货物由车队从中国远道运来，或是通过船只从波斯湾、东非和印度进口。贸易量如此之大，以至于像乌尔邦等一些城市发展成为国际仓储中心。

美索不达米亚人第一次出海的确切时间尚不清楚，但最早的海员可能是渔民，他们乘坐的木筏是由捆绑在一起并用沥青密封的芦苇捆成的，也可能是用兽皮制的船只。前者在美索不达米亚南部被广泛使用，通常被描绘在黏土封条上，后者的黏土模型也有发现。然而，最早远距离航海的证据可追溯到公元前 5000—前 3800 年的乌拜德时期，这些证据基于分布于乌拜德、厄立都和乌尔邦的乌拜德陶器。这些陶器在多达 50 个地点被发现，北至科威特，南至阿曼，大多数在巴林岛以北的沙特阿拉伯海岸。在这些地点，没有永久性结构或贸易的证据；大多数都很小，使用时间很短，而且使用时间相隔很久。此外，这些陶器经常被修补，也很少见到其他具有乌拜德特征的文物。因此，没有证据表明乌拜德商人或渔民大规模贸易或季节性捕鱼或采集珍珠。存在其他三种可能性：一是当地渔民把他们捕获的鱼带到乌拜德城，以换取谷物、纺织品和一些陶罐；二是这种贸易是由驴车而不是海运进行的；三是两者兼而有之。由于这些贸易货物中的大多数都是由无法保存进而成为考古证据的材料制成的，因此目前无法确切断定这些陶器是如何分布在波斯湾周围的。

有人提出，在公元前 3500—前 3200 年期间，美索不达米亚海员乘坐大型芦苇船在阿拉伯周围航行，然后沿红海航行到埃及，在那里他们用陶器、石印和青金石等货物换取原材料，特别是黄金。这是不太可能的，原

因有二。首先，美索不达米亚南部的哈布巴卡比拉殖民地（现在的叙利亚北部）距离地中海大约 100 英里。此外，这个殖民地与安纳托利亚的采矿定点在北部进行交易，以获得铜、铅和银的矿藏，这些矿藏在哈布巴卡比拉被收集，并运至美索不达米亚南部。因此，哈布巴卡比拉可能是通过拉萨沙马成为美索不达米亚和埃及之间贸易的中间人。在阿拉伯半岛周围进行长距离航行到埃及的唯一其他证据是在埃及的一些小河中发现的船只的描述，例如哈马马特河。对埃及和美索不达米亚船只的描述表明，它们的形状非常相似，都是两端高高弯起的船只。然而，这些相似性更可能缘于芦苇固有的结构特征，这似乎是一种在这两个地方常见的造船材料。由于簧片的结构限制，只能制作一些筏的形状。这就是为什么秘鲁的芦苇筏看起来和古埃及的芦苇筏如此相似，并不是因为有直接接触。实际上，没有证据表明美索不达米亚人在公元前 3000 年之前或之后的任何时候进行过长途旅行。

在埃及红海丘陵东部沙漠的哈马马特河发现的早期船只的铭文。（迈克·P.谢泼德/阿拉米库存照片）

大约在同一时间，即公元前 3600—前 3100 年，美索不达米亚南部的贸易确实变得非常重要，但大多数证据都只能间接证明这一点。例如，美索不达米亚货币出现前的等价标准被用来进行商业交易。土地出售的现存记录表明，交易以羊毛、石油、铜和银为单位进行，其他几种材料通常用于交易，包括大麦、铅、铜、锡、银和金，这表明当时美索不达米亚南部的金属很容易获得。因为所有的金属都必须进口，所以一定有一个发达的贸易网络，但是分别有多少来自陆地、河流和海洋还不清楚。

根据铭文记载，美索不达米亚南部城市有三个海运贸易伙伴，迪尔蒙、梅卢哈和马根。一份可追溯到公元前 4000 年晚期的来自乌鲁克的文件显示，最早提到的是迪尔蒙。迪尔蒙这个名字在公元前 3000 年早期的文献中变得越来越常见。学者们最初认为迪尔蒙是巴林岛，但考古数据表明，它涵盖了更大的区域，包括巴林岛以及周边大陆的一部分。大部分地区都与早期发现乌拜德陶器的地点一致。

迪尔蒙不仅出口自己的货物，而且其大部分财富可能来自美索不达米亚南部城市和南部港口（如马根和梅卢哈）之间的转运站。例如，大约在公元前 2450 年，拉加斯的乌尔南舍在一块石碑上描述了迪尔蒙船只从国外运来木材。在第三个千年的大部分时间里，迪尔蒙是美索不达米亚最重要的海运贸易伙伴，特别是铜的贸易伙伴。美索不达米亚人用铜交换羊毛、油脂、银以及各种谷物和奶产品。

被认为是印度西北部的哈拉潘文明的一部分的梅卢哈是原材料的来源地，如木材、铜、黄金、象牙、半宝石（包括天青石和蚀刻的红宝石珠）；又如动物、猴子、狗和猫。目前没有发现记录梅卢哈的细节，但列出的进口产品，特别是蚀刻红宝石珠与来自印度的货物是一致的。在公元前 2000 年后不久，梅卢哈就从文字记录中消失了，这一时间已经接近学者通常认为的哈拉潘文明消亡时通常提到的日期。

马根可能位于包括今天阿曼及周边地区，也可能包括波斯湾对岸的土地。在阿曼半岛发现了该地区在公元前 3 世纪初受到美索不达米亚影响的证据。考古资料显示，一个可能的原因是阿曼是公元前 2500—前 2000 年（即乌姆纳尔时期）的主要铜生产国。铜被开采和冶炼，砷和锡被进口制造青铜。马根也被认为是木材的来源地，尤其是能提供给造船业充当原料的木材。木材和其他货物可能直接从印度经海运抵迪尔蒙或美索不达米亚——但阿曼半岛上来自哈拉潘的相关商品比迪尔蒙地区的要更常见。因此，马根似乎是首选港口。这种贸易可能在公元前 2500 年前后开始，在公元前 2000 年后不久结束，大约与哈拉潘时期结束的时间相同。

　　尽管迪尔蒙和马根是梅卢哈的重要转运点，但一些来自印度的船只确实绕过了这两个转运点，直接驶往美索不达米亚南部。来自苏美尔北部阿卡德的萨尔贡（约公元前 2334—前 2279 年）征服了苏美尔的城市，并在巴比伦后来建立的附近建立了首都阿卡德。萨尔贡扬言，从梅卢哈、马根和迪尔蒙来的船只都沿着阿卡德码头停泊。这一声明被解释为这三个国家都在他的统治之下，但现在梅卢哈几乎可以肯定地被确定为属于印度西北部的哈拉潘社会，这种解释肯定是错误的。相反，萨尔贡可能想说的是，由于三个最伟大的海运国商队正沿着河流上游前往他的首都，而不是像以前那样在更远的南部停留，这意味着他的首都已经达到国际贸易城市的地位。

　　公元前 2250 年前后，美索不达米亚和马根之间的关系变得敌对。但到公元前 2100 年，美索不达米亚提及迪尔蒙减少，提到马根增加，表明马根已取代迪尔蒙成为美索不达米亚南部的主要贸易伙伴。作为从马根进口的回报，美索不达米亚城市提供了原毛、成品、芝麻油、生皮和植物产品。美索不达米亚人与马根人之间的关系可能仍然有争议，因为与迪尔蒙不同，他们注意到美索不达米亚人只把劣质的羊毛和衣服送给马根人。

　　公元前 2000 年后不久，迪尔蒙再次成为美索不达米亚的主要海运贸易伙伴。这一变化与马根铜矿生产期的结束和印度哈拉潘文明的消亡同时发生。大约在公元前 2000—前 1760 年，在美索不达米亚地区发现了印度文物，进口货物可能会继续通过迪尔蒙运输，这表明它仍然是美索不达米亚海外贸易的转运点。直到亚述国王萨尔贡二世统治时期（约公元前 721—前 705 年），这种关系似乎才发生变化。其中一个是迪尔蒙王厄佩里，他进贡给了萨尔贡的青金石、一堆石头、细麻布衣服、植物、金、银、铜和铁。这究竟是真正的贡品还是被称为增加萨尔贡二世地位的贡品，但实际上是进口品？目前我们尚不清楚，但迪尔蒙仍然是一个重要的转运和贸易中心。

　　对有关古代美索不达米亚海上贸易的文献证据的审查表明，所有贸易都是由迪尔蒙、马根和梅卢哈的船只进行的，没有提到美索不达米亚船只。此外，无论是根据实物的还是考古记录记载，目前所知美索不达米亚没有建造木船的传统。因此，他们可能从来没有建造和驾驶过自己的船只。有两个原因可能导致这种情况，其一，美索不达米亚南部很少有适合造船或造舰的木材，而且位于内陆。其二，船可以用常见的椰枣树建造，但椰枣是一种很有价值的出口产品。因此，这些树木太重要，而不能作为造船木材的持续性来源。来自拉加什巴乌神庙（约公元前 2370 年）的文字确实记录了两种用于造船的当地树木，但它们可能不适合或不足以建造和维护一支远洋舰队。此外，船蛆很快就吞噬了该地区的大部分本土木材。

至少在公元前 2450 年前后，木材才从印度进口到美索不达米亚。其他文献描述了来自迪尔蒙和马根的带来木材的船只，而梅卢哈带来了两种不同种类的木材。这些木材（尤其是印度柚木）用于建造任何东西都是非常昂贵的，除了用于皇家的内河船。虽然柚木非常昂贵，但可以由政府或商人建造具有成本效益的商船。在 19 世纪，印度柚木是阿曼造船工人最喜欢的木材，因为柚木船如果保养得当，可以航行一两个世纪。如此长的航行寿命使高昂的初始成本变得相对低廉。因此，尽管有证据表明南美索不达米亚人是陆上居民，但在这段时间内，至少有一些美索不达米亚城市是可能派出商船的。

塞缪尔·马克

拓展阅读

Mark，Samuel.2006.*From Egypt to Mesopotamia：A Study of Predynastic Trade Routes*.College Station，TX：Texas A&M University Press.

McGrail，Séan.2001.*Boats of the World：From the Stone Age to Medieval Times*.Oxford：Oxford University Press.

Ray，Himanshu Prabha. 2003. *The Archaeology of Seafaring in Ancient South Asia*.Cambridge：Cambridge University Press.

迪尔蒙

迪尔蒙是苏美尔语中的一个术语，意为阿拉伯东部和阿拉伯湾某些岛屿的同名古代近东文明，从公元前 3 世纪中期到公元前 1 世纪中期繁盛一时。迪尔蒙作为一个重要的枢纽，是连接阿拉伯文明、美索不达米亚文明和印度河流域的贸易网络的枢纽。这一网络的复杂性确实是旧世界国际主义所取得的最重要的成就之一，更令人惊讶的是，它的出现竟然如此之早。

"Dilmun"这个名字最早出现在公元前 4000 年晚期的一块非常早期的泥板上。约公元前 2500 年，它出现在海湾和遥远的叙利亚，被命名为楔形文字文件（后来的 Akkadian Tilmun）。今天的学者普遍认为，Dilmun 主要指的是波斯湾的巴林岛。巴林的椰枣树在美索不达米亚享有很高的声誉，因为它特别幸运地从阿拉伯含水层获得了糖分。一个多世纪以来进行的考古研究揭示了岛上存在的几个城市，值得注意的是在迪尔蒙繁荣时期留有的 17.5 万个坟墓。一些学者认为，许多坟墓的居住者来自大陆——阿拉伯半岛和美索不达米亚，而另一些人则强调岛上的墓葬相对稀少——认为这些杂乱无序的墓地只是几十代迪尔蒙当地人的居住地。

迪尔蒙经济繁荣，部分是由于上述自然资源，但也因为其航海活动频繁，特别是其商人。苏美尔（伊拉克南部）在古代是一大片平坦、低洼的沼泽地，长满了坚韧的芦苇，房屋（包括令人印象深刻的大而精致的房屋）就是由这些芦苇建造的。芦苇不可避免地激发了船只的建造，它们运载着货物和人在幼发拉底河和底格里斯河上航行，是第一个城市文明的引擎。可以推断，为了和平或者战争，通过船只和陆路商队进行的日益普遍的交流，促进了迪尔蒙在海湾内外的遥远地区进行勘探和发展经济关系。

事实上，关于迪尔蒙商人的地理范围的考古学和铭文证据可以追溯至公元前 5000 年，这非常值得关注。在多个地区发现的泥板和独特的迪尔蒙密封石描绘了一个辐射范围广泛的进出口网络。在公元前 3000 年和公元前 2000 年的文献中证实的材料和货物，包含铜、锡、银和天青石、纺织品、木材，还有枣、面包、奶酪等食物。环绕美索不达米亚北部的横跨海洋、河流和陆地的商业网络涵盖了沿海阿拉伯到阿曼、伊朗和阿富汗，卡尔·M.佩特鲁索还有巴基斯坦印度河流域的早期城市。迪尔蒙是一个转运枢纽，是一个完全处于有利地位的转运港，可以从它在这一广大地区的直接和间接联系中服务和获益。

卡尔·M. 佩特鲁索

拓展阅读

Bibby, Geoffrey. 1969. *Looking for Dilmun*. New York：Knopf.

Crawford, Harriet. 1998. *Dilmun and Its Gulf Neighbours*. Cambridge：Cambridge University Press.

Khalifa, Shaikha, and Michael Rice (eds.). 1986. *Bahrain Through the Ages：The Archaeology*. London：Routledge.

Potts, Daniel T. 1990. *The Arabian Gulf in Antiquity, vol. I：From*

Prehistory to the Fall of the Achaemenid Empire.Oxford：Clarendon Press.

Rice，Michael.1994.*The Archaeology of the Arabian Gulf，ca.5000－323 BC*.London：Routledge.

史诗《吉尔伽美什》

史诗《吉尔伽美什》是公元前 3000 年苏美尔时期创作的最早的故事之一，它阐述了美索不达米亚文化中的重要主题，如爱情、友谊、英雄主义、王权、命运和不朽。苏美尔语和阿卡德语有三个版本，分别写在 12 块石板上。作为一个苏美尔人的系列故事，可能开始作为口头传诵，后来被转录成各种各样关于吉尔伽美什和他的同代人恩基杜的短篇故事。故事讲述了半神的乌鲁克国王吉尔伽美什（三分之二的神，三分之一的人）穿越宽广的海洋，直到日出（碑 I.1）。吉尔伽美什的形象可能松散地建立在一个真实国王的基础上，正如史诗中提到的，他与已知的和经过认证的苏美尔统治者之间存在亲属关系。苏美尔人的故事包括：吉尔伽美什和哈鲁布树、吉尔伽美什和哈瓦瓦/哈巴巴、吉尔伽美什和天上的公牛、吉尔伽美什之死、洪水、伊娜娜/伊斯塔堕落到地狱，还有吉尔伽美什和阿加。标准版本是在古巴比伦时期（约公元前 2000—前 1600 年）用阿卡德语写成的，它对许多苏美尔人的故事进行了修正和扩展，并可能最终汇总为一个单一的传奇故事。

标准版本中最著名的一集是《洪水叙事》（碑 XI），它与早期美索不达米亚的创世神话阿特拉西斯（Atrahasis）、后来的圣经故事《挪亚》（《创世记》6 章 9 节）以及三个关于丢卡利翁和皮拉的经典故事有相似之处。在这一部分中，乌塔那匹兹姆（苏美尔人 Ziasudra 饰）接受了智慧、创造和水之神依亚（苏美尔人 Enki 饰）的指示，建造一艘方舟，从而在毁灭人类的神雨中幸存下来。因为他对神的服从和虔诚的行为，乌塔那匹兹姆后来被授予永生。虽然故事情节相似，但每一种文化都是根据其社会常规来描述英雄的船——圆形的美索不达米亚方舟，椭圆形的圣经方舟，以及一艘小船（奥维德：《变形记》，Bk 1.319）或在古典故事中被描述为一个箱子（阿波罗多罗斯，图书馆，1.7.2）。最后一个经典的版本，是希基诺斯的综合叙述编撰后的一部分，没有描述一艘船，而是说丢卡利翁逃到了埃特纳山（法布拉，2007：153）。

吉尔伽美什的史诗，尤其是关于洪水的叙述，表明了地中海盆地内的大规模贸易网络和思想交流。它的影响可以在跨越空间和时间的许多文化和许多版本中找到。

睿琪·J.米特尔曼

拓展阅读

Lendering, Jona.2007. "The Great Flood：The Story from the Bible." http：//www.livius.org /fa-fn/flood/flood1.html.Accessed December 20, 2014.

Ovid.2005. *Metamorphoses*：*A New Translation*.Charles Martin (trans.). New York：W.W.Norton & Company, Inc.

Pritchard, J.B. (ed.).2011.*The Ancient Near East*：*An Anthology of Texts and Pictures*.Princeton：Princeton University Press.

Smith, R.Scott, and Stephen Trzaskoma (trans.).2007.*Apollodorus' Library and Hyginus' Fabulae*：*Two Handbooks of Greek Mythology*.Indianapolis：Hackett Publishing Company, Inc.

主要文献

《吉尔伽美什》，碑文XI，约公元前 2100 年

许多文化都有关于洪水的故事。在接下来要介绍的史诗《吉尔伽美什》中也同样出现了。《吉尔伽美什》是一系列苏美尔人的诗歌，大约可以追溯到公元前 2100 年。乌塔那匹兹姆告诉传说中的乌鲁克国王吉尔伽美什，他是如何建造了一艘巨大的方舟，并在其中储存了食物和动物，最后在一场大洪水中幸存下来的。虽然这个故事与其说是事实，不如说是传说，但是它揭示了古代造船工业。

> 乌塔那匹兹姆对他说："吉尔伽美什，
> 让我向你展示一个秘密，
> 吉尔伽美什，让我告诉你神的旨意！"
> 书利巴是你所知道的，
> 坐落在伯拉大河边。
> 那座城市非常古老，里面的众神想要使洪水泛滥，
> 他们的心在催促着他们，即使是那些强大的神

……他们的父亲是阿奴。
他们的顾问是战士伊利尔。
他们的信使尼尼布，
他们的王子艾努吉。

以赛亚神尼以基阿撒与他们商议，
就把这话反复说给芦苇听。
用芦苇盖房子！用芦苇盖房子！墙，墙！
乌巴拉—图图的儿子，舒里帕克人，
拆掉你的房子，造艘船！

远离财富，求得生存！
放弃财产，保全生命！
叫各样有生命的种子，都上船去。
你要造的船，
让她的身材比例好好测量一下吧！
它的宽度和长度是一致的！
在海上去让它开动吧！
我明白了，就对叶说：——我主啊，
你所吩咐的话，
我尊敬，我将执行，
我对这城、和百姓、并长老，要说什么呢？
叶就开口说话。
他对我说他的仆人：
你要对他们这样说
"伊利尔恨我，而且，
我不再住在你的城里，我将前往伊利尔的土地，但不久后我便
离开，
我要下到海中去，我的主，我要与叶同住。
那时，他必降雨在你身上。
捉一鸟，捉一鱼。
必有狂风暴雨降在你们身上。

……

第五天，我画了它的设计图。
每边高一百二十腕尺。
这墙长一百二十肘，与殿顶的四围相对。
我放下已裁好的木板，把它封起来。
我用了六层楼，
把它分成七个部分。
它的内部我分成了九个部分，
我把水塞子塞在里面。
我预备了舵，预备了所需的东西。
我往外面倒了三瓶柏油，
我往里面倒了三瓶柏油，
当那些扛着篮子的人带着三桶油上船时，
还剩下一桶人们用来做祭品的柏油，
船长还把两桶油藏了起来。

为了……我宰牛；
我每天都杀羊羔。
必须，芝麻酒，油和酒，
我叫百姓喝这河里的水
我设宴，像过节一样。
我打开一盒药膏；我把它放在我的手里。
在伟大的沙马什升起时，这艘船完成了……
带着我所有的一切，我把它装载起来。
我用我所有的银子装上船。
我用我所有的金子装上船。
我用我所有的活物来装载它。
我把我所有的家人和亲戚都带上船，
田野的牛，田野的兽，
工匠们，我把他们都带上了船。

沙马什约定了一个固定的时间 [说]：
"黑夜的掌权者在夜间降下大雨。
那就上船去，关上门吧。"

约定的时间到了，
黄昏时黑暗的统治者下了一场大雨。
我观察到的天气状况，
我害怕看天气，
我上了船，关上门。
对船长，对水手普祖尔—阿穆利，
我连同货物一起将这伟大的建筑交给了他。

当第一道曙光出现的时候
从地平线上出现了一片乌云，
亚达在其中打雷，
而纳布和萨卢走在前面
他们如使者翻山越岭，遍行平原。
尼格尔扯开锚索，
尼尼布继续着，他制造的暴风雨降临了，
阿奴拿基人举起火把，
他们就用光辉照亮那地。
愤怒的阿达到达天堂，
所有的光都变成了黑暗。
洪水淹没了土地，就像……

有一天暴风雨…
它猛烈地吹，然后……
它像战场上的猛攻一样冲向人民。
没有人看见他的同伴，
人们再也不能互相通信了。
在天堂

众神被洪水吓坏了……

六天六夜

风一吹，洪水泛滥，狂风大作，淹没大地。

第七天临近的时候，狂风大浪在这场

它们一开始就占有主动权的战役中，停下步伐。

海就平静了，狂风暴雨、洪水也止住了。

我向海观看，海中的喧嚷就止住了。

于是整个人类都变成了泥土。

耕作的土地变得像沼泽，

我打开窗户，阳光照在我脸上，

我跪下哭泣；

我泪流满面。

我凝视着世界的各个角落——大海是可怕的。

过了十二天，有一座岛兴起来，

船到了尼歇地，

尼歇地的山紧紧抓住船，不让它动。

资料来源：Handcock，Percy（ed.）.1921.*Babylonian Flood Stories*.New York：The MacMillan Co.，pp.10-14.

《失事水手的故事》，约公元前 2000 年至前 1650 年

距其首次出版三个世纪后，丹尼尔·笛福的《鲁滨逊漂流记》仍然吸引着读者，并且被改编为多部电影或戏剧。然而，我们最古老的岛屿漂流故事可以追溯到埃及的中央王国（约公元前 2000—前 1650 年）。《失事水手的故事》是关于一个埃及高级官员的故事。他从一次显然不成功的航行中归来，并受到他的一个水手的鼓励，在提醒他们安全返回后，告诉他们他过去的一次冒险。水手的船失事了，他被困在一个岛上。然而，与鲁滨逊·克鲁索不同的是，这位埃及水手得到了一条仁慈的蛇的照顾，这条蛇给了他丰厚的贸易货物带回家，以安抚法老。

那聪明的仆人说，我主啊，我们已经回本地去了，你可以放心。我们在船上划了好长时间，划了好多次，船头终于靠岸了。众民都欢乐，彼此拥抱。并且我们回来的时候，身体健壮，没有一个人缺胳膊少腿的。我们虽然走到华沃的尽头，经过了桑曼的土地，但我们已经平安归来，我们的土地现在又回来了。听我说，我的主！我没有别的避难所。洗净你，把水倒在你指头上。然后去把这个故事告诉国王。

……现在我要告诉你发生在我身上的事……我要到法老拥有的矿上去了。我行船在海上，乘坐一艘长一百二十肘、宽四十肘的船，与埃及最好的曾见过世面的一百二十名船员一起，他们的心比狮子还坚定。他们说过不会有逆风。我们到了那地方，风就起来，浪高八肘。至于我，我抓到了一块木头；船上的人都死了，连一个也没有剩下。我独自一人在岛上待了三天，除了自己的心，没有一个同伴。我躺进灌木丛中，阴影笼罩着我。然后我伸展四肢，试图为我的嘴找到一些东西。我在那里找到了无花果和谷物，各种瓜类，鱼和鸟。那里什么都不缺。我饱餐了一顿，还拿了一些，倒在地上。我掘了坑，生了火，向众神献燔祭。

突然我听到……雷声，我以为是海浪的声音。树在震动，地也在震动。我揭开面纱，看见一条蛇靠近了。他长三十肘，胡须也长二肘多。他的身体是用金子包裹的，他的颜色是最正的天青色。他在我面前蜷成一团。

然后他张开嘴……对我说，是什么让你来的？你若不快快说是什么使你来到这岛上，我必使你认识你自己。我在你面前未曾听见、未曾知道的事，你若不告诉我，就必如火焰消灭。

他就叼住我，抱我到他的坟墓，将我安放在那。我没有受伤。我是完整的、健全的，没有受伤。我正俯伏在他面前，他就开口说，"是什么带你来的，是什么带你来的？小家伙，是什么带你来到这处于大海之中的岛屿？是什么带你来带到这处于巨浪之间的土地？"

（水手重复他的海难故事，并得出结论）："我是被海浪带到这个岛上的。"

他对我说："小子，不要害怕，不要惧怕，也不要愁容满面。你若到我这里来，是神使你存活。因为就是神领你到这福岛的，这里物产丰盈，满有美物。你看，你要一个月又一个月地过去，直到你在这岛上住了四个月。你必与水手一同坐船从你的地而来，你也要与他们同去，回你本地去，死在你城里。"

……

我就下拜，在他面前俯伏于地。"我先前所告诉你的，现在可以告诉你。我要将你的事告诉法老，使他知道你的能力。又要将分别为圣的油和香料，并众神所敬拜之殿的香，都奉给你。"

……

然后，船果然进了。我就照他先前所告诉我的——爬上一棵高大的树，要竭力看清里面的人。我就去告诉他这事，他却早已知道了。然后他对我说："别了，别了，回你家里去吧，小家伙，你将要你的孩子们，我会让你在城里声名鹊起。这些是我对你的祝愿。"

我就在他面前下拜，在他面前弯下腰来。他就拿珍贵的香料，来自肉桂、檀香木、柏树，以及许多熏香、象牙、狒狒、猿猴和各样珍贵的物件给我作礼物。我就上了所来的船，拜了拜，为他祈求神。

……

资料来源：Eva March Tappan（ed.）.1914.The World's Story：A History of the World in Story, Song and Art. Vol. Ⅲ "Egypt, Africa, and Arabia." Boston：Houghton Mifflin, pp.41-45.

"光辉第八年铭文"和"伴随着海战的铭文"，来自拉美西斯三世葬祭殿，约公元前 1175 年

公元前 12、13 世纪，"海洋民族"入侵埃及。大约在公元前 1175 年，法老拉美西斯三世（约公元前 1186—前 1155 年）俘虏了一大批"海洋民族"在尼罗河三角洲一个分支的船只，并完全摧毁了它们。战役的描述出现在拉美西斯三世葬祭殿里的两块铭文上，我们将其部分摘录（见下文）。这是已知的最古老的海战记录。

伟大的八年铭文

在拉美西斯三世统治下的第八年……外国在他们的岛屿上搞了一个大阴谋。所有的土地立刻被夺走，在战争中被瓜分。所有人都难挡

他们的进攻，从哈蒂、科德、卡西米什、阿尔扎瓦和阿拉希亚，都是一次被切断的。在阿穆尔的一个地方建起了营地。他们驱赶那里的居民，地就像未曾有人居住的一样。他们向埃及去，前面已经有人为他们的战火开路。他们的同盟是非利士人，提结、示基列、耶伊、和毗列设，它们团结一心。他们的手按在地上，直按到地极。他们心里自信：我们的计谋必然成功。

现在这位神的心，众神之主的心，已经预备好了，准备好像鸟一样诱捕他们……我在底亚希设立防营，在他们面前排兵布阵，预备了首领，和军长，并战车。我已经预备好了像城墙一样的河口，有战船、苦工和沿海的船只，都全副武装。从船头直到船尾都有拿兵器的勇士。军队由每一个历经精挑细选的埃及人组成。他们好像狮子在山顶吼叫。车夫由精选的人组成，他们都是优秀能干的车夫。那马浑身战兢，要用蹄践踏列国。我是勇敢的蒙图人，坚定地站在他们的面前，好让他们看到自己的双手被抓……

对那些踏足我边界的人，我必绝其后裔，并使之魂飞魄散，永世不得超生；对那些海上增援，在河口等待他们的是熊熊烈火：即使他们上了岸，也会被重兵包围；他们将被拖进来，被包抄，在沙滩上曝晒，直到死亡，他们将会被全须全尾地码成一堆，和他们的货物和船只一起，像意外溺水一样沉入海底。

海战铭文

现在，在他们的岛屿上的北方国家，会对着他们的身体战栗。他们穿过河口的河道。他们的鼻孔已经停止工作，所以他们的愿望是呼吸。陛下像一阵旋风一样冲向他们，在战场上轻盈穿梭。他们对他的惧怕已经深入骨髓。他们就在自己足下所踏得土地上被消灭。他们的心被掳去，他们的魂被掳去。他们的箭散落在海上。他的箭想射穿谁就射穿谁，而那些士兵最期望的不过是能直接掉入水中。

资料来源：William F. Edgerton and John Wilson. 1936. *Historical Records of Ramesses* Ⅱ. Chicago：University of Chicago Press，pp.41，49-50.

《文阿蒙报告》，约公元前 1189 年至前 1077 年

埃及依靠黎巴嫩的木材建造船只。在新王国（约公元前 1550—前

1075 年）时期，埃及经常为获得或维持对黎巴嫩的控制而战。《文阿蒙（Wenamun）报告》可以追溯到埃及的第二十王朝（公元前 1189—前 1077 年），是一位名叫文阿蒙的祭司被法老派遣——可能是拉美西斯十一世（约公元前 1107—前 1077 年）——去黎巴嫩的比布鲁斯市为一艘船获取木材。在这个过程中，文阿蒙遭到抢劫，之后又没有说服比布鲁斯王子（名义上是法老的臣民）赔偿他的损失并提供所需的木材。

第 5 年，第三季的第三个月，第 16 天，文阿蒙离开的那天，他是两国之王的长子，负责为阿蒙（阿蒙是众神之王）那艘宏伟庄严的驳船运木材，那艘船停泊在水边，被称为"阿蒙的乌瑟赫"。

我到了他尼斯，或者又被叫做尼流便，坦拿们的住处，就把万神之王阿蒙的诏书交给他们，叫人在他们面前念给他们听。他们说："我必行。我会做……我主说，我指着阿蒙，众神之王起誓。"

我在他尼斯住到第三季［夏天］的第四个月。然后奈苏贝尼德和坦塔蒙把我和船长门格贝特一起送走了，我潜入了叙利亚的大海……我到了多珥，这是一座高珥城。有城里的首领比得，叫人给我拿来许多饼、一皮袋酒和一块牛肉。我船上有一个人偷了一艘五底本的金船、四舍客勒银子、二十底本、一口袋十一底本的银子就逃跑了。

次日早晨，我到王子的住处，对他说："我在你的港口被抢了。既然你是这片土地的国王，那么你就是这片土地的主人——你应当帮我找到钱。因为这钱是属于神之王阿蒙的……"他对我说："向您的荣誉和卓越！但等等，你向我所发的怨言，我却不知道。如果小偷属于我的土地，他上了你的船，他可以偷你的财宝，我会从我的国库偿还给你，直到他们……但是抢劫你的贼是属于你的船的。你同我在这里住几天，我要去找他。"

我在他的港口停泊了九天，就去见他，对他说："你并没有找到我的银子。让我和船长，还有那些出海的人一起走吧。"

……

［离开后，文阿蒙的船袭击了一艘经过的船，并扣押了 30 德本的银子，他说他将保留这些钱，直到他偷来的钱被归还。离开了他的船，文阿蒙在比布鲁斯港口［搭起］一个帐篷，"行路者的阿蒙神"（就是以他的神为形打造的护身符）造了一个藏身之处，将他所有东

西都放在其中。比布鲁斯的王子差遣人来见我，说："你离开我的港口吧……"我在他的港口住了 19 天，他每天都打发人来对我说："离开我的港口吧！"

……我发现了一艘开往埃及的船，我把所有的东西都装上了船。我等候黑暗降临，说："等那光降下来的时候，我也要使神上船，免得别人看见他。"

港务长来见我，说："你可以住到早晨。"我对他说："那天天来见我，说'你离开我的港口'的不是你吗？"

当清晨来临……我发现（王子）坐在他的楼上房间里……他对我说："你从阿蒙的住处出来，到今日有多少日子呢？"我说："五个月零一天。"

……

[在一番反反复复的玩笑之后，他问文阿蒙：]

"你到这里来有什么事？"我对他说："我是来找阿蒙——众神之王——的大木船的木料的。这是你父亲干的，这是你祖父干的，你也要干……"他对我说："他们做到了，真的。如果你给我做这件事的报酬，我就去做……"

（国王要求脱离法老独立，并要求支付报酬，文阿蒙对此作出回应）噢，有罪的人！我这一趟不是为了犯蠢而来的。河上没有一条船不是阿蒙所拥有的。因为他的是海，他的是黎巴嫩，你曾说，这是我的……看哪，你竟让这位伟大的上帝等了二十九天……阿蒙是诸神之王，他是降与生命的主，是你列祖的耶和华，他们都曾向阿蒙奉上祭品。你也是阿蒙的仆人。你若对亚们说，我必如此行，我必如此行，你就必遵行他的命令，存活，富足，健壮，使你的整个国家，和你的百姓都喜乐。

求你领我的文士到我这里来，我好打发他往拿士比匿和坦拿们去。他们会把所有我写的东西寄过来，我会写"把它们都带来"。直到我回到南方，把你所拥有的所有都送回来。

他把我的信交到他的使者手里；又把船的龙骨、前舱、后舱，并凿成的四根木头，共七根，都装上，送到埃及去。

资料来源：J.H.Breasted.1906.*Ancient Records of Egypt*，*Volume* 4.Chicago：University of Chicago Press，pp.278-84.

荷马，《奥德赛》，第 5 卷，第 244—330 行，约公元前 750 年至前 650 年

《奥德赛》是荷马的两部史诗之一，另一部是《伊利亚特》。它描述了特洛伊战争中希腊和特洛伊英雄之间的较量。《奥德赛》追溯了其中一位希腊英雄奥德修斯的漫长归途，他战胜了一系列的敌人，包括海神波塞冬的儿子独眼巨人波吕斐摩斯，奥德修斯使他失明，招致了海神波塞冬的愤怒。《奥德赛》是一部伟大的航海冒险故事，几个世纪以来，它激发了许多类似的故事，包括辛巴达的故事。在下文中，奥德修斯失去了他的船员并遭遇了海难，他建造了一艘船继续返航。虽然在文本中被称为木筏，但它显然比任何木筏都要精致，文本详细介绍了希腊的造船技术，包括用来固定木板的榫眼和榫接。

然后，她（卡利普索，Calypso）领着他走到岛的边缘，那里有高大的树木，赤杨、白杨和冷杉，一直长到干燥的天空。这些树可以为他轻轻飘浮。但是当她告诉他高大的树木生长的地方后，美丽的女神卡利普索就回家了。但是他（奥德修斯）开始伐木，他的工作进展很快。他砍了 20 棵树，用斧子把它们拴都砍倒了。然后，他很有技巧地把它们全都弄平，使它们直插到直线上。与此同时，美丽的女神卡利普索给他带来了占卜器；他把一切凿成孔，使之互相配合，又用榫子和泥钉钉在一起。船的宽度仿佛是一个熟练的木匠在货船的船体上划出了一道曲线，像一根粗横梁，这便是奥德修斯做的木筏的宽度了。他又架起甲板的横梁，把它们拴在紧靠的肋上，继续工作；他用长杆撑起木筏。他在船身上安了一根桅杆和一根桁臂，然后又做了一只掌舵的桨。他又用柳条篱笆从船头到船尾都围起来，作为防浪的屏障。与此同时，美丽的女神卡利普索带来布料给他做帆，他也熟练地制作了帆。他把木筏上的桅杆、索具和帆系紧，然后用杠杆把木筏推入明亮的大海。

到了第四天，他的事都做完了。第五天，美丽的卡利普索给奥德修斯洗过澡，给他穿上芳香的衣服后，派他从岛上回来。在木筏上，女神在皮夹里放了一袋子红酒，还有充足的水和食物。她在里面放了

许多好吃的，以满足他的心。她发出了柔和的风和温暖，于是奥德修斯愉快地驾着帆船迎风而行。当他看着昴宿星，以及稍晚一点才会出现的五车二，还有大熊座的诸星（人们也叫大熊座"威恩"）。它总是绕着它所在的地方，也留意猎户星座……因为这颗星星是美丽的女神卡利普索在他航行的时候吩咐他保持在航线左手边的。他在海上航行了 17 天。到了第 18 天，出现了菲阿斯人那片土地上的阴影山，那里离他最近，它就像迷雾深处的盾牌。

但辉煌的惊天骇地者（海神）……从远处，从索利米的山泉，我看见了他……于是他更加怒不可遏，摇了摇头，对自己的心说："……我要把他赶出罪恶的深渊。"

正如他说的那样，他（海神波塞冬）把云彩收了起来，用他的三叉戟把海水翻了个底朝天，刮起一阵阵狂风，把陆地和大海都藏在云彩里。黑夜从天而降。一起的东风和南风相碰，猛烈的西风和北风，在明亮的天空中诞生，在他面前翻滚着一个巨大的波浪。奥德修斯松了一口气，他的心也软了下去。他对自己强大的灵魂说：

"啊，我是多么不幸啊！我最后会遇到什么呢？但愿我在特洛伊人向我投掷青铜尖矛，围绕着珀琉斯［阿喀琉斯］死去的儿子的尸体厮杀的那一天死去，并接受自己的命运。那时我若有葬礼，亚该亚人必传扬我的名。但现在我却是毫无还手之力且必死无疑。"

正当他说话的时候，巨浪从高处向他袭来，以可怕的力量向他冲来，把他的木筏卷了起来。他从木筏上掉了下来，舵桨也从他手里掉了下来，但他的桅杆却被一阵猛烈的狂风刮断了，帆和桁都掉在海上很远的地方。至于他，即使海底的波浪已经把他托住很长时间，他也不能立刻从汹涌的波浪中站起来，因为美丽的卡利普索给他的衣服正在拖他下沉。终于，到最后一刻，他浮上来了，他的嘴里吐出苦味的盐水，那盐水从他的头上像小溪一样流着。然而，他并没有忘记他的木筏，尽管他很不幸，他还是在浪涛中追着木筏，抓住木筏，坐在木筏中间，想要逃脱死亡的厄运。一个大浪把他卷来卷去……

资料来源：Homer. A. T. Murray（trans.）. 1919. *The Odyssey*. New York：G. P. Putnam's Sons，pp.187-95.

第二章 古代世界，公元前1000年至300年

概　述

在公元前12世纪的混乱之后，地中海和中东地区的长途贸易迅速恢复。最具代表性的是腓尼基人，他们远离家乡，沿着现代黎巴嫩海岸航行。类似的贸易也出现在印度洋，将东非、波斯湾、印度、东南亚以及中国的多元文化联系在一起。公元前2世纪，希腊商人从埃及开始航行到印度，罗马帝国后来与汉朝建立了外交关系。因为波利尼西亚人的祖先拉皮塔人向东航行，到达太平洋后开始在越来越远的岛屿定居。造船技术得到了改进，希腊人和腓尼基人喜爱的榫卯细木工以及印度洋上流行的缝船体技术制造出了能进行长途航行的结实船只。从希腊到印度的海员提高了他们的天文学和航海知识，并为共同的航行路线制作了指南。有几个国家，特别是地中海国家，发展了专门的军舰，并维持了常备海军。

腓尼基人以通航大师和杰出的商人而闻名。他们航行穿越地中海，在北非和南欧建立了贸易站和殖民地城市。尽管学者们仍在争论他们成就的广度和他们所走的距离，但毫无疑问，腓尼基人航行越过直布罗陀海峡，开始探索非洲和欧洲的大西洋海岸。虽然腓尼基人的家乡城市被并入了更大的帝国，包括亚述人、埃及人和波斯人的帝国，但他们的航海技能却受到了重视。亚述王西拿基立（公元前705—前681年）带着腓尼基造船工人和水手，连同木材和其他物资，来到他的首都尼尼微建造船只，他们沿着幼发拉底河航行到波斯湾，在那里他们开始了在阿拉伯半岛东北部的军事行动。埃及法老尼哥二世（约公元前610—前595年）曾试图修建一条连接尼罗河和红海的运河，他派遣腓尼基水手到西部和南部进行探险和贸易。波斯人也依赖腓尼基战舰来支援他们军队的前进，许多在萨拉米斯和波斯战争中与希腊人作战的船只都是腓尼基的。

早在萨拉米斯之前，希腊人就开始航海，在整个南欧建立殖民地城市，尤其是在意大利南部和西西里岛。萨拉米斯战役的胜利鼓舞了雅典市民，雅典扩大了舰队和海上联系，日益繁荣昌盛，开启了艺术、文化和帝国扩张的黄金时代。亚历山大大帝（公元前356—前323年）依靠雅典舰队入侵波斯，他在埃及建立的城市亚历山大是一个学习中心。除了其他学科，那里的学者还学习地理和天文学，并以此提高了航海科学。希腊人发展了经纬线的概念，用以显示距离和帮助导航，并在他们的地图上使用它们。伊拉托斯忒尼（公元前276—前196年），一位著名的中算师和地理学家，算出了的地球周长，与正确数字只差不到200英里。许多希腊人，如历史学家希罗多德（公元前484—前425年），广泛旅行并记录他们的经历，增强了希腊人对世界的了解。后来，希腊人编写了详细的航海和贸易指南（periploi），其中包括《红海沿岸》（*Periplus of the Erythraean Sea*），这是一本关于埃及、东非、波斯湾和印度之间航行和贸易的指南。

印度的学者同样记录并扩展了一套复杂的导航知识体系，其中包括可以用作导航参考点的风、洋流和恒星的信息。在太平洋上，莱帕特人掌握了纬度导航，即先向北或向南航行到达目标纬度，然后向东或向西一直航行到目标目的地，确保水手们不会错过。随着星群的移动，他们在一系列岛屿上定居，大约在公元前800年到达萨摩亚和汤加。

当罗马征服希腊的城市和国家并建立了一个帝国时，它的人民从希腊的航海知识和海上贸易中获益。罗马城本身开始依赖西西里岛和埃及的定期谷物运输。这些谷物船在当时是巨大的，有180英尺长，1200吨重。据卢西恩（约125—180年）说，其中一艘船载着足够雅典人吃几个月的粮食。1000多年后，同样大小的船只才再次航行于地中海，而希腊和罗马时代的大多数地中海货船重量都在100—250吨之间。较大的雅典货船可以装载100—150吨的葡萄酒或食用油，然后返程时货轮装满谷物。250吨的货轮也驶往雅典。尽管罗马帝国因其城市之间的公路而闻名，但海运货物的成本还不到当时最好的公路运输成本的十分之一。横跨地中海的罗马海上通道支撑了罗马帝国的发展。在其鼎盛时期，罗马得益于从英国、西班牙延伸至埃及、再从埃及延伸至印度、东南亚和中国的贸易网络。

汉朝（公元前206—220年），中国发展了广泛的贸易网络。特别是中国丝绸，需求量很大。经过几个商人的手，丝绸出口到东南亚的港口，（这些商人把丝绸从中国运到罗马），再经过印度洋，然后红海，最后经过埃及，耗时约 18 个月。到了宋朝（960—1279 年），一些中国商人甚至航行到阿拉伯半岛。

许多小型货船在地中海和印度洋上从一个港口航行到另一个港口，沿着海岸买卖货物。这些不定期货船可能运载了大部分海上运输的货物。尽管在许多社会中，职业商人受到拥有土地的贵族的嘲笑，但他们出现在主要港口城市进行大部分的长途贸易，尤其是丝绸和香料等高价值商品的贸易。腓尼基商人用他们的船只作为抵押来借钱购买货物，在出售货物后偿还贷款。这类贷款成为海上定期保险制度的基础。海上定期保险覆盖船舶或货物，或两者兼而有之。大多数州都严格管理港口和贸易，向停靠和卸货的船只收取费用。

船 蛆

"船蛆"（Shipworm）适用于几种蛀木的咸水蛤蜊，几千年来一直是海员的祸害。这些自由游动的幼体附着在水下的木头上。在那里，它们长出了一个蠕虫状的身体，只有一小部分被头盔状的外壳所覆盖，它们用这个外壳在木头里挖深隧道，在那里度过余生。最常见的船蛆的起源尚不清楚，但它在热带繁殖得最为多样。船蛆比其他物种更能适应较低的盐度，现在在世界各地的咸水和半咸水中都能找到它的踪迹，包括较冷的高纬度地区（如波罗的海）。纳瓦利斯被认为是一种入侵物种，对在盐水中建造或操作的木质结构构成重大风险。它的钻孔极具危险性，会侵蚀船体以及支撑码头、桥梁和建筑物的桩基。船蛆已经摧毁了整个港口（例如，1919—1920 年美国海军在旧金山湾的基地）。如果没有沉淀物覆盖，同样面临危险的是沉船的木材和其他沉没的考古木材。针对船蛆采取的措施包括在建筑中使用石头或混凝土，用金属包裹木材，以及用木馏油等物质油漆或加压处理木材。

诺里·柯南道尔

皮尔斯·保罗·克里斯曼

到公元前 500 年，地中海出现了专门的战舰。在接下来的几个世纪里，随着建造者增加了第二和第三条桨线，同时出现了供士兵使用的作战平台和高塔，以及用来保护划桨者的甲板，使圆滑桨船变得越来越大。荷

马笔下 50 桨的伽勒利（pentekonters）被两排桨手的两列桨战船所取代，然后又被分成三排配有 170 名桨手的三列桨战船取代。船只通过撞击或登上敌舰进行战斗，希腊人发展出了巧妙的海军战术来智取敌舰。一般来说，经验丰富的水手更喜欢猛撞，而那些没有航海经验的水手更喜欢靠近和登船。近距离作战的 200 人或 200 多人的小型拥挤船只，使海战变得血腥，在更大规模的战斗中，死亡人数往往达到数千人。

公元前 4 世纪，由迦太基、希腊诸国和罗马共和国建造的更大的战舰取代了三列桨战船。由于无法再增加一排桨手，这些四列桨和五列桨战船只好让两排人划桨。更大的战舰可以装上弹射器，罗马人还发明了一种类似乌鸦星座的登舰桥，可以帮助他们迅速击溃敌舰。然而，这些带桨的大桡船只有在天气好、海面平静的时候才能出海。19 世纪晚期，阿尔弗雷德·赛耶·马汉（Alfred Thayer Mahan，1840—1914 年）推广了"控制海洋"（海权）一词。尽管事实证明，雅典海军有能力控制海上的咽喉，比如通往黑海的狭窄通道，但这一说法超出了他们的能力。在罗马征服地中海之后，大型战舰变得罕见，因为这支舰队被精简为一支警察部队，负责消灭海盗，保护运送埃及谷物到罗马的船队。

这些年来，人们在许多海事技术上取得了进步。希腊人用铅皮保护他们的许多船只不受船蛆的侵害，但他们不保护战舰，因为战舰需要快速和可操作。港口设施在规模和质量上得到了改善，并增加了辅助导航的功能，如亚历山大灯塔。亚历山大灯塔建于公元前 250 年前后，是当时世界上最高的建筑。造船者改进了索具，使操纵船帆更加容易，并在公元前 1 世纪前的某个时候引入了三角帆，使船只能够更接近风向。特别是较小的船只，发现三角帆航行是有利的。

海洋活动的许多持久特征出现在这个时代。从光滑的战舰到散货船，船舶越来越多地专门用于特定的任务。各国保持了海军的常备力量，以打击敌对国家和海盗，并征收关税，为港口改善和其他项目提供资金。很少有（如果有的话）商人从意大利一路航行到中国，但黄金、丝绸和其他商品经常经过这段航程，为全球经济奠定了基础。

斯蒂芬·K.斯坦

拓展阅读

Casson，Lionel.1991.*The Ancient Mariners*.Princeton：Princeton University Press.

Casson，Lionel. 1995. *Ships and Seamanship in the Ancient World.* Baltimore：Johns Hopkins University Press.

Casson，Lionel.1998.*The Periplus Maris Erythraei：Text with Introduction，Translation，and Commentary.*Princeton：Princeton University Press.

McGrail，Sean.2004.*Boats of the World：From the Stone Age to Medieval Times.*Oxford：Oxford University Press.

Miller，J.Innes.1969.*The Spice Trade of the Roman Empire：29 BC to AD 641.*Oxford：Clarendon.

年表　古代世界，公元前 1000 年至 300 年

公元前 950 年	所罗门在以色列的统治。腓尼基人向他提供提姆伯，以建立一支舰队
公元前 800 年	腓尼基人在北非建立了几个殖民地
公元前 814 年	腓尼基人发现迦太基
公元前 800 年	波利尼西亚人的祖先拉皮塔人到达萨摩亚 希腊人开始在意大利南部和西西里岛殖民
公元前 760 年	腓尼基人沿西班牙大西洋海岸进行贸易
公元前 753 年	罗马传奇的基础
公元前 700 年	双列桨座战船的发展
公元前 600 年	三列桨战船的发展
公元前 590 年	雅典实行梭伦改革，标志着民主的开始
公元前 563 年	释迦牟尼诞生
公元前 559 年	居鲁士大帝打败了巴比伦人，建立了阿赫—埃梅尼德王朝，开始了波斯帝国的扩张
公元前 525 年	波斯人征服埃及
公元前 500 年	航海家汉诺为迦太基探索西非
公元前 496 年	在波斯的统治下，埃及人完成了连接尼罗河和红海的运河建设
公元前 494 年	波斯军队在米利都打败了希腊舰队，粉碎了爱奥尼亚（东部）希腊人的反抗
公元前 490 年	波斯远征队，因支持雅典人在马拉松战役中击败的爱奥尼亚起义而惩罚雅典
公元前 484—前 425 年	希腊历史学家希罗多德的一生
公元前 483/2 年	雅典人投票决定利用新发现的银矿为海军建设提供资金，并开始建设世界上最大的舰队

续表

公元前 480 年	在泰米斯托克利斯的带领下，希腊舰队赢得了萨拉米斯战役，阻止了波斯对希腊本土的第二次入侵
公元前 479 年	中国哲学家孔子去世
公元前 460/459 年	雅典海军上将泰米斯托克利斯去世
公元前 450 年	雅典海上帝国的巩固
公元前 447 年	雅典开始建造帕台农神庙
公元前 431 年	雅典和斯巴达以及他们各自的盟友之间的伯罗奔尼撒战争开始了
公元前 405 年	斯巴达海军上将拉山德在爱斯古斯波塔米海滩上突袭并摧毁了雅典舰队
公元前 404 年	雅典向斯巴达投降，结束了伯罗奔尼撒战争
公元前 334 年	一支希腊舰队将亚历山大大帝的军队运送到小亚细亚，他开始征服波斯帝国
公元前 323 年	亚历山大大帝从印度回国后不久就去世了
公元前 320 年	马萨利亚的皮西亚斯探索北欧水域
公元前 264—前 241 年	迦太基和罗马之间的第一次布匿战争
公元前 200 年	中国部署洛川塔式战舰
公元前 250 年	亚历山大灯塔建成
公元前 240 年	阿基米德帮助设计和建造了古代世界上最大的船只之一——锡拉库西亚号
公元前 260—前 210 年	秦始皇统一并统治中国，成为中国的第一个皇帝
公元前 232 年	印度国王阿育王去世
公元前 218—前 201 年	迦太基和罗马之间的第二次布匿战争 汉尼拔入侵意大利
公元前 210 年	徐福从中国开始了他的第二次探险
公元前 120 年	基齐库斯的欧多克索斯去印度旅行
公元前 146 年	罗马在第三次布匿战争中打败并摧毁了迦太基
公元前 67 年	庞培大帝镇压地中海海盗
公元前 56 年	恺撒在高卢打败了威尼提
公元前 49 年	恺撒大帝越过卢比孔河，开始了一场罗马内战
公元前 44 年	恺撒被暗杀
公元前 31 年	屋大维（很快被称为奥古斯都）在亚克兴角战役中击败了安东尼
1 世纪	描述印第安人的希腊手册《厄里斯海的边缘》 《海洋贸易与航海》出版
100—170 年	罗马地理学家克劳迪斯·托勒密的一生
117—138 年	罗马皇帝哈德良的统治

166 年	罗马代表团抵达中国
220 年	中国汉朝灭亡

中国，公元前 1000 年至 300 年

中国人常常把海洋视为一道屏障，就像为中国提供安全的东部边境的长城一样。然而，即使是海洋都属于"天下"的范畴，这一事实也含蓄地指出了它们处于皇帝的控制之下，并由此产生了一种对浩瀚海洋的复杂的心理关系：渴望却又蔑视。中国的地形是它依靠黄河和长江这两条最大的河流发展内河航运的关键因素。中国的内河自然系统在确保农田灌溉、贸易和通讯，以及在战争期间调动和补给军队的过程中，起到了至关重要的作用。历代皇帝和政府出资修建了连接这些水道的运河网，这成为管理和控制日益壮大的中华帝国的基本工具。中国的造船业首先是在河流上发展起来的，甚至远洋船舶也保留了河船常见的平底。虽然后来的中国统治者把更多的注意力放在了海洋上，但在他们的思想中，中国内河航道的地位一直是他们优先考虑的选择。

中国沿海的民族，拥有悠久的海上传统，比如殷人，在沿海水域捕鱼和沿海贸易。他们占领了山东半岛和湖北省①的一部分，后来建立了商朝（公元前 1558—前 1046 年）。然而，关于这一点的证据很少。直到春秋时期（公元前 770—前 476 年），人们才对海洋活动有了更详细的记载。例如，南方的吴国（浙江、上海和江苏）和越国（长江入海口）与中国的城市发展了富有成效的沿海贸易。尤其是越国人，开始拥有一支配有军舰的海军力量，并在公元前 5 世纪派遣海军远征山东半岛。在一段时间内，它的海军力量使它在动荡的战国时期（公元前 476—前 221 年）幸存，甚至繁荣起来——这一时期小国争夺权力，为自己的国家能够统一中国而互相争斗。

然而，是秦朝统一了中国。秦始皇（公元前 260—前 210 年）建立了短暂的秦朝（公元前 221—前 206 年），控制了中原大部和几乎从东

---

① 译者注：作者可能误将河北省写成了湖北省。

北南部到浙江的整个海岸线。秦始皇比以前的统治者更注重海洋事务，他带领军队南下，征服越国人，控制了浙江、福建、广东和北部湾（今越南北部）的沿海地区。这些地区因水稻种植和与东南亚的海上贸易而富饶，是有吸引力的目标。例如，广州港已经以进口奢侈品闻名，包括犀牛角、珍珠、龟壳、金属和药用植物。秦始皇连续五次远征，逐渐征服了其他诸侯国，最终在公元前 214 年打败了越国。越国从此被划分为四个地区，每个地区都有自己的总督和驻军，成为中国海上活动和对外贸易的中心。

相传秦始皇曾派方士徐福到传说中的蓬莱、方丈、瀛洲三岛，寻找长生不老的草药。徐福没有找到它们，第三次航行连自己也没能回来。秦始皇于公元前 210 年去世，一度结束了中国南方的扩张。据说，汉朝（公元前 206—220 年）的早期统治者也曾派遣术士李少君到海外寻找长生不老的草药，但他也未能返回。

在汉朝时期，中国建造了各种专门的军舰，通常在官营的造船厂，造船技术显著提高。建造单位主要位于南部沿海省份广东、福建和浙江，试验了各种材料和技术。1974 年，一支考古队在广州发现并发掘了一座造船厂。它始建于公元前 3 世纪，拥有建造 100 英尺长的船只的设施。中国根据船只用途和海洋或河流的地理特征，建造了各种风格和尺寸的舢板。汉朝的职业海军在公元前 108 年征服了朝鲜半岛的北部。海军的战术集中在登船和捕获敌舰上，汉朝使用了受到严密保护的"楼船"（"塔船"）和"桥船"，这是一种特殊的舢板，有平台，可以让人和马像在陆地上一样战斗。

楼 船

楼船（"塔船"）是中国早在秦汉（公元前 221—220 年）就开始使用的军事船只。这些令人惊叹的船只被描述为漂浮的城堡，在舰队中充当指挥船只的角色。使楼船有别于其他船只的是它的三层垂直甲板。每层甲板都有木墙保护。沿着城墙有规则间隔的开口，为弩手和长矛手提供掩护。楼船的防御工事用皮革和毛毡覆盖，以保护船只免受纵火袭击。

在楼船最上层甲板上安装了一种弹射器。在这些战争机器中，装有经过特殊处理的可以向敌军发射的大石头或铁水。在现存的一份有关秦朝一位海军上将建造的楼船的描述中，我们得以一窥楼船的样子。尽管拥有令人惊叹的设计工艺，但由于缺乏机动性以及在风暴中无法抵御汹涌的海水等缺陷，笨重的楼船最终被认为是一艘不切实际的军舰。然而，楼船继续出现在舰队中，作为一种恐吓敌人的心理战术。

扎卡里·雷迪克

在南方，强大的统治者在广东（南粤，现代中国大陆的最南端）受封建国，朝廷希望他们能服从皇权。汉武帝（公元前156—前87年）发动宫廷政变，废黜了支持汉朝吞并南粤的皇室成员。中国陆军和海军再次密切配合，追剿叛军领导人，巩固了胜利。汉武帝同样征服了福建的闽越，并牢牢控制了中国的沿海省份。即使在鼎盛时期，汉朝海军也不是一支远海舰队。它的设计宗旨是在河流和沿海水域作战，支持汉朝军队的发展，并保持对沿海水域的控制。

如上文所述的受封，特别是在公元前2世纪晚期越南北部受封之后，一些沿海城市开始从事长途贸易。与东南亚的贸易增加，汉朝商人进入印度洋。历史学家司马迁（公元前145—前86年）所著的《史记》表明，汉代水手是经验丰富的航海家，他们学习并掌握了在印度洋航行所必需的季风模式。《汉书》详细描述了公元前1世纪的海上贸易，以及中国人到过的国家，包括日本。汉平帝（公元前1—5年）派遣过一支封贡远洋探险队到"黄齐"，可能是印度南部或锡兰的一个王国。像这样的政府远征，向受惠国赐赠，成为中国朝廷的常态。

据《中国纪事》记载，166年，一群来自"大秦"（"大中国"）的人经印度洋到达中国，他们很可能是印度船只上的乘客。大秦很可能代表的是罗马帝国。这次访问的具体情况仍不确定。他们可能是罗马帝国的正式大使，也可能是普通的商人。目前，由于缺乏中文或罗马文的文献资料，人们无法了解汉朝与罗马帝国外交关系的确切性质。两国领导人当然相互了解，并进行了一些长途贸易。特别是丝绸在罗马需求量很大，它通过一系列的中间商到达罗马，经过马六甲海峡，东南亚，穿过印度洋，进入红海，也就是所谓的"海上丝绸之路"。这些船很少是中国的，而是印度的，后来是波斯和阿拉伯的。

公元前最后一个世纪和 1 世纪初是汉朝向南扩张的顶峰。越来越多的海上贸易在一个以儒家信仰和从平头百姓到王公贵族都以农业为中心的帝国政府内部引起了担忧。汉朝的朝廷成员越来越害怕商人阶层的崛起。南方海上的汉朝管理者一般都是北方人，统治者和被统治者之间的紧张关系随着时间的推移而加剧。由于当地居民抵制融入中原王朝的社会进程，汉朝统治者有力地镇压了几次叛乱。随着对汉朝权威的反抗越来越强烈，朝廷采取了越来越保守的政策，强调中国的农业传统，而不是海上贸易。汉朝的海军力量在 42 年前后达到顶峰，随后战胜了海上王国安南。从总体上看，汉朝的海军力量在 2 世纪衰落了。

220 年汉朝灭亡，开启了三国混战的动荡时期。其中，东吴（222—280 年）拥有强大的海军，控制着长江以南的领土。在 242 年，它成功地袭击了海南岛，并支持军队进入越南北部。西晋（265—316 年）以北方为中心，集结了一支强大的"楼船"舰队，逐渐地控制了中国的主要河流。通常，他们把这些舰队连接起来，形成漂浮的堡垒，封闭河流通航，封锁城市，这一战略最终在 280 年征服了东吴。经过三个世纪的分裂，中国在隋朝（581—617 年）和唐朝（618—907 年）实现了统一。这两个朝代都重拾了汉朝在南越、北朝鲜和辽东的扩张行为。随着与世界其他地方的接触越来越多，佛教传入中国。5 世纪，佛教僧侣开始在中国和印度之间经常往来，拜访越来越多的这条路线的寺院。

中国第一个皇帝，始皇帝（公元前 260—前 210 年），第一次统一中国（公元前 221 年），想成为不朽。于是他命徐福坐船去日本寻找长生不老药。徐福（公元前 255—前 210 年），齐国人，传说中著名的中医①。徐福曾带领两支探险队前往日本，其中包括 50 艘船，5000 名船员和大约 3000 名儿童。历史学家司马迁（公元前 145—前 87 年）的《史记》记载，这些远征的目标是到达传说中的蓬莱、方丈和瀛洲三座山。探险队探访传说中神仙所在的地方，其任务是收集可以长生不老的草药。第一支探险队没能找到这些地点，就返回了中国。徐福的第二次海军远征于 210 年出发，但从未返回家乡。同年，秦始皇驾崩，这样远征就没必要再进行了。

---

① 徐福，又作"徐市"，清朝方士，并非医生。徐福受命出海，旨在寻仙求药，并非远征。

　　根据中国古代的传统记载，徐福曾成功到达日本，并将其命名为
"旭日之国"。因此，他是第一个与日本建立直接联系的中国人。他也可
能把道教和其他中国传统和农耕技术带到日本，促成了公元前 3 世纪日本
社会的巨大变化。Lee K.Choy 和其他历史学家推测，徐福是日本的第一位
皇帝，他是一个仿佛只在传说中存在的人物。最早提出这种可能性的是中
国历史学家 Wei Tingshen（1890—1977），他在 20 世纪 50 年代出版的著
作中率先提出了对徐福的研究。他的理论在 20 世纪 70 年代吸引了日本的
支持者，他的书也同时被翻译成日语。

克劳迪娅·扎纳迪

拓展阅读

Choy, Lee K. 1995. "Xu Fu and the Bittersweet Sino - Japanese
Relations." *Japan— Between Myth and Reality*. Singapore：World Scientific
Publishing，7-18.

　　Leather, Louise.1994.*When China Ruled the Seas.The Treasure Fleet of the
Dragon Throne*.Oxford：Oxford University Press.

　　Li, Qingxin.2006.*Maritime Silk Road*.William W.Wang（trans.）.Beijing：
China Intercon-tinental Press，7-12.

　　Ng, Wai-ming.2010. "Sino-Japanese Studies in Hong Kong：History,
Characteristics and Problems." *Sino-Japanese Studies 17*，article 3，20-21.

　　Schottenhammer, Angela.2012. "The 'China Seas' in World History：A
General Outline of the Role of Chinese and East Asian Maritime Space from Its
Origins to c.1800." *Journal of Marine & Island Culture* 1（2）：63-86.

　　Sun, Lixin.2010. "Chinese Maritime Concepts." *Asia Europe Journal* 8
（3）：327-38.

　　Wang Gungwu.2003.*The Nanhai Trade.Early Chinese Trade in the South
China Sea*.Singapore：Eastern Universities Press.

　　Yu, Yingshi.1967.*Trade and Expansion in Han China：A Study in the
Structure of Sino-Barbarian Economic Relations*.Berkeley：California University
Press.

埃及，公元前 1000 年至 300 年

埃及进入了这个被内部政治争端撕裂的时代。在 5、6 世纪经历了短暂的恢复和复兴之后，埃及面临着一连串的外敌，接着又被波斯人、希腊人和罗马人征服。然而，无论独立与否，埃及仍然是连接地中海和印度洋的重要商业中心。

在第三个中王朝（公元前 1069—前 664 年，第二十一至二十五王朝），埃及经历了一段长期的政治动荡。这个国家失去了它的完整性，落入利比亚和努比亚血统的统治者的统治之下。"文阿蒙的故事"——可能是在第二十二世王朝（公元前 945—前 715 年）重写的——在拉美西斯·毕博（公元前 1099—前 1069 年）统治时期展开，展示了这一时期埃及不断被削弱的外国影响力。文阿蒙是卡纳克的阿蒙神殿中的一名牧师，他被派往黎巴嫩购买制作"圣木舟"（一艘小船）所必需的雪松。他在执行任务过程中遭受的许多侮辱反映出埃及在海外失去了权力和威望。在第二十四王朝期间，孟斐斯（约公元前 727 年）被国王皮耶（前称"皮安基"）（公元前 747—前 716 年）围攻，发生了一次重大的海军遭遇战。孟斐斯的造船厂和重要港口自图特摩斯三世（公元前 1479—前 1425 年）统治以来一直在运作，直到后期（Ray，1988：270）它可能仍然同样重要。在纹章学上看，船舶的纹章在第三个中后期（公元前 664—前 332 年）极为罕见。所谓的"皮安基岩"可以追溯到提克一世（公元前 664—前 610 年）统治时期，其中保存最完好的尼洛特船只图像，大体上遵循了埃及造船的传统路线。

随着第二十六王朝（也称为赛伊斯王朝，公元前 664—前 525 年）兴起，埃及的海上政策复苏。根据希罗多德的记录，法老尼科二世（公元前 610—前 595 年）开始修建连接尼罗河与红海（可能通过图米拉特河）的运河，并在地中海和红海建造战船，尽管这些船只的起源究竟在希腊还是腓尼基尚无定论（希罗多德，1920：2.158，2.159）。据记录显示，这位法老派遣了一组腓尼基水手环游非洲，这项任务花了三年时间才完成。阿皮里斯法老（公元前 589—前 570 年）与腓尼基和塞浦路斯的海战取得了胜利，阿玛西斯二世（公元前 570—前 526 年）本可以征服这个岛屿（希罗多德，2.161；狄奥多罗斯，1933：1.68）。后者还在西尼罗河三角洲的瑙克拉提斯建立了一个希腊商人殖民地。

2000 年，水下考古学家发现了托尼—赫拉克里翁（Thoni-Heracleion），它位于阿布基尔湾（Bay of Abukir），公元前 8 世纪人们开始在此定居。来埃及的外国船只必须停靠在边境城市、海关和港口。在索尼斯·希拉克莱奥的水下遗址，64 艘沉船被发现，其中大部分可以追溯到公元前 6 世纪到 2 世纪，是世界上最大的古代船只汇集地。它们中的大多数被确认属于当地一种名为"巴里斯"（baris）的埃及河流航行类型，希罗多德（2.96）曾描述这种类型，与 20 世纪 80 年代在赫利奥波利斯（Heliopolis）发现的马塔利亚号（Mataria）船在一定程度上类似（贝洛夫，2014）。超过 700 个石锚、进口的双耳壶、雕塑和各种外国物品证明了这些在埃及的"海岸门户"进行的大规模活动（Goddio，2007）。来自瑙克拉提斯和托尼—赫拉克里翁的两块可追溯到内塔内博一世（公元前 380 年）统治时期的双石碑，证明了这些城市的重要性以及它们之间存在的密切联系。

第二十六王朝法老强有力的海上政策允许扩大贸易和加强埃及的外交影响力。但好景不长，埃及在公元前 525 年被波斯打败。

2001 年 6 月 7 日，在埃及亚历山大港，一个法国水下考古小组将一尊巨大的海比神雕像（前景）和另外两尊身份不明的雕像与其他隐藏在深海中的珍贵物品一起打捞出水面。（美联社照片/ 阿穆尔·纳比尼摄）

大流士一世恢复了尼尔—红海运河的建设，该运河于公元前 497—前 496 年开始通航。埃及海军统一接受一位总督的指挥。一个埃及中队作为波斯舰队的一部分在阿耳忒弥斯和萨拉米斯（公元前 480 年）作战成功。第一次波斯统治（第七王朝，公元前 525—前 404 年）结束时，发生了几次当地叛乱。公元前 463—前 462 年，由伊纳罗斯领导的一场叛乱得到了一支由 200 艘船组成的雅典舰队的支持，他们沿着尼罗河航行，占领了孟斐斯的大部分地区（修昔底德，1.104）。雅典人和叛军在公元前 454 年被彻底击败。我们很多关于埃及的信息，包括它的海军历史（主要来源于《历史》的第 2 卷和第 3 卷）都来自希罗多德，他在公元前 450 年前后访问了这个国家。以当时国际贸易中的通用语阿拉姆语写成的莎草纸重写本《伊象图》（约公元前 473—前 402 年），包含了一系列关于进入埃及的外国船只的类型、吨位和货物的信息。这证明了当时商业航海的活力和强度以及进口货物的盛行。考利莎草纸 26 号（公元前 412 年）包含有一份造船的详细方案——这艘船由雪松和许多青铜钉子建造。这些钉子可能是用来把船框固定在木板上的。这表明，一些尼洛特船具有叙利亚和迦南这些地区造船术的特征，即有成熟的内部结构，但船只的其他部分遵循传统的埃及方式，使用的也是当地的木材。

大三角帆船航行

最重要的前现代海军技术之一——三角帆，是学术讨论中具有争议性的课题。这种带有前后索具的三角帆的起源还不清楚。它曾被认为是穆斯林从印度洋传入地中海，后来被基督徒采用的。这个名字来自"拉丁帆"，因为后来拉丁欧洲的船只普遍使用这种帆。然而，今天，大多数人都同意，三角帆是一种历史发展的遗物。在中世纪后期水手间普及之前，它就已经出现在地中海（最晚在 5 世纪）和东南亚（证据是 8 世纪），完全是当地造船术自我发展的产物。尽管如此，直到 14 世纪，方形帆仍然在地中海商船和北欧商船上使用。

大三角帆的好处是，它可以更精确地操纵和导航，使之成为逆风或顺风航行的理想选择：它可以通过曲折的航线逆风行驶。这在印度洋的季风中特别有用，可以用来进出港口，也可以用来沿海探险。方形帆更稳定、更有力，因此在穿越地中海和后来的大西洋航行中更受青睐，而横帆则用作辅助动力。

萨拉·戴维斯·塞科德

随着公元前 404 年第二十八王朝的到来，埃及从波斯手中获得了独立。埃及对波斯的外交政策，从对外国叛乱分子的物质支持到公开的军事对抗，不一而足。公元前 396 年，尼弗拉一世向斯巴达派送了能够建造 100 艘三层桨座帆船的工具和 50 万量谷物，以支持希腊人对抗波斯（狄奥多鲁斯，14.79）。埃及法老阿丘里斯（公元前 393—前 380 年）和塔库斯（公元前 362—前 360 年）在战场上与波斯人交战。波斯至少四次试图重新征服埃及，第一次是在公元前 374—前 373 年。这次进攻中，波斯指挥官法拿巴苏指挥的海军包括 300 艘三层桨座帆船和 200 艘四层桨座帆船。因为法老内塔内博一世（公元前 380—前 362 年）加强了在和平时期本已难以进入的尼罗河所有口的防御工事，波斯人的这次入侵失败了（狄奥多鲁斯，15.42）。公元前 354 年和公元前 351 年，波斯人也试图夺回埃及，但都失败了。最后，在海军的积极参与下，经过深思熟虑的行动，亚达薛西三世（公元前 343—前 338 年）于公元前 343 年成功入侵埃及。

10 年之内，波斯人被希腊人取代，托勒密时期开始了（公元前 332—前 330 年）。亚历山大大帝在拉科提斯村的旧址上建立了以他的名字命名的城市。亚历山大死后，他的将军托勒密建立了一个统治埃及长达 300 年的王朝，这个王朝基于海权而统治（"海权政治"）。广泛的港口网络和强大的舰队对托勒密帝国的存在至关重要，这一统治理念一直持续到公元前 145 年托勒密六世去世。托勒密王朝的船只航行于地中海、黑海和红海，并且从公元前 116 年开始航行于印度洋（斯特拉博，1928：2.3.4—5）。第一批托勒密王朝建立的岛民联盟和他们对罗德岛的友好政策帮助保护了地中海的航线。叙利亚、腓尼基和塞浦路斯作为优质造船木材的来源而成为战略要地。托勒密帝国在地中海的属地还包括昔兰尼加、爱琴海诸岛、爱琴海北岸的马罗尼亚和埃努斯港，以及小亚细亚到海尔斯蓬的海岸。

托勒密城（Ptolemais）位于尼罗河上游，距三角洲约 400 英里。贝蕾妮斯港（Berenice）和米奥斯霍莫斯港（Myos Hormos）为红海和印度海上贸易服务。托勒密二世斐勒达奥弗乌斯（公元前 309—前 246 年）重新开放了从赫里奥波利斯到苏伊士的运河。来自红海的非洲珍品有：军队用的大象（用特殊的"大象"船运输）、象牙、乳香和没药。香料、棉花和其他物资是从印度带来的稀有物品。

托勒密王朝的基础是其重要的粮食生产和出口地位（小麦和大麦）。埃及仿造希腊城市而建造的亚历山德里亚（埃及附近的亚历山德里亚），很快成为"世界上人类栖息地中最大的商场"（斯特拉博，1928：17.1.13）。由于新资本的有利地位，贸易从托尼—赫拉克里翁转移，该地区从而被逐渐废弃。托勒密王朝建立时构想良好、相互联系的港口，因其重要的粮食生产和出口（小麦和大麦）而得到保障。亚历山德里亚功能完备且相互联系的港口受到法洛斯岛上颇负盛名的灯塔的庇护——这灯塔在公元前 297—前 283 年间建成，是古代世界的七大奇观之一，亚里山德里亚由此变成了航海知识和技术的中心。曾在该地居住的贵客包括伟大的托勒密二世提莫斯太奈斯，他写下了十卷本的《在港口》；还有埃拉托色尼，他绘制出了世界上第一份带经纬线的地图；以及克劳迪斯·托勒密，他在那里写作了关于罗马帝国地理的巨作。在 1 世纪，框架式造船术也在亚历山德里亚被发明出来。

亚历山大帝国的分裂导致了迪亚多奇（史称"继任者"）海军之间真正的军备竞赛。据估计，托勒密二世统治下的埃及舰队拥有大约 400 艘战舰（Rauh，2003：82—83）。根据阿忒纳乌斯（2—3 世纪）的记载，船只的数量是现在的十倍——1500 艘船属于"五"级或更高级别，包括两艘"三十"级和一艘"二十"级。有人认为，战舰"级"相当于一个甲板上最多工作在三个叠加长椅上的桨手总数。这一时期造船业的巅峰是托勒密四世（公元前 221—前 204 年）建造的一个巨大的"四十"（"特斯拉康特斯"）。这艘船是作为展示品建造的，几乎不能移动。它可能是一艘双体船，长 407 英尺，能容纳 4000 名桨手、400 名水手和 3000 名士兵。这位国王还在尼罗河上建造了一座 340 英尺长的漂浮宫殿（阿忒纳乌斯，5.203—206）。

在迪亚多奇战争（公元前 322—前 275 年）和随后的叙利亚战争（公元前 274—前 168 年）期间，托勒密舰队参加了许多重要的海战。在塞浦路斯的萨拉米斯战役（公元前 306 年）之后，托勒密一世索尔特（公元前 367—前 283 年）输给了安提戈努斯的独塔莫斯，塞浦路斯暂时脱离了埃及的控制。托勒密二世的舰队后来在科斯战役（公元前 262—前 256 年）中被安提戈努斯二世击败。尽管遭到了失败，托勒密的舰队仍然经常出现在地中海，有效地保护了其海上航线。托勒密王朝的海上力量表现在海洋崇拜上，被认为是阿芙罗狄忒的阿西诺皇后成为海洋帝国的守护神。尼罗河被认为是海洋的延伸（阿诺德，2015）。由于当时谷物运输量很大（主要运往亚历山大港，也有运往孟斐斯和其他中心的），河流航运一直很繁忙。在众多尼罗河运输船中，最大的一艘是克尔库罗斯号，载重量可达 450 吨。似乎埃及本土船型与希腊船型共存，希腊船型在莎草纸文书中被称为"普罗昂海论尼康"。

托勒密王朝在地中海的霸权在公元前 2 世纪中叶结束，后来的托勒密王朝被敌对势力撕裂，罗马对埃及事务的干预也越来越多。托勒密十三世西奥斯佩特和他的妹妹和妻子克利奥帕特拉七世（公元前 69—前 30 年）之间的斗争，在恺撒大帝（公元前 100—前 44 年）的支持下，导致了公元前 48—前 47 年在亚历山大港和尼罗河上的海军争端。恺撒被暗杀后，克利奥帕特拉与马克·安东尼结盟，公元前 31 年，埃及舰队在亚得里亚海的一场海战中被奥古斯都打败。

埃及成为罗马的一个省和它的主要粮仓。大型船只把埃及谷物运往罗马。在罗马帝国的全盛时期，大约 32 艘满载货物的船只每周从亚历山大港起航（哈斯，1994，42）。其中一艘罗马商船最近在亚历山大港的马格纳斯·波图斯被发掘（桑德兰等，2013）。斯特拉博（公元前 64—24 年）在他的《地理学》第 17 卷中留下了对罗马埃及和亚历山大港的第一手资料。在 285 年罗马帝国分裂之后，埃及成为东罗马（拜占庭）帝国的一部分。

亚历山大·贝洛夫

拓展阅读

Arnaud, P.2015. "La batellerie de fret nilotique d'après la documentation papyrologique (300 av. J.-C.-400 apr. J.-C.)." In *La Batellerie égyptienne. Archéologie, Histoire, Eth-nographie. Actes du colloque international du Centre d'Etudes Alexandrines, 25-27 juin 2010, Alexandrie*, edited by P. Pomey. Alexandrie: Centre des Etudes Alexandrines.

Basch, L. 1977. "Triéres grecques, phéniciennes et égyptiennes." *Journal of Hellenic Studies* 97: 1-10.

Belov, A.2014. "A New Type of Construction Evidenced by Ship 17 of Heracleion-Thonis." *International Journal of Nautical Archaeology* 43.2: 314-29.

Diodorus Siculus.1933.*Library of History*.Translated by C.H.Oldfather.Cambridge：Harvard University Press.

Edwards, I.E.S.1982. "Egypt：From the Twenty−Second to the Twenty−Fourth Dynasty." In *The Cambridge Ancient History*, *3.1 The Prehistory of the Balkans*, *the Middle East and the Aegean World*, *Tenth to Eighth Centuries BC*, edited by J.Boardman.Cambridge：534−81.

Empereur, J.−Y.1998.*Alexandria Rediscovered*.London：British Museum Press.

Fraser, P.M.1972.*Ptolemaic Alexandria*.Oxford：Oxford University Press.

Goddio, F.2007.*The Topography and the Excavation of Heracleion−Thonis and East Canopus（1996−2006）*.Oxford：Oxford Centre for Maritime Archaeology.

Goddio, F.（ed.）. 1998. *Alexandria. The Submerged Royal Quarters*. London：Periplus Publishing.

Haas, C.J.1994.*Alexandria in Late Antiquity：Topography and Social Conflict*.Baltimore：The Johns Hopkins University Press.

Herodotus. 1920. *The Persian Wars*. Cambridge：Harvard University Press.Translated by A.D.Godley.

Lloyd, A.B.1994. "Egypt, 404−332 B.C." In *The Cambridge Ancient History*, *6. The Fourth Century B. C.*, edited by D. M. Lewis. Cambridge, 337−60.

Pfrommer, M.1999.*Alexandria：Im Schatten der Pyramiden*.Mainz.

Rauh, N.K. 2003. *Merchants, Sailors and Pirates in the Roman World*. Stroud：Tempus.

Ray, J.D.1988. "Egypt：525−404 B.C." In *The Cambridge Ancient History*, *4. Persia*, *Greece and the Western Mediterranean c. 525 to 479 B. C.*, edited by J.Boardman, J.Cambridge, 254−86.

Sandrin, P., A.Belov, and D.Fabre.2013. "The Roman Shipwreck of Antirhodos Island in the Portus Magnus of Alexandria, Egypt." *International Journal of Nautical Archaeology* 42.1：44−59.

Strabo.1928.*Geography*.Translated by Horace Leonard Jones.Cambridge：Harvard University Press.

亚历山大

　　埃及的港口城市亚历山大港——是以其创始人亚历山大大帝命名的至少 20 个城市之一——成为希腊划时代的中心和托勒密王朝（公元前 332—前 331/330 年）以及罗马帝国占领时期埃及（公元前 331/330—641 年）的首都。虽然亚历山大大帝在亚历山大建成后从未造访，但他最初就和这个繁荣的海上城市紧密联系在一起。

　　这个大都市位于尼罗河三角洲最西端，靠近爱琴海，是贸易的主要地点。靠近埃及海岸线的小岛法罗斯在青铜时代就已经是港口（公元前 3000 年），与塞浦路斯和克里特岛进行贸易往来。进入埃及后，亚历山大决定建立一个融合德尔塔和埃及风格的城市。传说中，建筑师在绘制城市街道的地图时用光了粉笔。他们没有气馁，继续使用谷物标记。有一群飞鸟下来，吃了这谷物。这个城市成功的预兆，很快被证明是真的（斯特拉博，1928，第 17.6 卷）。

　　在鼎盛时期，亚历山大港是亚历山大文化统一的典范。这个城市吸引了希腊、罗马和近东的商人和学者，并以成为埃及人和犹太人聚居地而自豪。商品和思想在这座连接尼罗河和地中海贸易的城市里流动。

　　地中海学者之间的信息交流带来了突破性的想法、研究和发明，包括对循环、神经和呼吸系统（由加仑完成）的理解；蒸汽机的发明（由希罗完成）；地球周长的计算（由埃拉托色尼完成）；日心太阳系的概念（由阿里斯塔克斯完成）；几何的发展（代表人物为欧几里得）；以及所有物质都是由微小粒子产生的假说（原子论）。几本主要史诗，如《耶孙》和《阿耳歌诺》(《阿波洛尼乌斯》)，以及《七重神》(希伯来《圣经》的希腊版本）也分别在亚历山大港创作和翻译。所有的论文都存放在图书馆（附属于博物馆），里面收藏了超过 75 万个卷轴，包括早期的作品（比如荷马、毕达哥拉斯和柏拉图）和来自遥远国家的论文，比如印度。

　　可以代表这场研究和学术讨论顶峰的建筑便是灯塔，由索斯特拉特设计，建在法罗斯岛上。这座 400 英尺高的石灰石、花岗岩和大理石建筑被分为三个部分：底部的方形区域是灯塔工人的住所；八角形中间部分作为观景台；圆形的最高部分包含一个抛光的黄铜反射器，一尊海神的雕像被放在上面。灯塔的工作原理是白天反射太阳，晚上生火。历经数次地震和海啸，灯塔于 14 世纪倒塌。今天，奎贝堡要塞（建于 1480 年，由苏丹奎贝堡建造）坐落在同一地点。图书馆是亚历山大港的标志性学习中心，在其漫长的历史中遭受过数次袭击，其中包括尤里乌斯·恺撒的军队在包围亚历山大港（公元前 48 年）时可能不小心烧毁了图书馆的一部分。当狄奥多西大帝下令关闭所有异教徒的庙宇和学习中心（391 年），穆斯林征服埃及（641 年）时，它再次蒙受苦难。

作为古代世界七大奇迹之一，在托勒密王朝时期，法罗斯灯塔引导船只进入繁忙的亚历山大港。它是当时最高的建筑之一，后来成为许多灯塔的模型。（乔治·贝利/ **Dreamstime.com**）

作为罗马重要的粮食来源，亚历山大港在罗马帝国崩溃后衰落了。当拿破仑于 1798 年远征埃及，这里又变成了一个小渔村。1869 年苏伊士运河建成后，亚历山大港重新繁荣起来，恢复了其作为重要港口、学习中心和度假胜地的地位。

睿琪·J. 米特尔曼

拓展阅读

Empereur，Yean-Yves.2002.Alexandria：*Past*，*Present and Future*.London：Thames and Hudson Ltd.

Finneran, Niall. 2005. *Alexandria: A City and Myth*. Gloucestershire: Tempus Publications.

Jones, Horace.1949.Strabo, *Geography*, *Book* VIII.Loeb Classical Library 267.Massachusetts: Cambridge University Press.

Pollard, Justin, and Howard Reid.2006.*The Rise and Fall of Alexandria: The Birthplace of the Modern Mind*.New York: Viking Press.

Strabo. 1928. *Geography*. Cambridge: Harvard University Press. Translated by Horace Leonard Jones.

基齐库斯的欧多克索斯

公元前 2 世纪晚期，基齐库斯的欧多克索斯进行了欧洲历史上有记载的最早的航行，通过远洋航线到达印度，并试图环游非洲。[一支号称在埃及法老尼科二世（Necho Ⅱ，公元前 610—前 595 年）统治期间环绕非洲航行的舰队，很可能是虚构的。]与欧多克索斯同时代的学者波希多尼（公元前 2—前 1 世纪）记录了他的故事，但是原作丢失了。大约一个世纪后，斯特拉博的《地理学》一书中仍记录有部分内容。

为了宣布在希腊马尔马拉海的殖民地基齐库斯举行的宗教节日，欧多克索斯拜访了埃及法老托勒密八世（约公元前 145—前 116 年）的宫廷。在他逗留期间，士兵们呈上了一名声称从印度航行来此地时遭遇海难的印度水手。那人答应透露路线。虽然没有在文本中描述这条路线利用季风穿越印度洋，但这些知识——当时是印度和阿拉伯航海者的秘密——使埃及能够直接与印度进行贸易，而在此之前，中间商是印度的垄断者。欧多克索斯以对地理的好奇而闻名，他因此加入了船员队伍，从印度带着珍贵的货物返回。也许因为这是一次皇家远征，托勒密八世把所有货物都据为己有，令欧多克索斯大失所望。

受法老遗孀克利奥帕特拉三世的委托，欧多克索斯率领一支规模更大的舰队再次航行到印度。在返航途中，这支舰队在东非海岸失事。在这里，欧多克索斯发现了另一艘失事船只的独特船头。在他返回埃及后，埃及人挫败了欧多克索斯的企图，使他无法独自占有一些货物，仅保留了失事船只的木材。得知这是一艘来自加的斯（西班牙加的斯）的渔船，欧多克索斯意识到从西方港口环绕非洲航行是可能的。这可能提供一条通往印度的道路，他最终可能从中受益。

从加的斯起航后，欧多克索斯的船队很快就在非洲西北部遭遇了海难和不幸。欧多克索斯毫不畏惧，计划了一次更周密的远征。波西多尼乌斯不知道欧多克索斯的命运，但他很可能死于这次试航之中。

斯特拉博不相信波西多尼乌斯所讲的整个故事，1 世纪的一本红海航海手册声称，一位名叫希巴卢斯的希腊人发现了季风航线。尽管如此，希巴卢斯极有可能是为了解释印度洋西风（"海帕鲁斯"）的名字而虚构出来的。尽管在波西多尼乌斯的描述中有一些细节，但这些航海壮举的功劳似乎要归功于欧多克索斯。

诺瑞恩 · 多伊尔

皮尔斯 · 保罗 · 克里斯曼

拓展阅读

Buraseilis, Kostas, Mary Stephanou, and Dorothy J. Thompson（eds.）. 2013. *The Ptolemies, the Sea and the Nile: Studies in Waterborne Power*. Cambridge: Cambridge University Press.

Kidd, I. G.（trans.）. 1999. *Posidonius* vol. 3, "The Translation of the Fragments." Cambridge: Cambridge University Press.

Thiel, J.H.1967. *Eudoxus of Cyzicus: A Chapter in the History of the Sea-Route to India and the Route Round the Cape in Ancient Times*. Groningen: J.B.Wolters.

克劳迪斯 · 托勒密，100 年至 170 年

希腊数学家、天文学家和制图家克劳迪斯 · 托勒密（Claudius Ptolemy）是一位博学的人，他的好奇心、精确性和对经验观察的尊重在现代是非常罕见的。他住在埃及，在亚历山大图书馆进行研究。他与希腊统治的埃及托勒密王朝没有关系。人们对他的生平知之甚少。

他的主要著作是《至大论》（*Almagest*），一部关于几何学及其在天体力学中的应用的巨著；还有幸存了大约 50 份希腊手稿（没有一份比 13 世纪更古老）和拉丁文译本的地理学。对于托勒密的原始版本是否包括了作者（或在他监督下的其他人）绘制的地图，或者这些地图是在后来的版本的复制和印刷中引入的，学术界还没有达成共识。

尽管托勒密认为地球是宇宙的中心，但他的地理学在应用科学中仍然具有持久的意义。它的权威一直持续到地理大发现时代，也就是大约 13

个世纪后，伟大的探险家的航行引起了人们对它的错误和矛盾的注意。托勒密认为经纬度（由早期希腊地理学家埃拉托斯特尼提出）和坐标系统中轨迹的绘制是描述世界的关键。他沿着极轴将地球分为 360 度，并在经线和纬线上进一步引入了分（拉丁语"partes minutae primae"）和秒（拉丁语"partes minutae，secundae"）的精度。在《地理学》中列出了 8000 多个城市、城镇（本质上是一系列地方的名录，以及它们的坐标），以及当时已知的来自布莱斯特群岛的自然景观。到卡蒂加拉（位于越南东海岸）；从北极（可能是设得兰群岛）到赤道（人类居住的地方被认为是但未被证实）。在 1466 年版《埃伯纳里亚纳斯法典》中，名册增补了 26 张代表欧洲（包括不列颠群岛）、亚洲和北非的区域地图，因此，它有一种现代地图集和宪报的感觉。

托勒密忙于解决投影的难题——如何在不牺牲测量距离的准确性的情况下，在二维空间中更好地描绘出地球的球面。他开发了三种投影方法，每一种都优于他的前辈所调用的简单网格系统，但没有一种方法是完全令人满意的。

海洋（对他那个时代来说，还是一片无人居住的土地）对主要根据栖息地来定位的地图绘制方法提出了巨大挑战。托勒密和其他古代地理学家研究了长途航海的水手和商人关于海上距离的经验，即根据风速与洋流来测算航行距离，以此来确定并不准确的地理坐标。在他的区域地图中，最不可靠的部分是最大陆地群的海洋和未知陆地——不过这也是意料之中的事。

最后要说的是，《地理学》被誉为科学史上最伟大的奠基性著作之一。顺便说一句，值得注意的是，直到 20 世纪，我们地球上最遥远的地区才得到充分的地图绘制，而现代描述性地理学越来越多地服务于军事、经济和帝国主义。这些动力与克劳迪斯·托勒密完全由于对科学的好奇心而绘制地图截然不同。

卡尔·M. 佩特鲁索

拓展阅读

Berggren, J. Lennart, and Alexander Jones. 2000. *Ptolemy's Geography*: *An Annotated Translation of the Theoretical Chapters*. Princeton：Princeton University Press.

Dilke, Oswald A. W. 1985. *Greek and Roman Maps*. Ithaca, New York：

Cornell University Press.

Dilke, Oswald A. W. 1987. "The Culmination of Greek Cartography in Ptolemy," Chapter 11. In *The History of Cartography*, *vol. I*: *Cartography in Prehistoric*, *Ancient*, *and Medieval Europe and the Mediterranean*, edited by J.B. Harley and David Woodward, 177 - 200. Chicago: University of Chicago Press.

Wilford, John Noble. 1981. *The Mapmakers*: *The Story of the Great Pioneers in Cartography from Antiquity to the Space Age*. New York: Random House.

希腊，公元前 1000 年至 300 年

在公元前 1000—300 年之间，希腊人出海远航有各种各样的原因：移民和殖民，掠夺和贸易，与外国或其他希腊人的海战，以及前往泛希腊避难所的神圣使命。摆渡人、渔民和潜水者都使用小船，他们冒着撞上鲨鱼的危险，从沉船上打捞珍珠、海绵和财宝。在这几个世纪里，古希腊人和后来的维京人、波利尼西亚人一样，是真正的"海洋民族"。海事渗透到希腊文明的各个方面，从艺术和诗歌到科学和政治。此外，在公元前 480 年的萨拉米斯海战和公元前 31 年的阿克提姆海战之间，希腊城邦和王国是爱琴海、地中海和黑海地区的海上霸主。

公元前 1000 年，希腊人仍然遭受着青铜时代迈锡尼文明衰落后人口减少、文化贫瘠和经济崩溃的危机。然而，早在铁器时代，希腊人就开始成为一波又一波的海上移民，离开故土，前往爱琴海诸岛和小亚细亚诸岛。这些冒险是在"大船"（makra ploia）或"长船"上进行的，由 20、30 或 50 名桨手推动，他们都是能拿起武器保护殖民任务免受影响的战斗人员。因此，希腊文化的复兴并非始于故土，而是始于新的海外地区。

在这一时期，希腊诗人通过青铜器时代的先人流传下来的故事，生动地再现了他们英雄的过去。根据神话判断，早期的希腊人探索遥远的海洋以寻找贵金属，尤其是黄金。杰森和阿尔戈纳穿越黑海去获取金羊毛，而海格力斯则冒险到大西洋的边缘去获取赫斯帕里得斯的金苹果。荷马的《伊利亚特》和《奥德赛》描写了特洛伊战争的故事，也是"酒黑之海"的史诗。《伊利亚特》中有一份"船只目录"，列举了数百艘将希腊人运送到特洛伊的"快速船只"，《奥德赛》则讲述了英雄奥德修斯神话般的

返乡之旅，当然包括了他在利比亚、西西里岛、意大利和西班牙南部登陆的一系列故事。

从公元前 900 年到公元前 730 年，第二波移民将希腊人从爱琴海群岛和小亚细亚带到更远的地方。像拜占庭人这样的新殖民地沿着通往黑海的航线出现，途经赫勒斯邦和博斯普鲁斯海峡。在西方，希腊人建立了马赛和那不勒斯。荷马体诗作《阿波罗颂》描述了分散各地的爱奥尼亚希腊人一年一度的团聚节日，他们每年春天早早地航行到提洛斯岛。在这个扩张的时代，希腊人发现自己不断地与来自近东城市国家泰尔和西顿（现代黎巴嫩）的腓尼基人竞争，腓尼基人沿着北非和伊比利亚海岸扩张自己的殖民地。希腊人从这些出海的迦南人那里借用了字母表和三列桨座战船。这是一种三层的桨帆船，很好地适应了殖民任务或海战。他们也可能借用了"城邦"的概念，这成了古希腊文明的标志性特征。

公元前 732 年，当时全副武装的希腊士兵"霍普利特斯"袭击了亚述帝国的沿海城市，开始了有组织的海上袭击的新时代。这些维京式劫掠者的海外功绩为古代诗人所赞颂。他们的成功也开始向希腊寺庙、家庭和市场注入大量的贵金属和艺术品。最终，近东的国王和埃及法老开始雇用大量的希腊水兵作为雇佣军：埃及的达芙妮皇家城堡容纳了来自希腊各地的成千上万的"霍普利特斯"。希腊商人紧随其后，在尼罗河三角洲建立了商埠。经过许多世代，这些富有的航海商人和士兵用新的宗教观念、科学思想和技术进步丰富了希腊文化。在这一时期，诗人赫西俄德创作了他的史诗《工作与时日》，这是一本"农民的历书"，其中包括航海季节开始和结束的自然标志，以及在冬季暴风雨季节保护船只的建议。

随着来自希腊城邦的长船舰队开始主宰海洋并镇压海盗，古老的青铜时代的"圆形船"传统得以复兴。更安全的条件——船只不由桨而由帆推动，使贵重货物可以由大型船只运载。除了船长和舵手外，只需要几个水手就可以驾驶这些沉重的、满载货物的商船。长船和圆形船很难混合编队航行，因为强劲的风会鼓满专为在波涛汹涌的海域行驶的大型商船的船帆，从而会阻碍三层桨板船和其他有着狭窄船身和低干舷的大桡线船的航行。

公元前 660 年，希腊城邦之间的海战传统是由科林蒂安人（他们控制着一条陆路交通，或称"迪欧科斯"（diolkos），连接爱琴海与爱奥尼亚和亚得里亚海）和他们自己的殖民地（来自西部的科西拉岛，即现代科孚岛）之间的战争发起的。在这个时候，希腊战舰的船头已经安装了青铜撞击装置，这样舵手和划艇船员就可以使敌人船只的木制船体瘫痪或断裂。在甲板上，弓箭手和水兵用大规模的投掷物或登船行动来获取海战的胜利。在这些早期的竞争之后，三列桨座战船舰队在接下来的三个世纪里主导了地中海的海战。

公元前 545 年，波斯国王居鲁士派遣将领征服希腊的小亚细亚城邦，希腊开始经历一场惊心动魄的与东部地区势力的融合。希腊历史学家希罗多德记录了随后几十年的冲突。希罗多德出生在希腊港口城市哈利卡那索斯（Halicarnassus，即现在土耳其的博德鲁姆），是一名波斯人。公元前 494 年，波斯国王大流士的海军在米利都附近的拉德打败了爱奥尼亚的希腊人。然而，在公元前 480 年，雅典人和其他希腊大陆人的舰队抵御了大流士之子薛西斯的攻击，第一场胜利发生在亚底米西，然后是靠近雅典的萨拉米斯岛。公元前 490 年，雅典诗人埃斯库罗斯在马拉松战役（battle of Marathon）中与波斯人作战。在他的悲剧《波斯人》（Persians）中，埃斯库罗斯亲眼看见了希腊海军在萨拉米斯的胜利。公元前 479 年，获胜的三列桨座舰队渡过爱琴海，在小亚细亚的迈凯尔打败了波斯军队的残余力量。斯巴达人之后返回家园，随后是大多数希腊盟友，但雅典人承担了将所有希腊城邦从波斯统治下解放出来、保护它们不受未来外国侵略者侵略的任务。到公元前 450 年前后，这个新的联盟已经发展成为一个雅典的海上帝国，大约 150 个希腊岛屿和城邦每年都要向这支看起来不可战胜的雅典海军上贡。因此，"制海权"（thalassocracy）或"海权"（sea-pouer）的概念开始主导希腊的历史观念。

雅典人对海洋的统治以及对船舶和海军设施的投资，最终导致了世界上第一个激进民主国家的诞生。在希腊战舰上，划艇手被视为战斗人员。因为雅典划艇手传统上来自被称为"最低种类"的工人阶级公民，他们作为海上任务勇士的新身份，引发了对国内政治平等的诉求。这一点很像在 20 世纪妇女获得选举权的部分原因是她们在战争时期的服务。与此同时，大批低收入、无土地所有权的公民突然成为雅典政府中的一支重要力量。

现代对古代海战的描述常常假设船桨是由奴隶划的，就像中世纪和文艺复兴时期的苦役船一样。然而，在古希腊，划船被认为是一种荣誉和公民的标志。当人力短缺，奴隶不得不被招募为船员时，他们在加入战争之前就获得了自由。因此，在雅典，或在其他希腊城邦，海军力量是推动社

这是一个公元前 7 世纪的绘有亚里士托诺斯签名的壶，展示了一场早期的海战。(**Leemage/UIG**，盖蒂图片社)。

会进步和政治变革的强大力量。

尽管雅典的地中海政治不断受到挑战——首先是伯罗奔尼撒战争（公元前 431—前 404 年）中的斯巴达人（由将军出身的历史学家修昔底德记录），后来是马其顿人，但人们普遍认为雅典的黄金时代完全是雅典人海上统治的产物。帕台农神庙本身是用海军贡品的钱建造的，索尼翁角海神波塞冬的著名大理石神庙也是如此。为了把三列桨座船安置在岸上，比雷埃夫斯的港口周围建起了巨大的船棚群。雅典哲学家柏拉图是众多相信海权破坏了希腊传统价值观的人之一。在他的《批判》和《底买斯》中，柏拉图在他的亚特兰蒂斯神话中创造了一个关于海洋统治具有持久危险性的寓言。相比之下，柏拉图的继任者亚里士多德在他的力学著作中探索了桅杆和桨的特性，并在他的生物学著作中详细描述了海洋生物。

在商业方面，希腊葡萄酒的流行导致了大型帆船的建造，作为运输陶瓷酒瓶的货船——那些盛酒的器具被称为"双耳瓶"。从塞浦路斯的基利尼亚到西西里岛南部海岸的吉拉，水下考古学家对沉船进行了调查，为希腊商船和殖民任务中的船只设计和运送的货物提供了宝贵的记录。

从公元前 336 年开始，雅典的海上力量被菲利普二世和他的儿子亚历山大大帝领导下的马其顿帝国的崛起所掩盖。从这个时候起，希腊的海军历史与广阔的地中海相融合。随后的希腊化时期是一个巨大桨帆船时代，海上统治由罗德岛的希腊王朝、托勒密王朝的埃及和西西里岛的锡拉库扎传承。这些更大、更重的战舰拥有庞大的船员，每支长而重的桨由多个划手划动。在古代的特里梅斯划艇上，划桨从来没有超过三层。但在这个新时代，人们根据每个划艇单元中划桨的人数来划分战船。"潘特尔斯"（penteres）或用罗马术语来说"五列桨座战船"取代了三列桨座战船，成为海军作战中的新船。

伟大的希腊科学家阿基米德的名字与希腊海战的最后时期有关。他以锡拉丘兹为基地，发明了著名的"阿基米德螺杆泵"（Archimedes screw），用于从新的超大型海军战舰的舱底清理污水，不过这项发明后来被用于灌溉台田。希腊最大的船只，其中一些是双体船，被用来操纵攻城机械，比如用攻城器械撞击海边城市的城墙。为了在锡拉丘兹防御这种攻击，阿基米德设计了一种起重装置，它可以捕获敌舰的船头，然后将整艘敌舰倾覆。传说中，阿基米德还发明了能将阳光聚焦在敌舰上并使其着火的大镜子或透镜。

安提基特拉机械

安提基特拉机械装置是一种复杂的机械计算器，其碎片是在爱琴海西部希腊安提基特拉岛附近的一艘大型罗马沉船上发现的。

这艘原本可能开往罗马的船只在公元前 76—前 67 年间沉没，但其机械装置本身似乎可以追溯到公元前 205 年。这种复杂的机械装置可以在任何特定的日期找到太阳、月球和古人已知的五颗地外行星的位置。曾经被认为是一种导航设备，安提基特拉机械装置可能被用来帮助天文观测。例如，它可以计算日食的日期。希腊雅典的国家考古博物馆展出了三个较大的机械碎片。

安提基特拉机械装置在 1900—1901 年间被采海绵的潜水员发现，但直到 2006 年，计算机断层扫描（CT）才发现其碎片中至少有 30 个青铜齿轮。该装置的发明者可能是希腊人，可能在爱琴海的罗德岛工作，人们认为他借鉴了巴比伦的数学原理。直到 14 世纪，类似的设备才被再次制造出来。2015 年一项为期五年的项目开始启动，科学家们准备使用外装加压潜水系统对安提基西拉号失事地点进行更彻底的调查。

格罗夫·科格

位于台伯河畔的意大利城邦罗马的崛起，最终终结了希腊化时代的希腊海权。公元前 31 年，罗马的屋大维（即后来的恺撒奥古斯都）在希腊西部的亚克兴击败了克利奥帕特拉和安东尼的舰队，整个希腊世界都臣服于罗马帝国的统治之下。三个多世纪后，新一代的希腊海船，也就是现在位于博斯普鲁斯海峡上的拜占庭，才重新点燃希腊海上力量的传统。

约翰·R.海尔

拓展阅读

Casson，L.1971.*Ships and Seamanship in the Ancient World*.Princeton University Press，Princeton.

Fox，Robin Lane.2009.*Travelling Heroes in the Age of Homer*.Alfred A. Knopf，New York.

Graham，A.J.1983.*Colony and Mother City in Ancient Greece*.Ares Publishers，Chicago.

Hale，J.R.2009.*Lords of the Sea：The Epic Story of the Athenian Navy and the Birth of Democracy*.Viking Penguin，New York.

Johnston，P.F.1985.*Ship and Boat Models in Ancient Greece*.Naval Institute Press，Annapolis.

Kaltsas，N.，E.Vlachogianni，and P.Bouyia.2012.*The Antikythera Shipwreck：The Ship，the Treasures，and the Mechanism*. National Archaeological Museum，Athens.

Leroi，A.M.2014.*The Lagoon：How Aristotle Invented Science*.Viking Penguin，New York.

Levi，P.1984.*Atlas of the Greek World*.Facts on File，New York.

Loven，B.，and M. Schaldemose. 2011. *The Ancient Harbours of the Piraeus*.The Danish Institute，Athens.

Malkin，I. 2011. *A Small Greek World*：*Networks in the Ancient Mediterranean*.Oxford University Press.

Miller，H.H.1967.*Bridge to Asia*：*The Greeks in the Eastern Mediterranean*. Charles Scribner's Sons，New York.

Miller，M.1971.*The Thalassocracies*.State University of New York Press， Albany.

Morrison，J.1980.*Long Ships and Round Ships*：*Warfare and Trade in the Mediterranean*，*3000 BC-500 AD*.National Maritime Museum，London.

Morrison，J.S.，and R. T. Williams. 1968. *Greek Oared Ships 900 – 322 B.C.*Cambridge University Press，Cambridge.

Tandy，D. W. 1997.*Warriors into Traders*：*The Power of the Market in Early Greece*.Uni-versity of California Press，Berkeley.

Van Wees，H.2013.*Ships and Silver*，*Taxes and Tribute*.I.B.Tauris，London.

Wood，A.K.2012.*Warships of the Ancient World*，*3000 – 500 BC*.Osprey Publishing，Oxford.

希罗多德，公元前 484 年至前 425 年

希罗多德被罗马哲学家西塞罗称为"历史之父"，是古希腊历史学家、探险家和地理学家。希罗多德也是第一个（据我们所知）进行历史研究，试图发现和解释过去的作家。我们至今仍无法确定他的详细生平。他大约在公元前 484 年出生于哈里卡那索斯（现在土耳其的博德鲁姆），这是当时波斯统治下的小亚细亚西南部的一个城市。他大概在公元前 425 年前后死于他移居的雅典。在希罗多德的一生中，他游历了地中海和中东，游览了古希腊人所知道的大部分地方。他还绘制了自己的地图。受荷马以及诞生于他笔下波斯题材作品的影响，希罗多德决定创作第一部已知的叙述性历史，其主题是希腊—波斯战争（公元前 499—前 479 年）。

在希罗多德死后两三百年间，亚历山大的哲学家们把希罗多德的《历史》分为九卷，他们以希腊神话中的九位缪斯命名：克利俄、欧成耳

希罗多德通常被认为是人类历史上第一位历史学家，他的足迹遍布东部地中海和近东地区，然后将从不同地区的人口中采集的故事融合在他的波斯战争历史当中。该雕像位于美国国会。（图源：美国国会图书馆）

佩、塔利亚、墨尔波墨涅、忒耳普西科瑞、厄剌托、波吕许谟尼亚、乌拉

尼亚和卡利俄佩，因此也称作希罗多德的缪斯（Ⅰ–Ⅸ）。前四本书描述
了希腊和波斯战争的背景；其余的则包含了战争本身的历史。希罗多德的
历史讨论了古埃及帝国的扩张，从大流士一世在马拉松的战败，到亚哈随
鲁一世对希腊人的远征，再到塞莫皮雷、阿耳米塞、萨拉米斯、普拉蒂亚
和密凯尔的大战。希罗多德生动地描述了这些战争，特别是海上战争，他
的著作至今仍是现代学者的重要资料来源。

希罗多德参观和考察了许多地方，为他的第一手资料提供了独特的信
息。这些信息从地形、地貌和民族志的角度展示古希腊周围的世界是如何
形成的。一个典型的例子是希罗多德的世界地图（第四卷）的构建，他
展示了公元前 5 世纪希腊人是如何理解世界的，特别是地中海东部、黑
海、红海、尼罗河和印度洋的海域。此外，希罗多德很有才华，在他的叙
述中融入了许多离题的东西，他称之为"叙事"（logoi）。在他的很多所
谓"演讲"中都体现了对于他游历地区文化的深刻认识。这些书中还提
供了许多关于希罗多德航海、希腊和埃及贸易、国际关系、当地习俗和传
说的额外信息。

希罗多德通过这些看似"离题"的叙述，让读者有机会更多地了解
他的海上航行、古希腊和埃及及其邻国的海外贸易、不同的贸易路线、所
携带的货物以及不同国家之间的关系。例如，在第三卷的前言中，希罗多
德讨论了希腊商人，认为他们的勇气、航海知识、航海传统和航海技能使
他们在最偏远、"野蛮"的地方获得商业优势。同时，他也赞扬了腓尼基
人是有造诣的水手和航海家。

吉娜·巴尔塔

拓展阅读

De Selincourt, Aubrey. 2001. *The World of Herodotus*. USA：Phoenix.

Evans, James Allan. 2006. *The Beginnings of History：Herodotus and the Persian Wars*. Campbellville, Ontario：Edgar Kent.

Lateiner, Donald. 1989. *The Historical Method of Herodotus*. Toronto：Toronto University Press.

Momigliano, Arnaldo. 1990. *The Classical Foundations of Modern Historiography*. Berkeley：University of California Press.

Thomas, Rosalind. 2000. *Herodotus in Context：Ethnography, Science and the Art of Persuasion*. Cambridge：Cambridge University Press.

比雷埃夫斯

自公元前5世纪至今，比雷埃夫斯一直是雅典的主要港口。它位于雅典西南7英里处，由三个港口组成：兹（Zea）、穆尼基亚（Munychia）和坎萨拉斯（Cantharus）。

在公元前6世纪之前，雅典人对比雷埃夫斯港不感兴趣，他们更重视附近的法伦湾。第一个注意到比雷埃夫斯的是暴君希比亚斯，他在公元前511年10月加固了穆尼基亚山。公元前493—前92年，雅典政治家泰米斯托克利斯领导建设了这里的主要防御工事，他后来说服雅典人建立了一支三列桨座船舰队，使雅典成为一支重要的海军力量。公元前458—前57年，在所谓的"长墙"的建造下，比雷埃夫斯连接到雅典城。只要雅典能保持通往大海的通道，这些城墙可使雅典在被围困时坚不可摧。

到公元前5世纪中叶，比雷埃夫斯已成为地中海东部最重要的商业港口，吸引了大量的国内外商人。被称为恩波利翁的商业区位于坎萨拉斯的东部和北部。这一次，雅典人的领袖伯里克利邀请米利都的建筑师希波达摩斯为比雷埃夫斯设计了一个网格状模式的城市规划。

公元前431年，伯罗奔尼撒战争在雅典和斯巴达之间爆发。战争在公元前404年结束，胜利的斯巴达人摧毁了长墙和比雷埃夫斯的防御工事，并要求雅典人摧毁他们舰队的绝大部分。公元前394年，雅典人科农通过重建和扩大防御工事的主要部分来恢复港口的活力。公元前330年，所谓的"菲隆兵工厂"建成。铭文资料显示，到公元前3世纪30年代末，比雷埃夫斯的三个港口可以容纳372艘三列桨座战船（在坎萨拉斯为196个，在兹为94个，在穆尼基亚为282个）。

在马其顿占领希腊期间的公元前322—前229年间，马其顿的一支守备部队驻扎在比雷埃夫斯。在公元前200年，这个港口成了30艘罗马战舰的冬季驻地。公元前88年，本都的米斯特里达斯六世挑战罗马在地中海东部的霸权，雅典站在他一边。公元前86年，经过一年的围攻，罗马将军苏拉占领并完全摧毁了比雷埃夫斯港。

比雷埃夫斯在中世纪和奥斯曼帝国占领希腊期间并未发挥重要作用。直到19世纪中期，希腊从奥斯曼帝国解放后，比雷埃夫斯才得以彻底重建，再次成为希腊的主要港口。如今，每年有近2000万旅客通过该港口，使其成为世界上最繁忙的客运港口之一。

扬尼斯·乔甘纳斯

拓展阅读

Garland，Robert. 2001. *The Piraeus*：*From the Fifth to the First Century B.C.* 2nd ed. London：Duckworth.

Lovén，Bjørn. 2011. *The Ancient Harbours of the Piraeus*. Monographs of the Danish Institute at Athens，Vol.15，1. Gylling：Narayana Press.

Steinhauer，Georgios，Matina Malikouti，and Bassias Tsokopoulos (eds.). 2000. *Piraeus*：*Centre of Shipping and Culture*. Athens：Ephesus Publishing.

马萨利亚的皮西亚斯，约公元前 350 年至前 285 年

马萨利亚的皮西亚斯是一位古希腊天文学家、地理学家和作家，因他在公元前 320 年前后对欧洲西北部海岸外的大西洋的探索而闻名。

皮西亚斯是马萨利亚本地人，那里是希腊在法国南部海岸（现在的马赛）的殖民地。皮西亚斯以私人名义出航，而不是作为他所在城市的使者代表。他关于海洋的书描述了他到大西洋许多迷人地方的航行。除了后来的一些古代作家（包括斯特拉博和波利比乌斯）对书中持怀疑态度的奇异段落之外，这本书没有流传下来。

皮西亚斯可能是第一个从古典地中海来到北欧的受过教育的人，他认为气候在一定程度上是纬度的作用。他对星星的仔细观察使他能够精确地读出纬度，从而能够绘制出他的旅程图。他认为地球绕着固定的轴旋转。一到大西洋，他就注意到，在封闭的地中海里，潮汐的涨落与月亮的盈亏有关。

因为我们关于皮西亚斯的少数古代资料是零碎的、矛盾的、有偏见的，所以不可能精确地描绘出他的游历。他在英国待了大约一年，对康沃尔的锡矿工业发表了广泛的评论。对康沃尔来说，马萨利亚是一个主要的目的地。皮亚西斯绕着岛走了一圈，确定它的形状是三角形的，并计算了它的海岸线的长度。他可能对奥克尼群岛和赫布里底群岛很熟悉。

然而，正是他从英国到图勒的航行吸引了后来的学者。皮西亚斯把图勒的位置描述为大概是从英国向北航行六天的距离；现代学者对图勒的位置有不同的定义，如冰岛、挪威和设得兰群岛。他把图勒附近的海描述为

"凝结的"，按照今天的说法即"遍布细碎浮冰"；再往北航行一天，海水便会冻住。雾中灰色的北大西洋，海和天之间没有明显的分界线，让皮西亚斯产生了一种神秘的，甚至是原始的、基本的统一观念。这种非地中海意象的想象毫无疑问地助长了一些同时代人对他的探险的蔑视——或许可以理解，因为"偏远的图勒"被普遍视为一个幻想或虚构的地方。他伟大旅程的最后一段行程是驻足在一个可以采集到琥珀的阿巴卢斯岛上。虽然"阿巴卢斯"的确切位置还不确定（也许是哥德兰或黑尔戈兰），但皮西亚斯肯定到过波罗的海地区，这是地中海地区自青铜时代以来梦寐以求的物产来源地。

在古代，长途旅行总是一件危险的事情，无论是在陆地上——你有可能居住在危险的原住民中间，还是在北大西洋动荡不安的开放水域中。尽管他现存的作品少之又少，内容迥异，问题重重，但毫无疑问，皮西亚斯是古代最勇敢的旅行家之一。

卡尔·M.佩特鲁索

拓展阅读

Cunliffe，Barry.2002.*The Extraordinary Voyage of Pytheas the Greek*.NY：Walker Publishing Company.

Hawkes，Christopher.1977.*Pytheas：Europe and the Greek Explorers*.The Eighth J.L.Myres Memorial Lecture.Oxford：Blackwell Publishing.

Roller，Duane W.2006.*Through the Pillars of Herakles：Greco-Roman Exploration of the Atlantic*.New York：Routledge.

Roseman，Christina. 1994. *Pytheas of Massalia：On the Ocean. Text，Translation and Commentary*.Chicago：Ares Publishers.

Whitaker，Ian.1981-82."The Problem of Pytheas' Thule." *Classical Journal* 77：2：148-64.

萨拉米斯战役

萨拉米斯战役发生在公元前480年9月，是希腊联盟和波斯帝国之间发生的希波战争海战的高潮；战争在阿提卡东岸和萨拉米斯岛（塞隆尼克湾中最大的岛屿）之间的海峡进行。希腊将波斯舰队驱逐出希腊，为希腊在第二年的战争中取得决定性胜利铺平了道路，并在爱琴海建立了长达75年的雅典海军霸权（制海权）。

主要的文本来源都是希腊语（主要是埃斯库罗斯的珀尔萨；希罗多德，7.141 43 8.40 96，后来是狄奥多罗斯，11.15 19；普鲁塔克，泰米斯托克利斯），没有提供完全一致的战役描述。舰队的规模、所采用的战术以及事件发生的确切顺序，仍是学者们猜测和争论的问题。

波斯军队在塞莫皮雷取得胜利，在阿耳忒弥斯的海上经历一次难分胜负的交手之后，波斯国王亚达薛西斯一世（公元前 519—前 465 年）率领大军进入希腊中部。雅典人被泰米斯托克利斯对德尔菲神谕中的神秘短语"木墙"和"神圣的萨拉米斯"的解释所说服，认为这预示着希腊海军将在萨拉米斯取得胜利，于是撤离了阿提卡。同时，在名义上由斯巴达拜德斯带领的规模在 380—400 艘船只（主要是战船，主要来自雅典）的希腊舰队，驻守在东部沿海的萨拉米斯。这里的海峡具有地形和气候等优点，以及可以限制在狭窄的，不到几英里宽的海峡里出入和调度的波斯船只的数量（这个数字最高可达 1027 艘）。

继薛西斯一世占领雅典，烧毁雅典卫城之后，恐慌在希腊联盟中蔓延，导致大多数将领赞成重新撤退，以保卫狭窄的科林斯地峡。据古代资料记载，泰米斯托克利斯决心阻止这一切，并强迫薛西斯的舰队与之交战。他利用假情报引诱亚达薛西斯的舰队进入萨拉米斯海峡，声称希腊联盟已经破裂。

这场战斗从黎明一直打到日落。船只超载使波斯人的数量优势反倒处于劣势。他们发现在受限制的水域，特别是在严重的跨海峡涌流下，船只很难调度。当船只相撞时，混乱在舰队中蔓延。事实证明，他们紧紧地挤在一起，很容易受到希腊人的攻击，无法撤退。薛西斯坐在岸上的金王座上，亲眼看见了他的舰队被摧毁，损失了 200 多艘船，伤亡惨重。战斗结束后，他带着舰队和三分之二的军队撤回波斯。第二年，一支希腊军队在普拉提亚战役中击败了亚达薛西斯的残余军队。

雅典对这场胜利做出了重大贡献，这场战役被证明是雅典崛起为海上强国的一个里程碑。雅典人将其军事美德视为民主政权的产物，并将萨拉米斯作为其公民身份和政治意识形态的组成部分加以利用。在埃斯库罗斯的悲剧《波斯人》（公元前 472 年）中，这部现存最早的欧洲戏剧将这场战争作为民主的胜利来纪念，塑造了萨拉米斯的传奇。

这场战役把欧洲的希腊从波斯的征服中拯救出来，使希腊的古典文明得以蓬勃发展。萨拉米斯的叙事成为自由和西方崛起的象征，从古代到现代在学术作品和各种文学艺术流派中被奉为经典，是人类历史上的重大事件。

法耶赫·豪斯凯尔

拓展阅读

Green，P.1996.*The Greco-Persian Wars*.Berkeley and Los Angeles：University of California Press.

Hanson，V.D.2001.*Carnage and Culture：Landmark Battles in the Rise of Western Power*.New York：Doubleday.

Strauss，B.2004.*The Battle of Salamis：The Naval Encounter That Saved Greece and Western Civilization*.New York：Simon and Schuster.

锡拉库西亚

锡拉库西亚是公元前 3 世纪的一艘希腊船只，通常被认为是古代最大的运输/货船，长约 360 英尺。公元前 240 年前后，受叙拉古暴君希伦二世的委托，哥林多的阿基亚斯设计了锡拉库西亚，此后菲利亚斯在阿基米德的监督下建造了这艘船。建造期持续了一年，需要足够建造 60 艘四边形战舰（四排桨的战舰）的木材。锡拉库西亚有 3 层甲板、3 根桅杆和 12 个锚。上层设有 8 座炮塔，每座炮塔上有 2 名弓箭手和 4 名士兵。一种特殊的马鬃和沥青涂层保护船体不受船蛆的侵害。阿基米德在船头制作了一个巨大的投石器，设计了可以由一个人操作的船上抽水装置。

除了巨大的货舱外，船上还有 30 个舱室、10 个马厩、花园、室内热水浴室、图书馆、体育馆、鱼缸、淡水缸、做饭用的烤箱以及一座供奉阿芙罗狄忒（Aphrodite）的神庙。船上奢华的装饰包括象牙和大理石雕像，以及描绘《伊利亚特》场景的马赛克。根据古代资料，锡拉库西亚可以运载 1942 名乘客和将近 2000 吨的货物。由于造价昂贵，这艘船只航行过一次，从锡拉丘兹到埃及的亚历山大港。在那里，它被作为礼物送给了国王托勒密三世。

扬尼斯·乔甘纳斯

拓展阅读

Casson，Lionel.1971.*Sea and Seamanship in the Ancient World*.Princeton，NJ：Princeton University Press.

Meijer，Fik，and André Wegener Sleeswyk.1996. "On the Construction of the 'Syracusia' (Athenaeus V.207 A–B)." *The Classical Quarterly* 46.2: 575–78.

Turfa, Jean Macintosh, and Alwin G.Steinmayer Jr.1999. "The Syracusia As a Giant Cargo Vessel." *The International Journal of Nautical Archaeology* 28.2: 105–25.

泰米斯托克利斯，公元前 524/523 年至前 460/459 年

泰米斯托克利斯是希腊在萨拉米斯战役（公元前 480 年）中胜利的缔造者，他是雅典将军，也是希波战争期间的主要政治家。他影响深远的海军政策使雅典在 5 世纪转变为海上霸主（海洋政体）。古代历史学家，主要是希罗多德、修昔底德和普鲁塔克，证明了他的睿智、外交智慧和战略智慧。无论在古代传统还是现代学术领域，他都是一个有争议的人物，被誉为杰出领袖的同时也被批评为腐败和渴望权力的煽动者。

泰米斯托克利斯是尼克勒斯的儿子，来自古代利科中部的一个氏族的尼克勒斯是土生土长的雅典人，他的母亲很可能不是雅典人。作为执政官（公元前 493—前 92 年），他监督了在比雷埃夫斯的雅典港口的发展和防御。他可能参加过马拉松战役（公元前 490 年）。到了公元前 480 年末期，他在雅典政坛声名显赫，并在公元前 483—前 482 年间说服雅典人将劳伦斯发现的一处银矿中的财富用于海上防御，由此在雅典船队中增加了 100 艘三列桨座帆船。它们的目的是用来对付长期的对手伊吉纳，为雅典的海军霸权奠定基础，并证明在萨拉米斯对抗波斯人时雅典具有的决胜性地位。

在波斯入侵希腊（公元前 480—前 79 年）期间，泰米斯托克利斯在指挥雅典海陆军队时达到了政治生涯的顶峰。根据他对德尔菲神谕中预言希腊将在萨拉米斯取得胜利的解释，他发起了在雅典的撤退，并让希腊舰队准备在萨拉米斯附近的狭窄水域与波斯人作战。

公元前 478 年，战争结束后，泰米斯托克利斯下令对雅典进行改革，并完成了比雷埃夫斯港的工程。在公元前 4 世纪 70 年代后期，他失宠，被雅典的保守派政治对手放逐出雅典。他在阿尔戈斯找到了避难所，并在那里推行反斯巴达的政策。在斯巴达人指控他与波斯国王通信叛国后，泰米斯托克利斯被迫逃离希腊。公元前 465 年，新波斯国王亚达薛西斯一世授予泰米斯托克利斯管理小亚细亚西南海岸玛安得岛的马格尼西亚州的权

力，不久后他可能自然死亡。

泰米斯托克利斯的海军政策是他政治生涯的基石，对 5 世纪雅典的社会政治产生了持续的影响。海上力量依赖于雅典的下层阶级"最低种族"，他们在舰队中担任划艇手，获得投票权后在雅典政治中变得越来越重要。就像泰米斯托克利斯这样的领导人一样，他们帮助建立了雅典的海上帝国，并在希腊的海上城市促进了民主。

在他死后，泰米斯托克利斯的声誉得以恢复，人们重新确立了他作为雅典和希腊救世主的地位，并在古典史学、演讲和戏剧中得到了神圣的纪念。此外，他还成了从古至今学术讨论以及西方流行文化发展的灵感之源。

法雅·豪斯克

拓展阅读

Frost，F.J.1980.*Plutarch's Themistocles*，*an Historical Commentary*.Princeton：Princeton University Press.

Hammond，N.G.L.1982. "The Narrative of Herodotus Ⅶ and the Decree of Themisto-cles at Troezen." *Journal of Hellenic Studies* 102：75-93.

Lenardon，R.J.1982.*The Saga of Themistocles*.London：Thames and Hudson.

Marr，J.L.1998.*Plutarch*：*Life of Themistocles*.Warminster：Aris and Phillips.

三列桨座战船

就像双列桨座战船（把划桨手部署成两排）取代了单列桨座战船一样，三列桨座战船也取代了双列桨座战船。大约在公元前 7 世纪晚期，希腊城邦科林斯（Corinth）引入三列桨座战船（trieres）。到 5 世纪，三桨战船（在希腊语中是"三角体"的意思）成为地中海的主要战舰。在希波战争（公元前 480—前 477 年）中，它们是希腊和波斯舰队的主力；在伯罗奔尼撒战争（公元前 431—前 404 年）中，它们是雅典和斯巴达舰队的主力。

考古学家尚未发掘出三列桨座战船，因此我们对它们的了解是基于古代文献、艺术和物质遗迹，如比雷埃夫斯的船棚。对这些建筑的仔细研究使学者和造船师得以建造"奥林匹亚号"，即希腊三列桨座战船的重建品。

　　三列桨座战船的三排桨手，分别是"底桨手"、"梁桨手"和"外桨手"，他们小心翼翼地排成一条略微斜的线，以便每个人都有空间划桨。54 个"底桨手"，每边 27 个，用最低一列的桨划过内衬防水皮套的港口。有 54 个"梁桨手"坐在他们以上，稍往前行。又有 62 个"外桨手"在沿船壳的外层划桨。除了这 170 名划手外，三列桨座战船的船员还包括一名船长、舵手、造船工人、十几名甲板水手和其他帆船船员，以及大约 12 名士兵，这艘船的船员总数约为 200 人。

　　三列桨座战船又长又窄，长度是宽度的 6—7 倍，是为短时间的速度爆发而建造的。雅典的三列桨座战船大约长 120.7 英尺（26.8 米），宽 17.8 英尺（5.45 米）。它们的主要武器是装在船头的青铜护套撞击装置。和其他希腊船只一样，三列桨座战船首先用橡木板和各种轻质木材建造外壳，木板以榫卯结构接合成船体。甲板下从船头到船尾的绳索进一步加强了三列桨座战船船体的坚固和灵活。

　　"奥林匹亚号"上的志愿者们已经达到了每分钟 50 次的划水速度，使船的航速达到了 9 节。经验丰富的古代船员可能做得更好，尽管在长途航行中速度可能只有他们的一半。在此基础上，三列桨座战船雇用了轮班的划手，或者依靠悬挂在主桅和前桅上的方帆。船长们通常每晚让船靠岸，让桨手休息一下，并获取饮用水。当三桨战船起航参战时，他们把帆和桅杆留在岸上。

　　三列桨座战船的建造和维护费用高昂，为了防止腐烂，它还需要定期进行干燥脱水维护。建造一艘雅典的三列桨座战船大约需要一个经验丰富的"高级人才"，其费用与船员每月的伙食费和薪水相当。维持一支 200 人的三列桨座战船舰队海上航行 6 个月的时间，可能花费的要比建造帕台农神庙所聘请的 1200 个"高级人才"还要多。因此很少有希腊城邦拥有超过 12 艘三列桨座战船。

斯蒂芬·K.斯坦

拓展阅读

Morrison, John S., and John F. Coates. 1996. *Greek and Roman Warships 399-30 B.C.* Oxford：Oxford University Press.

Morrison, John S., John F. Coates, and N. Boris Rankov. 2000. *The Athenian Trireme：The History and Construction of an Ancient Greek Warship*,

2nd ed.Cambridge：Cambridge University Press.

　　Wallinga，Herman T.1993.*Ships and Sea-Power Before the Great Persian War*：*The Ancestry of the Ancient Trireme*.Leiden，Netherlands：Brill.

印度，公元前 1000 年至 300 年

　　从地理上讲，印度半岛东、西部与海接壤，北与喜马拉雅山相连。印度漫长的海岸线促使印度人很早便进行海上活动，并且享受到了人和海洋联系的独特优势。随着文明在次大陆的兴起和衰落，印度人与海洋的联系持续存在，包括捕鱼和采珠以及沿海岸与中东和东南亚遥远港口的贸易。

　　印度人第一次出海的时间还不为人所知，但是沿海贸易促进了城市化进程，并在公元前 3000 年之前促进了印度河流域哈拉潘文明的出现。哈拉潘商人穿越印度洋，在公元前 3000 年与美索不达米亚展开了广泛的贸易。尽管哈拉潘文明在公元前 1700 年前后灭亡，但海上贸易很快恢复。印度商人到达印尼群岛，重建了与波斯湾的贸易路线。公元前 2 世纪，希腊商人从埃及来到印度。一个世纪后，罗马商人来到印度。到奥古斯都（公元前 63—14 年）的时候，每年有 120 艘罗马船只航行到印度，印度的使者也访问了罗马。在接下来的世纪，无论帝国上升和下降，印度继续保持着作为商品生产者又作为其他地区货物转运点的重要贸易地位，这也得益于其在印度洋的中心位置。在该地出产的珍贵商品包括宝石、香料和纺织品。印度商人的活动最远到达阿拉伯和印度尼西亚东部的香料群岛和中国。

　　哈拉潘文明是以考古学家在 20 世纪 20 年代开始发掘的大城市哈拉帕命名，在公元前 3300—前 1700 年沿印度河繁荣发展。与古埃及和苏美尔王国同时期，哈拉帕人建造了复杂的灌溉和排水系统，有许多金属加工、陶器和其他工艺的专家。考古学家已经发现了 1000 多座哈拉潘城镇，但尚未破译哈拉潘语，这使该文明的许多成就都不确定。不过，毫无疑问的是，这些人成了航海专家，并四处旅行。哈拉潘港口城市之间进行贸易往来，苏美尔文字表明波斯湾港口与巴鲁克、洛塔尔和索帕拉等哈拉潘主要港口之间存在大量贸易往来。位于现代古吉拉特邦坎哈特湾（Gulf of Khambhat）顶端的罗塔尔是一个特别活跃的港口。它有大量的仓库、码头和其他用砖砌成的设施，还有一个历史可以追溯到公元前 2400 年的码

头，是世界上最古老的码头。

　　哈拉潘人航行到马尔代夫群岛，在那里他们收集苏美尔人珍视的贝壳。印度柚木、乌木和其他木材，连同珍珠和其他宝石，被用来交换铜、金、铅、锡和其他金属。大部分的贸易都是通过波斯湾的主要港口迪勒姆进行的。在哈拉帕、摩亨佐达罗和其他哈拉潘城市的废墟中发现了苏美尔人的手工艺品，在迪尔蒙和整个阿拉伯地区都发现了哈拉潘人的手工艺品。其中有许多哈拉潘图章描绘了芦苇船和其他船只。哈拉潘人可能用柚木建造了更大的船只，柚木是一种特别耐久的当地木材，尽管考古学家尚未发现任何遗存。

　　随着哈拉潘文明的崩溃，新的民族进入了印度次大陆，开始了吠陀时代（约公元前 1500—前 500 年）。这一时期以《吠陀经》命名，《吠陀经》是这一时期最古老的印度教经文。印度的海事技术在吠陀时代迅速发展，吠陀揭示了很多印度海事活动。例如，在《梨俱吠陀》的年代（约公元前 1500—前 1200 年），人们歌颂海神瓦鲁那，注意到海洋物产丰富，记录重要的贸易路线、航海参考和商人经常访问的港口，并祈求瓦鲁那的帮助以保护人们免受海洋的许多危险（包括风暴和危险的岩石海岸）。《罗摩衍那》和《摩诃婆罗多》是公元前 4 世纪和公元前 5 世纪的史诗，描述了到苏瓦那和亚旺德维帕（苏门答腊和爪哇岛）以及洛塔萨亚拉（红海）的航行。后来的许多梵文戏剧，比如据说是由哈沙国王（590—647）创作的《拉特那瓦利》，描述了印度教商人的伟大航行和他们史诗般的海上冒险。印度已知最早的法律书籍《摩奴法典》可以追溯到公元前 2 世纪到 2 世纪之间的某个时期，书中讨论了海商法和海上贸易争端。

　　早期的佛教文献，如《那先比丘经》（Milindapanha），写于米南德国王统治时期（公元前 160—前 135 年），同样描述了海上活动、远洋航行，以及满载财富从海上返回的商人。《本生鬘经》指出，船长必须知道星星的季节、位置和运动，其中 56 颗星星对航海很重要。船长必须能够根据海水的颜色、海洋生物和海底土壤样本来确定自己的位置。

　　早期的印度贸易沿着海岸发展，但是印度的航海家学会了用星星导航，尤其是北极星。他们在 2 世纪之前就开始了远洋航行。他们学习掌握了季风的模式以促进长距离的贸易。后来希腊的水手也向他们学习，并发展了一套复杂的航海知识体系，这些知识后来由天文学家瓦拉哈米希拉（Vara-hamihira，505—587）和阿雅巴塔（Aryabhatta，476—550）汇编和扩充。在此期间，独木舟和芦苇船一直在沿海水域使用。用于货运的更大的船需要用到船体缝合技术。这需要几十英里长的由椰子纤维制成的绳子，但可以制造出灵活的船壳，用以抵御风暴和海岸岩石的破坏。随着时间的推移，绳子变得越来越长，逐渐磨损，需要更换，但仍然支撑着大型船只的建造，这些船只长约150英尺（约合315米），可以装载数百吨货物。

印度的水手和商人足迹遍布南亚，西至非洲海岸，远至泰国和越南。商人们环绕印度半岛航行。到公元前500年，泰米尔船只与季风一起航行到马来西亚、爪哇岛和苏门答腊岛，年初出发，年底逆风返回。在东南亚，他们进入当地的贸易网络，访问爪哇、婆罗洲、柬埔寨和巴厘岛。从印度东海岸的港口马哈巴利普兰出发，印度商人开始交易胡椒、肉桂和其他香料，并在东南亚的主要岛屿建立了贸易点，而当地商人将印度商品最远运送到中国。锡兰岛（现在的斯里兰卡）成为印度洋贸易的重要中心，是货物东移或西移的转运点，来自西方的商人在这里与来自印度、中国和其他东方国家的商人相遇。

季　风

世界各地的盛行风向依季节变化，但这种变化在印度洋和东南亚最为明显和显著。季风来自阿拉伯语"mawsim"，意思是季节。季风是印度洋和亚洲大陆之间的温差造成的两种季节性风，印度洋一年到头的温度大致相同，而亚洲大陆则随着季节的变化而变暖或变冷。在5—9月的夏季，亚洲上空的暖空气上升，从印度洋吸入空气，形成西南季候风。从11月到次年3月的冬天，温暖的空气在印度洋上升，创造了东北季候风，它从印度洋的一端由中国吹到印度尼西亚，另一端由印度吹到非洲。逆季风航行几乎是不可能的，有时季风的强风甚至会扰乱沿海航行。

从埃及出航的希腊水手是最早了解这种每年风向转换规律的人之一，这种了解促进了快速、季节性穿越印度洋的航行，使人们能在2世纪将罗马帝国与汉朝等地连接起来。直到19世纪蒸汽船的出现，印度洋上的航行时刻表和贸易模式都是随着季风而变化的。被西南季候风吹来的商人们带着货物航行到印度，在印度做生意，然后等待东北

> 季候风的到来把他们带回家。每次往返航行要花大约 12 个月的时间。
>
> 斯蒂芬·K.斯坦

公元前 2 世纪，基齐库斯的欧多克索斯开创了希腊与印度的贸易，带回了香水和宝石。《埃利瑟兰海的外围》这本 1 世纪出版的介绍印度洋贸易的希腊语小册子记录了希腊商人贸易服装用品、黄玉、珊瑚、乳香、玻璃器皿、酒和金银盘子，以换取（印度人的）棉花、靛蓝、丝绸、青绿色和其他颜色的宝石以及香料，尤其是生长在印度南部的胡椒。贝莱尼斯是埃及西海岸的一个港口。多亏了有印度洋贸易，它从公元前 3 世纪到 6 世纪一直保持繁荣昌盛。

到公元前 4 世纪，印度沿海人口在淡水水库养殖鱼类，并在印度西海岸和孟加拉沿岸养殖鱼类和甲壳类动物。1 世纪收集在《阿卡那努鲁》的泰米尔诗歌中提到了捕鱼以及在岸上采集盐和珍珠的重要性。《埃利瑟兰海的外围》指出，来自泰米尔海岸的珍珠远比来自阿拉伯的要好。这个时代的另一首泰米尔诗作《帕提那帕莱》(Pattinappalai) 指出，渔民家庭住在城镇的外围街道上，港口熙熙攘攘；工匠和码头工人工作到深夜，灯光熠熠。

亚历山大大帝（公元前 356—前 323）短暂征服了印度西北部。沿着印度河顺流而下，他在帕塔拉建立了一个港口，在那里他建造了一些船只，把他的一部分军队带回了家乡。亚历山大的到来在印度引发了一系列的战争，其顶峰是旃陀罗笈多（公元前 340—前 297）的胜利。旃陀罗笈多建立了持续一个世纪的孔雀王朝。他是第一位建立海军的印度统治者。他的海军力量由一位海军上将指挥，帮助他征服和统治他的帝国，同时管理河流和沿海水域。尽管旃陀罗笈多做出了努力，但海盗仍然是印度海域的一个问题。

后来的孔雀王朝统治者阿育王（Ashoka，前 304—前 232）信奉佛教，并努力传播佛教。他修建寺庙，组织宗教领袖聚会，鼓励传教士到海外传播佛教，其中包括他的女儿，她去过斯里兰卡。其他人去了阿富汗、埃及、希腊、尼泊尔、波斯、东南亚和中国。随着印度商品的发展，印度文化传播到整个地区，影响着艺术、文学、宗教和政治。特别是佛教，在东亚和东南亚有着广泛的吸引力。佛教著作和手工艺品在中国和东南亚有现成的市场，佛教朝圣者前往印度学习和参观圣地。

在第三个世纪后，罗马和希腊商人逐渐从印度洋消失，取而代之的是萨珊波斯人和阿拉伯人，他们的贸易货物包括在印度广受赞誉的马匹。尤其是阿拉伯商人，开始主导西印度洋和东非海岸的贸易。然而，印度水手仍然活跃在整个印度洋，与中国的贸易联系依然紧密，中国僧人法显 5 世纪从中国到印度的往返旅行就证明了这一点。

阿米塔布·维克拉姆·维维迪

拓展阅读

Barnes，Ruth，and David Parkin.2002.*Ships and the Development of Maritime Technology on the Indian Ocean*.London：Routledge.

Chakravarti，Ranabir.2002.*Trade and Traders in Early Indian Society*.New Delhi：Manohar.

Chattopadhyaya，Brajadulal. 2014. *Essays in Ancient Indian Economic History*.Delhi：Indian History Congress in Association with Primus Books.

Chauduri，K. N. 1985. *Trade and Civilisation in the Indian Ocean*. Cambridge：Cambridge University Press.

Ray，Himanshu Prabha.2003.*Archaeology of Seafaring*：*The Indian Ocean in the Ancient Period*.Cambridge：Cambridge University Press.

Sheriff，Abdul.2010.*Dhow Cultures of the Indian Ocean*：*Cosmopolitanism，Commerce and Islam*.New York：Columbia University Press.

Sidebotham，Steven E. 2011. *Berenike and the Ancient Maritime Spice Route*.Berkeley：University of California Press.

腓尼基和迦太基，公元前 1000 年至前 300 年

腓尼基和迦太基的历史与地中海紧密相联，并以黎氏特的少数几个海上城邦以及他们建立的最成功的殖民地迦太基为中心。腓尼基的主要城市，包括阿克齐夫、阿卡、阿尔瓦德、贝利托斯、比布鲁斯、萨雷普塔和西顿，都位于黎凡特海岸，也都靠近黎巴嫩山，即雪松、松树和柏树等优质木材的产地。它们的海上地位刺激了从捕鱼和贸易到广泛的勘探和旅行的海上活动。在古籍中，腓尼基人被描述为优秀的海员，他们掌握航海技术，是熟练的工程师和造船工人。

腓尼基人是闪族人的一支，他们拥有相同的文化和语言基础，但

他们的城市仍然彼此独立，他们用城市来指代自己，例如比布利亚人、西顿人、泰利亚人和迦太基人。我们知道他们的名字是希腊人（腓尼基人）和罗马人（布匿人）使用的。迦南是希伯来《圣经》中对该地区的称呼，意思是"商人之地"，这是对黎凡特主要腓尼基城市的恰当描述。把他们联系在一起的线索之一就是他们与海洋的关系。他们的大部分历史和文化记录在纸莎草卷轴上，却没有保存下来，迫使学者们不得不依靠考古证据和其他人对他们的描述。他们在希伯来《圣经》中被反复提及，也出现在亚述人编年史的记录以及各种希腊和拉丁作家的描述中。

青铜时代（约公元前 1200 年）结束带来的经济和政治混乱削弱了中东各大帝国的力量，使地中海沿岸的土著社会变得更加重要并开始追求自己的利益。腓尼基城邦——尤其是泰尔、西顿、阿尔瓦德和萨雷普塔——发展了大量的城市人口，并通过商业利益和长途海上贸易致富。虽然在公元前 9 世纪和公元前 8 世纪，他们受到亚述人帝国的统治，亚述人帝国稳步扩张并成为该地区的主导力量。但是亚述人的扩张越来越依赖腓尼基人的海上力量，腓尼基城市在亚述人帝国中的有利地位促进了他们的经济发展，增强了他们对海上活动的信心。这些年来，腓尼基人的海上活动一直延伸到直布罗陀海峡。腓尼基人可能是第一个建造双列桨座战舰的人（7世纪），而这类战舰是亚述舰队的中坚力量。

字 母

腓尼基语的"辅音素文字"（全辅音书写系统）是地中海海上贸易中寿命最长和最重要的贡献。该文字是在公元前 1300 年前后发展起来的，据信是原始闪族文字的一种修改，尽管它可能受到埃及象形文字或美索不达米亚楔形文字（分别是复杂的象形文字/象形文字书写系统）的影响。然而，没有证据支持这些假设，这种书写形式可能是独立开发的。腓尼基语的音标由 22 个辅音组成，比同时代的其他文字更容易学，因为每个字母都与一个音有关。学习和使用这些字母的便利促进了整个黎凡特地区的读写能力。

　　字母表遍布北非和伊比利亚半岛的贸易和腓尼基殖民地。在黎凡特，像以色列人和犹太人这样靠近腓尼基人的社会群体，根据他们的语言（公元前 10 世纪）修改了辅音素文字，后来又修改为亚拉姆语（公元前 8 世纪）、叙利亚语（1 世纪）和阿拉伯语（5 世纪）。希腊人采用腓尼基文字系统（公元前 8 世纪），并添加元音。这个版本的字母表逐渐演变成伊特鲁里亚语（公元前 6 世纪）、拉丁语（公元前 8 世纪）和科普特语（源自埃及，4 世纪）。腓尼基字母也是埃塞俄比亚（古埃索比亚语）（公元前 5 世纪和公元前 6 世纪）和蒙古使用的粟特字母（源自 2 世纪的叙利亚语）的祖先。腓尼基字母表（及其改编）也有可能影响了印度文字——婆罗米文（公元前 3 世纪）。今天，腓尼基字母的衍生文字几乎依旧存在于每个使用字母文字的国家。

　　　　　　　　　　　　　　　睿琪·J. 米特尔曼

　　波斯人依赖腓尼基人的海上力量，在亚述的废墟上建立了一个更大的帝国。在波斯时期（公元前 539—前 332 年），腓尼基、塞浦路斯和叙利亚是波斯帝国第五行政区的一部分。腓尼基城市进入自治国家的范畴，保留了其政治和经济制度。波斯人的习惯是在不干涉各省经济管理的情况下使用现有的制度，波斯人鼓励腓尼基港口的经济发展。帝国也没有阻止腓尼基城市与波斯帝国以外地区的交往，包括那些代表政敌的地区，如雅典。5 世纪，腓尼基人的三列桨座战船支持波斯帝国的进攻和希腊的入侵，他们参加了萨拉米斯战役和其他海战。

　　腓尼基人从他们的家乡向西航行，与土著人进行贸易，并建立殖民地，最远西至西班牙和摩洛哥的大西洋海岸。在公元前 11 或公元前 10 世纪，他们就开始在主要港口和沿海小定居点建立商业飞地来巩固他们的贸易网络。根据古典文献记载，摩洛哥的利克斯、西班牙的加的斯和突尼斯的尤蒂卡，是腓尼基人最早建立的殖民地。建于公元前 9 世纪末的迦太基开始可能是一个贸易中心，后来在公元前 7、前 6 世纪发展成为一个令人印象深刻的城市，这要归功于它优秀的天然港口、肥沃的腹地以及东西地中海贸易路线的优越位置。

　　公元前 6 世纪，迦太基征服了撒丁岛，并扩张到西西里岛，经常与西西里岛东部的希腊城市作战。在科西嘉附近的阿拉利亚战役（约公元前 540—前 535 年）中，一支希腊舰队险胜了伊特鲁里亚和迦太基的联合舰队。尽管希腊殖民者在该地区建立了更多的殖民地，迦太基在公元前 4 世纪仍然是该地区最强大的海军力量，组建了由三列桨座战船和后来的四列桨座战船组成的大型舰队。然而，日益壮大的罗马共和国对希腊西西里岛和意大利南部的城邦构成了更严重的威胁。罗马在第一次布匿战争（公元前 264—前 241）中建立了一支海军，并成功地在海上挑战了迦太基，永久性地削弱了迦太基的海军力量。结果，以汉尼拔入侵意大利而闻名的第二次布匿战争（公元前 218—前 201 年）几乎没有任何海战。当罗马成功入侵北非后，迦太基主动求和时，战争结束了。第三次布匿战争（公元前 149—前 146 年）因罗马人担心迦太基会重新获得它的海上力量而起，以罗马彻底摧毁这座城市后结束。

直到最近，亚述人的描述还是腓尼基船只知识的主要来源。水下考古学家对几艘腓尼基船只残骸的研究成果极大地促进了我们对腓尼基造船和贸易的了解。两艘沉没的腓尼基商船（塔尼号和艾丽莎号）在以色列亚实基伦附近的深水区中被发现，可追溯到公元前 8 世纪。在西班牙附近，潜水员在马扎隆附近发现了一艘，在巴约德拉坎帕纳附近发现了另一艘。一艘迦太基船只在西西里岛（马尔萨拉）的利利俾附近被发现，马尔萨拉曾经是迦太基的一个主要港口。最近在马耳他附近发现了另一艘沉船。腓尼基人建造了货船和战舰，可追溯到公元前 8、前 7 世纪霍萨巴德的西拿基立（在现代伊拉克境内）宫殿的浮雕上都描绘了这两种类型的船。这些被称为双列桨座战船的战舰，船体不那么弯曲，船头带有一个金属护套的尖撞柱，船尾在顶端向后弯曲。他们似乎在上桨手和上舷墙之间有一系列平纹和交叉影线的面板。货船有一个纵向轮廓的圆形船体，并且在船的两端有接近垂直的支柱。到目前为止，水下考古学家只发现了腓尼基货船。他们的木板用榫卯连接固定，腓尼基人可能是造船的先驱。他们精湛的木工技术阻止了水渗入船体，让船体能够承受足够压力，帮助腓尼基人建立了造船大师和优秀海员的声誉。

尽管腓尼基人对地中海的航海做出了巨大贡献，但现代人对腓尼基水手的生活和生计却知之甚少。他们掌握了沿海和远海航行技术，对海岸线（以及最好的锚地和停靠点）、航线、风、洋流和天文学有很好的了解。在探索地中海的早期，腓尼基人就在许多最好的天然海港建立了殖民地。

他们的港口选址选得都很好，建造也很坚固，腓尼基人掌握了建造人工港口的技术，他们使用双层阿什拉墙（ashlar wall），里面填满了田野里的石头，这种技术被称为"桩与碎石技术"（pier-and-technique）。在黎巴嫩的萨雷帕特地区，这一工艺在考古发掘中有所体现，其历史可追溯至公元前11世纪。这项技术可能从黎凡特传到西部的布匿殖民地、希腊和北非。双层阿什拉墙这一技术在多个港口得以运用。例如位于安可得波斯港口、位于塞浦路斯阿玛萨斯的希腊化时期的港口、罗马在以色列的沙雷普塔、道尔和亚特利特建立的港口。

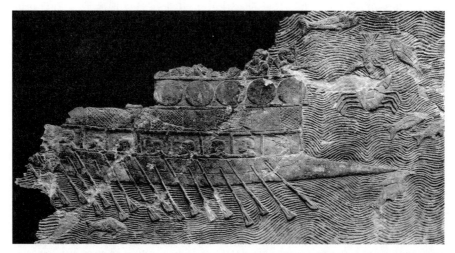

　　腓尼基人是他们那个时代最伟大的航海者，他们在军舰设计上的创新体现在双列桨座战船的创造。这是西拿基立年间亚述人所制作的浮雕，上面清楚地画着船的撞柱和两排桨。它的船员可能是腓尼基人，他们在亚述和后来的波斯舰队中扮演了重要角色。

　　在铁器时代，亚特利特是仿制腓尼基人技术的最具有特点的港口之一。其他值得注意的港口包括塔巴特港、提尔港、西顿港、贝鲁特港、阿克科港、基尔港和迦太基港。根据文献资料，迦太基有两个港口：一个是商业港口，一个是军事港口；商业港口是长方形的，军事港口是圆形的，就像一个人工湖泊或一条河。英国的考古发掘表明，它们是在公元前4世纪的布匿战争期间建造的。

　　海洋在海洋经济发展中发挥了重要作用，是贸易的主要通道和以为海洋中心的工业的基础。腓尼基人从海洋中获得了丰富的物质，特别是鱼类

（他们把鱼腌制后出口）和海蜗牛（一种用以制作服装紫色染料的海螺），这是腓尼基人重要的出口商品。他们还蒸发海水来生产盐，并进行了广泛交易。与埃及、爱琴海和地中海的国际贸易在公元前 1000—前 300 年间得到了很大的发展。腓尼基人还沿着地中海（克里特岛、埃维厄岛、希俄斯岛、马耳他岛、西西里岛、撒丁岛、北非、西班牙）进行了探索性的贸易航行，一直航行到大西洋沿岸，寻找新的原材料来源，主要是金属——金、银、铜和锡。他们逐渐熟悉了海上航线，建立了腓尼基贸易网络，并在地中海周围建立了贸易飞地。文献资料和考古资料表明，他们买卖的商品种类繁多，包括木材、葡萄酒、石油、咸鱼、金属、奴隶、陶器、纺织品、金属器皿、玻璃珠、贝壳和其他奢侈品。《奥德赛》指出，腓尼基人是贸易民族，他们航行于海（地中海）的各个地方，花费整整一年的时间来销售他们的货物。例如，在塔尼号和艾丽莎号的两艘沉船中发现了运往埃及的葡萄酒。

被称为"海上统治者"的腓尼基人，以及后来的迦太基人，在地中海和近东的历史上扮演了重要的角色，进行了广泛的贸易和探险。腓尼基人的港口和军舰在亚述、波斯和其他伟大帝国的海军中被证明是重要的。迦太基凭借自己的力量成为一个重要的海上强国，在 3 世纪和 4 世纪统治了西地中海。腓尼基的海员们广泛地航行，建立了贸易路线，从地中海一直延伸到大西洋和印度洋，并持续了几个世纪。他们作为探险家的功绩是当时最勇敢的，并确保了他们作为当时最伟大的海员的声誉。海洋深刻地塑造了腓尼基文化，也促进了腓尼基产品、技术和文化在整个地中海地区的传播，使这几个沿海城邦留下了丰富的遗产。

伊瓦·奇尔潘利瓦

拓展阅读

Aubet, M.E. 2001. *The Phoenicians and the West. Politics, Colonies, and Trade.* Cambridge：Cambridge University Press.

Ballard, R. et al. 2002. "Iron Age Shipwrecks in Deep Water off Ashkelon, Israel." *American Journal of Archaeology* 106：151-68.

Baurain, Claude, and Corinne Bonnet. 1992. *Les Phéniciens. Marins des trois continents.* Paris：Armand Colin.

Doumet-Serhal, Claude (ed.). 2008. *Networking Patterns of the Bronze and Iron Age Levant. The Lebanon and its Mediterranean Connections. Symposium*

"*Interconnections in the Eastern Mediterranean*；*The Lebanon in the Bronze and Iron Ages*，" *4-9 November 2008*.Beirut.Beirut：Printed ACPP.

Gras，M.，P.Rouillard，and J.Teixidor.1989.*L'Univers Phénicien*.Paris：Hachette，Collection Pluriel.

Lipinski，E.2004.*Itineraria Phoenicia*.Studia Phoenicia，18，Orientalia Lovaniensia analecta 127，Peeters Publishers and Department of Oriental Studies Bondgenotenlaan，Louvain.

Markoe，G.2000.*The Phoenicians*，*People of the Past*.London：British Museum.

Sherratt，S.，and A.Sherratt.1993."The Growth of the Mediterranean Economy in the Early First Millennium B.C." *World Archaeology* 24：361-78.

Stager，L.E.2003."Phoenician Shipwrecks in the Deep Sea." In *Sea Routes*：*From Sidon to Huelva*：*Interconnections in the Mediterranean*，*16th-6th c.* BC.Proceedings of the International Symposium held at Rethymnon，Crete，September 29-October 2，2002，233-48.

航海家汉诺，公元前六世纪和前五世纪

汉诺被称为"领航员"（The Voyage of Hanno），以区别于其他同名同姓的人，生活在公元前 6 世纪和前 5 世纪。作为迦太基人，他在公元前 500 年前后率领一支大型探险队沿非洲西海岸而下。他的"环游记"（字面意思是"环绕"）描述了港口和海岸地标，指出了它们之间的大致距离。汉诺最初的环游记刻在一块石碑上，悬挂在迦太基的巴阿尔汉蒙神庙。当罗马人在公元前 146 年占领并夷平迦太基时，它就消失了。在中世纪的一份手稿中发现了一份不完整的希腊译本，这是唯一保存下来的关于他非凡旅程的记述。

这本环游记描述了汉诺率领 60 艘撞角战舰（船上有 50 名桨手）和 3 万名男女在直布罗陀海峡之外建立殖民地。由于 60 艘撞角战舰不能容纳那么多人，我们有理由提出以下假设：数字翻译错误，撞角战舰护送了更大的客轮，或者数字被简单夸大了。当探险队沿着摩洛哥海岸行进时，一群殖民者下船建立了八个殖民地。最后，舰队来到了一个河口的小岛上。学者们普遍认为，这里是最后一批殖民者上岸的地方，即里奥德奥罗河口的赫恩岛。

探险队随后继续向南探险的原因尚不清楚，但很可能是迦太基人在寻求贸易机会。探险队到达了一条大河的入海口，可能是塞内加尔。沿着内河，他们到达了扔石头的土著人居住的山区。汉诺描述了发现大象、河马和鳄鱼的经历。返回海岸后，探险队继续向南航行了大约两个星期，遇到了一条被认为是冈比亚河口的大河口。汉诺描述了一个燃烧着火焰和拥有奇怪香味的国家，还有源源不断的火焰流入大海。经过这个不适宜居住的地区三天后，他们到达了一个巨大的海湾，岛上满是毛茸茸的野蛮人，他们的翻译把这些人叫做"大猩猩"（现代英语中"大猩猩"就是从这里来的）。汉诺报告说，他们捕获了三只雌性猩猩。但事实证明，它们是如此邪恶，以至于海员把它们都杀死了，还剥了皮，并把皮带回了迦太基。

由于补给品日益减少，汉诺的叙述突然在这一刻结束并决定返回迦太基。汉诺这次航行的全部目的和效果尚不清楚。在希腊语翻译中没有提到贸易，这只会让这个理论更有可能成立。腓尼基人极具竞争性，行事隐秘，因此现有的文件很可能充斥着误导和虚假信息以保护他们的贸易网络。汉诺这次非凡航行的全部目的也许永远不会为人所知。学者们仍在争论汉诺究竟往南走了多远。他本可以到达喀麦隆山，那里大约是非洲大陆南端的一半。

吉尔·M.丘奇

拓展阅读

Hoyos，B.Dexter.2010.*The Carthaginians*.New York：Routledge.

Metrology：The Forgotten Science.2007. "The Voyage of Hanno." http://www.metrum.org/mapping/hanno/htm.Accessed November 11，2014.

Roller，Duane W.2006.*Through the Pillars of Herakles*：*Greco Roman Exploration of the Atlantic Ocean*.New York：Routledge.

罗马，公元前1000年至前300年

在罗马历史上，很少有人提及在罗马王国（传统上可追溯到公元前753—前509年）或早期罗马共和国（公元前509—前390年）时期由国家资助的海上冒险活动。这些时代在很多世纪后的文献中都有记载。然而，也很清楚的是，罗马在其历史早期几个世纪的注意力都集中在别处。罗马经常与邻近的埃特鲁里亚、拉丁姆和意大利内陆发生领土冲突。这些年度冲突往往是短暂的，海战在这一时期几乎没有战略价值。

罗马人与意大利的沿海城市有定期的接触和互动，包括像安提乌姆（罗马南部）和希腊在坎帕尼亚的殖民地尼亚波利斯这样的当地海上力量。再往南，来自西西里城市的水手们——包括希腊人和迦太基人（布匿人）——拥有沿着意大利蒂勒尼安海岸延伸的贸易和军事利益。罗马在其早期历史中与迦太基签订了许多条约。这些条约的细节和顺序是有争议的。他们似乎保护了迦太基在意大利的海上事务，但没有保护罗马相应权利的条款，甚至允许迦太基在意大利获得领土。

罗马最初的海军努力是适度的。罗马历史学家李维声称，罗马在公元前454年派遣了一个代表团前往雅典，在构建罗马早期法律体系时参考了梭伦法的法律。公元前394年，希腊派往德尔斐的一个大使团被来自利帕里群岛的海盗截获。这艘孤零零的罗马船只显然很容易被掠夺，这表明罗马几乎或根本没有能力保护这种冒险行为。共和国对海战准备的第一个迹象是在前4世纪任命了"杜姆维利海军长"。即便如此，如安提乌姆和尼亚波利斯这样的拉丁语世界和坎帕尼亚海岸的海军力量，似乎已经被陆军占优势的军事行动而不是海军占优势的军事行动所征服。随着安提乌姆在公元前338年投降，罗马占领了这座城市的船只，其中一些被带到罗马，另一些则被烧毁，他们的撞击装置（"rostra"）被用来装饰参议院附近演讲者的讲台。从那时起，敌舰的船首就成了海军胜利的象征，早期的罗马货币上也出现了诸如船头或战利品之类的图案。

公元前282年，一支"杜姆维利"舰队在意大利南部海岸被来自塔拉姆特姆的船只拦截并击败。寻求归还人质的罗马使节受到侮辱，激怒了伊庇鲁斯（位于现代希腊和阿尔巴尼亚之间的国家）国王皮洛斯（公元前319—前272），应塔伦廷人的请求率领一支经验丰富的大军入侵意大利。战争主要发生在内陆地区，海军舰队似乎并没有在罗马人最终战胜皮洛斯及其军队的过程中发挥作用，尽管海上的地理隔离不利于意大利。

共和国境内的罗马军队是由该年的首席法官根据军事需要每年召集和宣誓的。同样的，罗马舰队的组建和解散也是必要的。国家维持一支作战舰队所付出的代价是巨大的；这意味着在某些情况下（比如在第一次布匿战争期间），国有船只被租借出去用作私掠船，或者根本没有舰队出海。海上殖民地拥有罗马公民身份，有义务为舰队提供人员，而不是像国家对一般人期望的那样为军团提供人员。罗马还给予意大利的一些沿海城市特殊地位，以供应海员。从公元前267年起，被称为"刑事推事"的地方法官被任命来协调这些水手。到公元前 2 世纪晚期，罗马主要卷入了远离意大利的冲突，从有关人员和资源向海外流动的文献可以推断出罗马此时一些常规的海军能力。同样，出现紧急状况时可能需要增加其他船只，而这将由地方法官负责监督现有船只的改装或新船只的试航。在没有像一名首席法官这样的地方法官的情况下，下级指挥官的任务是指挥一支舰队。在公元前 2 世纪和公元前 1 世纪，舰队经常由执政官或资深长官施加命令下的"莱加蒂"或"普拉夫"指挥。

在第一次和第二次布匿战争期间，罗马人占领了西西里岛的大部分地区，这为通过海路为意大利，特别是为罗马城大规模进口农产品创造了机会。这些贸易网络与共和国并行扩张，共和国在公元前 1 世纪中叶控制了东地中海的大部分地区。国家购买的进口粮食定期分发给罗马人民。从公元前 1 世纪起，一个日益重要的社会和政治问题是维持国家为罗马人民提供基本食品的安全。西西里岛，然后是撒丁岛和科西嘉岛，后来是埃及和北非，在生产足够的粮食以满足罗马和意大利人口的需求方面发挥了关键作用。这些粮食的吨位和运输距离意味着其中的很大一部分是由私营航运公司"舟东社团"运输的。罗马沿海港口奥斯蒂亚的建筑遗迹显示了流入该市的海上贸易的多样性，以及进行这种贸易的商业活动的范围。当这些供应中断时，罗马的骚乱和恐慌很快就会接踵而至。因此，在公元前 57 年的庞贝和公元前 22 年的屋大维的例子中，短暂的海运封锁（可能是为了最大限度的政治影响而设计的）导致了普遍的恐慌，统治者被授予了处理粮食危机的特别权力。粮食供应的管理者即"授粮官"（cura annonae），成为一个重要的公共职位。同样地，从公元前 1 世纪开始，罗马就不遗余力地打击海盗。

罗马人的海上作战包括撞击敌方船只、使用炮弹和火力以及登上敌方战舰进行一对一的战斗。战舰通常配备一个金属加固的船头用于撞击（拉丁语称作"指挥台"）。这些都被描绘在罗马硬币上，许多从海底发掘出来的类似图案都保存了下来。登船是罗马人喜欢的一种战术，因为它允许训练有素的士兵在海上作战，并有可能捕获完好无损的敌舰。因此，文学作品中关于海战的描述经常会计算沉没和被俘船只的数量。尽管古代作家可能夸大了登船桥（形状像乌鸦星座一样）在早期时候使用的复杂性，但是在第一次布匿战争的描述中可知，它可调节并可投到敌人的甲板上以供船员登船。

舰队因其航程和速度在公元前 1 世纪的内战中变得非常重要，一大批优秀且势均力敌的罗马将领被培育出来。一系列的国内冲突都是在冒险前往东方的将军们与留在意大利的将军们之间发生的，苏拉与奇纳（Cinna）和卡波（Carbo）之间的冲突就是这样。同样，庞培·马格纳斯和他的支持者坐船向东航行，恺撒紧随其后，于公元前48年在法尔萨鲁斯战败。杀害恺撒的凶手们在占据向东航线的指挥职位之后，召集了一支由一百多艘战舰组成的舰队，以反对安东尼和屋大维的入侵。这两支敌对的舰队，在彼此的军队于腓立比会师的时候，均企图找机会切断对方军队的给养线。对西西里岛的塞克斯图斯·庞培来说，海军力量对于保护西西里岛免受屋大维和列庇德斯驱逐他的企图非常重要。公元前36年，在诺洛科斯战役中，屋大维的中尉阿格里帕率领的舰队打败了他。在与安东尼的战争中，阿格里帕协调海军资源，逐渐孤立了屋大维的最后一个劲敌。公元前31年9月，屋大维在亚克兴彻底击败了安东尼。

亚特利特撞角

有撞角的军舰是古代地中海战舰的主要武器。撞角作为一个单独的部分装在船上，可以在战斗中拆卸下来。1980年，耶霍舒亚·拉蒙在亚特利特湾（如今的以色列境内）附近发现了亚特利特撞角。这是迄今为止发现的唯一的地中海古撞角。亚特利特撞角由青铜制成，长7英尺，宽30英寸，高38英寸。它重达1025磅，是一整块浇铸而成的，形状完全契合它所依附的夯实木材。它有三个面，被设计成在撞击时粉碎敌舰船体的工具。撞角身上有四个可辨认的与希腊诸神有关的符号：海神波塞冬的三叉戟、赫尔墨斯的魔杖、戴斯库里星形头盔和一只鹰的头（可能是宙斯的象征）。这些符号连同金相分析和碳14年代测定法一起，表明这只撞角是在托勒密五世（公元前209—前181年）或托勒密六世（公元前185—前145年）统治时期塞浦路斯的一个港口铸造的。横向撞击可能来自战船或大划桨。它的良好保存状态使学者们能够确定古代地中海战舰及其撞角的特征和可能的大小。亚利特利撞角目前正在以色列海法的国家海事博物馆展出。

马修·布莱克·斯特里克兰

罗马的海军胜利所获得的军事荣誉似乎很少。造成这一结果的因素可能是，海军很少在海上取得直接胜利，而且从第二次布匿战争的早期开始，下级指挥官往往被赋予海军司令部的任务。公元前 260 年，杜里乌斯是第一位因海军胜利而授勋的罗马将军。这一荣誉不同于更古老的罗马胜利形式（在陆地上的胜利），几乎完全授予了从公元前 260 年的杜里乌斯胜利到公元前 168 年击败马其顿的将军们。随后的海军胜利（如庞培打败地中海海盗，公元前 36 年阿格里帕和屋大维在瑙洛库斯的胜利）都是通过公开展示和给予荣誉来庆祝的，这与早期海军的胜利十分相似。"罗斯塔柱"是一种柱状构象，上面装饰着从敌舰捕获的罗斯塔柱和其他战利品，用来纪念海军的多次胜利。军事奖章"罗特拉塔冠"是授予第一个登上敌舰的士兵的王冠（以"穆拉里斯冠"为原型）。随着皇室成员对公元前 1 世纪后期胜利战果的垄断，奥古斯都因为敌人船只上的撞角通过罗马的街道而取得的亚克兴大捷，很有可能是当时最后一次重大海战接受海军胜利授勋的场景。

在奥古斯都时代，罗马的海军力量成为一种常备军，这一发展与罗马军队总体上的日益专业化相适应。意大利建立了永久性海军基地，基地的地点在第勒尼安海的米塞努姆角和亚得里亚海的拉文纳。禁卫军长官指挥这些舰队。罗马的控制势力达到地中海海岸附近的地区，因此这些现役舰队并不需要参与积极的军事行动，而是作为一种应对起义的持续威慑，打击海盗，保护永远重要的运输网络，在意想不到的危机事件发生时作为帝国的人力储备。因此，在 68 年的艰苦环境中，第一辅助军团从驻扎在米塞纳姆的海军陆战队中成长起来。在 1 世纪，帝国的海军力量不断扩张；这些船队包括埃及船队（"亚历山德里亚纳船队"）、以莱茵河为基地的船队（以科隆为基地的"德意志舰队"）和多瑙河上游和下游的船队（"莫伊西亚舰队"）。尼禄在黑海建立了一支舰队，弗拉维安皇帝在叙利亚海岸建立了一支舰队（驻扎在奥龙特斯河河口的皮耶里亚的塞琉西亚，该河流将基地与安提阿市连接起来）。罗马的军事基础设施在皇帝统治下变得越来越复杂。莱茵河和多瑙河的航运被广泛用于连接和供应罗马最北部控制区的重要军事基地。

在整个罗马历史上，海上旅行对军队来说始终是一项危险的任务。这些因素包括在风暴中失去船只和人员的可能性、运送罗马军队规模所需的运输量以及在船上为一支庞大的军队提供基本必需品的困难。在帝国统治时期，罗马的大部分军事力量驻扎在各省的静态堡垒中。这样在发生危机的情况下，可以迅速调动这些部队的分遣队增援另一支部队。因此，即使在公元前二三世纪，罗马军队也经常通过陆路行进。

像在米莱（公元前 260 年）、伊盖茨群岛（公元前 241 年）、诺洛科斯（公元前 36 年）和亚克兴（公元前 31 年）发生大规模的海战是罕见的。尽管舰队在第一次和第二次布匿战争中起着至关重要的作用，但后来的罗马舰队通常被用于运输、补给和支援任务。例如，恺撒大帝在公元前 55 年首次入侵英国时，难以建立一个安全的滩头阵地，也受到风暴的阻碍。恺撒随后在 54 年入侵罗马，动用了大批战舰和运输船。43 年克劳迪斯的成功入侵利用了三支协同舰队分别登陆。日耳曼在德国指挥了一场战役，与一支驶进北海的舰队协同作战。77—84 年间，阿格里科拉在英国北部的战役同样利用了海军的补给和支持，一支舰队沿着苏格兰北部海岸航行。西普提米乌斯·西弗勒斯（145—211）领导的东部战役利用底格里斯河和幼发拉底河的航运来支持他的军队。

克里斯托弗·詹姆斯·达特

拓展阅读

Casson，L. 1995. *Ships and Seamanship in the Ancient World*. Baltimore：Johns Hopkins University Press.

Morrison，J. S.，and J. F. Coates. 1996. *Greek and Roman Oared Warships*. Oxford：Oxford University Press.

Starr，C. G. 1960. *The Roman Imperial Navy*：*31 B. C. – A. D. 324*. New York：Barnes & Noble.

Theil，T. H. 1954. *A History of Roman Sea-Power Before the Second Punic War*. Amsterdam：North-Holland.

亚克兴战役，公元前 31 年

亚克兴战役是一场有决定性意义的海战，是发生在屋大维（恺撒的继任者，后来被称为"奥古斯都"）和马克·安东尼之间的激烈内战，最终屋大维取得了战争的胜利。3 世纪的历史学家卡修斯·迪奥在他的《史书》第 50 卷中保存了关于这场战争最详细的古代记载。

公元前 32—前 31 年冬天，安东尼移居意大利。在与屋大维船只的对抗下，安东尼率领一支庞大的舰队进入了亚克兴湾（今希腊西部的阿姆布拉斯湾），并在两个海角的南端抛锚，度过了该季节。屋大维的副官马库斯·阿格里帕袭击了希腊海岸的战略要地。公元前 31 年早期，屋大维在意大利南部的布伦迪西姆登船，率领一支由 250 多艘船组成的舰队航行。他毫无阻碍地登陆希腊，占领了战略重镇科西拉，然后将军队集中在北部的阿克提乌姆海角，俯瞰南面的敌军阵地。安东尼亲自来到这里，在几个月的时间里，两支对立的军队都在加固阵地，进行谨慎的演习，试图将对方拖入战场。与此同时，亚基帕在希腊其他地区取得了一系列重大胜利，击败了安东尼副手指挥的舰队，并逐步切断了安东尼的补给线。

公元前 31 年，阿克提乌姆海战巩固了屋大维统治下的罗马帝国。其结果是，罗马人可以真正宣称地中海是我们的海洋。(杰里·卢卡斯/阿拉米图片)

　　9 月 2 日早晨，安东尼烧毁了他的几艘船，让最大的几艘船出海，驶出了海湾。他将自己由埃及女王克利奥帕特拉指挥的 60 艘埃及船只组成的军舰排成一行。屋大维的舰队由更小但更易操纵的船只组成，它们排成一队与之对抗。两支舰队激烈交战了一段时间，但在战斗中，埃及船只突然掉头逃跑，安东尼驾驶着他的旗舰跟在后面。古代文献对安东尼逃走的原因有各种各样的解释，尽管现代的争论指出他肯定已经意识到放弃他的舰队的后果——这几乎可以保证屋大维在战争和内战中都取得胜利。战斗一直持续到下午。屋大维希望能捕获敌舰并获得战利品。最终在安东尼的舰队投降之前，他将敌舰付之一炬。安东尼的部分军队企图逃跑，屋大维的士兵迅速截住了他们，并在随后的几天里诱使他们投降。尽管屋大维缴获了多达 300 艘战舰和运输船，但据推测只有 5000 人死于这场战役。

在接下来的几个月里，安东尼和克利奥帕特拉自杀身亡。罗马人征服了埃及，奥古斯都的统治基础也稳固了下来。亚克兴角在奥古斯都时期的罗马艺术品（科尔多瓦浮雕）和文学作品（维吉尔的《埃涅伊德》和《普卢佩提乌斯的挽歌》）中都有记载。它被认为屋大维/奥古斯都最伟大的成就之一，尽管大部分功劳要归功于他的海军上将马库斯·阿格里帕。在战场附近，屋大维建立了尼科波利斯城，为胜利筑起一座陈列着缴获的战舰的祭坛。在屋大维于公元前 29 年 8 月 15—17 日的三次胜利中，亚克兴角在第二天举行庆典，庆典中使用了敌方船只的撞角，这些撞角被用来装饰神圣尤利乌斯神庙前演讲者的讲台。参加战斗的老兵在碑文中被称为"阿克提亚"（Actiaci）。

克里斯托弗·詹姆斯·达特

拓展阅读

Carter，J.M.1970.*The Battle of Actium*：*The Rise and Triumph of Augustus Caesar*.London：Hamilton.

Gurval，R.A.1995.*Actium and Augustus*：*The Politics and Emotions of Civil War*.Ann Arbor：University of Michigan Press.

Lange，C.2009.*Res Publica Constituta*：*Actium*，*Apollo and the Accomplishment of the Triumviral Assignment*.Leiden：Brill.

地中海的海盗活动，300 年

从有文献记载的最早时期起，海盗就是古代地中海地区生活中常见的一部分。荷马和其他早期希腊作家的作品中经常提到海盗和海上抢劫的活动。劫掠者的袭击对地中海沿岸地区构成重大威胁。因此，防御海盗袭击是决定定居城市地点的一个重要因素。对于地中海的许多城邦来说，海盗行为也是当地经济活动的一部分。海盗在古代的奴隶贸易中扮演着重要的角色，他们经常绑架人质来收取赎金。尽管许多古代作家倾向于同情这类袭击的受害者，而且对海上劫掠者的恐惧是司空见惯的。但海盗活动并非完全不可接受。比如，在荷马的《奥德赛》中，希腊英雄奥德修斯毫不羞愧地吹嘘他是如何经常率领船只突袭并掠走战利品的（荷马：《奥德赛》14.229f）。

在古希腊，城邦国家发展了强大的战争舰队，并具有超越其对手海上霸权的抱负。然而，海盗和海上抢劫仍然很常见。战争、袭击和海盗之间的区别常常是模糊的，希腊城邦支持大范围的掠夺者，既损害敌人的利益，又为进一步的战争提供资金。许多希腊城邦依靠私人拥有的船只来召集他们的作战舰队，在没有国家要求的情况下，船只随时可供袭击。海盗活动对海上贸易和旅行构成持续的威胁，特别是对依赖贸易利益的人民。相反，在伊利里库姆，公元前 3 世纪末的统治者法鲁斯的狄米特律斯支持伊利里亚海岸的众多海盗团体，以此来推进他的领土扩张的野心。

罗马人对海盗不屑一顾，他们认为战胜海盗不值得获得罗马最高军事荣誉。在第一次布匿战争（公元前 264—前 41 年）期间，罗马有时租用船只作为私掠船。这项政策是所需资源耗竭而继续维持战争势头的产物，但很快就被抛弃，舰队再次处于每年选举的地方法官的指挥之下。从公元前 3 世纪晚期开始，罗马逐渐成为地中海地区的主导国家，并采取了多次且日益雄心勃勃的行动来镇压海盗。在诸如伊利里亚海岸（3 世纪晚期）和巴利阿里群岛（公元前 122 年）等臭名昭著的地区，人们曾试图对付海盗，并在基利西亚（公元前 102 年）和克里特岛（公元前 74年）向东打击海盗。然而，海盗行为依然存在，正如公元前 75 年尤里乌斯·恺撒被西里西亚海盗绑架和关押的著名故事所显示的那样。

公元前 67 年，罗马人决心采取果断行动打击地中海的海盗。庞培·马格纳斯（后来被称为庞培大帝，公元前 106—前 48）受命执行一项特别的命令。他被授权镇压整个地中海的海盗活动。由于调用了大量军事资源，这项任务在几个月的时间内完成。这场战役动用了海军力量，但同时也通过严密限制海盗用以开展行动的区域来完成对海盗的打击。庞培在地中海打击海盗的行动规模之大，使他获得了许多与海军胜利有关的公开荣誉。

在帝国的统治下，罗马人对陆地和海洋的控制同样抑制了大规模的海盗活动。即便如此，海盗行为仍对私人航运和沿海社区构成威胁，尤其是在撒丁岛和科西嘉等帝国受保护程度较低的地区。海盗活动在 3 世纪中叶死灰复燃，这是罗马政治和军事危机频发的时期。据记载，哥特海盗在 2世纪五六十年代在黑海和地中海东部活动；同样，法兰克和撒克逊海盗在80 年代袭击了英国海岸。

克里斯托弗·詹姆斯·达特

拓展阅读

De Souza，P.1999.*Piracy in the Graeco-Roman World*.Cambridge：Cambridge University Press.

Ormerod，H. A. 1996. *Piracy in the Ancient World*，2nd ed. Baltimore：Johns Hopkins University Press.

布匿战争，公元前 264 年至前 146 年

布匿战争是罗马和迦太基为争夺土地和海洋而进行的一系列战争。尽管这两个地区之前的关系是趋向和平的，但在三次主要的战争中，其间有两段不稳定的和平时期。当时的海上强国之一迦太基帝国被瓦解，罗马成为西地中海的统治者。之后，罗马成为地中海的海上霸主。关于布匿战争最重要的古代记载出现在波利比乌斯和李维的历史著述中。

第一次布匿战争爆发于公元前 264 年，当时罗马干预了由意大利雇拥兵统治的墨萨纳（今墨西拿，位于西西里岛）的事务。这是第一次由一支罗马领事军队越过海洋，与西西里岛的两个主要国家——希腊的锡拉丘兹殖民地和迦太基人展开敌对行动。尽管公元前 263 年，锡拉丘兹及其西西里岛东部的属国与罗马签订了条约，但与迦太基的战争仍在继续。

为了对抗迦太基的海上统治，罗马人在公元前 261—前 260 年冬天建成一支庞大的舰队。在公元前 260 年的米莱战役中，执政官盖乌斯·杜里乌斯打败了迦太基舰队，成为第一个因海军胜利而授勋的罗马人。这一胜利扩大了罗马人的野心，并在随后的公元前 259 年对迦太基人的势力范围（撒丁岛和科西嘉）的利益发动了无效的战役。公元前 257 年，罗马海军在廷达里斯取得胜利。公元前 256 年，埃克诺姆斯（今利卡塔）在马库斯·阿提留斯·雷古勒斯的指挥下，大规模入侵北非。尽管最初取得了成功，但这场战役在公元前 255 年以失败告终。

由于无能和不幸的致命结合，罗马舰队在公元前 255、前 253 和前 249 年的风暴中损失惨重。罗马利用意大利丰富的人力资源，在每次灾难后都建立了新的舰队，并且很快就能和迦太基的舰队保持势均力敌，这引起了几次由海军胜利而起的庆祝活动。然而，由于在古代资料中亲罗马观点占据绝对优势，可能放大了罗马的胜利和布匿人的损失。这两个大国之间的海战规模是巨大的，两国都在许多年内派出了 100 多艘军舰出海。战

争最终在公元前 241 年结束，当时罗马人在伊盖茨群岛（西西里岛西北部）附近突袭并击败了新建的迦太基舰队。近年来，包括船只的撞角、盔甲和武器在内的海战遗骸在海底被发掘出来。

公元前 213—前 212 年罗马对锡拉丘兹的围攻。从墙上伸出来的起重装置被用来把称为"爪子"的抓夹伸入罗马船只。随后，这些船被抓夹抬起，然后突然释放，最后船只可能会搁浅并沉没。

战争结束后，罗马把西西里岛组织成一个新的省，后来吞并了撒丁岛和科西嘉。迦太基失去了在这些岛屿上的立足点，罗马由此扩大了它在伊比利亚半岛东海岸的影响。

第二次布匿战争的导火索是汉尼拔对与罗马有联系的萨根顿城的围攻和征服，战争开始于公元前 218 年。意大利在地理上的孤立状况以及罗马将强大的舰队部署到海上作战的调度能力，可能使罗马人行动迟缓。因为他们认为迦太基人可能会在远离半岛的地方和他们来一场遭遇战。迦太基将军汉尼拔勇敢地翻越阿尔卑斯山脉，把罗马的执政官们打了个措手不及——因为两个地区一个在法国南部，而另一个在西西里岛。

罗马在第一次布匿战争中建立的海军力量被证明是有价值的。罗马的指挥官们迅速联合他们的军队，等待汉尼拔的军队进入意大利。在战争的头几年，汉尼拔给罗马人带来了一系列毁灭性的失败（公元前 218 年，

特雷比亚和提西尼斯失守；公元前 217 年，特拉西梅尼失守。公元前 216
年，坎纳失守），但由于罗马人继续控制着西地中海和意大利海岸，罗马
人在很大程度上切断了对迦太基人的援助。有能力的罗马将领逐渐控制了
意大利南部的汉尼拔，并迫使反叛联盟——如塔拉姆特姆、卡普阿和锡拉
丘兹（这些城邦在汉尼拔的胜利鼓舞下投敌）在长期艰苦的战斗之后重
新臣服于罗马。

迦太基在第三次布匿战争后被罗马人摧毁，它曾是一座巨大的海上城市，
拥有大型的军事和商业港口。它的位置非常优越，一个新的罗马城市很快就在
它的废墟附近建立起来了。这是一张现代照片。（艺坦特／**Dreamstime.com**）

在西班牙，普布利乌斯和科尼利厄斯·西庇阿兄弟发动了一场旷日持
久的运动，在他们战死沙场之后，年轻的科尼利厄斯·西庇阿（后来被
称为"阿非利加征服者"）驱逐了迦太基人。罗马舰队成功地支援了西
班牙、西西里岛、亚得里亚海沿岸和希腊的军队，同时阻止了对意大利的
攻击。事实上，哈斯德鲁巴尔在公元前 207 年试图在意大利开辟第二条战
线的尝试并非通过海路而是通过阿尔卑斯山。罗马的执政官们通过强有力
的军事行动，最终正面对阵哈斯德鲁巴尔的军队，在翁布里亚的梅托勒斯
打败了他们。然后他们返回南方，把汉尼拔的二弟哈斯德鲁巴尔的头颅献
给了汉尼拔。公元前 204 年，西庇阿（非洲）发动了对北非的联合入侵。

汉尼拔被迫与罗马人作战，成功地将军队从海上撤回，但他在公元前 202 年 10 月在扎马被西庇阿击败，迫使迦太基结束了战争。迦太基同意遵守罗马条约，交出其舰队，并在未来 50 年支付 1 万塔兰特币（talents）战争赔款。

然而，罗马人的不信任感依然存在，最后的赔款只会加剧罗马人对迦太基重新武装的恐惧。公元前 149 年，迦太基军队反抗罗马在非洲的盟友马辛尼萨国王，导致了第三次布匿战争。迦太基由于装备不足，无法与这个新兴超级大国抗衡，最终迅速同意无条件投降。罗马人的回答是，要求将整个城市从海上迁移至少 10 罗马里，这对曾经的海上强国来说是无法容忍的。公元前 146 年，随着迦太基作为一个独立的政治实体的毁灭和许多城邦居民的死亡，一段短暂的战斗和两年的围困结束了。

克里斯托弗·詹姆斯·达特

拓展阅读

Goldsworthy，Adrian.2001.*The Punic Wars*.Cassell.

Hoyos，Dexter（ed.）.2010.*A Companion to the Punic Wars*.West Sussex：Wiley-Blackwell.

Livy；T. J. Luce（trans.）. 1998. The Rise of Rome. Oxford：Oxford University Press.

Polybius；W. R. Paton（trans.）. 2012. *Polybius：The Histories*. The Loeb Classical Library.Chicago：University of Chicago.

Rosenstein，Nathan.2012.*Rome and the Mediterranean 290 to 146 BC*.Edinburgh：University of Edinburgh Press.

主要文献

汉诺之旅，约公元前 600 年至前 400 年

迦太基人是腓尼基人的后裔，也是航海能手。他们在地中海西部进行贸易，并在北非和西班牙南部建立了新城市。像腓尼基人一样，他们也派出探险队去探索新的土地，建立新的城市。汉诺率领这些人探险（如下所述），他通常被称为"航海家汉诺"。在公元前 6—前 5 世纪就进行了海上航行。就像法老尼科二世派遣腓尼基人远征环绕非洲一样，学者们一直

争论汉诺的远征航行了多远，并试图将他对西非海岸线的描述与现代地标相匹配。

迦太基人的命令是，汉诺必须越过大力神之柱（直布罗陀海峡）找到城市。于是他驾着 60 艘船，每艘 50 桨，船上有男有女，共有 3 万人，还有食物和其他必需品。

当我们在航行中经过大力神之柱并在附近水域上航行了两天之后，我们建立了第一座城，称之为赛米亚特瑞姆。在它下面是一片广阔的平原。从那里向西，我们来到了索罗伊斯，利比亚的一个海角（可能是摩洛哥的布兰科角），一个树木茂密的地方。我们在那里建了一座神庙，直到尼普顿。又向东走了半天，到了一个湖，离海不远，长满了大芦苇。在这里，大象和许多其他野生动物正在进食。

航行了大约一天，我们在湖边建立了城市……河岸上有一个牧羊部落叫利克西塔，他们正在牧羊，我们在他们中间友好地相处了一段时间。在利克西塔的另一边居住着不好客的埃塞俄比亚人，他们聚居在一个被大山环绕的荒野，据说利克西塔河就是从那里流过的。在山的附近住着穴居人，他们拥有各色外观，利希泰人形容他们比马跑得更快。

我们从他们那里请了翻译后，沿着沙漠向南航行了两天。我们从那里向东走了一天。我们在一个海湾的凹处发现了一个小岛，它有一个由五块场地视距组成的圆圈。我们在此建立了一个殖民地，并将其称为塞恩。我们从航行中判断，这地方与迦太基是一条直线。因为我们从迦太基到石柱的航程，等于从石柱到塞恩的航程。

然后我们来到一个湖，我们通过航行到一条大河……我们来到湖的尽头，那湖被大山所笼罩，住着穿着兽皮的野蛮人，他们用石块赶我们，阻止我们上岸。从那里我们又来到另一条河，又宽又大，满是鳄鱼和河马。从那里我们又回到了塞恩……

我们从那里向南沿岸而行，航行了 12 天。古实人在那片区域定居。他们不等我们来就逃跑了。他们的语言连和我们在一起的利克西塔人也听不懂。快到最后一天的时候，我们来到了长满树木的大山，山上的树木散发着芳香，色彩斑斓。沿着这些山脉航行两天之后，我们来到了一片广阔的海域。沿着海岸线的是一片片平原。夜间，我们或多或少地看到四面八方不时地有生火的迹象。

我们在那里坐船离了岸，走了五天来到一个大海湾。我们的翻译告诉我们，那海湾名叫西角。我们上岸以后，在白天，除了树木什么也看不见。但在夜里，我们看到许多火在燃烧，还听到了管乐器、铙钹、鼓声和混乱的呼喊。我们当时很害怕，我们的占卜师命令我们离开这个岛。

我们就急忙离开那里，经过一个满是火焰和香水气味的地方。又有火从其中流向海里。由于天气炎热，这个国家无法通行。我们急忙从那里开船，甚是害怕。过了四天，夜间我们看见一个地方有火着起。中间有一堆大火，比其他的都要大，似乎要烧到天上的星星。到了天亮，我们看见一座名叫"众神的战车"的大山。我们从那里起行的第三天，在烈火中航行，来到一个名叫南角的海湾。在它的底部有一个岛，类似先前提到的岛。岛上有一个湖，湖中有另一个岛。上面满是野蛮人，就像先前提到有岛的湖一样，海湾上有小岛。另一个岛上满是野蛮人，其中大部分是女人，她们的身体毛茸茸的，我们的翻译叫她们"大猩猩"。我们追赶她们，却未能捉到一个。但众人都逃避我们，从山崖上逃跑，用石块自卫。三名妇女被带走。但是她们用牙齿和手攻击向导，我们不能说服她们陪我们同去。于是我们杀了她们，剥了皮，带到迦太基去。我们没有再往前航行，我们的粮食不够了。

资料来源：A.H.L.Heeren（trans.）.1832. "The Voyage of Hanno, Commander of the Carthaginians, Round the Parts of Libya Beyond the Pillars of Hercules, Which He Deposited in the Temple of Saturn." In *Historical Researches into the Politics, Intercourse and Trade of the Carthaginians, Ethiopians, and Egyptians*.Oxford：D.A.Talboys, pp.492-501.

希罗多德对法老尼科二世的评价，约公元前 484 年至前 425 年

希罗多德（约公元前 484—前 425 年）是古代世界最伟大的旅行家之一。他从整个地中海世界收集故事，并把它们融入他的波斯战争历史。那本书就叫《历史》，在古希腊意为"探究"，使希罗多德成为人类历史上

第一位历史学家。他是第一个系统地收集数据，质疑其来源，并将收集到的信息编入对历史事件的连贯叙述的人。下面的段落讲述了两个故事，这两个故事至今仍在激发学者们的讨论：法老尼哥（法老尼科）修建一条连接尼罗河和红海的运河的努力，以及他派往非洲的腓尼基远征。尽管大多数学者怀疑腓尼基人完成了这次环球航行，希罗多德从这些腓尼基水手的角度提供了重要的细节——太阳的位置发生了变化，就说明他们很有可能越过了赤道。

2.157。他做埃及王 53 年。这是第 29 次，他坐在阿左托前，亚锁都是亚兰的一座大城，他就围攻它，直到取了那城。

普萨美提克有一个儿子，名叫尼哥斯（尼哥二世），是埃及的王。就是他开始建造通往红海的运河，这条运河由波斯王大流士完成。这是四天的航程，挖得足够两艘三桨战船并排划行。它由尼罗河哺育，由阿拉伯城镇帕图姆斯从比巴斯蒂斯稍高一点的地方流出来进入红海。运河开始挖掘的部分是在埃及平原最靠近阿拉伯的部分。孟斐斯的群山……走近这片平原。这条运河是沿着这些山脉较低的斜坡而建的，它最长的河段是从西向东的。然后进入一个峡谷，它从山区向南延伸到阿拉伯湾。从北部到南部或红海最短最直接的通道是从埃及和叙利亚的交界处——中亚岬到阿拉伯湾，这段距离大约有 1000 弗长。这是最直接的方法，但运河长得多，因为它更弯曲。尼科斯在位的时候，有 12 万埃及人在挖地的过程中死亡。尼科斯因为一个吩咐他先处理野蛮人的预言而停止了这项工程。埃及人称所有操其他语言的人都是野蛮人。

尼科斯于是停止了运河的修建，开始进行类似备战的工作。他的一些战船是在北海建造的，一些是在阿拉伯湾建造的，但是在红海海岸，这些船的登陆工具还有待观察。他在需要的时候使用这些船，并与他的陆军在马格多拉斯（今米格多尔）遇到并击败了叙利亚人，在战斗后占领了叙利亚的伟大城市卡迪蒂斯（今加沙）。

4.42。我对那些将世界划分为利比亚、亚洲和欧洲的人感到惊奇；因为它们之间的差别是巨大的，从长度上看，欧洲是同其他两个洲一起延伸的。而且在我看来，它比任何其他东西都要广阔得多。因为利比亚清楚地表明，除了与亚洲接壤的地方，它被海洋所包围。据我们所知，埃及王尼科二世首先证明了这一点。当他结束挖掘从尼罗河到阿拉伯海湾的运河的时候，海上的腓尼基人在航行通过大力神柱（直布罗陀海峡）的时候便都要支付过路费，除非他们取道北海经过埃及。腓尼基人就从红海往南行。到了秋天，他们就把地耕种，耕种到利未的各处，在那里等候收割。于是他们收了庄稼，再坐船往前行。过了两三年绕过了大力神柱来到埃及。在那里，他们说（有些人可能相信，但我不相信）在环绕利比亚的航行中，太阳在他们的右手边。

资料来源：Herodotus. A. D. Godley（ed. and trans.）. 1921. 2. 157 - 9 and 4. 42. New York：G. P. Putnam's Sons. Volume 1，pp. 469-75（1920）；Volume 2，pp. 239-41.

恺撒大帝与威尼提交战，公元前 100 年至前 44 年，节选自公元前 56 年的高卢战争

尤里乌斯·恺撒（公元前 100—前 44 年）为了征服高卢（现代法国），与不同的民族进行了长达数年的斗争。尽管最初取得了成功，但他的部队的食物已经所剩无几。恺撒派遣使节到几个部落去获取食物，其中包括该地区最有成就的航海者的威尼提人。威尼提人扣押了罗马使节，并组织了反罗马联盟，引发了一场最有趣的古代海战。下文就描述了这样一场罗马划桨战舰与威尼提人的帆船之间的海战。

第八章

威尼提和威尼斯都有大量的船只，他们已经习惯用这些船只航行到英国，因此在航海知识和经验方面胜过其他国家。由于只有少数几个港口散布在他们所拥有的这片狂风暴雨的公海上，他们把几乎所有习惯在这片海域航行的人都当作他们的旁系亲族。随着他们的不断发展壮大，（起义）开始了……

第九章

恺撒，被告知这些事情……命令同一时间在流入海洋的卢瓦尔河上建造战船。他将从省内提拔的桨手、水手和领航员……威尼提和其他州也被告知恺撒的到来……下定决心准备一场战争……特别是要更

有信心地提供那些属于海军事务的东西，因为这些东西在很大程度上取决于他们的处境……

第十二章

他们的城镇位置通常是这样的：由于处于陆地的极端位置和海角，当潮水从主海洋涌来的时候，他们都没有陆路靠岸。而这种情况在 12 个小时内往往会发生两次。也不能用船，因为当潮水再次退潮时，船很可能撞到浅滩上……

第十三章

因为他们的船只都是这样建造和装备的。龙骨比我们的船稍平一些，在那里它们更容易碰到浅滩和退潮。船头高高举起，船尾也同样能适应海浪和风暴的力量……这些船完全是用橡木建造的，设计成可以承受任何撞击和蛮力。长凳是用一英尺宽的厚木板做的，用大拇指那么粗的铁钉钉牢。船锚是用铁链而不是缆绳系牢的，帆是用皮和细皮做的。这种帆的制作方法要么是出于他们对于帆的需要但却不知道它的具体用途，或者是出于这个更有可能的原因——他们认为这样的风暴的海洋和猛烈的大风不能被帆抵制，船只的沉重的负担他们也不好把控。我们的舰队与这些与我们对抗的船只的状况就是这样的。我们的舰队在速度和划桨方面都是出类拔萃的。考虑到这个地方的性质和风暴的猛烈程度，其他事情对他们来说更合适，也更能适应。因为我们的船既不能用它们的喙伤害它们的船钩（它们的体量是如此之大），也不能因为它们的高度而轻易地向它们投掷武器。出于同样的原因，他们不太容易被岩石锁住。针对这个还要补充说一句，每当风暴开始狂吼的时候，他们能够跑到风前，他们都可以更容易地度过暴风雨天气，也能够安全地停船在浅水处。即使陷入旋涡，他们的船也不怕明礁和暗礁，而这些风险对我们的船来说是致命的。

第十四章

他们约有 220 艘装备齐全的船只，从港口开来，与我们的船相对。指挥舰队的布鲁图（或者说他也是统领士兵的千夫长和百夫长的长官，负责指挥船队怎样排兵布阵，采取哪种战术等事务）并不清楚怎么与敌人对抗。因为他们知道他们的撞击装置不能对自己方造成伤害。虽然塔楼建在甲板上，但蛮族船只的桅杆高度却超过了这些设施。这样武器就不能从我们位于的较低的位置有效地投掷出去，高卢人投掷的武器对我们的打击就越大。我们的人想出的一种战术非常有用……刺入杆子并固定在杆子上的锋利钩子，其形状与用来攻击城墙的钩子相似。把帆桁系在桅杆上的绳子被他们拉住，我们的船被桨大力推动，绳子就断了。当它们被砍掉的时候，甲板必然会倒塌。所以，由于高卢船只的一切希望都寄托在帆和索具上，而帆和索具又被割断，所有船只的管理权也同时被剥夺了……

第十五章

正如我们已经说过的，敌人的帆桁被击落了。尽管他们的两艘（有时甚至三艘船）包围了我们的一艘船，士兵们还是竭尽全力登上敌人的船。由于他们的许多船只都遭到了攻击，而且无法减轻这一灾祸，所以当野蛮人看到这一切发生后，他们急忙逃命。现在，他们把船转到风吹过的地方，海面突然大面积地陷入了风平浪静的状态，他们无法离开自己的地方，而此时正是完成这项工作的绝佳时机；因为我们的人追赶他们，一个接一个地把他们抓走。所以在所有的士兵中，只有很少的人能在黑夜的掩护下逃脱并游到了陆地上。整场战斗几乎从第四个小时持续到日落之后。

源自：Julius Caesar. W. A. McDevitte and W. S. Bohn（trans）.1869.*The Gallic War*.Book III，8-9，12-15.New York：Harper & Brothers.Available at Internet Classics Archive http：//classics.mit.edu/Caesar/gallic.html.

《帕提那帕莱》，约公元前100年至100年

《帕提那帕莱》（Pattinapalai）是泰米尔人最古老的诗集之一，至少写于1500年前，可能早在2000年前。这部诗集的作者乌鲁斯蒂南卡纳尔来自印度东南沿海具有悠久历史的海港卡德雅鲁尔。这首长诗讲述了一个丈夫必须离开他的妻子去卡维里帕蒂纳姆的故事，卡维里帕蒂纳姆是一个著名的商业中心和港口，也是卓拉王国的首都（这个地方已经不为人知了）。这是一个国际化的城市，居住着来自不同国家的人们。下文描述了渔民、外国商人、本地商人和其他许多人。

1.

金星，这颗恒星，尽管光芒四射

偏离了它惯常的轨道，向南偏离
凉爽的阵雨不降，
以雨为食的云雀无声地垂下
但是，大海般的卡弗里山
将它的水注入了金色的沙滩
永不凋零的田野向远方延伸
绿藤摇曳　鲜花怒放　水草蔓延
衬托得邻国的土地是那样贫瘠
但在这里，在满仓谷物下睡觉的
是用黄色大米喂得滚圆的小牛。
丰美的椰子和芭蕉树与，
结果的槟榔棕榈
甘甜的杧果，束状的棕榈，
根状的桑普，藏红花和嫩姜：
这里真是物产丰盈的好地方。
……

28.
土壤肥沃的花园之上
人们用销钉打造强大的船只
如同战马在马厩中整装待发
它们穿越朱罗王朝广阔的国土
用精制盐换来满舱的谷物
一个小村庄是花园最近的邻居
迷人的树林中物产丰富
在旁边的花园中花团锦簇
河流蜿蜒　河堤高筑
如同一轮披戴星辉的月亮
在万里无云的天空中闪烁
夹岸的花朵色彩缤纷
水带来的欢愉将贯穿我们的前世今生

66.
渔夫们谋着不义之财

和他们的近亲狼狈为奸
一家人住在宽阔、背光又多沙的山旮旯之中
那儿有古树环绕的摔跤场
吃的是甜烤虾、煮乌龟
穿的是土生土长的亚麻布
还要戴上水中生长的安巴尔花……
……

83.
城外有泥井，
猪崽满地跑，群鸟漫天飞
公羊斗鹨鸪
圆形小屋外　　长矛盾牌立
鱼竿靠矮墙
渔网晒院中，沙地似月影
红发俏渔夫　　头戴白花冠
松树虬枝下　　盛宴迎海神
怀孕鲨鱼牙　　埋藏树底下
盛放松木花　　棕榈树皮杯
特为海神做……

116.
只有很少的港口
才拥有古老的荣耀，
以永不凋谢的花朵为福佑，
与天堂的荣耀相称
在守夜的最后一晚
船夫在他们的小船上　　眼神疲惫
却也能看到　　高楼上依然灯火通明
天真的姑娘们享受着爱侣的拥抱
丝绸滑落，只剩白衣轻曳
男人们戴着妻子的妆饰
一杯杯饮下美酒……
……

141.
雨季来了，
云所聚的众水，
流在山顶，又流下去，
充满海洋
这样，货物来来往往　数量无法估量
守夜人尽职尽责
将老虎标记贴在堆满院子的货物上

211.
善良而有价值的神会保护城市的边界。
海上的船只载着疾驰的骏马，
大车载着一捆捆黑胡椒粉
喜马拉雅山送来宝石和黄金，
而库达山、檀香木和阿克希尔山；
珍珠来自南海，红珊瑚来自东海
恒河和卡佛里河带来了它们的丰收的谷物；
锡兰提供它的食物，缅甸制造稀有的东西。
与其他稀有而丰富的进口商品一起，
这些财富堆积如山，

在商人居住的宽阔街道上，
鱼在海里是安全的，
牛在陆地上是安全的。
他们的生活在日益增多的人口中间是相当自由和幸福的，
他们几乎没有敌人；
他们的鱼在渔民的住处附近自由自在地嬉戏，
牛在屠夫的巢穴里繁衍生息
商人们谴责杀牛的恶行
但自己也纵容不属于偷盗的邪恶

即便如此，他们的心是平静而公正的
他们说真话，认为说谎是可耻的

　　在贸易中，他们秉持平等的态度

　　公正定价，平等交换

　　这是商人获取财富的方式

　　就像那些被不同的文化所紧密联系在一起的人，

　　有时一起来到古老的神殿，

　　所以说着不同语言的人们，

　　来自伟大的和外国的家园，

　　与那些居住在这个光荣的小镇上的人们友好地混在一起。

资料来源：J.V.Chelliah.1985.*Pattupattu*, *Ten Tamil Idylls*：*Tamil Verses with English Translation*.Thanjavur：Tamil University.

马萨利亚的皮西亚斯，约公元前 64 年至前 24 年

　　公元前 4 世纪的来自马萨利亚的地理学家皮西亚斯（Pytheas）航行到英国，探索北大西洋，遇到了一片弥漫着雾和冰的大陆。尽管许多同时代的人对他的见闻表示怀疑，但现代学者对他给予了更多的信任。不过现在人们仍不确定皮西亚斯向北航行了多远，以及他所访问的图勒岛的位置。图勒岛位于英国北部，靠近一片结冰的海洋。皮西亚斯在他的著作《海上旅行》中记载了他的旅行，但只有一小部分幸存下来。在下面的段落中，杰出的罗马地理学家斯特拉博（约公元前 64—24）描述了皮西亚斯的航行，但随后对其提出了质疑。

　　波利比乌斯在他的《欧洲地理学》一书中说，他略过了古代地理学家，但却考察了批判他们的人，即狄卡尔科斯和埃拉托斯特尼，后者撰写了最新的地理学专著。还有被许多人误导的皮西亚斯。因为他声称他穿越了整个英国大陆，并且认为整个岛屿的海岸线长达四万多视距。并补充说他的故事关于极北之地和这些地区准确地来说不再是由土地组成的，也不是海洋或空气，而是所有这些元素融合的一种物质，类似栉水母类的水母那样。他说地球、大海、所有的元素都处于悬浮状态。这是一种维系所有人的纽带，没有它你既不能行走，也

不能航行。至于这个像海肺的东西，他说他亲眼所见，其余的都是道听途说。这就是皮西亚斯的故事。他还补充说，他从这些地区回来后，从加德到塔奈游览了整个欧洲的海岸线。

波利比乌斯说，首先，一个人，一个穷人，居然能走这么远的路，真是不可思议。虽然埃拉托斯特尼完全不知道他是否应该相信这些故事，但他相信皮西亚斯对不列颠、盖德斯地区和伊比利亚半岛的描述。但他也说，相信墨西尼亚人犹希迈罗斯远比相信皮西亚斯好。犹希迈罗斯，就他所有的经历来说，声称帕其亚只是一个国家。而皮西亚斯断言他亲自探索整个欧洲北部地区到世界的尽头。没有人会相信他说的话，甚至如果赫尔墨斯（神圣的使者和旅行之神）说他做到了人们也不会相信。

资料来源：Horace Leonard Jones（trans.）.1917.*The Geography of Strabo*（Loeb Classical Library）.Cambridge：Harvard University Press，399 – 401（lines 2.4.1–2.4.2）.

《厄立特里亚海的航行》，约 60 年

《厄立特里亚海的航行》（*The Periplus of the Erythrean sea*）由一位经验丰富的海员编撰，他可能是生活在 1 世纪的埃及希腊人。厄立特里亚海的近岸，是波斯湾和印度洋航行的第一步。这本书描述了两条从红海埃及港口出发的贸易路线，一条向东到阿拉伯和印度，另一条沿着东非海岸向南。希腊航海家制作了许多这样的指南，但厄立特里亚海的周边是唯一在经过漫长的岁月后还能被我们完全了解的区域。这份长达约 20 页的报告向古代海员提供了大量详细信息，包括危险地区、港口和市场、安全锚地、海岸线特征，以及当地官员期望得到的贿赂或礼物。它仍然是我们了解古代航海的最佳资料来源之一。

20.在这个地方的正下方是毗邻的阿拉伯国家，它的海岸线与红海还有一段距离，相距甚远。这个内陆国家居住着说两种语言的恶棍，他们住在村庄和游牧营地，从中线航行的人被他们掠夺，连那些侥幸保存下来的残片都被收缴……整个阿拉伯海岸的航行都是危险的。这里没有港口，锚地不好，污秽不堪。因波浪和岩石而无法进

入，而且到处都是可怕的事物。所以我们定了航线，直走到亚拉伯地的海岛。在它的正下方是一些和平的地区，有游牧民族，就是放牧牛、羊和骆驼的牧民。

21.在这些地方之外，在这个海湾左边山脚下的一个海湾里，在岸边有一个地方叫木扎……

24.木扎市场镇没有港口，但有良好的道路和锚地。因为附近有沙地，锚可以安全停泊。进口的商品有紫色的布（有细的也有粗的）；阿拉伯风格的有袖子的衣服（素色、绣花、交织金的）；本地产的藏红花、灯芯草、平纹细布、斗篷、毛毯（不多）；不同颜色的腰带，适量的香膏；不多的酒和小麦。因为那地的出产五谷丰登，酒也多。国王和众首领得到马匹、骡子、金银器皿、精纺的衣服和铜器皿……去这个地方的航行最好是在 9 月左右。但在这之前旅途也没这么被耽搁。

25.从这地方开船过去，航行约 300 视距（罗马施塔德，约 600 英尺）。亚拉伯人和柏柏尔人的国家，就是亚瓦利提亚湾一带，现今已经挨近了。有一条不长的水道把海水冲到一起，把它变成一个狭窄的海峡。因此，流经它的路线被急流和从邻近山脊吹来的强风所包围。就在这个海峡的岸边，有一个阿拉伯人的村庄……

30.在这海湾的东边，有一个极大的海角，名叫西拉。上面有保障国家的堡垒，有收藏乳香的港口和仓库。和这海角相对的地方，海面有一个岛，躺在它和香料的角的对面，但离萨哥拉更近它被称为迪欧里达，面积很大，但只有沙漠和沼泽。其中也有河流，河流中有鳄鱼和许多蛇以及蜥蜴（可能是巨蜥），它们的肉可以食用，它们身上的油能够被融化，代替食用油使用。这岛不结果子，葡萄树不结果，谷子也不结果。居民很少……他们是外国人，有阿拉伯人、印度人和希腊人，他们移民到那里从事贸易。岛上出产真正的海龟、陆龟和白龟，白龟数量众多，因其大壳而备受青睐……那些有价值的东西被分割开来，贝壳被完整地制成棺材、小盘子、蛋糕盘和类似的器皿。这个岛上也出产朱砂……

［继续向东北方向发展］

34.沿着向北延伸至波斯海入口的海岸航行，有许多岛屿被称为Calxi。大约在 2000 年后，沿着海岸延伸。这里的居民是一群背信弃义的人，没有多少文明（可能是海盗和走私犯）。

35.在卡拉伊群岛的上端是一系列被称为卡龙的山脉，不远处就是波斯湾的入海口，那里有许多潜水采珠的人……海峡的左边是一座名叫亚萨本的大山，右边是另一座又高又圆的山，名叫塞米拉米斯。他们之间的海峡大约有600视距。再往外就是波斯湾，这片广袤无垠的大海，一直延伸到内陆……

资料来源：W. H. Schoff（trans. & ed.）. 1912. *The Periplus of the Erythraean Sea：Travel and Trade in the Indian Ocean by a Merchant of the First Century*.London，Bombay & Calcutta，pp.20-40.

第三章　交流与相遇，300年至1000年

概　述

300—1000年是政治和宗教发生重大变化的时期，包括罗马和波斯帝国的灭亡、伊斯兰教的兴起和迅速传播以及中国唐朝的崛起。在海上，波利尼西亚人向东航行跨越太平洋，在一系列岛链上建立了栖居地。维京人向西航行跨越大西洋。特别是波利尼西亚人，他们发展了一套复杂的导航和陆地发现系统。世界各地的人们通过改进他们的导航技术、开发新的仪器来帮助导航。尽管当时政治和宗教动荡不安，但长途贸易仍在继续，特别是在印度洋。

早在5世纪西罗马帝国瓦解之前，罗马在地中海地区维持治安和打击海盗的能力就逐渐削弱了。许多入侵帝国的民族沿着河流和海洋迁徙。盎格鲁人、朱特人和撒克逊人入侵不列颠。汪达尔人越过西班牙，越过地中海来到北非，在那里他们推翻了罗马人的统治，建立了自己的王国。汪达尔舰队定期穿越地中海袭击南欧，并于455年洗劫了罗马。

尽管罗马帝国的衰落对地中海和中东地区具有重大意义，但它对印度洋的影响却微乎其微。那里的贸易网络依然存在，船只继续在季风中航行。这些船只越来越多地来源于穆斯林世界，7世纪后迅速扩张到包括中东、北非、波斯，以及东非和印度海岸的部分地区。阿拉伯和波斯的学者发展了一套复杂的天文学知识体系，这些知识帮助了穆斯林船长的航行。这些年来，文学作品中最伟大的船长之一的辛巴达驾船从印度和其他遥远的国家回到他的家乡巴士拉港。船上装满了钻石、香料、象牙和其他稀世珍宝。撇开辛巴达的伟大冒险和与奇异生物的邂逅不谈，他航海的故事记录了1000年最后几个世纪印度洋贸易的广度和多样性。

唐朝（618—907年）时期，中国沿着丝绸之路向西扩展贸易。在海

上，特别是在黄海，与日本、韩国和一些东南亚国家进行贸易往来。中国的港口，尤其是广州，熙熙攘攘，成为来自十多种不同文化的外国商人的聚集地。中国的外交官和商人航行到东南亚和印度，一些人甚至远至波斯湾、红海和东非，中国学者经常到印度的佛教寺庙学习。

欧洲的修道士和朝圣者也以类似的方式出海，以朝圣者的身份前往耶路撒冷和其他圣地，或者以传教士的身份传播基督教。其中包括6世纪的爱尔兰修道士，他们航行到奥克尼和法罗群岛，以及欧洲大陆和斯堪的纳维亚半岛，传播他们的信仰。

历史上两个最伟大的航海民族在第一个千年的最后几个世纪达到了航海的顶峰。在欧洲，北欧人（维京人）向西航行，并在冰岛（770年）、格陵兰（982年）和北美（986年）定居。维京掠夺者袭击了整个欧洲和地中海，这促使他们的目标——尤其是英国和法国——加强海上防御。对英国来说，就意味着发展海军。在太平洋上，波利尼西亚航海家除了利用恒星导航之外，还利用他们对风、洋流和波浪模式的了解来指导航行的独木舟跨越遥远的距离。到1000年，波利尼西亚人已经在新西兰、夏威夷和复活节岛组成的三角地带内几乎所有可居住的太平洋岛屿上定居下来，总共有500多个他们的居住点。随着时间的推移，维京人逐渐从遥远的居住地撤离。由于与当地人民之间的不友善，他们放弃了在北美的定居点；由于气候变化，他们离开了格陵兰岛。太平洋上的波利尼西亚社区繁荣发展，尽管定居在夏威夷等地的一些群体放弃了长途航海。

维京人学会了测量北极星的角度，使他们的船只能够保持在一条笔直的东西向航线上。一些航海民族也使用极杆来辅助航行。借助一臂远的极杆，使用者看到北极星，并将其与标在磁棒上的常见目的地的纬度进行比较。因为一根杆子被拿在一臂远的地方，每根极杆对使用它的人来说都是独立的。白天，它可以用来确定船舶相对于太阳的大致位置。阿拉伯航海家开发了一种更复杂的极杆，称为"卡迈勒"。卡玛尔号的旗杆上系着一根打结的绳子，每一个结代表一个特定目的地的纬度。为了到达目的地，船只要么紧靠能看到陆地的海岸，要么依靠纬度航行。纬度航行指的是向目的地的纬度的南部或北部航行，然后在目的地所在的纬度保持向东或向西的直线航行，直至到达目的地。像卡迈勒这样的设备为纬度航行提供了便利，但也并非没有风险，因为海盗经常聚集在交通繁忙的港口的纬度地区，等待潜在的猎物。

　　维京船是这一时期最有趣的船只之一。先建造由钉子（由熔渣制成）钉牢的重叠木板制成的船壳，它们的船壳能经受住大西洋的巨浪。宽龙骨和浅吃水使维京长船能够在上游航行相当长的距离，这有利于他们发起攻击。在平静的天气里或在沿海水域或河流中航行时，它们依靠大方帆和桨来推进航行。在地中海，三角帆在很大程度上取代了方形帆。这一变化也发生在印度洋。横帆可以剪得比方帆更大、更松，这样就能招来更多的风，也能更靠近风。拜占庭是这一时期唯一拥有常备海军的国家，它引入了框架优先的建造方式，加快了造船速度，并为一些战舰配备了一种毁灭性的新武器：希腊火。拜占庭的海军在 7 世纪时保护和拯救了国家，并使拜占庭在 10 世纪的复兴成为可能。

　　这是一艘丹麦海盗小艇的复制品，展示了过度重叠的水泥块建造（拉普拉斯克）结构和突出的船头船体。船上的 A 型框架帐篷为船员提供了避难所。（雅各布·延森/ iStockPhoto.com）

　　这个时代的人们比以往任何时候都走得更远，航行加深和扩大了不同文化之间的海上联系。海上不仅成为贸易的通道，也成为佛教徒、基督徒和穆斯林宗教朝圣的通道，海上旅行促进了这些信仰的传播。特别是不断扩张的穆斯林世界，通过海洋把东非、中东、印度和后来的东南亚连接起来。穆斯林商人开始在印度洋的香料、丝绸和其他奢侈品贸易中占据主导地位，伊斯兰教向新地区的传播往往促进了贸易。印度洋沿岸的港口成为不同文化的人们的连接点，也是来自不同国家的商人和水手的家园。总之，他们证明了海上旅行使遥远民族之间进行联系是可能的。

斯蒂芬·K. 斯坦

拓展阅读

Hourani, George.1995.*Arab Seafaring in the Indian Ocean in Ancient and Early Medieval Times*, 2nd ed.Princeton：Princeton University Press.

Jones, Gwyn.1984.*A History of the Vikings*, 2nd ed.Oxford：Oxford University Press.

Lewis, Archibald R., and Timothy J.Runyan.1985.*European Naval and Maritime History*, *300-1500*.Bloomington：Indiana University Press.

Lewis, David.1994.*We*, *the Navigators*：*The Ancient Art of Landfinding in the Pacific*, 2nd ed.Honolulu：University of Hawai'i Press.

Pryor, John H., and Elizabeth M.Jeffreys.2006.*The Age of the Dromon*：*The Byzantine Navy*, *c.500-1204*.Leiden：Brill.

年表　交换和相遇，300 年至 1000 年

约 320 年	印度笈多王朝建立
330 年	罗马皇帝君士坦丁建立君士坦丁堡作为帝国的新首都
约 350 年前后	印度尼西亚苏门答腊岛的斯里维雅王国出现
380 年	基督教成为罗马帝国的官方宗教
395 年	罗马帝国分为东、西两部分
399—414 年	中国学者法显前往印度学习佛教
455 年	汪达尔人洗劫了罗马
476 年	西罗马帝国灭亡
484—577 年	圣布伦丹的生卒年份
527—565 年	拜占庭皇帝查士丁尼统治
541 年	黑死病在埃及暴发，并迅速蔓延，导致拜占庭和波斯帝国约四分之一的人口死亡
579 年	爱尔兰僧侣在奥克尼群岛建立了一座修道院
600 年	中国大运河完工
618 年	唐朝在中国建立
632 年	先知穆罕默德去世；阿布巴克尔成为第一个哈里发

续表

641年	阿拉伯人征服埃及
655年	穆斯林在桅杆之战中击败拜占庭舰队
661年	乌玛亚王朝建立
670年	爱尔兰僧侣抵达法罗群岛
674—678年	君士坦丁堡第一次被围攻
675—685年	中国僧人义净前往印度纳兰达学习
697年	威尼斯成为一个独立的城邦
711年	穆斯林军队征服西班牙
713年	穆斯林商人抵达中国
717—718年	第二次阿拉伯围攻君士坦丁堡
731年	印度统治者亚修瓦曼向中国派遣使者团
732年	基督教在普瓦捷战役中战胜穆斯林
750年	在巴格达建立阿巴斯哈里发
770年	维京人在冰岛定居
793年	维京人在英国海岸线附近的一个小岛洗劫了一座修道院，这是维京人第一次有记载的突袭行动
800年	水手辛巴达的故事很可能在此时被写出来
800年	查理曼大帝加冕成为神圣罗马帝国的第一位皇帝
814年	查理曼大帝去世
820年	西班牙穆斯林占领西西里和克里特岛
841年	维京人在爱尔兰都柏林定居
844—845年	维京舰队袭击伊比利亚海岸
850年	朱罗王朝在印度南部建立
854年	北欧海盗袭击巴黎，但未能占领这座城市
900年	伊本·沙赫里亚尔编写了《印度奇迹之书》
911年	北欧海盗被允许在诺曼底定居
934年	阿曼商人在东非的摩加迪沙建立了一个贸易站
936年	托萨日记记录了一次日本的海上航行
958年	拜占庭从阿拉伯人手中夺回塞浦路斯
960年	中国建立宋朝
961年	拜占庭从阿拉伯人手中夺回克里特岛
985年	红发埃里克开始了维京人在格陵兰岛的定居生活
995年	奥拉夫·特里格瓦松成为挪威国王

999—1000 年	为国王奥拉夫·特里格瓦松建造了一艘长蛇船（Long Serpent）
1000 年	由赖夫·埃里克森领导的维京人在北美建立了定居点
1025 年	Serce Limani 这艘船沉没了
1190—1290 年	波利尼西亚人到达夏威夷
1200 年	复活节岛庞大而单一的人头雕塑的建造达到了鼎盛时期

中国和东亚，300 年至 1000 年

从 1 世纪开始，中国的人们和货物就通过海路在中国和其他地区之间长途运输。吴国的统治者孙权（182—252），于 229 年成功统一了中国大陆，包括蜀国、魏国和吴国。① 之后，他派遣高级官员前往扶南（68—550 年）执行外交任务。扶南是湄公河三角洲上的一个东南亚王国，位于现在的越南和柬埔寨南部。《扶南异物志》和《三国志·吴书·外国传》中记载了中国官员的旅程。他们描述了用热带硬木建造的东南亚海船，这些船比当时的中国船更适合航海。

扶南是中国的一个附属国，以定期从热带地区运送货物的形式向中国进贡。这些贡品包括珍珠、珊瑚、香木和香料。扶南拥有东西方之间的海上贸易转口港，因为考古学家在"沃澳"（Oc-Eo）遗址（一座湄公河三角洲城市）发现了来自罗马的硬币和玻璃器皿；同时，在日本的一座 3 世纪或 5 世纪坟墓中发现了印度洋世界的痕迹。中国统治者在于其他位于海上航线国家的互动中受益，他们获得了跨越中国国界线的重要世界知识，例如大陆的另一边存在着罗马帝国；同时，这种知识还能使他们获得宝贵的异国风情的物品，并可以把它们交易到东亚的其他地区。除了朝廷为中心的朝贡贸易外②，中国此时还存在各种各样的民间贸易。

---

① 原文如此。孙权并未统一中国。265 年，司马氏取代曹魏建立晋朝，至晋咸宁五年（279年），司马炎命杜预、王濬等人分兵伐吴，次年灭吴，才统一了全国。

② 朝贡贸易亦称"随贡贸易""贡舶贸易"。宋代以后，中国政府准许外邦使节在进贡的前提下，随所乘船舶、车马携带商货来中土进行贸易。

隋唐时期的皇家贡品

朝贡制度是中国朝廷与周边国家外交关系的一种模式①，也是官方授权贸易的一种形式。在帝制和朝贡制度中，稳定的君主政体的出现对朝贡制度的有效运作至关重要。中国的晋朝（265—420年）在280年继承了东吴的统治，开启了一段政治不稳定的时期。隋朝（589—618年）政治实体的统一改善了这一局面。虽然这个朝代持续的时间不长，但在隋朝相对短暂的统治期间，隋朝统治者雄心勃勃地将领土扩张到了越南北部和朝鲜。他们还发起了大量的建设项目，包括长城和连接长江和黄河的大运河的扩建。社会经济环境、文化和佛教都是在隋朝统治下发展起来的，这导致了朝贡制度的发展以及政治集权和帝国主义的开始。对于中国周边国家的统治者来说，获得中国皇帝的外交承认是很重要的。这些国家首先要派遣使节到中国朝廷朝贡。作为回报，中国皇帝向这个朝贡国家派遣一名特使，因为他们相信维持以中国为中心的秩序必须对周边国家彰显其影响力。

到了7世纪，日本的政治体制已经足够成熟，可以派使节到中国。据《日本编年史》记载，600—618年，日本曾四五次派遣使节到隋朝。② 日本船只从大阪出发，穿过对马海峡，然后沿着朝鲜西海岸在中国北部登陆。隋朝也相应地派遣使团到日本，并带去一些源自帝国的礼物。这些交流促进了中日两国的外交关系，并建立了贸易关系。唐朝（618—907年）时期，日本继续派出遣唐使。630—894年，来自日本的使节至少去过唐朝18次。当时，使节们乘坐更大的船只，载着参与政府官方贸易和贡品之外各种任务的人员，包括商人、翻译、工匠、船工、医疗专业人员和佛教传教士。

这些使节的航行并非没有风险。日本僧侣圆仁（794—864年）在9世纪30或40年代作为朝圣者的一员参加了一次特使之旅。在长达九年的

---

① 朝贡制度，亦称"朝贡体系""封贡体系"，是公元前3世纪到19世纪末，存在于东亚、东北亚、东南亚和中亚地区，以中国中原帝国为主要核心的秩序体系。较之于西方的殖民体系，封贡体系更加人道、文明。

② 日本遣隋史共有五次，分别为600年、607年、608年、610年、614年。相关记载见于《日本书纪》，但该书未见第一次遣隋史的记载。

朝圣记录中，他描述了他的使者船遭遇的一场可怕的风暴。这条船在承受的压力下几乎要散架了。它结构薄弱，加上船员的航海技术很差，使得这次航行极不安全。此外，由于日本和韩国之间的政治紧张局势，与前一个时代相比，沿着朝鲜半岛的路线不再是一种安全选择。相反，特使船队从日本南部九州地区的岛屿出发，穿过东海，直接抵达中国中部沿海（今天的浙江省）的主要港口。尽管会冒风险，但是新的意识形态、技术和物质文化的交流还会促使这些日本旅行者来到中国。

盐的生产

从历史上看，盐对于保存食物和兽皮非常重要，少量的盐对人类的生活也是必不可少的。根据考古证据，沿海居民可能早在15000年前就开始生产盐了。由于以海洋为基础的生产技术在世界范围内基本相似，在日本可以找到一个典型的产盐实例。

日本盐贸易的证据可以追溯到乔蒙时代（约公元前12000—前300年），盐在10世纪的文献中被列为某些仪式的必需品。它是日本沿海地区的关键产品。盐是由平民、神社附属机构和耕种者生产的，受京都土地所有者认可的支付地租的方式。海边制盐的基本方法是蒸发海水，直到盐保留下来。早期的盐田被称为"阿古哈马"（"把海水抬到岸边"），要求人们把海水带到沙地，在那里海水在阳光下蒸发，留下盐分。到了14世纪，生产地转移到"伊里哈马"（填海造田）盐田，海水通过管道进入沙区自然蒸发。在这两种情况下，沙子都被海水冲洗，进一步提高了盐的纯度，然后煮沸，留下盐。"伊里哈马"的方式减少了所需的劳动力，增加了产量，并开辟了更多的土地用作盐田。直到19世纪，它仍然是一种常见的制盐方式。大规模生产盐类的地区还需要可持续的木材供应，以便生火烧水。因此，整个过程需要包括林地在内的重要区域以推动整个流程。整个流程需要包括林地在内的重要区域来推动。

米歇尔·M.达米安

中国佛教朝圣

佛教从中国到印度和受印度影响的地区的传播历史，显示了航海的进步和海洋网络的发展。佛教在中国六朝时期（222—589 年）逐渐成为一种普遍的信仰。首先佛教是由外国僧侣传入中国的。隋唐时期在中国统治者的庇护下，中国僧人广泛传播佛教。中国僧人翻译和传播佛教教义和重要著作，并远航印度取经、译经。其中一些人留下了他们朝圣的记录。这些记录提供了关于佛教的实践和传播的重要信息，也提供了关于前往印度的海上路线以及这些旅行者在印度的航行和旅行中所遇到的社会情况等重要信息。

这种朝圣最早的记载是法显（337—442）的《佛国记》。399 年，他离开长安（今中国西安市）前往印度，沿着丝绸之路陆路经过敦煌。经过六年的旅行，他到达了由笈多帝国统治的印度北部，然后向南走到锡兰（今斯里兰卡）。413 年，法显乘坐一艘东南亚轮船从锡兰回到中国。他详细地描述了这次航行，包括恶劣的天气和船上乘客之间的紧张关系，乘客中除了船员外还有佛教僧侣和四处奔波的商人。由于船只受到风暴的破坏，这艘船几乎没有到达孟加拉湾的尼科巴群岛。在船只被修复之后，它继续向东航行，到达了一个印度尼西亚酋长的领地，在那里，法显转移到了另一艘船上。他把自己穿越中国南海的航行描述得更加危险，这也说明了水手们的基本航海技术。船长的目的地是广州，但由于航行失误，这艘船被带到更北边的省份。

唐代海上交通得到改善，变得更加安全。义净和尚（635—713）在印度那烂陀大学学习了 13 年，因翻译梵文佛经而闻名。他还写了两本关于他的航行和在印度尼西亚、马来半岛和印度停留经历的著名手稿：《大唐西域求法高僧传》（佛教僧侣的唐代朝圣，646 年）和《南海寄归内法传》（佛教传入南海的记述，712 年）。671 年，义净从广州坐船出海（可能是波斯的船）用了 20 天到达印度尼西亚的三佛齐王国。在唐朝的记载中，三佛齐是一个朝贡国，可能位于苏门答腊岛东部的帕勒邦附近。义净和尚描述了大乘佛教的全盛时期和中国商人在三佛齐定居的相关情况。他在三佛齐住了大约 6 个月，学习梵语，然后坐船从帕勒邦到印度，走的路线与法显的回程相同。义净带着他收集的梵文佛经回到了帕勒邦，并留在那里翻译经文和记录他的旅行。他于 695 年回到广州。至此中国朝廷与三佛齐的朝贡关系得到了充分发展。在季风、潮汐和洋流相关知识的帮助下，船只定期往返于广州和帕勒邦之间的贸易航线，这使得海上航行更加安全和快捷。

唐朝海上陶瓷之路

唐代时候的广州是连接中国与东南亚港口城市和印度洋世界的门户。它是学者们所谓"海上陶瓷之路"的终点站。与陆上丝绸之路类似，历史和考古资料提供了商船定期、季节性航行到广州的证据。例如，唐代编年史记载了外国商船的名字，以记录海上贸易的内容。其中一些船只代表操作船只的特定种族群体（例如马来亚—南岛人）及其原产地（例如印度、斯里兰卡、波斯）。广州成了一个繁荣昌盛的港口城市，中国大部分的海上贸易都是通过这个港口进行的。唐王朝在这个最繁忙的国际港口建立了负责管理海上贸易的市舶司。

唐代沉船遗骸的发现证明了海上陶瓷之路的存在。1998 年，印尼一名从事海参捕捞业的潜水员发现了一艘印度洋商船的残骸。从被称为"勿里洞号"（Belitung）的失事船只残骸中打捞出来的货物，包括一些中国制造的出口陶瓷，比如来自中国湖南长沙窑的碗。在唐朝和之后的五代时期（907—960 年），窑炉一直很活跃。在越南附近发现的一艘可以追溯到公元八、九世纪的沉船上，出土了许多长沙碗和其他陶器，上面有中文、印度文和阿拉伯文的铭文，表明在这条海上陶瓷之路上航行的人们使用着不同的语言。长沙瓷器的需求量很大。这种独特的中国出口产品在国外市场上价格很高，甚至被运往东非进行贸易。带有釉下彩案的碗在伊斯兰世界很稀有，也很受欢迎。当地的手工艺人制作了仿制的釉下彩瓷器。中国最早的大型企业出现在唐代，它们是因为外商主导的海上贸易兴起的。

新罗的海上商人

在 10 世纪以前的东亚海洋世界，中国的外贸商人和官僚并非航海群体的多数。商人和东南亚海员在印度洋、中国北部沿海和黄海的海上陶瓷之路贸易中发挥了重要作用。有一段时间，统一了朝鲜半岛的新罗（668—935 年）人统治着区域海上贸易。新罗北邻中国唐朝和渤海王国（698—926 年），在东亚海上贸易中占有重要的地理位置。除了与朝贡品特派团有关的授权贸易外，还出现了一种私营贸易制度，使新罗商人参与过境贸易。无独有偶，新罗人聚居在中国沿海地区。张保皋（787—841）在其职业生涯的后期以担任新罗的军事长官而闻名，后来成为新罗精英中的杰出人物，并在韩国、中国和日本从事商业活动。张成泽扩大了与日本的贸易，定期派船到九州的大宰府。大宰府是当时日本唯一对海外贸易开放的港口。然而，在张成泽死后，新罗和日本之间的贸易量有所下降，新罗社会也失去了发展动力。此外，宋朝（960—1279 年）给中国带来了巨大的经济增长。宋朝大力发展造船、贸易和其他海上活动，促进了中国航海者更多地参与海外贸易，也促进了整个东亚海上贸易的发展。

木村淳

拓展阅读

Kimura，Jun. 2016. *Archaeology of East Asian Shipbuilding*. Florida：University Press of Florida.

Needham，Joseph. 1971. *Science and Civilisation in China*. Vol.4，"Physics and Physical Technology–Civil Engineering and Nautics." London：Cambridge University Press.

Reid，Anthony，Shiro Momoki，and Kayoko Fujita. 2013. *Offshore Asia：Maritime Interactions in Eastern Asia Before Steamships*. Singapore：ISEAS.

Reischauer，Edwin O. 1955. *Ennin's Travels in Tang China*. New York：Ronald Press Company.

Wade，Geoff（ed.）. 2014. *Asian Expansions：The Historical Experiences of Polity Expansion in Asia*. New York：Routledge.

Wang，Gungwu. 1958. "The Nanhai Trade：A Study of the Early History of Chinese Trade in the South China Sea." *Journal of the Malayan Branch Royal Asiatic Society* 31（2）：1–135.

Yamamoto，Tatsuro. 1980. "Chinese Activities in the Indian Ocean Before the Coming of the Portuguese." *Diogenes III* 3：19–34.

Yule，Colonel H. 1882. "Notes on the Oldest Records of the Sea–Route to China from Western Asia." *Proceedings of the Royal Geographical Society and Monthly Record of Geography* 4（11）：649–60.

法显，337 年至 422 年

我们所知的大部分关于中国佛教僧人法显的内容，都来自他从 399—414 年周游亚洲世界的《佛国记》的历史记载。法显是那个时代最伟大的旅行家之一，他踏上了前往佛教"圣地"印度的征途，去寻找佛经，以取代他寺庙里那些破旧不堪的佛经。法显和他的随行者们从长安出发，穿过塔克拉玛干沙漠，沿着陆上丝绸之路，前往印度。

抵达印度后，法显开始参观佛教圣地，并与学者一起研究梵文文本。在印度因收集佛经而停留多年后，法显决定沿着著名的海上丝绸之路回国。法显乘商船从斯里兰卡出发，开始了穿越广阔的印度洋的归途。他计划穿越马六甲海峡，最终抵达中国南方的广州。然而，在出发后不久，法显的船遭遇了台风，开始进水。风暴平息后，船员们修复了这艘船，并调整了它的方向，使它在从斯里兰卡出发大约 120 天后，在爪哇岛登陆。

法显在岛上住了将近 6 个月，然后开始了返航的最后一程。晚春时节，他搭乘一艘更大的准备启程前往广州的商船，船上装有可维持 50 天的粮食。然而，在海上一个月后，法显的船遭遇另一场猛烈的风暴，导致该船的导航员迷失了方向。大约在第 70 天，由于船上几乎没有淡水了，航海家们决定改变航线，向西北方向航行，试图找到陆地。经过 12 天的紧张航行，法显在比原目的地更北的山东半岛登陆。回到中国后，法显完成了他 15 年的探索。他南下南京，开始翻译成功运输回来的佛教作品。除此之外，法显的游记有两大历史贡献，一是记载了早期印度佛教的珍贵信息，二是促进了中国佛教的发展。除此之外，法显的描述为我们提供了一面镜子，既可以看到历史上的陆海交通状况，也可以了解历史上信息和思想的传播。

扎卡里·雷迪克

拓展阅读

Legge，James.1965.*A Record of Buddhistic Kingdoms：Being an Account by the Chinese Monk Fa-Hien of His Travels in India and Ceylon in Search of the Buddhist Books of Discipline*.New York：Paragon Book Reprint Corp & Dover Publications Inc.

Waugh, Daniel. "The Journey of Faxian to India." 1999. https：//depts.washington.edu/silk road/texts/faxian.html.Accessed February 15，2015.

京杭大运河

大运河北起北京，南至杭州，全长 1115 英里，是世界上最长的人工运河。几个世纪以来，它一直是黄河和长江这中国两大天然水道之间的主要干线。

尽管部分运河起源于公元前 5 世纪，但直到隋朝（581—618 年）这些不同的部分才真正连接起来。在工业革命之前，大运河是世界上规模最大的土木工程，无可比拟。

到了宋代（960—1279 年），大运河连同中国的主要河流和相关的支流，起到了连接世界上人口最密集的贸易区域的作用。这一区域跨度超过 3 万英里，连接了数百万的农民和城市居民。大运河作为谷物、盐和军队运输的大动脉，使帝国官员能够控制商业和军事力量的流动，并使国家能够获得大片生态环境优越的区域。明朝（1368—1644 年）和清朝（1644—1911 年）统治期间，这些不同的地区从亚北极区的满洲一直延伸到热带南部的海南。

中国的大运河是 7 世纪隋炀帝修建的。

（尤里弗伦克拉克 / Shutterstock.com）

　　大运河的发展对中国的航运史产生了深远影响。1415 年运河翻修工程的完成，使得内陆谷物运输网络比海上运输网络更加安全高效，从而导致了帝国内部沿海贸易的衰落。大运河也被证明是国家衰弱时期的隐患：明朝末年，入侵的满洲军队沿着运河向南挺进。

　　今天，部分运河因淤塞和废弃而年久失修。不过中国政府正在升级这条古老水道的部分路段，作为南水北调工程的东线通道。2014 年，联合国教科文组织将京杭大运河列为世界遗产，以表彰其对中国文化的历史重要性。

爱德华·D.梅利略

拓展阅读

Dreyer，Edward L.1982.*Early Ming China：A Political History，1355 - 1435*.Stanford，CA：Stanford University Press.

Fairbank，John King，and Merle Goldman.2006.China：*A New History*，2nd ed.Cambridge，MA：Harvard University Press.

McNeill，J.R.1998. "China's Environmental History in World Perspective"，in Mark Elvin and Liu Ts'ui-jung（eds.），*Sediments of Time：Environment and Society in Chinese History*.New York：Cambridge University Press，31-49.

印度，300 年至 1000 年

　　200—550 年，中国汉朝、印度北部的笈多帝国和西罗马帝国都灭亡了。在随后的几个世纪中，通过印度洋的贸易持续发展，甚至有所增长。来自西方的阿拉伯穆斯林和波斯商人提高了在该地区的影响力，成为印度洋主要的长途运输商。来自中国的佛教朝圣者前往印度的大寺庙学习，加强了中国、印度和东南亚之间的联系。在印度洋上穿梭的最有价值的贸易货物是黑胡椒、瓷器、檀香木和丝绸，它们被用来交换棉织品、马匹、熏香、象牙和金属制品。在 300—1000 年之间，印度多民族和多文化的港口越来越多，它们不仅成为贸易中心，而且成为来自不同文化的人们见面、交往和交流思想的地方。

　　公元前 2 世纪，希腊海员熟悉了直达印度的海上通道后，印度与地中海世界的贸易量急剧增长。到 1 世纪，希腊和罗马商人每年依赖海上航行购买香料和其他产品，大约 120 艘船从埃及红海海岸的米奥斯戈尔莫斯港航行到印度。罗马和中国之间经过印度发展了广泛的丝绸贸易。尽管中国汉朝灭亡、罗马帝国不断衰落，这些商品的进口贸易一直持续到 5 世纪。汉朝灭亡后，中国南方的诸侯国不再通过丝绸之路进行贸易，便开始向东南亚扩展海上贸易，用丝绸和瓷器交换香料和芳香的木材。哥特人阿拉里克（370—410）提供了这种持久贸易的证据。当他的军队在 408 年包围罗马时，阿拉里克要求得到 3000 磅胡椒和 4000 件丝绸外衣，以及大量的金银（谢弗，18）。

造船和导航

印度有着悠久的航海历史。300—900 年的硬币描绘了经典的单桅帆船，它能在季风中航行，是印度洋贸易的驱动器，当时印度船长对这种帆船的航行模式非常熟悉。至少有一些印度船只更大，据中国游客的描述，1000 吨重的船只有四根桅杆，最多可载 700 人。奥兰加巴德洞穴壁画中描绘的是一艘有舵桨的三桅船。从 4 世纪到 6 世纪的艺术作品中可知，有些船的船身是弯曲的，船板延伸到水线以上。大多数是用帆驱动，但也有一些是用桨推动的。

许多类型的船只在印度的河流中穿梭，这些河流一般都很宽大，很容易航行，并且流入靠近大海的河口。恒河—雅鲁藏布江水系从喜马拉雅山一直延伸到孟加拉湾，连接着各种文化和气候。它提供了方便的方式，将人和货物从印度内陆运送到许多河流汇入大海形成的港口。在内陆水域使用的船只中有一种叫桑加拉，它是用独木舟绑在一起的船。尚达姆，是一种木筏，芦苇捆木筏也被用于河流和湖泊以及沿海的航行。蛇船是用一根原木做成的，掏空后做成船形，每艘都需雇用多达 20 名桨手。统治者们把蛇船当作信使，该船以其快速著称。

印度航海家依靠地标、当地水域的特征以及它们的变化、季节性气候和恒星导航。笈多帝国开启了对天文学的正式研究，印度天文学家和数学家在这方面取得了许多重大进展。例如，阿耶波多（476—550）在他的著作《阿耶波多历算书》中指出，地球是一个绕轴旋转的球体。他还准确地计算了一些与月球和行星周期以及日食时间有关的天文常数。

佛教对贸易和旅游的影响

中国僧人法显（337—422），是第一批到印度旅行的人之一，他寻找与佛家戒律和其他宗教话题有关的佛教文本。他在《佛国记》一书中记述了自己的旅行经历。《佛国记》是最早用中文书写的有关印度和东南亚佛教徒风俗习惯的第一手资料。法显一生致力于将印度佛教文本翻译成中文，他的著作促使人们将印度视为一片净土，一个圣洁而充满智慧的地方。这鼓励了其他中国佛教徒追随他的脚步，去印度朝圣。他翻译的一些作品目前仅存中文版本，是重要的保存典籍。

6 世纪笈多王朝灭亡后，印度北部分裂成许多小政体。哈沙瓦达纳（590—647）在旁遮普和孟加拉联合了几个部落，并在 606 年获得了王公的称号。他皈依佛教，吸引了学者、艺术家和佛教僧侣到他的宫廷，其中包括玄奘（602—664）。玄奘是中国的一位佛教僧人，受到法显的启发，翻越喜马拉雅山来到印度，参观对佛陀有重要意义的景点。哈沙瓦达纳和玄奘惺惺相惜，他们的关系帮助建立了中印之间的第一个外交关系。越来越多的中国僧人追随法显和玄奘的脚步前往印度朝圣，他们的旅行扩大了两国之间的贸易和旅行。唐朝（618—907 年）和宋朝（960—1279年）时期，越来越多的中国外交官和商人航行到东南亚和印度，最终到达波斯湾、红海和东非。

贸易依赖于季节性的风。整个冬季，印度帆船在海风的推动下从东海岸的港口（多摩梨帝、帕卢尔、卡林加帕南、达拉尼古塔、阿里卡梅杜和普哈尔）航行到斯里兰卡、苏门答腊、爪哇岛和巴厘岛以及东南亚更远的地方。2 月，风向逆转，一股西南信风将商人、僧侣和朝圣者吹回了印度东海岸。

朝拜是两种文明以及许多岛屿和东南亚大陆国家之间交流的重要组成部分。数百名僧侣、工匠、朝圣者和商人进行了这类航行，其中一些人乘坐载有 200 多人的大船。随着佛教的传播，当地的统治者在商人和僧侣的支持下，资助了东南亚和印度东海岸朝圣路线上的寺庙，这些寺庙为海员和旅行者提供医疗服务和热情款待，也为当地社区提供服务。

大量的货物从印度流向中国，包括珠子、宝石、玻璃、珍珠、胡椒、陶器、穿孔金属硬币、罗马金币、象牙制品、佛教文物、文件和礼拜物品。印度则从斯里兰卡和东南亚进口肉桂、决明子、檀香木、锡，以及从中国进口丝绸等。随着贸易的增加，印度商人在东南亚定居，加速了印度文化和宗教在该地区的传播。

《心经》体现了这个时代活跃的文化交流。学者们认为《般若波罗蜜多心经》是在 4—7 世纪之间写成的。今天，它被认为是世界上最重要的佛经之一，也是禅宗最重要的一部佛经。它是大乘佛经的一部分，目的是在世俗人士中普及佛教。禅宗寺庙现在用一种被称为"中国梵语"的语言来诵读经文。这部佛经最初是用梵文写成的，来访的中国僧人将其翻译成中文。后来，中国僧侣把它带到了日本，在那里人们用汉字的日文发音来吟唱。因此，现代日本人很难理解它的意思。然而，随着禅宗在 20 世纪在西方传播开来，梵语也随之出现，将现代禅宗佛教徒与 1200 多年前前往印度的中国僧人联系起来。

伊斯兰在商业上的主导地位

除了东南亚，印度的贸易还延伸到波斯湾、阿拉伯半岛、红海以及埃及，最后到达地中海。从 1 世纪到 5 世纪，大部分贸易往来于罗马。它随着罗马的衰落而衰落，但随着伊斯兰教的扩张，新一代的阿拉伯和波斯商人进入印度洋，它在 7 世纪复活了。穆斯林与古吉拉特邦人接触的第一个证据是在 635 年，当时巴林派遣了一支探险队前往该地区。712 年，阿拉伯人征服了信德省（今巴基斯坦的一部分）。位于印度河三角洲的代布尔港成了一个重要的贸易中心，连接着海上和陆地的贸易路线。

此后，越来越多的当地居民皈依了伊斯兰教，特别是佛教工匠、商人、转口商和水手，因为皈依伊斯兰教使他们能够像其他穆斯林一样以同样优惠的条件参与商业活动。那些从事农业的人，主要是印度教徒，缺乏这样的商业动机去皈依，因此不太可能这样做。从信德到古吉拉特，随着穆斯林海员越来越多地进入当地贸易，伊斯兰教徒蔓延至整个印度洋的港口，成为该地区首屈一指的长途运输和贸易商。穆斯林商人控制着穿越红海和波斯湾的通道，以及连接这些海上通道的商队路线。货物的流动使巴格达和其他穆斯林中心繁荣起来。除了丝绸和香料，中国瓷器在中东的穆斯林精英中特别受欢迎，中国人还从阿拉伯寻找马匹、乳香以及其他芳香的树胶和树脂用于熏香和香水。

与后来的时代相比，当时印度洋贸易通过一连串的港口商业中心，直接从巴士拉和其他阿拉伯和波斯港口航行到印度、斯里兰卡，甚至中国。几个发表在 9 世纪，由伊本·克达比（820—912）撰写的路线导览可以证明这一点。船只从波斯湾航行到戴布勒，然后绕印度到锡兰，或者直接从波斯湾港口穿过印度洋航行到锡兰。从那里，船只穿过孟加拉湾和马六甲海峡，进入南海，沿着越南海岸到达中国广州，商人们用纺织品和金属交换丝绸和瓷器。到了 9 世纪，浮标标记了几条主要的航道，特别是在波斯湾。

朱罗王朝

繁荣了几个世纪的朱罗王国出现在印度东南部的泰米尔人中间，直到 9 世纪才开始大规模扩张。朱罗统治者向北和向南扩张移动，他们吞并了邻国，很快就控制了印度南部的大部分地区。993 年，朱罗人入侵斯里兰卡（锡兰），经过几年的战斗，终于控制了富饶的珍珠床。1007 年，朱罗国王拉金德拉（1014—1044）派遣海军远征斯里维贾雅，这是一个强大的印度尼西亚国家，自 5 世纪以来一直控制着马六甲海峡。霍拉斯和三佛齐之间持续的海战侵蚀了三佛齐的海军力量。1024—1025 年，朱罗人发动大规模突袭，破坏了三佛齐对马六甲海峡的控制。但事实证明朱罗人无法向印度尼西亚扩张，三佛齐仍然是该地区最杰出的海军力量。朱罗统治者向中国和阿巴斯哈里发王国派遣了数个使团，并与两国保持着良好关系。朱罗王朝远征促进了印度教商团的扩张，到了 10 世纪，这些商团遍布印度南部。后来，印度商团进入东南亚贸易。特别是在印度的贸易越来越多地掌握在贸易公会手中，这些公会专门经营特定的货物或区域，并在整个东印度洋的港口运作。

300—1000 年，印度洋的贸易和海上活动不断增长。来自中国和东南亚的佛教朝圣者加强了中国朝廷和印度统治者之间的关系，增加了中国和印度以及中国和东南亚之间的贸易额。阿拉伯和波斯的穆斯林商人增加了他们在西印度洋的存在，还有一些勇敢的穆斯林船长一路航行到中国。在一定程度上由于当地皈依者的涌入，穆斯林教徒成为该地区的长途贸易商（尽管不是排外的）并且主导了东非、中东和印度之间的西印度洋贸易。9 世纪，朱罗帝国在印度东部和南部形成，在接下来的几百年中，它统治了印度南部和斯里兰卡的水域。然而，印度洋贸易和贸易商的多样性仍在继续。整个地区的人们随着季风航行，买卖货物。该地区的港口建成了充满活力的多民族社区，一直延续到欧洲殖民主义时代。

卡罗琳·斯坦

斯蒂芬·K.斯坦

拓展阅读

Alpers，Edward A. 2013. *The Indian Ocean in World History*. Oxford：Oxford University Press.

Chakravarti，Ranabir.2002.*Trade and Traders in Early Indian Society*.New Delhi：Manohar.

Chaudhuri，K.N.1985.*Trade and Civilization in the Indian Ocean：An Economic History from the Rise of Islam to 1750*.Cambridge：Cambridge University Press.

Hall，Kenneth R.2011.*A History of Early Southeast Asia：Maritime Trade and Societal Development，100-1500*.Lanham，MD：Rowman & Littlefield.

McGrail，Sean.2004.*Boats of the World：From the Stone Age to Medieval Times*.Oxford：Oxford University Press.

McPherson，Kenneth.1993.*The Indian Ocean：A History of People and the Sea*.Oxford：Oxford University Press.

Pearson，Michael.2003.*The Indian Ocean*.New York：Routledge.

Sen，Tansen.2016.*Buddhism，Diplomacy，and Trade：The Realignment of Sino-Indian Relations，600-1400*.Lanham，MD：Rowman & Littlefield.

Shaffer，Marjorie.2014.*Pepper：A History of the World's Most Influential Spice*.New York：St.Martin's.

Sheriff，Abdul.2010.*Dhow Cultures of the Indian Ocean：Cosmopolitanism，Commerce and Islam*.New York：Columbia University Press.

Tripati，Sila.2011."Ancient Maritime Trade of the Eastern Indian Littoral." *Current Science* 100（7），1076-87.

佛教朝圣

佛陀乔达摩·悉达多在公元前 5 世纪的某个时候去世。此后，朝圣对佛教徒来说变得非常重要。公元前 3 世纪后，佛教通过陆地和海洋从印度传播开来，在东南亚和中国各地都有皈依者。后来，僧侣和其他朝圣者前往印度学习和参观圣地。佛教沿着既定的陆地和海上贸易路线传播，随后的几年里，朝圣者也遵循这些路线。到了 7 世纪，中国人用珊瑚、珍珠、玻璃和丝绸交换佛教典籍和文物。宗教文献和工艺品的贸易促进了中国、印度和东南亚之间的贸易，这些贸易多年来稳步增长。

在《摩诃婆罗多》中，佛陀建议他的弟子们去四个地方寻找灵感：

蓝毗尼、菩提伽耶、萨尔纳特和库西那拉。每一个地方对佛陀的生命都是重要的。他出生在蓝毗尼，在菩提伽耶悟道，在萨尔纳特传道，死后在库西那拉涅槃。

在阿索卡国王统治时期（公元前304—前232年），又有四个地方成为重要的佛教朝圣地：维斯哈里、拉贾格拉、桑卡西亚和萨瓦提。所有的一切都与佛陀的生活息息相关，都是他创造奇迹的地点。这八个地方是虔诚的门徒们参观和寻求灵感的最重要的朝圣地。朝圣者怀着崇敬的心情看着它们，回想着与佛陀一生有关的特殊事件。蓝毗尼位于尼泊尔，另外7个在印度。

阿育王统治期间，佛教开始从印度传播到其他国家。其他国家的佛教徒，尤其是中国的佛教徒，前往印度学习佛教，寻求启迪。反过来，印度僧侣前往中国分享他们的知识。佛教僧侣从中国到印度，不是通过陆路，就是通过云南和缅甸的山区，或是通过东南亚的海上通道。随着时间的推移，沿着这条路线不断涌现佛教寺庙，越南、柬埔寨、爪哇、斯里兰卡和苏门答腊的寺庙建筑群成为朝圣者前往印度途中的重要站点，甚至成为他们自己的朝圣地。到3世纪，仅河内就有20座寺庙。

第一个有文献记载的中国人到印度朝圣的故事是法显（337—422），他从陆路到印度，从海上返回。399年，年过60岁的他开始了他的旅程，他参观了卡皮尔瓦斯图、蓝毗尼、库西纳拉和其他圣地，并在几个寺庙学习。他的游记详细描述了这些寺庙，与之相关的传说，佛教的实践和仪式，以及他返程时的冒险经历，包括遇到海盗和参观斯里兰卡和其他地方的佛教寺庙。

另外两位中国朝圣者，玄奘（602—664）和义净（635—713），也详细记录了他们当时的旅程。玄奘于627年出发，踏上了艰难的印度之旅。他穿越戈壁沙漠和天山山脉到达印度，在那里花了很多年的时间向佛教大师学习。他带回了657本梵文佛经。在唐太宗（599—649）的支持下，玄奘建立了一个重要的学习和翻译中心。

672年，义净乘坐一艘波斯船离开中国广州，前往斯里维贾雅（今印尼帕伦邦）。在那里，他学习了梵语语法和马来语，然后乘另一艘船前往印度。在印度，他加入了一个商团，在全国各地旅行，参观了30个不同的公国和众多的寺庙和宗教场所。然后，义净坐船回国，再次停留在斯里维贾雅，在那里他花了两年时间翻译梵文文本，然后回到中国。

法显、玄奘和义净是佛教从中国和东南亚到印度的朝圣之旅的代表。虽然有些人通过陆路旅行，但不那么艰苦的通过东南亚的海上路线成为首选。宗教文献和佛教文物的复制品需求量很大。例如，一位中国特使花了 4000 匹丝绸买了一颗佛祖的舍利。因此，贸易与朝圣交织在一起，引发了印度、东南亚和中国之间宗教文献和文物的交换，以及僧侣和学者的交流。

阿米塔布·维克拉姆·德维迪

拓展阅读

Forbes，Duncan.1999.*The Buddhist Pilgrimage*.Delhi：Motilal Banarasidass Publishers.

Liu，Xinru.1998.*Ancient India and Ancient China：Trade and Religious Exchanges AD 1-600*.Delhi：Oxford University Press.

Sen，Tansen.2003.*Buddhism，Diplomacy and Trade：The Realignment of Sino-Indian Relations，600-1400*.Honolulu：University of Hawai'i Press.

Sen，Tansen.2009. "The Travel Records of Chinese Pilgrims Faxian，Xuanzang，and Yijing." *Education About Asia* 11（3），24-33.

Weerawardane，Prasani.2009. "Journey to the West：Dusty Roads，Stormy Seas and Transcendence." *Biblioasia* 5（2），14-18.

伊斯兰世界，632 年至 1000 年

穆斯林旅行的航海历史往往集中在其宗教动机上——去麦加朝圣（"朝觐"）是每个有经济条件和体力的穆斯林一生中至少需要一次的活动。这一要求促进了导航仪器和技术的发展，许多穆斯林住在离麦加和麦地那圣地很远的地方，因此不得不在海上和陆地长途旅行。与此同时，穆斯林商人、士兵和学者在更广阔的穆斯林世界活动。征服、商业和通信都促进了穆斯林航海、船舶和航海技术的发展或传播——其中许多技术是从古代波斯人、希腊人和中国人那里学来的。中世纪的穆斯林海员使用诸如星盘、象限仪、海图和指南针（后来的）等仪器，尽管大多数船长更喜欢靠视觉紧贴海岸线（沿海航行）导航。阿拉伯的地理论述和旅行者的记述也被用来描述这部分海洋（进一步细分为区域海洋）和它们周围的土地，以辅助朝圣者旅行和传播世界的学术知识。穆斯林商人在印度洋和地中海地区内部和之间传播原材料和商业产品、技术、文化和宗教。海上旅行也促进了伊斯兰教的传播，因为商人们在东印度洋和东非沿海地区建

立了伊斯兰统治者无法触及的定居点。

　　虽然有些伊斯兰法律专家因为潜在的危险或相关法律问题禁止海上旅行，但是中世纪的伊斯兰文化深入参与水上旅游、贸易并发展出了一个管理贸易、运输、宗教生活以及包括沉船、海盗劫掠在内的其他海事业务事项的法律体系。法学家特别关心的是如何处理在海上死去的朝圣者或商人的商业或个人财产。

　　先知穆罕默德在 632 年去世时，阿拉伯半岛的大部分地区都处于伊斯兰教的宗教和政治控制之下。这是一个充满沙漠游牧民族的地区，也是连接印度洋和地中海的长途贸易网络沿线城市的聚集地。在一个世纪之内，穆斯林控制了与这些海域接壤的大部分地区——从中亚到北非和伊比利亚半岛的最西端、地中海的南部和西部海岸以及印度洋的西部海岸。除了整合被征服地区的行政、文化和经济制度之外，穆斯林还掌握了被征服民族的船只和航海技术。海上旅行也促进了伊斯兰教本身的传播，因为商人在伊斯兰统治者的政治势力范围之外建立了穆斯林定居点，特别是在东印度洋和东非沿海地区。

埃尔塞利曼

　　大约在 1025 年，一艘希腊基督教商船从穆斯林叙利亚驶向君士坦丁堡，在安纳托利亚西南海岸沉没。这艘船根据沉船的位置被命名为"埃尔塞利曼"，或因其装载的货物而被称作"玻璃残骸"，这个中型木板平底船和两幅三角帆索具帆装载三吨碎玻璃用于重熔玻璃（碎玻璃）。

　　这些玻璃来自叙利亚法蒂米德，船上的其他商品也一样，包括完整的玻璃器皿、陶瓷、铜壶、黄金首饰、漆树（一种香料）和葡萄干。无数的"日常生活"物品——梳妆台、小硬币、磨损已久的陶瓷餐具、武器、工具、挂锁、天平、印章——让我们了解了那些驾船的人以及他们从事的大大小小的商业活动。这些文物中，和食物相关的东西包括动物骨头和盛有葡萄酒和橄榄油的罐子（双耳细颈瓶），有些瓶子上有主人的名字。很多都是"迈克尔"的，这表明他是船长。水手们玩游戏（西洋双陆棋、国际象棋），钓鱼，修补渔网，并购买了小捆的伊斯兰商品转售回家。因此，这艘沉船揭示了 11 世纪地中海基督教和穆斯林贸易的模式，以及水手和海上商人生活的方方面面。

中世纪的航海取决于天气和季节，人们总是担心船只失事或遭遇恶劣的天气。大多数中世纪的船只沿着海岸航行，将海岸线保持在视线范围内。恶劣的天气可能会阻碍视线，使船只偏离航道，更糟糕的是，可能导致船只失事。潜伏在海上的其他危险，包括活跃在地中海和印度洋的海盗。

印度洋上最主要的船只是一种现在被称为"单桅帆船"的缝板帆船，它又长又薄，帆是三角形的。地中海的船比较大，船身是木板做的，船底是平的。地中海的商船主要依靠船帆（包括方帆和横帆）来驱动，但军舰为在战斗中更好地调度，也使用桨和桨手。关于中世纪的船只和它们的细节仍然有很多未解之谜，因为几乎没有直接的证据来解释这几个世纪的海军技术、船只和帆。和人们设想的恰恰相反，大多数的资料来源是由陆地上的人，而不是水手、船主或船东创作的文学和图画作品。当今对船舶、船舶内容及其航行路线的了解，主要得益于海事考古学这一不断发展的领域。真正的中世纪船只的遗骸，如"埃尔塞里曼号"在土耳其海岸附近海域的发掘，以及对这些沉船的结构和货物进行的研究，极大促进了人们对前近代时期航海事务的了解。

印度洋

在伊斯兰教出现之前，一些来自阿拉伯南部的阿拉伯人和犹太人在西印度洋和红海进行海上贸易。尽管在伊斯兰教出现之前，该地区的海上大国是萨珊波斯帝国和印度的各个海上国家。沿着陆上丝绸之路，印度洋是印度和中国贸易货物的通道，通过波斯湾或红海进入地中海东部。到了1000 年，穆斯林商人成为这两个商业领域之间的纽带。

最有价值的东方商品是瓷器、香料（尤其是胡椒、肉桂、肉豆蔻和药物）、珍珠、珠宝、宝石、丝绸和蚕。穆斯林商人还获得了许多东方农产品的知识，这些农产品被传播到穆斯林土地，并从那里传入欧洲，包括稻米、甘蔗、柑橘类水果和棉花。商人们还学习和转让了几项重要技术，包括丝绸、瓷器和纸张的生产。

在穆罕默德的一生中，从亚喀巴到也门的阿拉伯人都宣誓效忠伊斯兰教，这使得红海的港口都处于穆斯林控制之下。在第二个哈里发乌玛一世（634—644）统治下，穆斯林船只穿越波斯湾，袭击印度海岸，并在印度洋贸易中建立了穆斯林势力。713 年，穆斯林商人和使节抵达中国。878

日落时分在印度洋上的帆船。单桅帆船有两个显著的特点：三角帆，或称横帆，及其缝合结构。（史蒂芬·弗斯特/ **Dreamstime.com**）

年，当中国叛军在广州屠杀外国商人（其中很多是穆斯林）时，他们控制了地区贸易。后来，与中国的直接贸易停止，转而在印度和附近岛屿的港口进行贸易。大约一个世纪后，穆斯林与中国的贸易又恢复了。从8世纪开始，穆斯林商人也沿着非洲海岸向南航行，到达索法拉（现在的莫桑比克）和马达加斯加。在那里寻找的商品包括黄金、象牙、铁、木材和奴隶——在阿拉伯语中被称为"黑色"，他们还命名了非洲东南部地区的一些地方。

　　伊斯兰教本身也是由商人传播的，这些商人建立殖民地，并沿着东非海岸和印度洋岛屿传播伊斯兰教。到了9世纪，穆斯林殖民地沿着印度洋贸易路线建立起来，从波斯湾到马拉巴尔海岸、锡兰、马尔代夫，通过马六甲海峡和马来海岸，从那里进入印度尼西亚和中国。伊斯兰文化因此有机会与中国和印度的各种佛教和印度教文化相互影响。

　　在首都大马士革的乌玛亚哈里发（661—750）统治下，大多数航海活动都是通过红海和地中海进行的。750年经王朝更迭，穆斯林在巴格达建立了阿巴斯首都，大部分贸易转移到了波斯湾航线。巴士拉和苏哈尔（阿曼湾）、西拉夫（波斯湾）一起成为最重要的港口。在阿巴斯统治早期，从波斯湾到印度洋的贸易繁荣发展，通过底格里斯河和幼发拉底河到黑海和里海，然后再到波罗的海的北方航线得到发展。底格里斯河和幼发拉底河之间运河的修建促进了这条北方贸易路线的发展。969 年，在与之竞争的什叶派哈里发法蒂玛王朝在埃及建立后，大量贸易从吉达和亚丁港口转移回红海，成为朝圣者前往麦加和麦地那的重要路线。

季节性季风是印度洋航海的一个重要方面，它决定了航行的方向和时间：夏季是西南（6 月至 9 月），冬季是东北（10 月至次年 1 月）。从阿拉伯半岛到远东的航程花了大约六个月的时间，回程也是如此。因此，往返中国需要大约一年半的时间。在印度进行贸易的中心应运而生，由此形成了较短或分段的航行路线。商人前往东非的时间定在季风开始或结束的时候，即 4 月／5 月和 8 月，有效避开了在西印度洋航行的危险的 6 月和7 月。

地中海

虽然东部的大部分军事征服都是陆战的结果，但西部的大部分战争都是在海上进行的，尤其是岛屿和港口城市的战争。在 6 世纪 30 年代末到8 世纪初，穆斯林军队在拜占庭时期的北非推进。641 年，拜占庭的主要港口亚历山大港落入穆斯林手中，为停泊在那里的船只和水手提供了通道。许多 7 世纪的穆斯林拥有的船只是由希腊人和科普特人驾驶的，他们以前曾驾驶拜占庭的苦役船。迦太基在 698 年沦陷，附近的突尼斯成为地中海西部穆斯林的主要港口。到 7 世纪中后期，穆斯林军队定期从北非航行到地中海进行军事袭击（采集货物和奴隶）以及从事外交和商业活动。

穆斯林船只在始于 655 年的桅杆之战中战胜拜占庭海军。到此时为止，穆斯林舰队有 500—600 艘船只（肯尼迪，2008：327）。西方穆斯林舰队从突尼斯出发，对塞浦路斯（649 年被占领，这种掠夺一直持续到958 年拜占庭人重新占领该岛）、撒丁岛（从 8 世纪初开始）、巴利阿里群岛（从 8 世纪初开始，902 年并入科尔多瓦的乌玛亚哈里发国），还有西西里岛（7 世纪中叶开始，在 827 年穆斯林统治下）、马耳他（869年）和基督教海岸的意大利，法国和伊比利亚（711 年穆斯林统治下）等岛屿进行征服和商业掠夺。西西里岛虽然直到 9 世纪才受到伊斯兰教的控制，但自 7 世纪中叶以来，其南部海岸不时受到袭击。

穆斯林军队分别在 674—678 年和 717—718 年袭击了拜占庭帝国的首都君士坦丁堡。这些战役依靠安纳托利亚沿岸建立的一系列基地来包围该城，最终都以"希腊火"摧毁穆斯林舰队而告终。然而，这并不意味着穆斯林海军力量的终结。相反，他们的舰队恢复并蓬勃发展。

突尼斯港口驻扎着地中海西部主要国家的舰队，还有其他舰队驻扎在地中海东部城市，如阿克里、亚历山大和塔尔苏斯。其他港口和城市则由穆斯林水手和以海盗或私掠船身份独立作业的船只控制。这样的独立但通常被称为"海盗巢穴"的穆斯林酋长国都建立在克里特岛上（824—960/961 年），或是在法国沿海城市秦皮（约 889—973 年），以及在意大利南部巴里（841—871 年）和塔兰托（840—880 年）——这些城市都在 10 世纪末被基督教军队收复。穆斯林船只从这些基地出发，在陆地和海洋上分别袭击意大利南部和法国的城镇和修道院，甚至是罗马，并与穆斯林和基督教城镇进行商业贸易。

即使在整个中世纪的战争时期，穆斯林、犹太人和基督徒之间的海上贸易仍在继续。中世纪地中海的贸易带来了来自东方的产品——尤其是香料、丝绸、瓷器、珍珠、珊瑚、宝石和药物——以换取亚麻布、羊毛、棉布、地毯和金属制品。来自近东和远东的商品随后进入信奉基督教的欧洲。1000 年，意大利信奉基督教的海上城市活跃在地中海贸易中。科尔多瓦的乌玛亚哈里发王国通过北非与中部伊斯兰土地进行了大部分贸易。尽管有证据表明，贸易和旅行是在海上进行的，特别是前往伊比利亚的朝圣者和学者。1031 年哈里发王国解体后，西地中海的穆斯林贸易由伊比利亚的几个小王国（如德尼亚）开展，这些国家与意大利城市进行了广泛的贸易。

许多活跃在穆斯林控制的地中海地区的商人是犹太人，他们生活和工作在穆斯林的土地上，与穆斯林建立商业伙伴关系，乘坐穆斯林拥有的船只，说阿拉伯语。来自埃及的犹太商人是埃及、西西里岛和突尼斯之间一个特别活跃的贸易三角的主要代理人。在这个三角中，东部和地中海地区的商品进行贸易，然后再传到西地中海和北部的市场，进入基督教的欧洲。一些犹太商人也进入印度洋航行，从而在这两个地区之间进行贸易。

从 4 月到 10 月，地中海的船只向东和向西航行，尽管大多数船长更喜欢在 11 月到次年 3 月的冬季出海。地中海的风和洋流模式大致是逆时针方向的，这意味着东西方向的旅行取决于在北部海岸的港口停留的能力（沿海的不定期运输）。同样的，因为地中海的南部海岸更加不稳定和危险，所以首选的路线是沿着北部海岸和岛屿。从 8 世纪或 9 世纪开始，这些岛屿中的大多数都处于穆斯林的控制之下，这使它们在海上航线占据了主导地位。然而，欧洲基督教徒在第一个千禧年结束前重新占领了所有这些地方，这有助于他们后来展开的军事行动。

萨拉·戴维斯·塞科德

拓展阅读

Agius, Dionisius A.2008.*Classic Ships of Islam*: *From Mesopotamia to the Indian Ocean*.Leiden: Brill.

Alpers, Edward A. 2014. *The Indian Ocean in World History*. Oxford: Oxford University Press.

Bass, George F., and Sheila Matthews, J.Richard Steffy, and Frederick H.van Doorninck Jr.2004.*Serçe Limanı*: *An Eleventh-Century Shipwreck*.Vol.1, "The Ship and Its An-chorage, Crew, and Passengers." College Station, TX: Texas A&M University Press.

Campbell, I.C.1995. "The Lateen Sail in World History." *Journal of World History* 6: 1-23.

Chaudhuri, K.N.1990. Asia Before Europe: Economy and Civilisation of the Indian Ocean from the Rise of Islam to 1750.Cambridge: Cambridge University Press.

Goitein, Shelomo Dov.1967-1993.*A Mediterranean Society*: *The Jewish Communities of the Arab World As Portrayed in the Documents of the Cairo Geniza*, 6 vols.Berkeley: University of California Press.

Hourani, George.1995.*Arab Seafaring in the Indian Ocean in Ancient and Early Medieval Times*.Princeton, NJ: Princeton University Press.

Kennedy, Hugh. 2008. *Great Arab Conquests*: *How the Spread of Islam Changed the World We Live In*.New York: Da Capo Press.

Khalilieh, Hassan Salih.1998.*Islamic Maritime Law*: *An Introduction*.Leiden: Brill.

McCormick, Michael.2001.*Origins of the European Economy*: *Communications and Commerce*, *A.D.300-900*.Cambridge, UK: Cambridge University

Press.

　　Power，Timothy.2012.*The Red Sea from Byzantium to the Caliphate*：*AD 500-1000*.Cairo：American University in Cairo Press.

　　Pryor，John H.1988.*Geography，Technology，and War*：*Studies in the Maritime History of the Mediterranean，649-1571*.Cambridge：Cambridge University Press.

基督教埃及人和乌玛亚舰队

　　在 7 世纪末 8 世纪初，拜占庭海军威胁到了穆斯林在地中海的领地。对这个新生的伊斯兰帝国来说，建立海军力量成为一项紧迫的需要。阿拉伯穆斯林对海洋几乎一无所知，也没有海战经验，他们试图利用信奉基督教的埃及人的海上能力，这些埃及人后来成为穆斯林海上力量的重要组成部分。

　　几千年来，尼罗河和红海一直是埃及航海文化的一部分。在 7 世纪征服信奉基督教的埃及时，穆斯林军队（包括阿拉伯人、波斯人和其他人）获得了两大资产：亚历山大港和熟练的航海工匠和技师。前者是一个拥有优良设施的海军基地。后者这些工匠和技师（包括木匠、捻缝工、领航员、水手和桨手），代表它长期的航海传统。基督徒在穆斯林舰队准备和航行中发挥了重要作用，使穆斯林赢得了与拜占庭的桅杆之战（655 年）。战争结束后，埃及的穆斯林统治者继续利用基督徒的航海技能。

　　从乌玛亚德王朝时期（661—750 年）的希腊文、科普特文和阿拉伯文的文献记录可知，基督教的埃及劳工（大部分是科普特人）是从埃及各省（"异教徒"）征召来建造和改装船只的。除了他们的人头税（"人丁税"），一些劳动者还支付替代品来代替他们的工作。一些有趣的话题都记录在莎草纸上，如逃亡者和逃兵以及显然由穆斯林统治者施加的惩罚。

　　第一支穆斯林舰队是在埃及的巴比伦（古开罗）和亚历山大造船厂建造的。到 8 世纪初，穆斯林舰队中有近 1700 艘船（迈克尔的叙利亚编年史）。泰尔（黎巴嫩）和阿克（以色列）两个城市是穆斯林海军前进基地。另一个基地和舰队再次由信奉基督教的埃及人在突尼斯建立。在阿卜杜勒·马利克·伊本·马万（685—705）统治下，1000 名科普特人及其家属被运往北非，在突尼斯（al-Tijani）建造造船厂和舰队。科普特牧首害怕这些基督教劳工大规模皈依伊斯兰教，于是派科普特神父前往昔兰尼加（利比亚）和突尼斯，试图维持与当地的联系。然而，几乎没有证据表明这种策略是成功的。

确实，在哈里发亚齐德·伊本（680—683）和苏莱曼·伊本的阿卜杜勒·马利克（715—717）统治的时期，科普特族长都无力阻止自己生活在偏远地区的沙漠的教徒，陷入在劳工营（建造和修理船只和舰队）被奴役与应征入伍（亚历山大的族长的历史，372—373 年）的悲惨命运。强制科普特人进行劳役活动在阿拉伯穆斯林海军霸权的崛起中起了关键作用，促进了穆斯林对塞浦路斯、马耳他和西西里岛的袭击，以及伊斯兰对西欧的征服。

米利亚姆·维萨

拓展阅读

Allouche，A.1991."Coptic Contribution to the Umayyad Fleet." In Aziz S.Atiya（ed.），*The Coptic Encyclopedia* 7：2286–87.New York：Macmillan.

Chabot，J. B. 1905，*Chronique de Michel le Syrien，Patriarche Jacobite d'Antioche（1166–1199）*.Éditée pour la première fois et traduite en français，tome III.Paris.

Chiarelli，L. 1991."Arsenal of Tunis." In Aziz S. Atiya（ed.），*The Coptic Encyclopedia* 1：239.New York：Macmillan.

e vetts，b.T.A.1910.*History of the Patriarchs of the Coptic Church of Alexandria，and Part IV：Mennas I to Joseph（849）（Patrologia Orientalis X，fasc.5）*.Paris.

Fahmy，A.M.1948.*Muslim Naval Organisation in the Eastern Mediterranean from the Seventh to the Tenth Century A.D.*London：Lawrence Verry.

Greek Papyri in the British Museum. 1910. Catalogue，with Texts，Vol. 4.H.I.Bell（ed.），with Appendix of Coptic Papyri W.E.Crum（ed.）.，London.

单桅三角帆船

"单桅帆船"一词是西方人使用的通称，指的是数百年来在西印度洋贸易和航行中占据主导地位的各种大大小小的本土帆船。它们的吨位大小从 50 吨以下到 500 吨不等。由于大小和起源地的不同，有许多不同类型的单桅帆船，它们具有足够多的共同特征，可以认为是单桅帆船。

单桅帆船这个词通常被认为是由波斯语"达沃特"衍生而来，意思是"小船"，在伊斯兰教到来之前就有了。几乎没有早期单桅帆船的图片证据。关于单桅帆船的早期建造，我们所知的大部分来自希腊和古罗马的历史学家。中世纪的学者在红海、东非海岸、印度的马拉巴尔和科罗曼德尔海岸以及马尔代夫见到过单桅帆船。

单桅帆船的建造靠近印度洋、波斯湾和红海的港口和河口。早期的单桅帆船是用从印度西南部马拉巴尔进口的柚木建造的，因为柚木在盐水中不会膨胀破裂或收缩。

压舱物

锚是一种利用重量来防止船只漂移的工具，以其重量来给船只提供的稳定性是通过在船只（或其他船只）的龙骨中加入重物来实现的。这种加重的材料有助于船只保持平衡，防止倾覆。在现代，船和船的龙骨被建造成沉重的镇流器，但有些船使用压载舱，水在舱内外循环以保持稳定。

纵观历史，许多物品被用来平衡船只。有时，船员扮演着人体压舱物的角色。在许多情况下，正在运输的重型货物是用来平衡船只的。最古老的平衡船只的方法是用石头和沙子。这些物品显然很容易获得，可对海洋的风和浪提供一种沉重的平衡力。从史前时代开始，再从古代到现代，沙子和石头一直被用作航海镇流器。

马修·布莱克·斯特里克兰

单桅帆船有两个显著的特点：三角帆或横帆和缝合结构。船壳是靠并排铺设木板组装的。然后用椰壳纤维穿过木板上的小孔将木板缝合在一起。缝制船体的优点是，它能够承受通过海浪冲上岸的冲击而不会受到严重的损坏。船壳用在木板之间嵌入的树脂起到防水的目的。通常船上使用两副三角帆或横帆，一副用于日常，另一副用于夜间或暴风雨期间。早期的帆是用椰子叶编织而成的，后来由棉布制成。帆的桅杆是用柚木或椰子木做的。

单桅帆船不使用龙骨，而是使用沙袋或货物作为压载。有趣的是，在没有特定建造计划的情况下，人们建造了单桅帆船，并且一直持续发展。

木匠通常在单桅帆船上进行船内维修，而主要维修是在单桅帆船的第一个停靠港进行。

葡萄牙人在 15 世纪到达印度洋后，船体设计和建造中钉子的使用都增加了新的尺寸。当英国东印度公司到达印度洋时，单桅帆船仍然是一种常见的类型。即使在今天，单桅帆船仍然在波斯湾和东非之间的水域中航行，帆是它们唯一的推进工具。

基思·A. 莱蒂奇

拓展阅读

Agius，Dionisius A.2002.*In the Wake of the Dhow*：*The Arabian Gulf and Oman*.Ithaca：Garnet Publishing Ltd.

Hawkins，Clifford W.1977.*The Dhow*：*An Illustrated History of the Dhow and Its World*.Lymington，Hampshire：Nautical Publishing Co.Ltd.

Prados，Edward.1997."Indian Ocean Littoral Maritime Evolution：The Case of the Yemeni Huri and Sanbug." *Mariner's Mirror* 83：185-98.

Yajima，Hikoichi.1976.*The Arab Dhow Trade in the Indian Ocean*.Tokyo：Institute for the Study of Languages and Cultures of Asia and Africa.

桅杆之战

"桅杆之战"，又称"凤凰之战"，是拜占庭皇帝康斯坦斯二世的军队与穆斯林舰队在海上的交战。655 年，在塞浦路斯附近的小亚细亚南部海岸发生了一场战争，这是阿拉伯和拜占庭海军力量之间的第一次重大战役，它标志着哈里发帝国地中海海军力量的崛起。在接下来的 400 年里，阿拉伯舰队和船只对拜占庭构成了巨大的威胁，并在地中海航行和发起袭击。贸易模式随之发生了变化，居住在穆斯林国家的商人开始主导东地中海的贸易。

哈里发乌斯曼（Caliph Uthman）领导的伊斯兰军队多次击败拜占庭军队。642 年，他们将拜占庭人赶出埃及，然后向巴勒斯坦海岸推进。在成功包围叙利亚沿海拜占庭主要港口恺撒利亚（647 年）之后，尽管穆斯林的进攻受到拜占庭海军的短暂阻击，其实力仍逐渐增强。征服埃及、巴勒斯坦和叙利亚的基督教港口使阿拉伯领导人得以扩张船队，并将拜占庭迫害过的许多叙利亚和科普特基督教水手纳入其中。这支日益壮大的舰队对拜占庭帝国构成了严重威胁，迫使康斯坦斯二世皇帝采取行动。他召集了帝国各地的船只，率领一支大约 500 艘船的舰队航行。

　　拜占庭舰队在靠近凤凰山的安纳托利亚海岸遇到了本·萨德的舰队，并与之交战。这些穆斯林舰队中的船员大多由基督教徒组成，他们中有许多是阿拉伯士兵。各种口头资料证明了这场战争的宗教意义。据报道，当两支舰队彼此靠近时，基督教船员将十字架钉在桅杆上并唱赞美诗，而穆斯林船只在桅杆上挂上月牙旗，士兵们背诵《古兰经》中的经典。拜占庭舰队以糟糕的队形冲入战场，以为会击溃寡不敌众的穆斯林船只。相反，穆斯林舰队中基督教水手的高级航海技术让他们慢慢获益，在长达一天的战斗中逐步占了上风，但双方都损失惨重。尽管穆斯林取得了明显的胜利，但由于损失惨重，穆斯林舰队随后撤退。伊斯兰编年史家将这些事件解释为对他们信仰的肯定。如果不是次年乌斯曼哈里发遇刺，这场战役可能会更戏剧性地改变地中海东部的力量平衡。他的死引发了一场内战，给了拜占庭人短暂的喘息之机。尽管伊斯兰阵营内部存在冲突，但这场战斗被证明是一个分水岭。

凯文·J. 德拉默

拓展阅读

Donner，Fred McGraw.1981.*The Early Islamic Conquests*.Princeton，NJ：Princeton University Press.

Humphreys，R.Stephen.2006.*Mu'awiya ibn Abi Sufyan*：*From Arabia to Empire*.Oxford，UK：Oneworld.

Kennedy，Hugh.2007.*The Great Arab Conquests*：*How the Spread of Islam Changed the World We Live In*.Philadelphia：Da Capo Press.

水手辛巴达

　　水手辛巴达是七个故事中的虚构人物和英雄，每个故事都描述了他的一次航行。尽管辛巴达的故事经常出现在沙赫拉扎德的《一千零一夜》中，但它们的起源是不同的，它们也可能出现在8世纪末或9世纪。辛巴达，可能是波斯人的后裔，在阿巴斯哈里发时期（750—1258年）住在巴士拉。作为一名商人和水手，他开始了一系列史诗般的前往印度的航行。辛巴达让人想起奥德修斯，他遭遇了一系列的冒险和灾难，比如，他的船经常沉没或搁浅。在他的冒险中，除了巨人、幽灵、半人半兽和其他怪物之外，他还遇到了许多人——有些人帮助了他，有些不是——他们中的大多数都想奴役或杀死他。辛巴达总是设法应付他面临的危险情况，智胜或战胜他的敌人，每一个故事都以辛巴达带着许多财富回家为结局。几个世纪以来，辛巴达的故事被反复讲述，激发并影响了许多类似的航海冒险故事。近年来，辛巴达出现在漫画书和三十多部电影中。

在第一次航行中，辛巴达挥霍了他父亲留给他的钱，出海通过贸易重新获得了财富。辛巴达的船到达了一个看似美丽的小岛，但结果却是一条巨大的鱼或鲸鱼。这条鱼潜入深海，辛巴达爬上一个漂浮在岸边的木箱救了自己。辛巴达独自一人，他得到了当地统治者的庇护，因为他把这位地方统领最喜欢的马从超自然的攻击中拯救出来，然后和当地的商人和水手一起工作，直到有一天他的船到了，他收回了他的货物，辛巴达回到了家里，成了一个富人。

在他的第二次航行中，辛巴达意外地被他的船友遗弃在一个美丽的小岛上。这个岛上栖息着巨大的鸟类和蛇，它们占据着一个盛产钻石的山谷。辛巴达欺骗了一只吃蛇的鸟，让它把他带回了它的巢穴，在那里他装满了一袋子钻石，然后回家。在他的第三次航行中，辛巴达和他的船员遇到了一个巨人，就像荷马史诗《奥德赛》中的波吕斐摩斯一样。巨人开始一个接一个地吞噬辛巴达的船员。而他们像奥德修斯一样，通过弄瞎巨人的眼睛逃跑了。尽管更多的船员被巨人妻子投掷的石块砸死，辛巴达还是成功地回到了家乡。

在第四次航行中，食人族俘虏了辛巴达和他的船员，并给他们吃了一种奇怪的植物，这种植物使他们的思想变得模糊，使他们在食人族吃掉他们之前不断大吃大喝。然而，辛巴达意识到了危险，没有吃这种植物，逃脱了。他又在附近的一个王国得到了朋友的帮助，娶了一个国王介绍给他的漂亮女人。然而，在他妻子死后，辛巴达发现当地的习俗是把活着的配偶和死去的配偶一起埋葬。辛巴达逃脱了这一命运，带着从坟墓里找到的宝石成功回家。他的第五次航行一开始也很糟糕。辛巴达被"海中老人"俘虏并奴役，"海中老人"让辛巴达把他背在背上。辛巴达把他灌醉并逃跑了，还靠卖椰子发了财。

在最后两个故事中，辛巴达访问了塞伦迪普（斯里兰卡）。在第六次航行中，他在那里遭遇了海难，但再次打动了当地的国王，并得到了国王的奖励。辛巴达第七次回到那里时，遭到海盗的袭击，海盗把他抓了起来，并把他当作奴隶卖给了一个商人。商人答应辛巴达用他的自由换取500 副象牙。辛巴达发现了一个大象墓地，设法得到了这些象牙。

　　辛巴达的故事或许受到那个时代真正的商人和水手的启发，让我们得以深入了解印度洋和波斯湾沿岸的社会和文化以及当时的贸易网络。除了上面提到的椰子、象牙和宝石，辛巴达还寻找异国情调的木材和香料，尤其是樟脑、肉桂、丁香、胡椒和檀香木制品，这些都能吸引商人到印度和东南亚，同时也吸引了现代社会中的人。在现代，关于辛巴达的电影已经拍了几十部。

阿米塔布·维克拉姆·德维迪

拓展阅读

Haddawy，Hussain. 2008. *Sindbad*：*And Other Stories from the Arabian Nights*. New York：W. W. Norton & Company.

Hardy-Gould，J. 2005. *Sinbad*. Oxford：Oxford University Press.

Meisami，Julie Scott，and Paul Starkey. 1998. *Encyclopedia of Arabic Literature*. London：Routledge.

北欧，300 年至 1000 年

　　中世纪早期的欧洲人，在 300—1000 年之间，有各种各样的航海（和陆上）贸易、朝圣、外交、探险和冒险的机会。航海在那个时期是生活中很重要的一部分，特别是对那些可以并且确实能够广泛旅行的精英来说。

贸易和交换

　　随着罗马世界在古代晚期（约 300—600 年）的转变，北欧的贸易量和旅游量确实出现了下降，但历史学家爱德华·吉本（Edward Gibbon）在 18 世纪提出的经济和政治功能灾难性崩溃的说法已不再站得住脚。亨利·皮安（Henri Pirenne）在 20 世纪初提出的论点也并不能说明，阿拉伯人在 7 世纪和 8 世纪发动的袭击破坏了贸易路线。相反，当前对于文字资料和实物资料的研究证明了罗马世界的连续性以及欧洲和地中海的发展活力。

　　在 7 世纪，一种新的交易系统得以发展，将欧洲西北部的新农村精英与地中海盆地的旧权力中心联系起来。到 600 年，世俗和教会精英（法兰克人和高卢罗马人）几乎停止了沿古罗马公路网向南派出通往马赛等港口的陆路商队。相反，大河的出海口成为穿越北海、英吉利海峡和爱尔兰海的旅行者、外交官、商人、朝圣者和传教士的入口。很少有法兰克人使用这些路线；主要是盎格鲁—撒克逊人、挪威人、丹麦人、弗里斯兰人（现代荷兰人）——这些航海民族拥有开发这些航道的技术和技能。

在这些新的重要地方，贸易城镇被建立起来，称为"维克斯"（wics）或"恩波利亚"（emporia），这是北欧全新的贸易地点。重要的"维克斯"之类地方，如斯堪的纳维亚的比尔卡（Birka，今瑞典）和海泽比（Hedeby，今丹麦），欧洲大陆上的多尔斯塔德（荷兰）和魁托克（法国），不列颠群岛的约克（英格兰北部约克郡）和哈姆威克（英格兰南部南安普顿）。尽管学者们争论这些不论是自发的创造，还是官方或皇家出资筹建，或是两种原因皆有，但可以肯定的是，当地的国王和精英们试图利用它们从商人那里征收关税，并建立铸币厂来重新铸造外币。

许多被完全发掘出来的遗址都遵循着类似的模式，每处遗址都有一个重要的港口，通常在河的内陆地段，但可以直接通往公海。港外有一个工业区，那里有工匠和手艺人。在城市居住区之外是一个农业和市场园艺区，为旅行者和当地人提供食物和必需品。在城镇来来往往的是来自遥远的拜占庭、伊斯兰世界和东亚的奢侈品，包括玻璃、陶器、纺织品和葡萄酒。同样，来自北方的原材料也向外流动，包括毛皮、兽皮、波罗的海琥珀和海象牙。在大多数情况下，这些定居点有人居住的时间不超过 100年，因为它们是海盗和侵略者的天然目标，没有海军或国家的保护。

军事和海上旅行

虽然人们普遍认为维京人代表了中世纪早期北欧和世界航海的新传统，但这个中世纪早期斯堪的纳维亚海上霸权的故事缺乏细节和历史资料的佐证。实际上，英格兰的盎格鲁—撒克逊人和大陆上的法兰克人确实成功地航行过英吉利海峡、北海和内河系统的沿海水域。虽然该地区最早的帆船（由桨驱动的船相比是有所不同的）出现在 6 世纪，但到 7 世纪晚期，帆船的使用已经非常广泛。英国盎格鲁—撒克逊人和不列颠的朱特人中的沿海海盗在 5—7 世纪之间转向全面定居。尽管人们对具体的定居时间争论不休，但可以肯定的是，划桨船和帆船这两种船只类型都出现过在北海和英吉利海峡进行的海盗活动中。

在 8 世纪，法兰克皇帝查理曼大帝进行了重要的海军活动，包括试图在主要河流和多瑙河的支流之间修建一条运河（尽管这项工程最终失败了，因为选择的路线要经过流沙）。尽管如此，在与斯拉夫人、盎格鲁—

撒克逊人和阿瓦尔人的多次战争中，查理曼大帝还是在河流上使用船只运送货物和人员。他和他的继任者还在北海使用船只进行战术演习，打击维京人以及地中海的穆斯林海盗。事实上，在大约100年的时间里，法兰克人、英国人以及其他一些人很快就采用了维京长船技术，各国的海军势力就得以平衡。任何集团的大多数海军军事活动都是由小型突袭方、军队运输和各种其他后勤需要组成的——海战本身在这一时期是相当罕见的。

征服者威廉的舰队横渡英吉利海峡，细节来自贝叶挂毯或者被称为玛蒂尔达女王的挂毯。法国，11世纪。（迪亚哥／盖蒂图片社）

虽然船与船之间的战斗很少见，但它们在文学文本资料中占有很重要的地位，原因显而易见，海战是一种精彩的故事。即使在斯堪的纳维亚的传说中，它们也从未在公海上出现过。当海战真正发生时，它们会发生在河口或港口等狭窄的水域，船只可能会被绑在一起，形成一种作战平台，让双方交战。正如挪威国王奥拉夫·特里格瓦松（Olaf Tryggvason）所言："这场战斗非常激烈和血腥。挪威国王奥拉夫·特里格瓦松让船头的人把锚和抓钩扔进丹麦国王斯维恩（Svein）的船只。他们向下面的人投掷武器，并清除他们在船只上抓到的所有人。国王斯维恩和他军队的幸存者逃到其他船只，并尽快逃离了武器射程……他们失去了许多人和一些船只，在这种情况下，他们撤退了。"（Ch.106）

虽然维京长船确实是中世纪早期航海技术的一项重要创新，但它并不是维京人的全新发明，而是 1000 年前欧洲航海技术发展的一部分。

使命和朝圣

然而，贸易和军事优势并不是中世纪早期人们航海的唯一原因。包括朝圣、传教和宗教漫游的宗教旅行也是中世纪早期运动的重要动力。了解海上旅行的重要性是理解中世纪早期欧洲宗教和文化转变的关键。旅行当然是基督教化过程中不可或缺的一部分，因为所有的传教士都是虔诚的旅行者。然而，这并不一定是他们的唯一目的，因为他们也可以具有外交、经济或政治功能。传教旅行者的地位很重要，他们是强大势力的代表，从富有统治者如查理曼大帝及其继任者的世俗力量，到以教皇为代表的世俗和神圣力量的结合，再到基督教上帝本身的神圣力量。旅行是宗教转变和皈依的重要组成部分，其原因在于传教士对俗世生活和精神力量的了解——比如查理大帝在亚琛的首都，罗马教皇的圣座——以及他们与这些有权力的人的联系，反映了他们与神圣力量的联系。他们的圣洁依赖于他们作为流浪者、旅行者或传教士的身份与权力的联系。

基督教教义

一位基督教朝圣者抓住了其中一个矛盾点：一场朝圣之旅看似艰难，但人们却享受其中。

假设我们是只能在我们的故乡幸福生活的旅行者，但我们的朝圣之旅使我们不快乐，我们希望结束我们的痛苦，回到那里：我们将需要陆路或海上的交通工具，我们可以利用这些交通工具前往我们的家，那个能使我们感到快乐的地方。但如果我们被朝圣和实际旅途中的乐趣所吸引，那我们反而会享受那些我们用于功利性目的的东西。我们不愿迅速结束我们的旅程，在距使我们快乐的家乡万里之遥的地方陷入反常的快乐。所以在这终有一死的一生中，我们好像是离开主的旅客。如果我们想回到可以使我们快乐的家园，我们必须在这个世界上完成我们的使命，而不是安于享乐。

来源：圣奥古斯丁·格林（译），2008

牛津：牛津大学出版社，1.4.4。

1

　　在这些传教士中，很有名的一位叫作伯尼法斯（Boniface，生卒年份在672—754年之间），出生在英格兰南部的威塞克斯王国，后来漂过重洋来到现在的德国北部，成为美因茨的大主教，在弗里斯兰（今荷兰）传教时被杀害。伯尼法斯与教皇关系密切，他一生中以一个朝圣者和主教的身份三次前往罗马，获准在旧罗马帝国莱茵河和多瑙河边境以外建立基督教教区，向日耳曼精英和非精英人士传播基督教。伯尼法斯与他的祖国英格兰和他在罗马的教会领袖保持着密切的联系，这些人来自他在欧洲大陆的传教地。他的信件收藏证明了这一点。

　　以现在的法国为中心的卡洛林王朝的国王们支持伯尼法斯和其他传教士，因为国王们为了领土和人民与不同的日耳曼部落进行了长期的战争，比如查理曼大帝对撒克逊人长达30年的战争。对撒克逊人的非军事征服主要是通过强迫他们改宗基督教。所有被征服的撒克逊人都被迫接受洗礼。在被征服的领土上，异教徒的行为被判处死刑。尽管这些做法甚至与基督教皈依的理想相违背，但它确实是一种从文化上毁灭人种的方式。并不是每一个中世纪早期的宗教旅行者都是传教士，有令人信服的证据表明，许多修士在北方的孤岛上游荡，保持独身，在修道院的屋檐下追求一种反思的生活。这些苦行僧代表了一种与传教士不同的、非政治性的基督教生活，但他们仍然向他们遇到的人展示了基督教的生活和美德。

　　更常见的是朝圣者，包括精英和非精英人士，他们在中世纪早期旅行。这些朝圣者被广泛地定义为以宗教信仰为目的的本地和长途旅行者，他们利用了与传教士、商人、士兵和海盗相同的水路和公路。事实上，有时这两种类别的人是重叠的，就像一个人在一次贸易航行中可能会停在一个圣人的神龛前，或者一个朝圣者可能会带着一些物品在旅途中和目的地进行交易。朝圣的目的地很多，从耶路撒冷基督生活的圣地、罗马殉道者和圣徒的坟墓，到无数的神龛、圣髑盒教堂，以及遍布欧洲和地中海的地方定居点。朝圣的动机也是多种多样的，从预期的虔诚到寻求冒险，或者只是从家里的麻烦中逃离。

　　中世纪早期的人们利用海洋作为多种经济交流、宗教旅行和军事运动的载体。尽管这主要是精英阶层（同时也是现存的第一手资料的作者）的特权，但中世纪早期的欧洲西北部航道上，船只和人员往来频繁。

考特尼·鲁哈特

拓展阅读

Boniface.2000.*The Letters of St.Boniface*.Ephraim Emerton（trans.）.New York：Columbia University Press.

Haywood，John.1991.*Dark Age Naval Power：A Reassessment of Frankish and Anglo-Saxon Seafaring Activity*，2nd ed.New York：Routledge.

Hodges，Richard. 2012. *Dark Age Economics：A New Audit.* London：Bristol Classical Press.

McCormick，Michael.2001.*Origins of the European Economy：Communication and Commerce*，*A.D.300-900.*Cambridge：Cambridge University Press.

Sturluson，Snorri.1964.“The Saga of Olaf Tryggvason.”In *Heimskringla*，*the History of the Kings of Norway*.Lee M.Hollander（trans.）.Austin：University of Texas Press，144-243.

Wood，Ian.2001.*The Missionary Life：Saints and the Evangelization of Europe*，*400-1000.*Harlow：Longman.

莱夫·埃里克森，970 年至 1020 年

根据 13 世纪早期在冰岛写成的关于莱夫·埃里克森冒险经历的传说，此人在 1000 年前后，从格陵兰岛东部的家出发，驶向一片未知的西部土地。这些传说包含了对北美最古老的书面描述，带有至少长达 200 年冰岛人的口述传授的影响。书中讲述了红胡子埃里克的故事，他是一名酋长，因犯罪被流放到格陵兰岛，以防止血亲复仇之类的事情发生。传说中还讲述了他的儿子莱夫——绰号"幸运儿"——和他的亲戚们的故事。莱夫到过很多地方探险，包括巴芬岛（Helluland，被认为是加拿大的巴芬岛）、马克兰（Markland，拉布拉多），最著名的是文兰岛（Vinland，被认为是加拿大圣劳伦斯湾南部的"葡萄酒之乡"），是北美东部野生葡萄能生长的最北端。

与之前维京人定居的无人居住的北大西洋诸岛（如冰岛和法罗群岛）不同，文兰岛和北美的土著居民居多，他们中的许多人对来访或定居他们土地的挪威格陵兰人并不友好。埃里克森和他的同伴们把这些当地人称为"斯克林斯人"（skraelings），这是对北极东部两个不同的土著群体的总称。第一个族群是多塞特古爱斯基摩人（Dorset Paleo-Eskimos），他们是居住在这里的北美大陆原住民的后裔，10 世纪末维京人第一次来

这幅版画描绘了莱夫·埃里克森大约在 **1000** 年看到纽芬兰的情景。埃里克森和他的海盗船员们从格陵兰岛出发，在纽芬兰的西北海岸登陆，在那里他们在兰塞奥兹牧草地建立了一个定居点。（美国国会图书馆）

到这里时他们就已在此居住。第二个群体是图勒因纽特人，他们是现在这个地区居民的祖先，大约在 11—13 世纪从阿拉斯加移民至此。尽管关于挪威人与当地土著居民物质文化互动的证据仍然是新的和有争议的，但是关于"幸运儿"莱夫和他的同伴与"斯克林斯人"互动的文本来源是丰富的。文兰岛的传说讲述了土著居民和维京人之间的贸易，包括皮毛贸易——这是斯堪的纳维亚人热衷开发的一种重要自然资源。传说中还描述了他们之间的战斗，包括一名维京人杀死一名试图偷窃武器的当地人后爆发的战争。这次杀戮激起了当地人的报复。传说中描述，尽管维京人在冬天的剩余时间里都待在文兰岛，但到了春天他们都想回家。

虽然莱夫·埃里克森和他的北欧海盗同伴在 1000 年前后到达了北美，但他们没有建立永久的定居点，只有像兰塞奥兹牧草地这样的冬季临时定居点。即使是居住在格陵兰岛上的挪威人也没有幸存下来，斯堪的纳维亚人最后一次出现在那里的书面记录是在 15 世纪。

考特尼·鲁哈特

拓展阅读

Magnusson, Magnus, and Herman Pálson（trans.）.1965.*The Vinland Sa-*

gas，*The Norse Discovery of America. Graelendinga Saga and Eirik's Saga.* New York：Penguin.

Seaver, Kirsten A.1996.*The Frozen Echo：Greenland and the Exploration of North America*，*ca.* AD 1000 - 1500. Palo Alto, CA：Stanford University Press.

Sutherland, Patricia D., Peter H. Thompson, and Patricia A. Hunt. 2015. "Evidence of Early Metalworking in Arctic Canada." *Geoarchaeology* 30.1（Jan/Feb）：74-78.

兰塞奥兹牧草地

1961 年，考古学家在加拿大纽芬兰的兰塞奥兹牧草地（L'Anse aux Meadows）遗址发现了 11 世纪维京人定居点的遗迹。斯堪的纳维亚人到北美旅行的故事（在冰岛的贝兰德传说中发现）是基于真实旅行中发生的事情有了物质性史料佐证。

挪威人在文兰岛的航行（之所以这样命名是因为人们能够在这片非常偏南的土地上种植葡萄）促使他们沿着圣劳伦斯河向南航行。兰塞奥兹位于纽芬兰的尖端圣劳伦斯湾的河口，是从文兰岛进入北大西洋之间的起点。

兰塞奥兹牧草地本身就是一个可以把船只拖上岸修理，然后再航行回斯堪的纳维亚半岛的地方。该遗址是一个基地和冬季临时定居点，用于探索远离格陵兰岛的地区，并为春季航行回故土的维京人修复船只。由于维京人在北大西洋的殖民地严重依赖贸易来维持生计，北美的新土地离冰岛和斯堪的纳维亚半岛的大本营太远，因此无法选择大规模的定居。除了距离远，另一个原因是这片土地并非荒凉，但它被土著居民占领，他们反对在自己的领土上建立永久定居点。

挪威遗址在 20 世纪 70 年代被完全发掘，包括三个综合体区域，每个都有住宅和作坊。虽然这些建筑的主要目的是提供整个群体的冬季生活区，但每个综合体都有专门的工匠居住。铁匠们住在离小溪最近的一个综合体区域里，他们在熔炉里冶炼沼泽铁矿（在沼泽和湿地中发现的不纯铁），然后在铁匠铺里把这些铁锻造成成品。火炉本质上是一个由黏土衬里的坑，顶部是一个大的石头框架。生产的质量虽然不怎么样：80%的铁留在了炉渣里，但这种铁足以制造用于修船的钉子或铆钉。

第二个建筑综合体区域是木匠们的家园，他们用金属工具对原木和木板进行平整和修整，在这个区域下面的沼泽地里发现了木材碎片。还有一些破损和丢弃的物品，包括可能是挪威小船上的木板。在第三个综合体区域进行的是最后一项大型专业活动——修船。在这里，发现了许多损坏的铆钉，这些旧铆钉被从船上卸下，由第一个综合体区域的铁匠铺锻造的新铆钉代替。

考特尼·鲁哈特

拓展阅读

Ingstand，Helge.2001.*The Viking Discovery of America：The Excavation of a Norse Settlement in L'Anse aux Meadows，Newfoundland.* St. John's，NF：Breakwater.

Kay，Janet E.2012.*The Norse in Newfoundland：A Critical Examination of Archaeological Research at the Norse Site at L'Anse aux Meadows，Newfoundland.* Oxford：Archaeopress.

Magnusson，Magnus，and Herman Pálson（trans.）.1965.*The Vinland Sagas，The Norse Discovery of America. Graelendinga Saga and Eirik's Saga.* New York：Penguin.

维京长船

到了 8 世纪，斯堪的纳维亚人创造了独立于欧洲其他地区的造船传统。他们建造的船只是维京人最重要的海上运输工具，也是精英财富和权力的化身。维京长船是造船史上的一项创新。它既能穿越开阔的海洋，又能逆流而上，这使它成为发动突袭的理想工具。"长船"之所以得名，是因为它们的长度可以与宽度成五比一或六比一的比例。

这些船被认为是"由熔渣建造而成"，这与它们的建造方式有关。首先，铺设龙骨（船的中央脊柱），其次用稍微重叠的边板（木板）组装一个船壳，再将边板铆接在一起，形成坚固的防水船体。这些船只有一根悬置方帆的桅杆，还有桨和供人工推进的划桨工作台。船的吃水通常是很浅的，使得船也可以在内陆的河流上航行。

维京人用相对简单的工具建造船只。人们用长柄斧头砍伐树木，用锤子和木槌把树干劈成板材，然后利用热量将板材弯曲成形，形成壳体。现代考古学家对他们使用的测量工具仍然一无所知，尽管有学者假设可以用带有记号的绳子和棍子测量。船板衔接需要铁铆钉，这只需要简单的锻造技术，但船只也有锚，这可能是维京时代铁匠制造的最大和最先进的物品。

在过去的几十年里，随着海洋和水下考古学分支学科的发展，关于维京长船的证据已经取得了相当大的进展。有两艘骷髅船是 20 世纪 60 年代初在丹麦罗斯基勒德峡湾水下发掘出的第一批海盗船。然而，海盗的船只被发现埋在陆地上；最著名的是 1880 年在挪威的一个坟冢中发现的高克斯塔（Gokstad）船。新技术极大地提升了对这些船的科学理解，包括树木年代学——树木年轮年代测定法，它精确地将高克斯塔船的年代确定为 895—900 年。

北欧海盗的长船和造船技术在中世纪早期的北欧迅速传播，特别是在最直接受海盗袭击和殖民影响的地区，包括不列颠群岛、诺曼底和弗里西亚的海岸。

在挪威奥斯陆的海盗船博物馆展出的高克斯塔（Gokstad）长船。科学家 1880 年在挪威的一处墓地发现了这艘高克斯塔号长船，并将其确定为 9 世纪的船只。（娜塔莉亚·拉姆亚塞瓦/**Dreamstime.com**）

考特尼·鲁哈特

拓展阅读

Bill, Jan. 2001. "Ships and Seamanship." In *The Oxford Illustrated*

History of the Vikings. Peter Sawyer （ed.）. Oxford：Oxford University Press，182-201.

Crumlin-Pederson，Ole.2010.*Archaeology and the Sea in Scandinavia and Britain：A Personal Account.* Roskilde，Denmark.Viking Ship Museum.

维京人

7世纪90年代末，发生了有记录的第一次北欧海盗对欧洲的袭击；直到11世纪末，中世纪斯堪的纳维亚人在欧洲大陆的许多地方发起袭击，贸易或定居，从爱尔兰到君士坦丁堡遍布他们的足迹。"维京人"一词在中世纪古斯堪的纳维亚语中一般不用于描述斯堪的纳维亚人，它意思是"为了冒险和利益到国外旅行"。这些斯堪的纳维亚海员是机会主义者，如果定居点看起来脆弱，他们就会袭击。如果防御措施得当，他们就会交易。如果有机会（或抓住机会），他们就会在新的土地上定居。

最早有记载的维京人与欧洲人的交往是在793年他们对沿海、岛屿修道院和教堂的袭击。正是从这些袭击的记录中，维京人获得了"掠夺者"和"野蛮人"的名声。维京人确实袭击过城镇和修道院，但他们也利用人们对袭击的恐惧索取以换取和平的贿赂，并劫持人质以换取赎金或作为奴隶出售。学者们提出了各种各样的理论来解释这次突袭的起因。大多数人认为，造成这种局面的原因有很多，包括缺乏耕地、斯堪的纳维亚半岛内部的人口压力、西欧和斯堪的纳维亚半岛之间的经济差距以及欧洲大陆的政治不稳定。最重要的是维京长船的技术创新，这使斯堪的纳维亚人既能横渡海洋，又能逆流而上。尽管维京人是机会主义者，但他们在整个9世纪和10世纪都利用他们的技术来发挥自己的优势，袭击了西部的沿海定居点，包括英国、爱尔兰、法国、荷兰和西班牙以及东部的波罗的海、俄罗斯、斯拉夫地区和黑海。他们甚至袭击了君士坦丁堡，但没有成功。斯堪的纳维亚人经常输掉对阵战，法兰克人和盎格鲁—撒克逊人修建桥梁等城镇周围的防御工事以拥有较强的威慑。同样，维京人也无法长期保持他们的技术优势。到了11世纪，法兰克人和其他人已经将斯堪的纳维亚的船舶技术应用到他们自己的目的上。

掠夺并不是维京人获取欧洲大陆财富的唯一方法。8世纪，北大西洋的贸易中心"维克斯"的建立为早期接触提供了条件，为斯堪的纳维亚的原材料提供了新的市场，并刺激了维京人对欧洲和地中海地区奢侈品的需求。这些早期的定居点也提供了一个集中贸易和城市发展的模式，斯堪的纳维亚人将其引进本地区。斯堪的纳维亚的第一个城镇大约在 800 年作为贸易中心建立，其他贸易中心包括丹麦的里贝（Ribe）、瑞典的佛加（Birka）以及最近在挪威发掘的卡帕（Kaupang）。维京人还将这些关于集中贸易定居的想法传播到他们探索的没有城镇的土地上。爱尔兰的都柏林于 753 年由维京人建立，同期俄罗斯最早的城镇旧拉多加（接近现在的圣彼得堡）建立。斯堪的纳维亚人探索了东欧的河流和水路，建立了诺夫哥罗德和基辅，斯堪的纳维亚人、斯拉夫人、保加利亚人和拜占庭希腊人组成的多民族城市，也吸引了来自巴格达阿巴斯哈里发国的商人。

随着时间的推移，维京人在他们掠夺和交易的领土上定居下来。在西方，这始于 9 世纪初，当时维京人在从英国泰晤士河上的萨尼特到法国卢瓦尔河口的诺瓦莫蒂埃等主要河流的河口建立了冬季定居点。起初，这些基地是在早春向内陆发动袭击的便利地点，但很快斯堪的纳维亚人就在这些地区永久定居下来，比如在维京人直接统治下的东英格兰的丹诺（Danelaw），并有自己的法典和铸币。同样的，在 911 年，一群由罗洛率领的维京人在法兰克国王的允许下在诺曼底定居，他们希望这些定居点能保护内陆法兰克人的领土不受袭击。斯堪的纳维亚人在很大程度上融入了当地文化，与当地妇女通婚、皈依基督教、说当地语言。斯堪的纳维亚人还在北大西洋无人居住的岛屿上定居，包括大约 870 年的法罗群岛和冰岛。虽然他们在这些新世界保留了斯堪的纳维亚语，但定居在那里的并不仅仅是斯堪的纳维亚人。最近来自冰岛的 DNA 证据显示，尽管大多数男性定居者是斯堪的纳维亚人，但大多数女性定居者来自凯尔特（爱尔兰、苏格兰），可能是维京人的妾或奴隶。

11 世纪通常被认为是"维京时代"的结束。在一系列软弱的盎格鲁—撒克逊的国王之后，国王克努特（Conute）大帝（约 985—1035）征服了英格兰，在 1016 年建立了北海帝国。在他的领导下，丹麦、挪威和英格兰的土地被合并。克努特娶了诺曼底前任国王的遗孀爱玛为妻。1035 年克努特死后，帝国分崩离析。1066 年，英国的三党斗争达到了高潮。挪威的哈拉尔德·哈德拉达从北方入侵英国，但在斯坦福桥战役中被盎格鲁—撒克逊国王威塞克斯的哈罗德·戈德温森击败。仅仅三周后，哈罗德·戈德温森本人在南方的黑斯廷斯战役中被打败，因为他试图击退第二次入侵，这次是诺曼底征服者威廉姆，他后来完成了对英格兰的"诺曼征服"。北欧人是 10 世纪由罗洛人统治的英格兰维京殖民者的后裔日耳曼人、凯尔特人和斯堪的纳维亚人的大熔炉，他们说诺曼语和法语。在斯堪的纳维亚的故乡，当地的国王和他们的追随者皈依了基督教，这使他们与欧洲其他地方的社会和文化更加紧密地结合在一起。在 11 和 12 世纪，斯堪的纳维亚人第一次写下了与他们的掠夺、贸易和定居有关的传说和神话，创造了他们祖先航海历史上重要的文学和历史传统。

考特尼·鲁哈特

拓展阅读

Haywood，John. 1995. *Penguin Historical Atlas of the Vikings*. New York：Penguin.

Sawyer，Peter. 2001. *The Oxford Illustrated History of the Vikings*. Oxford：Oxford University Press.

Smiley，Jane，and Robert Kellogg et al. 2001. *The Sagas of the Icelanders*. New York：Penguin.

Somerville，Angus A.，and R. Andrew McDonald（eds.）.2014.*The Viking Age：A Reader*，2nd ed. Toronto：University of Toronto Press.

罗马和拜占庭

生活在罗马帝国晚期的男女称自己为"罗马人"（希腊语："Romans"），尽管现代学者称他们为"拜占庭人"，以区别于居住在古典拉丁语区古代帝国的罗马人。尽管拜占庭人在他们的首都君士坦丁堡（今土耳其伊斯坦布尔）说希腊语，但他们认为自己是罗马人的直系后裔，是罗马荣耀的继承者。东地中海的拜占庭帝国持续了 1500 多年。它的首都君士坦丁堡位于战略要地，毗邻博斯普鲁斯海峡，连接着欧洲和亚洲，地中海和黑海也在此交汇。这个位置为拜占庭海军力量和贸易的发展提供了便利。

贸易和交换

拜占庭帝国的贸易占据了君士坦丁堡周围的海上和陆地航线，控制了地中海和黑海的所有利润丰厚的市场和港口，以及为这些水域提供水源的内河。君士坦丁堡本身就吸引了来自欧洲、北非和近东的外国商人。拜占庭政府向商人和他们的货物征税，以控制帝国内外贵重货物的进出口，包括丝绸。虽然 10% 的标准关税确实提供了财政收入，但政府收入最重要的来源是土地税。君士坦丁堡是中世纪早期迄今为止最大、最重要的基督教贸易港口，叙利亚、俄罗斯、威尼斯和其他地区或国家的商人一次在此停留数月。每一群人都住在城里自己的区域，有自己的礼拜堂——阿拉伯商人住在清真寺附近，犹太商人住在犹太会堂附近，欧洲商人住在拉丁教堂附近。

拜占庭海上贸易活动的证据也可以在实物性文物中看到。例如，70 英尺长的载有货物的雅西阿达（the Yassi Ada）号在爱琴海（现在是土耳其的领水）沿岸沉没。626 年，雅西阿达号沉没，打捞上来的 16 枚金币和 50 枚铜币均为赫拉克勒斯皇帝（575—641）所铸造，最后一枚硬币的铸造时间为 625—626 年，当时拜占庭帝国和波斯帝国的战争即将结束。这艘船沉没时，船上有 900 个双耳细颈瓶，700 个球形罐子，以及为士兵们运送低度葡萄酒的圆柱形细颈瓶。根据船上各种各样的基督教文物，包括一个通常用于拜占庭基督教礼拜仪式的顶部有十字架的青铜香炉。说明这艘船本身可能属于教会。贸易货物（如葡萄酒）、战争期间的军队用品和教会所有权之间的联系表明，这一时期地中海东部的经济、政治、军事和宗教生活之间存在有趣的重叠。

军事和海上旅行

这种重叠还体现在拜占庭政府官员出于战略军事原因监管海上贸易的方式上。任何被认定对国家至关重要的产品都不允许出口。包括黄金和盐、制造武器或工具的铁、造船的木材以及构成拜占庭独特的燃烧武器"希腊火"配方的元素（很可能是石脑油）。拜占庭海军统治的一个重要原因是先进的技术。大型战舰"所罗门"号是那个时代最杰出的战舰。它由桨和帆同时推动，既敏捷又强壮，是一艘完美的进攻性战舰。拜占庭人还使用了希腊火（一种液态石油基燃烧武器），它是由独眼龙船头的喷火器发射的。

7 世纪，在拜占庭与萨珊波斯帝国（602—628 年）以及征服叙利亚、埃及和北非的阿拉伯人（634—698 年）的战争中，海军在保卫帝国方面起到了重要的作用。尽管大部分战争发生在陆地上，拜占庭海军是东地中海地区的主力军，在长达一个世纪的外部冲突中，彰显了其在维系帝国统一（尽管大大削弱）方面的决定性作用。君士坦丁堡三面环海，依靠海军防御。在波斯战争期间（602—628 年），波斯军队在 626 年从古城卡尔西顿（今卡迪科伊的附近，伊斯坦布尔的一个郊区）穿过博斯普鲁斯海峡，对这座城市进行了围攻。波斯人缺乏海军，只能依靠斯拉夫盟友来提供海上运输。然而，事实证明，斯拉夫人的战舰无法与拜占庭海军相匹敌，后者在他们接近金角之前就摧毁了他们。

赫拉克利乌斯皇帝战胜波斯人的胜利被证明是得不偿失的，因为它削弱了两个帝国。再加上横扫帝国的毁灭性瘟疫，阿拉伯人征服了大片土地，并在 651 年完全征服了萨珊波斯帝国。拜占庭帝国在 7 世纪失去了大约三分之二的领土，包括圣地耶路撒冷和埃及的亚历山大港。尽管失去了土地，但海洋仍然属于拜占庭人。事实上，直到阿拉伯人占领亚历山大港和其他拜占庭港口并利用这些港口建立自己的舰队，海战的潮流才开始向有利于阿拉伯人的方向发展。随后，阿拉伯军队占领了地中海东部的塞浦路斯、罗德岛和科斯岛，并在桅杆之战（655 年）中击败了拜占庭帝国的海军。这并不是阿拉伯—拜占庭海军冲突的结束，而是两个帝国在 11 世纪争夺地中海东部贸易航线霸权的开始，当时十字军东征使均势的平衡向有利于欧洲的方向倾斜。

7 世纪以后，拜占庭帝国将注意力转向北方，在 9 世纪第一次在现在的俄罗斯境内与斯堪的纳维亚海盗掠夺者（the Rus）和商人接触。俄罗斯人沿着第聂伯河和伏尔加河发展他们的贸易路线，在黑海与拜占庭和里海与穆斯林接触。882 年，他们在基辅（今乌克兰）建立了首都，这是一个多民族城市，有斯堪的纳维亚人、斯拉夫人、芬兰人、波罗的海人、哈扎尔人和保加利亚人。基辅罗斯（Kievan Rus）的军队沿黑海发动袭击，但拜占庭海军轻易地保护了君士坦丁堡不受攻击。912 年，拜占庭皇帝和基辅罗斯的王谈判条约，制定了一系列的贸易协定。到 950 年，基辅和君士坦丁堡之间有巨大的贸易往来，他们从北部进口原材料，如木材、琥珀、皮草和奴隶；在南部出口珠宝、细玻璃器皿等成品。961 年，实力强大的拜占庭舰队夺回了克里特岛（8 世纪 20 年代，克里特岛被西班牙的穆斯林掠夺者占领）。拜占庭海军再次统治了爱琴海，并在 10 世纪后期支持了帝国的戏剧性复兴。

使命和朝圣

贸易和军事优势并不是拜占庭人出海的唯一原因。包括朝圣和传教的宗教旅行是拜占庭帝国旅行者的重要动力。朝圣者被圣地、人或遗迹的力量所激励，去崇敬它，寻求神的帮助，或履行宗教义务。这些圣地通常由希望留在圣地的当地人和宗教旅行者组成的僧侣宗教团体所追随。到了 5 世纪，拜占庭帝国的修道院在城市和乡村都是一道重要的景观，很多修道院建在城市中心，如君士坦丁堡和耶路撒冷，但有的也建在偏远的地方，如西奈半岛的圣凯瑟琳修道院和叙利亚阿勒颇城外的圣西蒙修道院。在被阿拉伯人征服之前，这些圣地一直处于拜占庭帝国的控制之下，即使是后来的基督教朝圣也在继续，但数量减少了。在 7 世纪的征服之后，拜占庭宗教旅行和定居的最重要的地点之一是位于爱琴海的阿索斯山（Mount Athos）的修道院，也就是现在的希腊北部的圣山。在 885 年的一项帝国法令中，圣山被宣布为僧侣之地，俗人、农民和养牛人都不得在此定居。958 年，阿通特人亚大纳西修道士（约 920—1003）来到这里。后来，在他的保护人皇帝尼科夫罗斯·福卡斯的支持下，他建造了大拉夫拉修道院（Great Lavra）。至今它仍然是阿索斯山上现存的 20 座修道院中最大、最著名的一座。在接下来的几个世纪里，大拉夫拉修道院和其他圣地受到拜占庭帝国皇帝的保护，成为精神生活和朝圣的重要中心。

除了与基辅罗斯人保持积极的贸易关系外，拜占庭人认为对付他们最好的方法不是与他们作战，而是将他们转变为基督教徒，使他们成为基督教世界的一部分，而不是外部的攻击者。为此，拜占庭人向斯堪的纳维亚人和斯拉夫人派遣传教士，使他们改宗东正教。利奥六世皇帝（886—912）写了一篇关于他的父亲巴兹尔一世（867—886）传教的故事。巴兹尔说服了斯拉夫人：

> 为了改变他们原有的生活方式，并使他们希腊化，使他们服从罗马 [拜占庭] 模式的统治者，给他们洗礼，他……教导他们对抗敌视罗马人的民族……因此，他把罗马人从斯拉夫人发动的叛乱中解放出来……（利奥六世，战术，十八.101）

斯拉夫人的皈依过程最初是由圣西里尔和圣卫理这两位传教士承担

的，他们在 862 年前往摩拉维亚（现在的捷克共和国）向当地居民传教，主要是将圣经翻译成古教会斯拉夫语，这是第一种斯拉夫书面语言。为了做到这一点，西里尔和卫理十二世创造了一种新的字母，西里尔文的前身格拉哥里语（glagolic），西里尔文采用的是俄语和其他现代斯拉夫语言的基本字母。基于在君士坦丁堡使用的希腊礼拜仪式，他们还在斯拉夫语中创造了一种新的用于基督教礼拜仪式的语言。拜占庭帝国于 865 年向保加利亚国王鲍里斯一世（852—889）派遣传教士，试图将其他北方民族和地区带入他们的政治和宗教领域。从多瑙河到第聂伯河，传教士们沿着东欧的大河传教，使拜占庭帝国得以在新的地区传播其宗教、经济、军事和文化。

有了这种新的霸权，拜占庭人将注意力转向爱琴海和黑海以及它们的河流腹地，这是 300—1000 年拜占庭帝国海上活动的地理范围内的一个巨大变化。

考特尼·鲁哈特

拓展阅读

Gregory, Timothy E. 2010. *A History of Byzantium*, 2nd ed. Oxford: Wiley-Blackwell.

Hattendorf, John B., and Richard W. Unger (eds.). 2003. *War at Sea in the Middle Ages and Renaissance*. Woodbridge, UK: Boydell Press.

Herrin, Judith. 2009. Byzantium: *The Surprising Life of a Medieval Empire*. Princeton: Prince-ton University Press.

Horden, Peregrine, and Nicholas Purcell. 2000. *The Corrupting Sea: A Study of Mediter-ranean History*. Oxford: Wiley-Blackwell.

Laiou, Angeliki. 2007. *The Economic History of Byzantium, from the Seventh Through the Fifteenth Century*. Washington DC: Dumbarton Oaks.

Pryor, John, and Elizabeth Jeffreys. 2006. *The Age of the Dromōn: The Byzantine Navy, ca.500-1204*. Leiden: Brill.

君士坦丁堡

330 年，君士坦丁一世建立了君士坦丁堡，成为一个"新罗马"，将罗马帝国的政治和经济中心向东转移。这座城市三面环抱着连接地中海和黑海的博斯普鲁斯海峡，一面毗邻欧亚大陆。这些特点有助于保护城市，也使它成为一个陆海空贸易中心。君士坦丁堡规模宏大，有一个巨大的赛马场和马车场、有雕像和马赛克的皇宫、基督教教堂和巴西利卡教堂、水渠和蓄水池、保护城市免受攻击的防御墙，以及天然深港和为连接君士坦丁堡到欧洲、北非、中亚、安纳托利亚和波斯的船只提供停泊之地的港口。

君士坦丁堡的巨大财富和权力建立在城市与海洋的联系上。它在欧洲和亚洲贸易和运输路线上处于关键地理位置。拜占庭历史学家普罗科匹厄斯在550年前后说：

> 在这城市的一切优势中，海洋的位置是最显著的一个。弯弯曲曲的海湾，收缩成狭窄的海峡，伸展成辽阔的大海。因此，它使城市格外美丽，为航海家提供了宁静的港湾，从而丰富了城市的生活必需品，使它丰富了一切有用的东西。（普罗科匹厄斯，57）

考古学家最近挖掘了该市中世纪早期的主要港口——狄奥多西港（Port of Theodosius），发现了37艘5—11世纪的船只，包括货船、运输船、海军战舰、渔船，以及数千件文物。

330—602年，君士坦丁堡通过贸易和帝国税收积累了财富，为天然港口、人口港口、城市防御工事、海堤以及军舰和技术提供资金。君士坦丁堡的发展及其在地理和政治上的稳固地位，是拜占庭帝国在经历了7世纪的军事危机后得以幸存的主要因素，包括602—628年与萨珊波斯帝国的毁灭性战争。尽管拜占庭人赢得了这场旷日持久的战争，但他们的力量被严重削弱，无法抵挡阿拉伯穆斯林军队的猛攻。在644—698年间，阿拉伯穆斯林军队占领了拜占庭三分之二的领土。651年，内陆的波斯帝国完全落入阿拉伯人手中，但拜占庭帝国却因其强大的海军力量和坚不可摧的首都君士坦丁堡得以幸存。在717—718年之间，阿拉伯军队通过陆路和海路包围了拜占庭帝国。拜占庭人用一支强大的海军击溃了阿拉伯人对君士坦丁堡的封锁，使这座城市能够从黑海地区获得补给，同时切断了驻扎在西部陆地城墙上的阿拉伯军队的补给来源。使之成为阿拉伯人对君士坦丁堡的最后一次重大进攻。这座城市优越的海上地理位置，令人印象深刻的防御工事和港口以及强大的海军，使它作为拜占庭帝国的核心又延续了700年。

考特尼·鲁哈特

拓展阅读

Haldon，J.F.1990.*Byzantium in the Seventh Century*：*The Transformation of a Culture*.Cambridge：Cambridge University Press.

Harris，Jonathan. 2007. *Constantinople*：*Capital of Byzantium*. London：Hambledon Contin uum.

Kocabaş，Ufuk. 2015. "The Yenikapı Byzantine－Era Shipwrecks，Istanbul，Turkey：A Pre－liminary Report and Inventory of the 27 Wrecks Studied by Istanbul University." *The International Journal of Nautical Archaeology* 44（1）：5-38.

Procopius，*On Buildings*，Loeb Classical Library，no.343.H.B.Dewing（trans.）.Cambridge，MA：Harvard University Press，1940.

德罗蒙战舰

德罗蒙（dromons）是拜占庭帝国在古代晚期和中世纪早期（约500—1100 年）在地中海得以广泛使用的一种大型战舰。这些战舰是那个时代最杰出的海军战舰。虽然它们在运输货物方面很有价值，但它们的主要用途是作战。这些战舰的主要特点之一是由两排桨推动，一排桨在另一排桨的上方，人们坐在各自的长椅上。除了主要的桨，德罗蒙战舰还通过三角帆来驱动，这可能是从阿拉伯世界中学来的技术。德罗蒙战舰的另一个关键特点是它的进攻作战能力。德罗蒙战舰装备有弓刺，用来击碎对方船只的船桨和运载的主要武器——希腊火。希腊火是一种天然的以石油为基础的燃烧物，当泵过火焰时就会燃烧，而不能被水扑灭。这个配方是拜占庭精英们保守的秘密（在奥斯曼帝国征服君士坦丁堡的过程中丢失了），现代学者认为它类似于凝固汽油弹。

在 12 世纪的东地中海拜占庭帝国统治中，德罗蒙战舰一直是不可或缺的一部分。正如拜占庭政治家尼基弗鲁斯·乌拉诺斯在他的海军论文《论海上作战》中所说：

> 建造足以在海上与敌人作战的德罗蒙战舰是恰当的……让德罗蒙战舰有合适的结构，使它在航行时不拖沓，不被大风中的波浪打散，在被敌人击中时比它们更强壮。（普赖尔与杰弗里斯，573）

　　航海考古学最近提供了有关德罗蒙和拜占庭战舰的宝贵资料。一艘 6
世纪的战舰在西西里岛的切法尔海岸被发掘出来，船上装有剑、铁制工具、
石炮球和一根铁管，管上有一个 U 形的洞，可能是"希腊火"的喷火器。
甚至最近在现代伊斯坦布尔耶尼卡皮的狄奥多西古港口的发掘工作中，也
发现了四艘战舰，这无疑会为拜占庭帝国的重要战舰提供新的发现。

考特尼·鲁哈特

拓展阅读

Haldon, John.2006. "'Greek Fire' Revisited: Recent and Current Re-
search." In E. Jeffreys (ed.). *Byzantine Style, Religion, and Civilization: In
Honour of Sir Steven Runciman.* Cambridge: Cambridge University Press,
290-325.

　　Kingsley, Sean.2004. *Barbarian Seas: Late Rome to Islam.* London: Periplus.

　　Kocabaş, Ufuk. 2015. "The Yenikapı Byzantine – Era Shipwrecks,
Istanbul, Turkey: A Pre – liminary Report and Inventory of the 27 Wrecks
Studied by Istanbul University." *The International Journal of Nautical Archaeol-
ogy* 44 (1): 5-38.

　　Pryor, John and Elizabeth Jeffreys.2006. *The Age of the Dromōn: the By-
zantine Navy, ca.500-1204.* Leiden.

希腊火

　　中世纪早期拜占庭海战最重要的创造是"希腊火"。希腊火发明于
7 世纪，是一种天然的以石油为基础的燃烧物，当泵入火焰时就会燃烧，
但不能被水扑灭。最好用沙或醋来对付它。其完整的配方是拜占庭精英
们保守的秘密，在奥斯曼帝国征服君士坦丁堡期间丢失了。主要成分可
能包括石脑油、石油、硫黄和沥青（可能以不同的组合）。

　　希腊火在防御中能起到作用，特别是在攻城时，但最著名的用途
是装备于拜占庭的德罗蒙战舰。一些德罗蒙战舰配备了"虹吸管"
（通常被翻译为"火焰喷射器"），这是一种复杂的设备，包括一根与
气泵相连的由青铜衬里的长管。拜占庭政治家尼基弗鲁斯·乌拉诺斯
（Nikephoros Ouranos）在 1000 年前后说："德罗蒙战舰应该在船头前

面有一个虹吸管，按照传统方法用青铜固定住，这样经过处理的火就可以通过虹吸管射向敌人。在这个虹吸管上面应该有一个木板，海军陆战队队员可以站在这上面，从船头打击敌人、袭击他们，或者他们投掷任何他们想投掷的武器，或者可以在这里摆放他们设计的武器，不是只针对船首和船尾的敌人，而是整个敌船。"

普赖尔与杰弗里斯，573

罗德岛人的海洋法律

在公元七八世纪，拜占庭帝国编纂了一系列管理海事海关的合同和法规，在拉丁语中称为《罗地亚法》(Lex Rhodia)，在英语中称为《罗地海洋法》(the Rhodian Sea Law)。大多数法律处理的是海上货物损坏或损失的赔偿问题，以确保商人从同意运输货物的船东那里得到固定数额的赔偿。不过，其中一些法律确实涉及地中海和黑海的海上商业和船上生活等更广泛的问题。

海洋法成为解决地中海海上争端的标准。拜占庭商人参与了整个地区的贸易，包括与北非和黎凡特的穆斯林的广泛贸易，他们有一条连接了伊斯兰教、中亚、印度和东亚世界的贸易路线。集中在海上贸易的海洋法律帮助调节这些商业关系的许多方面，包括船只所有者的权利、可能拥有某一航次或船舶股份的投资者的权利、船东对船员的义务，同时也包括引航员引导船舶进港的责任，船长、船东和船员在发生海难或海盗行为时的责任（比如在恶劣天气下弃货救船的需要）。

海洋法本身与拜占庭皇帝在中世纪早期对罗马法的其他修订密切相关，其中最著名的是6世纪查士丁尼一世（482—565）修订的《罗马民法文集》(Corpus Iuris Civilis, "Civil Law Body")。查士丁尼文集中保存的《罗德海法》的一节规定了中世纪海上贸易中涉及的相互义务。"《罗得西亚法》规定，凡为减轻船只重量而将货物抛入海中，为所有人的利益所损失的，必须由所有人的贡献加以弥补"（查士丁尼《摘要》，十四卷，第二编）。

《罗德海法》对欧洲后期的海商法产生了重大影响，尤其是意大利的城邦威尼斯和热那亚以及整个中世纪后期和近代早期的地中海港口。

考特尼·鲁哈特

拓展阅读

Ashburner, Walter.1909.*The Rhodian Sea-Law*.Oxford：Clarendon.

Maridaki - Karatza, Olga. 2002. "Legal Aspects of the Financing of Trade." In Angeliki Laiou, *Economic History of Byzantium*, vol.3, 1097 - 1112.Washington, DC：Dumbarton Oaks.

Watson, Alan.1998.*The Digest of Justinian*, vol.1.Philadelphia：University of Pennsylvania Press.

Zimmermann, Reinhard.1996.*The Law of Obligations*, *Roman Foundations of the Civilian Tradition*.Oxford：Clarendon.

T-O 地图

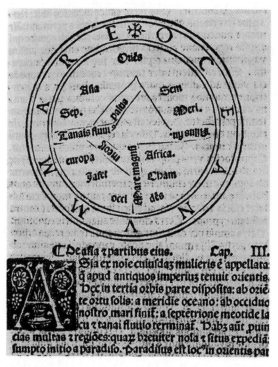

《世界地图，词源学，德向波诺，塞维利亚的伊西多尔著（ca.540—636）》，彼得诺勒铭版，威尼斯，1483。在一个圆圈内，上半部分显示亚洲（东部），左下四分之一显示欧洲（北部），右下四分之一显示非洲（南部）。（迪亚哥/盖蒂图片社）

中世纪早期的地图并不是用于导航、标示地形或地理的实用工具，而是描绘宇宙的一种形式，旨在以基督教的世界观详细地描述地球和天堂（创世和宇宙）的一般特征。

已知最早的中世纪地图是 T-O 地图，之所以这么叫，是因为它们以圆形示意图的形式展示了中世纪人所熟知的三大洲（亚洲、欧洲和非洲），这些示意图被分成了 T 形的三部分。与现代地图不同，中世纪地图面向东方。因此，在圆圈内，上半部分显示亚洲（东部），左下四分之一显示欧洲（北部），右下四分之一显示非洲（南部）。地图的中心是耶路撒冷，许多作者认为它是世界的地理中心，这是继《圣经》中的诗篇 73 节之后的又一地理中心。诗篇 73 节说，上帝"在地球的中间创造了救赎"。尽管这些二维图像将地球描绘成一个圆盘，但中世纪的人们和古代的人们一样，都知道这个世界是球形的。中世纪的人认为世界是平的，这种观点是维多利亚时代的一个神话。中世纪的人认为地球的另一半是一片无人居住的海洋，并把它描绘成一个更大的圆圈，围绕着中心圆圈内的所有陆地。

这些 T-O 地图可以在许多手稿中找到，包括百科全书文本，6 世纪塞维利亚的伊西多尔语源学，以及 8 世纪西班牙僧侣比阿图斯对天启的评论副本中发现的《比阿图斯图》。

考特尼·鲁哈特

拓展阅读

Lozovsky，Natalia.2000. "*The Earth Is Our Book*"：*Geographical Knowledge in the Latin West ca.400–1000*. Ann Arbor：University of Michigan Press.

Russell，Jeffery Burton. 1991. *Inventing the Flat Earth*：*Columbus and Modern Historians*. Westport，CT：Praeger.

东南亚，波利尼西亚和太平洋

太平洋大约占地球表面的三分之一，显示出巨大的生物和人类多样性。太平洋上的国家和地区拥有世界上近四分之一的语言种类，这个巨大的水域拥有地球上物种最丰富的生态系统。

太平洋盆地的 25000 个岛屿经历了由天空和海洋带来的非人类殖民者和人类殖民者。例如，近 40% 的夏威夷植物是通过鸟类的消化道运输到

贝特斯是一位西班牙牧师，死于 798 年。他被认为是这一幅世界地图的绘制人，这幅地图的风格是从 10 世纪复制到 13 世纪的。这张世界地图可以追溯到 1050 年前后，它以贝特斯世界地图为模型，以东方（Oriens）为导向。它是在圣·塞佛·阿基塔尼亚修道院绘制的，被认为是所有贝特斯地图中绘制得最仔细、最详细的一幅。(Ivy Close Images/Alamy Stock Photo)

夏威夷群岛的。其他植物（如椰子）是通过自由漂浮或是人类运输跨越太平洋来到此地的。

4 万到 5 万年前，人类从东南亚进入西太平洋。第一批所谓的"南岛"移民是在晚更新世冰期期间抵达澳大利亚和新几内亚的，当时海平面的显著下降暴露了"巽他大陆架"和"萨胡尔大陆架"。"巽他大陆架"还包括马来半岛、婆罗洲、爪哇岛和苏门答腊岛以及周边较小的群岛。在某些地方，只有通过简陋的木筏或可以航行狭窄海洋通道的独木舟，将这个亚洲半岛的延伸部分与萨胡尔大陆架分隔开来。萨胡尔大陆架是一个陆地面积巨大的大陆，包括澳大利亚大陆、塔斯马尼亚、新几内亚、塞兰、帝汶和邻近岛屿。新几内亚多山的地形和澳大利亚广阔的陆地有助于解释与世隔绝的狩猎—采集社会的发展，在与世隔绝数千年之后，这些社会表现出显著的语言和文化差异。在这些地区，农耕文化也留下了持久的遗产。在新几内亚，农民在公元前 6000 年培育了一种主要的甘蔗品种（热带种甘蔗 Saccharum officinarum）。

大约 3 万年前，南岛人到达了所罗门群岛最北端的岛屿——布卡岛。这一迁移潮势代表了早期太平洋殖民在更新世人类占领区域（即大洋洲附近）最东边的范围。

其余的太平洋岛屿，通常被称为偏远的大洋，经历了更晚发生的人类定居活动。几十年来，考古学家们已经知道，人类在南太平洋的殖民活动发生在全球迁徙的历史中相对较晚的时期。即便如此，越来越多的证据表明，太平洋岛屿殖民区域所覆盖的岛弧比以前的理论所认为的要更长。2011 年，利兹大学（Leeds University）的研究人员利用目前波利尼西亚人的线粒体 DNA，追溯了他们的祖先谱系，即 6000—8000 年前开始在新几内亚以外岛屿殖民的旅行者。这些发现推翻了先前的假设，即所谓的"特快列车模型"：太平洋岛民大约在 4000 年前从中国台湾来到东南迁徙潮的末端。

这一新证据是以对太平洋世界历史上几个殖民阶段东移路线的发现为基础的。1952 年，考古学家在新喀里多尼亚的主要岛屿格兰德特雷的福伊半岛挖掘时，发现了装饰独特的陶器碎片，这表明存在着一种以前未知的文明。高度流动的拉皮塔人是一个早期的太平洋民族，在公元前 1600 年到公元前 500 年之间繁荣发展。他们的航海旅行代表了人类向遥远的大洋洲迁徙的第一个东进阶段。拉皮塔人除了捕鱼，狩猎，饲养鸡、狗和猪外，还非常熟悉美拉尼西亚的树木作物，包括椰子（Cocos nucifera）、塔希提板栗（Inocarpus fagiferus）、金丝雀杏仁（Canarium almond）和六苹果（Vi apple）、甜槟榔青（Spondias dulcis）。拉皮塔人依靠切成薄片的黑曜石工具、贝壳鱼钩和石头磨扁斧，留下了独特而持久的物质文化痕迹。从拉皮塔人的出现开始，他们逐渐融入了一个影响深远的贸易网络，并最终成为进一步探索中太平洋的门户。

东波利尼西亚是一个地理三角形，由最北端的夏威夷岛、主岛东端的拉帕努伊岛（复活节岛）和主岛西端的奥特亚罗瓦岛（新西兰）组成。由于航海者没有金属工具或导航仪器，组成该区域的 15 个群岛的殖民化是迅速且十分必要的。他们依靠用骨头、珊瑚和石头做成的替代性工具做成独木舟。几个世纪后的欧洲记载表明，在这种适于航海的船只上，集长期性复杂的工程技术之大成。1774 年，西班牙船长兼探险家若泽·安迪亚·瓦雷拉在参观了社会群岛后写道："这些独木舟像刀刃一样锋利地划开水面，因此它们的速度比我们最快的船只还要快。他们非常了不起，不仅在这方面，独木舟在转向方面也很灵活。"（安迪亚·瓦雷拉，1914，2：283）

大约在 800 年，移民们乘坐双壳远洋独木舟到达萨摩亚。殖民者在 1025—1120 年之间定居于中央社会岛，并在 1190—1290 年间到达夏威夷、拉帕努伊（复活节岛）和其他岛屿。1000 年，新西兰尚未被毛利人所殖民，直到 1250—1300 年之间。当时，人类已经在这个后来被称为波利尼西亚的地区进行了殖民。

"波利尼西亚"不是一个土著词汇。18 世纪法国作家查尔斯·德布罗斯把"波利尼西亚"这个词介绍给他的南方航海历史（《南方通航史》，1756 年）的读者。该词结合了希腊单词聚（"许多"）和 nēsos（"岛"）的概念。最初，欧洲人将这种宽泛的概念应用于所有太平洋岛屿。然而，在 19 世纪 20 年代末法国人远征太平洋之后，探险家朱尔斯·杜蒙·德维尔（Jules Dumont d'urville）将南太平洋划分为美拉尼西亚、密克罗尼西亚［他借用旅行作家格雷瓜尔·路易斯·多梅尼·德·里恩兹（Gregoire Louis Domeny de Rienzi）的一个术语］、波利尼西亚和马来西亚。

太平洋地区的土著居民长期以来一直对外界对他们家园的描述提出质疑。斐济—汤加作家 Epeli Hau'ofa 在其颇具影响力的文章《我们的岛屿之海》中主张：

> 把太平洋看成"远海中的岛屿"和"岛屿之海"是有天壤之别的。第一种强调远离权力中心的广阔海洋中的干燥表面。当你这样集中注意力时，你就会强调岛屿的渺小和偏远。第二种是一种更全面的观点，在这种观点中，事物被视为其关系的整体。（Hau'ofa，1993：7）

太平洋迁徙潮的历史路线也引发了类似激烈的争论。1947 年，挪威探险家、人种学家托尔·海尔达尔（Thor Heyerdahl）质疑了"波利尼西亚人的定居点起源于东亚"这种传统观点。为了证明古代的航海家曾跟随当时盛行的信风从美洲向西航行，海尔达尔和五名船员乘坐手工制作的巴尔萨伍德木筏"康提基"扬帆起航。经过 101 天的海上航行，他们从

秘鲁航行了 4300 英里，到达南太平洋的土阿莫土群岛。海尔达尔声称，
"康提基"号的成功航行证明了南美水手在波利尼西亚定居的可行性。后
来的大多数学者否定了海尔达尔关于这种迁移路线有可能存在的结论。语
言学、人种学和人种植物学的证据，以及遗传学和考古学的数据，都驳斥
了海尔达尔的理论。

　　能与敢于打破传统的海尔达尔相媲美的，是新西兰公务员出身的历
史学家安德鲁·夏普。在他 1956 年的著作《波利尼西亚的古代航海
家》中，夏普争辩说，由于太平洋岛民低下的航海技术，波利尼西亚的
殖民活动是偶然和不规律的。夏普声称，西风风暴使航行者偏离了航
线，无意中在陆地上发现了岛屿，导致人们在没有继续航行以返回家园
的情况下定居下来。这一假设相当于对太平洋偏远地区蓄意移民理论的
全面攻击。

　　夏普的断言面临的最重大挑战之一来自实验性的实地航行。人类学家
本·芬尼和冒险家大卫·亨利·路易斯在 20 世纪 60 年代对传统的波利尼
西亚航海方法进行了实地研究，这是此类试验的最早尝试之一。在接下来
的十年中，夏威夷作家和艺术家赫布·卡哇伊·凯恩（Herb Kawainui
Kāne，1928—2011）建造和使用了"霍库莱号"，瓦阿卡鲁瓦的全尺寸复
制品，一艘传统的双壳海洋独木舟。凯恩与芬尼共同创立了波利尼西亚航
海家协会。他是第二次夏威夷复兴运动的一部分。1973 年，凯恩写道，
"如果今天建造独木舟航行，它将起着文化催化剂的作用，激发夏威夷生
活中几乎被遗忘的方面的复兴"（凯恩，1973：476）。"霍库拉"在 1976
年首次从夏威夷岛航行到塔希提岛（也译为大溪地），依靠的是密克罗尼
西亚航海家毛·皮艾格鲁（1932—2010）的传统知识。毛·皮艾格鲁是
一位航海大师，曾向太平洋岛民传授无工具导航技术。

　　第二组使用数据驱动模拟的实验也对夏普的假设提出了质疑。1973
年，计算机科学家迈克尔·利维森与地理学家 R. 杰拉德·沃德和约翰·
W. 韦伯合作，建立了波利尼西亚殖民地的计算机模型。他们的研究有效
地驳斥了拉帕努伊岛可能是由波利尼西亚的另一个地方意外漂流而来这一
观点。

　　20 年后，奥克兰大学人类学家杰弗里·欧文在《太平洋史前探险与
殖民》（1992）一书中补充道，这些早期的发现和他自己广泛的研究的结
论是，"利维森、沃德和韦伯（1973）开创性的计算机模拟证明，人类在

太平洋的偏远岛屿定居下来是一种有意识的殖民活动。这项研究在认同海洋探险和殖民具有持续性和合理性的基础上，将他们的结论建立在近似导航法的基础之上"（欧文，1992：173）。

尽管我们对太平洋世界移徙的理解在概念上取得了这些进展，许多主题仍有待进一步探讨。具有挑衅性的新证据表明，在 16 世纪初费迪南德·麦哲伦的环球航行和 18 世纪晚期詹姆斯·库克船长的太平洋探险之前，太平洋地区可能广泛地存在哥伦布发现美洲大陆之前的交流。1990年，考古学家帕特里克·基尔希（Patrick Kirch）在库克群岛发现了遗存文物证据，即可以追溯到 1000 年的红薯。这证实了早在欧洲人到达波利尼西亚之前，这些南美品种就被引入了波利尼西亚中部。同样，最近发表的研究表明，南美西海岸的前西班牙马普切人经历了与波利尼西亚水手的长时间的跨太平洋接触。从智利南部一个考古遗址提取的鸡骨 DNA 可以追溯到 14 世纪。如果它能经得起科学的反复检验的话，它就可以说明更早的"软"证据的存在，这些证据来自同源的语言、类似的物质文化和类似的航海技术。

爱德华·D. 梅利略

拓展阅读

Andía y Varela, José [Ship's Log].1913–1916.In Bolton Glanvill Corney (ed.).The Quest and Occupation of Tahiti by Emissaries of Spain During the Years 1772–76 (3 vols.).London：Hakluyt Society.

Carlquist, Sherwin.1980.Hawai'i：A Natural History.Kaua'i：Pacific Tropical Botanical Garden.

D'Arcy, Paul.2006.The People of the Sea：Environment, Identity, and History in Oceania.Honolulu：University of Hawai'i Press.

Davis, Wade.2009.The Wayfinders：Why Ancient Wisdom Matters in the Modern World.Toronto：House of Anasasi Press.

Gunn, Bee F., Luc Baudouin, and Kenneth M.Olsen.2011. "Independent Origins of Cultivated Coconut (Cocos nucifera L.) in the Old World Tropics." PLoS ONE 6 (6)：e21143.

Hau'ofa, Epeli.1993. "Our Sea of Islands." In A New Oceania：Rediscovering Our Sea of Islands.Vijay Naidu, Eric Waddell, and Epeli Hau'ofa (ed.). Suva：School of Social and Economic Development, The University of the South Pacific in association with Beake House，2–16.

Heyerdahl，Thor.1950.*The Kon–Tiki Expedition：By Raft Across the South Seas*.London：George Allen & Unwin.

Irwin，Geoffrey.1992.*The Prehistoric Exploration and Colonization of the Pacific*.Cambridge，UK：Cambridge University Press.

Kāne，Herb Kawainui.1976."A Canoe Helps Hawai'i Recapture Her Past."*National Geographic Magazine* 149（4）：468–89.

Kirch，Patrick V.1996."Lapita and Its Aftermath：The Austronesian Settlement of Oceania."*Transactions of the American Philosophical Society* 86（5）：57–70.

Lewis，David.1994.*We，the Navigators：The Ancient Art of Landfinding in the Pacific*，Revised ed.Honolulu：University of Hawai'i Press.

McNeill，John R.1994."Of Rats and Men：A Synoptic Environmental History of the Island Pacific."*Journal of World History* 5（2）：299–349.

Ramírez–Aliaga，José Miguel.2011."The Mapuche Connection." In *Polynesians in America：Pre–Columbian Contacts with the New World*.Terry L. Jones，Alice A. Storey，Elizabeth A. Matisoo–Smith，and José Miguel Ramírez–Aliaga（eds.）.Lanham：AltaMira Press，95–109.

Salesa，Damon Ieremia.2012."The World from Oceania." In *A Companion to World History*.Douglas Northrop（ed.）.Chichester，UK：Wiley–Blackwell，392–404.

Soares，Pedro et al.2011."Ancient Voyaging and Polynesian Origins." *American Journal of Human Genetics* 88（2）：239–47.

Wilmshurst，Janet M.et al.2008."Dating the Late Prehistoric Dispersal of Polynesians to New Zealand Using the Commensal Pacific Ra.," *Proceedings of the National Academy of Sciences of the United States* 105，no.22：7676–80.

复活节岛（拉帕努伊）

拉帕努伊岛被荷兰航海家雅各布·罗格温（Jacob Roggeveen）称为"复活节岛"（Easter Island），缘于他在 1722 年复活节星期日遇到了这个遥远的岛屿。在 600—1200 年间，这个面积 64 平方英里、距智利海岸约 2300 英里的小岛，由波利尼西亚探险家发现并成为他们的定居地，他们可能来自马克萨斯群岛。因此，它是传统航行和人类迁徙的一个重要的航路点，位于从马克萨斯群岛盛行的信风环流中的逆风面，在东太平洋的大公海上是一个很小的陆地目标。

拉帕努伊也是波利尼西亚三角最东端的顶点，是古代太平洋海洋迁徙和殖民的最远区域。这个三角形从拉帕努伊延伸到奥特亚罗瓦（新西兰）到夏威夷，包括1600万平方英里的马克萨斯群岛、萨摩亚群岛、法属波利尼西亚、库克群岛和汤加。夏威夷航行独木舟"霍库拉"于1999年仅使用传统（非仪器）导航成功地从马克萨斯经皮特凯恩岛航行至拉帕努伊。

大多数人都熟悉拉帕努伊的纪念性建筑，包括仪式用的结构和平台（或被称为"阿胡"）以及数百座高耸的巨石雕像（或被称为"摩艾"）。人们相信这些雕像描绘了原始居民被神化的祖先。1200年前后，当时的人口估计在1.2万—1.5万人之间，对这种建筑的热潮达到顶峰。在1722年与西方接触之前，这一纪念性建筑的建设就停止了，部分原因是森林砍伐和岛上生态系统的环境崩溃。这种崩溃的原因仍然存在争议，包括资源的过度开发、入侵物种（波利尼西亚大鼠或缅鼠）对棕榈树的影响、刀耕细作的农业实践、战争和气候变化。今天，该岛的考古遗产和独特的文化景观是其国家公园和联合国教科文组织重点关注的世界遗产。

拉帕努伊孤立的历史反映了海洋的性质，它既可以是一道屏障，也可以是一条公路。拉帕努伊还突出了古代太平洋航海者的成就，并提出了有关航海和海上联系的有趣问题。

汉斯·康拉德·范·蒂尔堡

拓展阅读

Hunt, Terry L., and Carl P.Lippo.2009. "Revisiting Rapa Nui (Easter Island) Ecocide." *Pacific Science* 63 (4)：601–16.

McCall, Grant. 1994. *Rapanui：Tradition and Survival on Easter Island*. Honolulu：University of Hawai 'i Press.

室利佛逝帝国

室利佛逝帝国（Srivijaya）是东南亚古典时期最早的海上帝国。从7世纪到14世纪，它主宰了整个东南亚海域的海上贸易。室利佛逝帝国的船只将香料和森林产品（芳香树脂、动物器官、樟脑和檀香）通过海上丝绸之路运往印度和中国。它的船只将丝绸、棉花、瓷器、青铜器和茶叶带回其网络内的岛屿和沿海王国。以苏门答腊岛的原港为中心，这个帝国的不同种族的邦国从现在的泰国南部延伸到马来半岛的西海岸，延伸到印尼西部的所有贸易港口。它对海上贸易保持严格的垄断，但允许其成员国保持政治独立。室利佛逝帝国动用强大的海军力量来打击海盗，并粉碎任何违反其贸易规则的国家。

尽管拥有巨大的财富和权力，室利佛逝帝国仅有能力对东南亚海上贸易港口和沿海城镇施加影响，它的宗主权并没有深入内地。室利佛逝帝国对这个地区有很强的文化影响力。它的统治者庇护佛教，并在整个帝国宣扬佛教的理想和形象。这种支持使佛教的影响力大大超过了已经存在的婆罗门教（印度教）和土著信仰体系。室利佛逝帝国的海上商业统治方法类似于后来葡萄牙、英国和荷兰等欧洲强国所追求的方法。然而，西方列强中没有一个知道他们的本土前现代祖先。直到20世纪初，对室利佛逝帝国的了解还仅限于对中文、印地文和阿拉伯文的简短描述。最近，考古学家在原港附近和泰国南部发现了石刻碑文，极大地增加了对室利佛逝帝国统治者、制度和统治范围的了解。

由于与西方和东方的强大对手发生军事和商业冲突，室利佛逝帝国的统治结束了。11世纪初，曾统治印度南部各州的朱罗王朝国与室利佛逝帝国争夺从马六甲海峡到南亚的贸易控制权。虽然室利佛逝帝国在朱罗帝国的攻击中幸存下来，但是这些战役削弱了东南亚各国的力量。此后不久，以爪哇岛为中心的强大王国出现，挑战室利佛逝帝国对其东部贸易区域的独家控制。13世纪，亚齐和西苏门答腊岛其他王国的统治者信奉伊斯兰教，并与佛教主导的贸易帝国分离。

理查德·A. 露丝

拓展阅读

Cœdes, George. 1968. *The Indianized States of Southeast Asia*. Honolulu: The East West Center Press.

Hall, Kenneth R. 2011. *A History of Early Southeast Asia: Maritime Trade and Social Development*. Lanham, MD: Rowan & Littlefield.

Wolters, O.W. 1967. *Early Indonesian Commerce: A Study of the Origins of Srivijaya*. Ithaca, NY: Cornell University Press.

Wolters, O.W. 1970. *The Fall of Srivijaya in Malay History*. Ithaca, NY:

Cornell University Press.

文身

文身是指用颜料浸透皮肤，在身体上留下不可磨灭的印记。"文身"这个词是在 18 世纪波利尼西亚词汇"tatau"出现之后出现的。

在整个南太平洋地区，文身的文化已经有几千年的历史。在萨摩亚，"tufuga ta tatau"（意为"文身大师"）至少在 2000 年前创造了传统的男性文身（"pe'a"）。这些复杂的图案覆盖了从腰部到膝盖的皮肤，暗示着他们的等级或地位。女性也被文身，称为"malu"。在与欧洲人接触之前，汤加贵族经常前往萨摩亚进行文身仪式。19 世纪 30 年代，英国传教士开始抵达萨摩亚，试图禁止文身。尽管这些人试图压制这种"异教徒"的做法，但萨摩亚的皮肤装饰传统仍延续到今天。

世界各地都有类似种类的皮肤油墨。在 18 世纪末之前，法国探险家和殖民者使用"愤怒"一词来描述他们在北美土著居民身上观察到的身体艺术。中世纪晚期的德语描述了"刺"和"戳"皮肤以产生持久图案的做法。同样地，在 1300 年，马可·波罗评论了来自印度北部前往中国元朝的旅行者用针在自己的皮肤上上色。

在欧洲人与太平洋岛民相遇后，海洋活动与文身的关系迅速扩展。1770 年 3 月，在詹姆斯·库克船长实现他在奥特亚罗瓦—新西兰航行时的雄心壮志时，博物学家约瑟夫·班克斯（Joseph Banks）记录了他对北部（Te Ika-a-Maui）和南部（Te Waipounamu）岛屿居民的印象。关于毛利人文身制的载体或者传统的面部文身，班克斯写道："他们的脸是最引人注目的，他们在脸上用一种我所不知道的技术刻下一道深深的、至少同样宽的皱纹，皱纹的边缘常常是凹进去的，而且是最完美的黑色。"（班克斯，1963，2：13）库克探险队从第二次太平洋之旅归来后，将文身的塔希提人曼奥迈带回了伦敦。对许多欧洲精英来说，毛利人手和脚上的独特印记强化了遥远海洋及其文化的异国情调。

到 19 世纪初，欧美船只上 90% 的船员都有文身。这种有形的艺术为漂浮在世界海洋上的流动劳动力提供了为数不多的永久身份证明形式。它也可以表明许多关于海员到过的地方：一只乌龟表明它的主人已经穿越赤道，一个锚暗示着横跨大西洋的广阔旅程，还有一条龙暗示着在中国的贸易服务。

在 19 世纪的大部分时间里,文身师们都是把几根针扎成一束,把针浸入一种由墨水和火药混合而成的彩色混合物中,然后紧紧地拉伸皮肤,刺入真皮深处。1891 年 12 月 8 日,纽约文身艺术家塞缪尔·奥雷利(Samuel O'Reilly)为第一台电动文身机申请了专利,从此之前的技术就失宠了。他的设备采用了托马斯·爱迪生(Thomas Edison)的自动印刷笔的旋转技术。

在 20 世纪,文身保留了它与航海世界的强大联系。诺曼·基思·柯林斯(Norman Keith Collins,1911—1973),又名"水手杰里",因为在夏威夷海岸为从美国海军退役的年轻小伙子文身而获得广泛认可。柯林斯被认为是现代文身艺术之父,他的大部分职业生涯都是在檀香山度过的。他发展出融合海洋符号、太平洋岛屿和日本主题的新风格。柯林斯用一系列创新的颜料、新颖的消毒技术和更先进的针头为他的客户减少了皮肤创伤,完成了这些开创性的设计。

文身长期以来一直是身体政治斗争的一部分。2003 年,在美国海军规定,禁止在头部、面部、颈部或头皮文身,并禁止透过制服可见文身之后,这种争论表现得更加明显。2013 年后,为了从拥有这种身体艺术的一代人中留用和招募船员,海军放松了文身政策。

爱德华·D. 梅利略

拓展阅读

Banks,Joseph.1963.*The Endeavor Journal of Joseph Banks*,1768-1771,Vol.2.J.C.Beaglehole(ed.).Sydney:Public Library of New South Wales.

Caplan,Jane(ed.).2000.*Written on the Body:The Tattoo in European and American History*.London:Reaktion Books.

Groebner,Valentin. 2007. *Who Are You? Identification,Deception,and Surveillance in Early Modern Europe*.New York:Zone Books.

航行独木舟

早在西方的航海家到达太平洋之前,古代的航海家们就已经接触了大部分(如果不是全部的话)适宜居住的岛屿,这被认为是有史以来最大规模的一次海洋迁徙。数百年来,在受过非仪器航海训练的专家的指导下,双体划艇向东航行进入太平洋,载着人民和物资前往遥远的永久定居地。航海家依靠传统的导航技术,利用对海洋和天空的观测来维持航线,利用云系、候鸟和其他标志来寻找小岛和环礁。

这一成就还有赖于双壳远洋航行独木舟的能力。这些先进的前铁器时代的船只设计良好，能够适应它们所处的环境。平行的木质船体，其两侧由船壳板或边板支撑，用交错的绳索绑在一起，由支撑甲板的横梁连接。帆通常由弯曲的"钩爪"自然纤维编织。船身之间的船尾有一个可以保持平衡的掌舵桨。横跨太平洋的独木舟有许多不同的设计，但最大的类型是可以用于远洋航行的双壳和甲板的帆船。

哈顿（Haddon）、霍内尔（Hornell）、基尔希（Kirch）、贺维（Howe）等人的参考著作为理解太平洋航行独木舟的文化和环境挑战以及技术进化提供了极好的资源。许多类型的独木舟的速度和承载能力给 18、19 世纪的西方探险家如詹姆斯·库克留下了深刻的印象。现代双体船的设计来源于传统的双壳独木舟。这种航行独木舟的设计显然是古代探索和移民太平洋的先驱船只，一个具有巨大文化重要性的航海平台。

汉斯·康拉德·范·蒂尔堡

拓展阅读

Haddon，A.C.，and James Hornell. 1936. *Canoes of Oceania*. Honolulu：Bishop Museum Press.

Howe，K.R. 2006. *Vaka Moana*，*Voyages of the Ancestors*：*The Discovery and Settlement of the Pacific*. Honolulu：University of Hawai'i Press.

Kirch，Patrick V. 2000. *On the Road of the Winds*：*an Archaeological History of the Pacific Islands before European Contact*. Berkeley：University of California Press.

主要文献

《法显游记》[①]，337 年至 422 年

法显是一个去印度旅行并返回的中国和尚，他在路途中参观了许多佛教修道院和寺庙。他从爪哇到广东的航行被证明是特别困难的，在下文中

[①]　法显的游记，多称《法显传》《佛国记》，此外还有《历游天竺记》《历游天竺记传》《释法显行传》《昔道人法显从长安行西至天竺传》等名称。

也有所阐释。

在爪哇住了大约五个月之后,法显又乘上另一艘大商船,这艘商船也载有二百多人。他们带了50天的粮食,在4月16日开船,法显就这样踏上了返程之路。

为了到达广州,航行方向被设定为东北向。一个多月过去了,在一天晚上第二班船员的值班时间(9—11点),他们遇到了狂风暴雨,赶路的商人都吓坏了。然而,法显又一次向众位显灵的佛祖祈祷直至天亮,得到了他们令人敬畏的力量的保护。天刚亮,婆罗门们就商量起来,说:"有这个和尚在船上是我们的祸根,使我们陷入这种困境。我们应该把这个虔诚的乞丐带到某个岛上。为了一个人而危及我们所有人的生命是不对的。"法显的一位"宗教守护人"回答说:"如果你把这个虔诚的僧侣放在岸上,你也要把我和他一起放到岸上;如果不行,你最好杀了我,以确保你能否把他放到岸上。等我到了中国,我就把你报告给信奉佛教、尊敬苦行僧的皇帝。"商人们听了这话,一时踌躇,不敢扔他上岸。

与此同时,天空不断地变暗,船长失去了导航的依据。他们就这样走了70天,直到粮食和水用尽了,他们只得用海水煮食,又给每人分了两品脱淡水。所有食物快用完了,商人们商量着说:"到广州通常要用50天,我们现在已经超过这一限度许多天了;难道我们不是已经偏离路线了吗?"

于是他们向西北方向前进,寻找土地。过了12昼夜,他们到了崂山的南边(在山东半岛)。在青州的边界上,他们得到了淡水和蔬菜。

在经历了许多危险、困难、悲伤和恐惧之后,他们突然来到这个海岸,看到了熟悉的古老蔬菜,他们知道这是他们的家园。只是没有看见居民,也没有人类居住的踪迹,不知道是什么地方。有些人说他们还没有到广州。其他人则认为他们经过了广州。由于不确定到底到了哪儿,他们中的一些人钻进了一个小洞,沿着一条小溪往上走,想找一个可能会知道这是什么地方的人。他们遇上了两个猎人,并把他们带回船上。叫法显作传话的,询问他们。法显先安慰他们,又悄悄地问他们说:"你们是什么人?"他们回答说:"我们是佛的信徒。"

"你到山里去找什么?" 法显继续问。于是他们开始撒谎，说:"明天是七月十五日，我们希望得到一些东西作为对佛陀的祭品。"（这是他们的谎言）法显说:"这是什么国家?" 他们回答说，"这是长广郡的疆界，所有这些土地都属于刘家。" 商人们听了，都很高兴，马上派人把他们的财物送到长广去。

当地的行政长官李仪是一位虔诚的佛教信仰者徒，当他听见有一个和尚从海的另一边坐船来了，并带来圣书和圣像，他立刻带着他的随从来到海边，接受这些书籍和图像，并把它们带回他的官邸。商人们又回到扬州（或者江西），而法显则接到去扬州过冬过夏的邀请。夏修结束后，多年与教会隔绝的法显要到京城去。但是，由于他的事业非常重要，他就南下到建康（今南京），把他收集的经书和戒律集交给那里的教士。

资料来源: H. A. Giles. 1880. *The Travels of Fa - hsien*, 399 - 414, *or Record of the Bud-dhist Kingdoms*.London: Trubner & Company, pp.111-16.

圣布伦丹之旅，约 484 年至 577

6 世纪的爱尔兰修道士圣布伦丹（484—577 年），带着 14 个基督教修道士同行，进行了一场传奇性的寻找他们心目中的伊甸园的神圣岛屿之旅。在长途航行中，他们遇到了海怪和其他海上危险，包括海冰。他们的信仰保护他们不受最坏情况的影响，他们也会遇到对他们的信仰产生重要影响的人和动物，包括犹大和一个唱赞美诗的鸟岛。在下面的文章节选中，他们遇到了一个岛，但这个岛其实是一头鲸鱼。这一事件出现在许多海洋故事中，然后在一个神秘向导的帮助下，他们到达目的地，从那里他们带着宝石和其他贵重物品回家。

当他们靠近那最近的岛，却还没有一个可以登陆的地方之前，他们就把船停住了。圣徒命令弟兄们到海里去，把船拴好，直到他们到达一个港口。岛上没有草，几乎没有木头，岸上也没有沙子。夜晚弟兄们在船外祷告，圣徒在船内祷告，因为他知道那是个什么样的岛。圣徒却不愿意告诉弟兄们，担心他们过于害怕。当早晨到来时，他吩咐祭司举行弥撒，弥撒之后，以及他自己也进行弥撒过后，弟兄们拿出从其他的岛带来的未煮的肉和鱼，放在火上煮。他们又往火里添了些燃料，锅里的水就开了。小岛像波浪一样起伏，于是他们都奔向小船，恳求他们的天父保护他们。天父拉着他们的手，把他们全都拉进了船里。然后，他们放弃了他们已经搬到岛上的东西，把他们的船放开，扬帆而去。这时岛立刻沉入了大海。

后来，他们看到他们点燃的火还在两英里外燃烧着。然后布伦丹解释了事情的经过："兄弟们……恐怕……因为神昨夜将这一切的奥秘启示我：你所处的不是一座小岛，而是一条鱼。它是海里最大的鱼，它总想把头尾相接，但总不能成功，因为它的身体很长。"

……他们看到西边有另一个岛 [鸟岛] ……他们就把船开到登陆的地方。

（他们在那里待了几天，找到了一个向导，又被称作"神的代理人"，他帮助他们完成了旅程。）

众弟兄就把船备好，开到海里去。众鸟齐声唱着说："救我们的神啊，你是大地尽头和远方海中所盼望的。求你应允我们。"此后的三个月里，圣布伦丹和他的弟兄们在大海的波涛上来回颠簸，除了大海和天空，他们什么也看不见，每天只吃一点点心。然而，有一天，一个小岛映入眼帘，就在不远处。他们靠了岸，风就把他们吹走了。他们在海岛周围航行了 40 天也没有找着可着陆的地方。同时弟兄们眼泪汪汪地求主给他们力量，来帮助他们，因为他们已经被巨大的颠簸弄得筋疲力尽了。当他们就这样不断祷告三日又禁食的时候……他们又发现一条能容纳一艘船的狭窄小溪……

（他们后来回到）鸟类的天堂，在那里……他们暂住到五旬节后的第八天。那个庄严的季节过去了，他们的向导还和他们在一起，他对圣布伦丹说："现在上船，在喷泉那里把所有的水囊都装满。从今以后、我必作你们行路的同伴和今后旅程的引路人。因为没有我的引导，你们不能寻得所寻之地，也就是圣徒应许之地。"当他们上船的时候，岛上所有的鸟儿一看到圣布伦丹就齐声高唱："愿你在他的指引下一路顺风，平安到达你的神所在的小岛。"他们带着食物，共走了 40 天，是照他们向西所行的路程……

过了 40 天，将近黄昏的时候，有一朵浓云把他们遮住了，太黑了，以至于他们彼此几乎看不见。检察官对圣布伦丹说："神父，你知道什么黑暗吗?"圣徒回答说他不知道。"这黑暗,"他说,"环绕着你寻找了七年的岛屿,你很快就会发现这是它的入口。"过了一个钟头,周围有一道亮光照着他们,船就停在岸边。

他们下了船,就看见那地方,又宽又密,长满了树,果子累累……一个容光焕发的年轻人……走向他们……说道:"弟兄们,愿平安归于你们和一切以基督之名践行容忍平和的人。耶和华啊,住在你殿中的,是应当称颂的。他们要永永远远称谢你。"

然后他对圣布伦丹说:"这就是你寻找了这么久的土地,但你们到目前为止还没有找到。因为我们的主基督希望首先在这浩瀚的海洋中向你们展示他的各种奥秘。现在你们要回出生的地方去,把船上所能载的各样果子和宝石,都带回去。因为你们世俗朝圣的日子必须结束,那时你们可以在你们圣洁的弟兄中间安息……"当圣布伦丹询问这片土地是否会被人看到时,这位年轻人回答说:"当至高的造物主将所有的国家置于臣服之下时,那么这片土地就会被他所有的选民所知晓。"不久,圣布伦丹得到了这个人的祝福,准备返回自己的国家。他收聚了那地的出产和各样宝石。还有……再次上船,再次在黑暗中返航。

过了这一关,他们来到了"乐土岛",作为客人在修道院住了三天。然后圣布伦丹在修道院院长的临别祝福和上帝的指引下,扬帆直航,回到了他自己的修道院里。因为他的平安回来,他修道院里面所有的修道士都把荣耀归于上帝,并向圣布伦丹学习他在途中所看到或听到的上帝的完美的杰作。

资料来源: Denis O'Donohue. 1893. *Brendaniana*: *St. Brendan the Voyager in Story and Legend*. Dublin: Browne & Nolan, pp. 126 – 128, 134 – 135, 173–175.

印度奇闻录, 900 年至 953 年

伊本·沙赫里亚尔 (Ibn Shahriyar) 是一名 10 世纪的波斯商人和海员,他讲述了自己在印度之旅中收集的一些故事。有一个故事 (14) 讲述了鱼跟随船只好几天,希望吃到扔到海里的垃圾。另一个故事 (15) 讲的是一个只有女人居住的岛屿。另一些故事记录到巨型鱼类、海

怪、具有异国情调的鸟类和动物（如猴子）以及各种各样的神话生物、大风暴、船只失事的水手，还有熟练的能够在任何可见的迹象之前预测风暴到来的领航员和船长。下文的故事7是关于一个贸易远征队到印度购买奴隶，反被奴隶起义占领船只的故事。这个故事是最古老的关于海上奴隶贸易和船上起义的故事之一。

故事7

这是一个由阿布—穆罕默德·哈桑告诉我的故事。阿布—穆罕默德·哈桑是阿姆鲁的儿子，一艘船的船长告诉哈桑，他要乘自己的船去见撒贝吉，风把他们吹向瓦克瓦克群岛（Wakwak，西南印度洋的通称），他们不得不把船停在离一个村庄不远的地方。看到他们，村民就逃到乡下去，带走他们所能带走的一切财物……一个懂瓦干语的水手，被抛到一边，他冒险穿过城镇，向开阔的田野走去。他看见一个藏在树下的人，就向他打招呼，给了他一些自己带的枣子。他问，为什么当地人都拔腿就跑，并和那人保证，如果他说实话，就确保他不会受到任何伤害。

那家伙回答说，居民们看到了这艘船，以为他们会遭到攻击，于是就和他们的国王一起逃到旷野和森林里去了。他同意跟着那个水手回到船上。船上分配给他的三个同伴，负责向国王传达一个公平的消息，并带着一份礼物……一些枣子和各种琐碎的东西。

国王放心了，带着所有的人回来了。水手们在他们中间安顿下来，开始和船上的货物进行物物交换。

第二十日还没有过去，又有另一个部落抢先对他们进行攻击。"他们来了，你看，"村民的国王解释说，"他们来折磨我，掠夺我的货物，因为他们以为我偷了船上的货物。所以你帮助我对抗他们，帮助我就是帮助你们自己。"

黎明时分，我的叙述者继续说，敌人已经在城门，准备战斗。于是，国王和他的部下出发去面对他们，船上有尽可能多的壮士和愿意参加战斗的商人支持他们。战斗开始了，但是在报章上，一个伊拉克人水手从腰带里抽出一张纸，上面写着一张欠他的钱的借条，他把纸打开，举向天空，高声朗诵着几个字。

攻击者看到了它，马上停了下来。有几个人跑到他跟前，喊着说："看在上帝的份上，不要再这样了！""我们静静地去！"……他们彼此喊着说："退去罢，不要争战。我们的仇敌把他们的纷争交在神手里。我们将被打得粉碎。"他们在水手面前鞠了一躬，直到他把纸收好，才用最谦卑的语言退了出去。

从而摆脱它们……我们又回到买卖的老一套。国王是站在我们这一边的。我们从来没有停止欺骗当地人，偷走他们的孩子，从他们的伙伴那里买他们……这样，我们的船就大大小小地装满了 100 个奴隶。

四个月过去了，现在离出发的时间越来越近（船长大概是在等季风把他的船送回家）。我们所买的、所偷的奴隶对我们说："不要把我们夺去！让我们留在这里！让我们沦为奴隶，让我们与家人分离是不对的。"但是我们非常介意这个！船上的人都用铁链锁着，有的脚被上了锁，有的被绳子捆着。船上有五名船员留在船上照看他们，照料船只。一天晚上，囚犯们扑向卫兵，把他们捆起来，抛锚起航，在夜幕的掩护下偷走了我们的船。早晨来了，一切都过去了。在那里，我们被困住了，只能靠自己的财产和食物度日，剩下的只有可怜的零星物品。从船上什么也听不到。我们不得不在那里待了好几个月，直到造好了一只可以载我们的小船，才在赤贫中上船。

资料来源：Ibn Shahriyar. L. Marcel Devic（trans.）. 1928. *The Book of the Marvels of India*. London：George Routledge & Sons，pp.7-10.

《土佐日记》，936 年

936 年，《土佐日记》记载了土佐郡国（Tosa Province）执政官返回京都的过程。这本书匿名出版，作者是一位女性①，可能是统治者宫廷的一员。现代学者认为，它很可能是统治者本人——受人尊敬的诗人纪贯之（Ki no Tsurayuki，872—945）所写。这本唤起人们回忆的日记，充满了诗情画意，描绘了沿着海岸航行的船只通常都要经历的艰苦的历程。

1 月 28 日。有一年，在这个月的 21 日，有一个人（总督）离开

---

① 《土佐日记》假托女性口吻写成，作者并非女性。

了家……他刚刚结束了通常四五年的省长任期……现在他就要……乘船旅行……

1月29日。他祈祷能平静地航行到泉省。藤原无托吉萨内是来"转马头"（告别庆典）的……上层、中层和下层社会的人都喝得太多了，而且令人难以置信的是，他们都站在盐海的边缘，毫无用处，毫无能力。

……

在这一切发生的时候，那个舵手一直在大吃大喝，现在却冷酷无情地说，他们必须马上逃走。因为已经涨了潮，他又怕风吹，会让他们在船上饱受颠簸之苦。

（这艘船起航，向东航行到乌拉托，然后沿着四国岛的太平洋海岸航行到小民渡。次日早晨，他们坐船往那霸去，有许多祝福的人来为他们送行。）

2月14日。他们一早从大船渡出发，继续航行，打算在那瓦停一停……一路上的人都来为他送行，他们都是出于好心……在这之后，当他们轻轻地向前滑行时，留在岸上的人越来越远，他们也看不见船上的人了……既然如此，他（总督）只能对着自己背诵下面的诗句：

> 遥远的海对岸
> 在我的心里，我飞向你
> 向你告别；
> 但苦于不能写下点什么
> 从船上寄到你在的地方。
> 之后，他们经过了尤塔的松树林。

在美丽的景色中，他们轻轻地向前划着船。山和海都变暗了，夜幕降临了。由于再也分不清东西了，他把关于天气的一切都交给舵手去考虑。那些不习惯出海的男人们开始感到沮丧和忧郁，而女人们则把头靠在船底放声大哭。但是舵手和水手们却没有把这一切放在心上，而是唱起了他们的船歌……

2月16日。（在那瓦停了一夜之后）这艘船在破晓时分出发，向木若津驶去。他们都还在半睡半醒，因此没有注意到海上的情况。但月亮的位置表明了什么是东方，什么是西方，所以这个白昼逐渐变得有光了。

（坏天气两次延误了他们从室津出发。）

当他还在往前走的时候，这位"乘客"（总督）注意到了海浪，想起了海盗们曾威胁说，一旦他离开这个省，就要对他进行报复；当波浪再次变得汹涌时，他的头发都变白了。在海上，人一下子就有七八十岁了！

> 洁白如雪的头发，
> 波浪滚滚涌上海岸
> 泡沫破灭；
> 你不能说"哪个更白"，
> 我向海岛的守护者祈祷
> 告诉我，舵手
> ……

2 月 28 日。太阳从云层中照射出来，据说那里有危险的海盗，他向神道教和佛教诸神祈求保护……

3 月 3 日。这真的是真的吗？就像他们说的，海盗在追他们，船不能在午夜前起航，祭品要在划船的时候献上。于是舵手把祈祷文递给他。当这些祈祷文飘荡到东方去的时候，他祈祷说："请您开恩，让我们这艘勇敢的船，朝着这些祈祷文所划的方向全速前进吧。"一个孩子听了这话，写了下面这首诗：

> 对深海之神，
> 他统治着海洋之路，
> 让我们现在祈祷；
> 为这些飞翔的纸祈祷
> 愿微风不散

由于当时风势很好，舵手很自豪，也很高兴地在船上扬帆起航……

（航程还在继续，中途又停了很多地方。）

3 月 12 日。这一天，他们艰难地穿过泉海，赶往小津港……突然起风了，尽管他们划得很用力，但还是很快地向船尾移去，船几乎要翻了……舵手说："这位圣神是大名鼎鼎的三义神，他想要一些礼物。"有人建议应该献上祭品，于是献上祭文。

但是……风开始刮得比以往任何时候都猛烈，海浪也相应地涨了起来，因此他们处于极大的危险之中。舵手又说："由于（上帝的）庄严的心没有被祈祷文打动，这艘勇敢的船就停了下来；应该展示一些更有价值的东西。"……"他只能提供一面镜子；因此，令他深感遗憾的是，它被扔进了海里。镜子一照，大海立刻平静下来，"有一个人"这样写道：

在汹涌的大海里，
我已经投下了我的镜子
礼物的结果
显示了来自可畏神祇
的垂怜
（第二天，他们到达了大阪）

第 11 天。下着小雨，他们在原地停了一会儿。接着往前走，八幡神神庙映入眼帘……他们感到无比快乐，船就在神庙对面抛锚。

资料来源：William N. Porter（trans.）. 1912. *The Tosa Diary*. London：Henry Frowde, pp.13-121.

"长蛇"号，1000 年

"长蛇"建于挪威尼达罗斯/特隆赫姆附近，是挪威国王奥拉夫·特里格瓦松（约 960—1000）在 999—1000 年冬天建造的，它长达 130 英尺，是维京时代最著名最大的战船之一。下面的段落讨论了它的建造和它在激烈的斯沃尔德战役（1000 年 9 月）中被敌军占领。

第二年冬天，奥拉夫国王从哈洛加兰（1000年）回来，他在赫拉达姆拉尔建造了一艘大船，这艘大船比这个国家的任何船只都要大，至今还能看到横梁的关节。搁在草地上的龙骨有74英尺长。索伯格·斯卡佛格是这艘船的建造大师。但除此之外，还有许多别的工作要做，有砍伐树木的，有雕刻树木的，有做钉子的，有搬运木材的。所使用的一切材料都是最好的。这条船又长又宽，船身又高又结实。

当他们在船上铺板时，碰巧索伯格有急事要回他的农场。他在那里住了多日，回来的时候，船就下了水。晚上，国王和索伯格一起出去，想看看这艘船的样子。大家都说，从来没有见过这么大、这么漂亮的战舰。王就回城里去了。第二天一大早，国王又回到船上，托尔伯格和他在一起。木匠们都站在他们的前面，但都两手交叉站着。

国王问："怎么回事？"他们说船被毁了。原来有人从船头到船尾，在木板的一边一个接一个地深深地刻了一个口子。国王走近前来，见是这样，就起誓说，若能查出那因嫉妒毁坏船舰的人来，就必治死他。凡查出来的，我必给他重赏。

"我可以告诉你，国王，"索伯格说，"这是谁干的。"

"我不认为，"国王回答说，"像你这样的人会发现的。"索伯格说："我来告诉你，国王，是谁干的，我自己做的。"

国王说："你必须恢复原状，否则你要付出生命的代价。"

然后，索伯去把木板凿平，直到所有深深的缺口都被磨平了，剩下的也都被磨平了。国王和在场的所有人都宣布，这艘船的船身侧面要比另外一边漂亮得多，并吩咐他把船身的另一侧也削成同样的形状，还对他所提出的改进表示感谢。后来，索伯格成了这艘船的总建筑师，直到它完工。这条船的原型是一条龙，是按照国王在哈罗加兰捕获的那条龙建造的。但这艘船要大得多，各部分组装得也更仔细。国王称这条船为"长蛇"，另一条为短蛇。这条"长蛇"有34条长凳供划手坐。头和拱尾都是包金的，舷墙和海船一样高。这艘船是挪威制造过的最好、最贵的船。

在斯沃尔德战役中，"长蛇"号上的奥拉夫·特莱格瓦松面临着埃利克·哈科纳森（约960—1020）、瑞典国王奥拉夫（约980—

1022）和丹麦国王斯维因（960—1014）组成的联盟，他们共集结了71 艘舰船对抗特莱格瓦松的 11 艘舰船。特莱格瓦松的船队在遭受更大舰队的突袭后，寡不敌众。他们的敌人登上甲板，一艘接一艘地俘虏了他们，与最后被俘虏的"长蛇"展开了最激烈的战斗。

除了船上防御的位置遭到惨烈攻击，水手舱和前舱的人所受的破坏最大，因为这两处的人都是精挑细选的。船是最高的，但船中间的人却稀少了。现在，埃利克伯爵看到桅杆旁只剩下几个人，他决定上船。他和另外四个人一起进入了"长蛇"的舱内。然后，国王的妹夫海宁和其他人来攻击他，发生了最激烈的战斗。最后，伯爵被迫再次跳回他自己的船上，随行的一些人被杀，一些人受伤。

……

现在战争甚是激烈、有许多人前仆后继的攻击这条名叫"长蛇"的船。船上的人就渐渐稀少，防守也渐渐软弱了。伯爵决定再次登上这条船，他再次遭到了猛烈的回击。

"长蛇"前甲板的人看到他在做什么，他们走到船尾进行了一场殊死搏斗。但因有许多人倒下了，船上许多地方甚至没有看守的人。于是伯爵的部下纷纷涌进了这艘船，所有仍能守住这艘船的人都挤到船尾的国王面前，列队保护他……但是，伯爵的许多部下已经竭尽一切可能进入这艘船，搜寻房间，而且伯爵的船就停在"长蛇"的四周。不一会儿，"长蛇"上的大部分官兵都倒下了，尽管他们又勇敢又强壮。国王奥拉夫和元帅科尔比约恩都跳到船外，各自站在船的一侧。但是，伯爵的部下已经在"长蛇"周围布置好了船只，并杀死了那些跳入水中的人。现在，当国王跳入水中的时候，他们就想要用手抓住他，带到埃利克伯爵那里。但奥拉夫国王把盾牌举过头顶，沉入水中。

……

这件事马上就传开了，许多人都告诉他，奥拉夫国王在水下脱下了他的盔甲，在大船下面游来游去，一直游到万德兰号，阿斯特丽德的部下把他送到了文德兰。从那以后，关于奥拉夫国王的冒险故事就流传开来了……但无论如何，国王奥拉夫·特莱格瓦松再也没有回到他的挪威王国。

资料来源：Snorri Sturluson. Samuel Laing（trans.）1907. *Heimskringla*：*A History of the Norse Kings*. Norroena Society，London. Painting of the Battle of Lepanto（1571）by an unknown painter，in Saint Paul's Church，Antwerp，Belgium.（Jozef Sedmak/Dreamstime.com）

第四章 全球互动，1000 年至 1500 年

概　述

在 1000—1500 年之间，人们引进并传播了更精密的导航技术（如指南针）以及新的船舶设计和建造技术，这些技术促进了更大船舶的建造。这些年来，船只的复杂性和尺寸不断增加，促进了贸易的同时使贸易额不断增加，也促进了探险和战争的发展。中国、葡萄牙和西班牙的海上疆域比以往任何时候都要广阔，他们利用日益增长的海军力量扩大贸易网络，探索和定居新的土地，或者从遥远的国家索要贡品①。

指南针在中国被发明，进而传遍了全世界。最近在印度尼西亚发现的 10 世纪沉船上有指南针碗，1000 年阿拉伯航海者使用指南针。在接下来的一个世纪里，它的使用扩展到了欧洲。人们改进了碗形罗盘，成为更复杂的指南针使用者。到了 1500 年，他们知道罗盘实际上并没有指向真正的北方。葡萄牙人开发了航海表，列出了不同位置的真北方和磁北极之间的差异。其他设备（如水手星盘和阿拉伯卡迈勒号）辅助恒星导航。地图绘制者改进了他们的技术，绘制出了波托兰海图。波托兰海图的罗盘方位线是根据指南针的方向来指引海员到达目的地的。

在欧洲，不同的造船风格在这个时代被固化。北欧人采用了维京人开创的造船风格，从外到里，从龙骨上建造船只。木板被浸泡或熏烤，弯曲成屋顶重叠的瓦片般的形状，用钉子固定在一起。建船工人随后增加了内部支撑以增加强度。在 1250 年使用的轮齿，典型的设计是有一个深入的、盒状船体和方帆。

---

① 封贡体系中，藩属国的贡品并非索要，而是贡奉；宗主国的赐赠，往往远超贡品。

地中海的建造者采用框架优先的建造方法，先建造龙骨和肋板，用钉子将木板一边接一边地固定好（小吨位快帆船风格），然后用油脂或柏油进行填塞和防水。这种变化需要的技术工人比以往船壳优先的建造方法更少，在这种方法中，木板是用榫卯连接固定的。虽然不像北方的船只那样坚固，但它们需要的木材却少得多。地中海的海员也喜欢三角帆，因为它提供了更多的灵活性——这是沿海航行的一个关键需求。不过，轮船的方帆在顺风时能更快地推动船只前进，所需的船员也更少，从而大大节省了成本。

同样，中国人也开始采用框架优先的建造方法，并开创了几项重要技术，包括内部水密舱壁和尾柱舵。中国人喜欢在船头或船尾使用帆，因为帆上有板条，便于快速调整。在 12 世纪，中国建立了常备海军，官办船坞开始生产巨大的战舰，有些甚至有 6 根桅杆。大约 1000 年研制出的尾柱舵取代了长舵桨，使航行更加容易和安全，尤其是在恶劣的天气下。像中国的其他发明那样缓慢地向西方传播，在 12 世纪到达欧洲，大约在指南针出现的同一时间。中国还创用了纸币（现金），促进了贸易。

海上力量支持欧洲的十字军，并在今天的以色列和黎巴嫩海岸支撑十字军国家的发展。基督教统治者重新征服了伊比利亚半岛，控制了其最好的港口：里斯本（1147 年）、卡塔赫纳（1245 年）和加的斯（1248 年）。14 世纪和 15 世纪，特别是在卡斯提尔王国占领直布罗陀（1462 年）之后，北欧和南欧之间的海上贸易增加，为基督教的航运确保了海峡的安全。这种贸易带来的影响之一是船舶设计和建造技术在北欧和地中海之间的逐渐融合。尤其是葡萄牙人，他们开创了既使用横帆又使用方帆的船只，这些船航行速度快、机动灵活，装备有加农炮，为葡萄牙的贸易、探险和战争提供了便利。

来自东南亚的香料，包括肉桂、丁香、生姜、肉豆蔻、胡椒和糖，在中国、穆斯林世界和后来的欧洲开始流行，最初用于医疗用途，但很快就被用于增强食物的风味，使其成为这些年间最有价值的贸易商品。印度的朱罗王朝（985—1297 年）鼓励对外贸易，各种各样的其他商品通过印度洋和连接非洲、亚洲和欧洲的中东贸易网络在世界各地流转，这些商品包括陶瓷、宝石、金属（青铜、铜、铁和锡的原料和加工）、纺织品（主要是棉花和丝绸），当然还有金银。印度商人，通常是这种贸易的中间人，航行到阿拉伯、美索不达米亚、东南亚、印度尼西亚和中国；许多印度港口都有大量的外国商人，包括阿拉伯人、中国人、犹太人和波斯人。犹太

一个中世纪星盘的复制品，它是一种能进行 43 种不同天文计算的导航仪器。
（布莱恩·莫兹利/ iStockphoto.com）

商人不顾周期性的迫害，在信奉基督教的欧洲、伊斯兰教的中东和印度经营生意。正是犹太商人首先从印度带来甘蔗，并沿着尼罗河种植，开始了这种在 17、18 世纪成为世界上最赚钱作物的传播。

货物在到达最终目的地之前可能要经过好几手。例如，一个北欧的轮船可能会把货物运到里斯本，在里斯本，货物由一艘葡萄牙船装载，然后运到意大利港口，热那亚人或威尼斯商人会把货物从那里运到黎凡特或埃及。然后，阿拉伯商人将其陆运至红海或波斯湾港口，再从那里运往印度西海岸。更多的航行可能会通过马六甲海峡，然后到达香料群岛或中国。一些勇敢的旅行者，包括马可·波罗（1254—1324）和伊本·巴图塔（1304—1368），沿着这条贸易路线，穿越地中海和印度洋到达中国。

海运贸易在水路安全得以保障的情况下能够繁荣发展——比如在主要海上强国的监管下，或者在商船能够自我保护的情况下。欧洲缺乏政治团结，这就要求商人们武装自己的船只，以击退海盗或敌对国家的攻击。北欧的造船工人增加了堡垒，位于船的前后部分，这些防御平台有助于击退企图登船的敌人。弓弩和火药武器的引进也是如此。到了14世纪，北欧商人经常作为船队的一部分航行，在危险水域提供额外的保护。

很早以来，军队就需要渡河。比如1世纪罗马人两栖入侵英国，虽然那时这种情况十分罕见。中世纪后期，一些国家发展了重要的两栖作战能力。诺曼人凭借其航海传统，于1066年成功入侵英国。威尼斯发展了令人印象深刻的两栖作战能力，它在对君士坦丁堡（1204年）和其他坚固城市的成功进攻中展示了这种能力。蒙古人对日本（1274年和1281年）和爪哇岛（1293年）发动了可能是迄今为止最大规模的两栖入侵。在宋朝（960—1279年）和明朝（1368—1644年）早期，中国维持着向东南亚和印度洋各国征收贡品并确保其海上通道畅通的大型舰队。郑和（1371—1435）是明朝最伟大的将领之一①，他率领搭载着25000多名水兵的200多艘船，从海上扫除了海盗，支持在整个地区对明朝有利的统治者。

1291年，热那亚的两兄弟，瓦迪诺·维瓦尔第和乌戈利诺·维瓦尔第，试图在非洲航行，却从此杳无音信。一个世纪后，统治西非马里的穆萨·凯塔一世（约1280—1337）派遣探险者进入大西洋，但也没有成功。撒哈拉沙漠一直延伸到非洲西海岸，迫使船只必须同时带着大量的水和补给。探险的航行是昂贵而不稳定的，因此人们很少尝试。然而葡萄牙人因为他们的毅力、皇家的支持、优越的船只和以科学为辅助的方法实现了成功的航海探险。航海家亨利王子（1394—1460）是葡萄牙在伊比利亚半岛和北非与穆斯林国家作战的老兵，他资助了海上探险，作为这些战争的延伸，同时也丰富了葡萄牙的财富，满足了自己对世界的好奇心。葡萄牙人发现风有利于他们对西非海岸的探险，这些探险帮助他们发现了马德拉群岛、亚速尔群岛和其他无人居住的大西洋岛屿。15世纪上半叶，他们在这些岛上定居，并开始种植甘蔗制糖。

15世纪，欧洲经济迅速扩张，贸易空前繁荣，尤其是在意大利、葡萄牙和西班牙。到了15世纪，威尼斯的船只每年从亚历山大港运送超过300万磅的香料到欧洲港口。郑和下西洋之后，中国退出了海洋，但有能

---

① 郑和在靖难之役后任内官监太监，去世前为南京守备太监，下西洋时则为正使太监。虽曾领兵，但不以"将军"著名。——译注

力在海上航行并装备大炮的欧洲船只越来越深入大西洋。1000—1500 年的海上发展使亚洲、非洲和欧洲的人民联系日益紧密，但也促进了 14 世纪黑死病在亚洲、欧洲和北非的传播。接二连三的瘟疫摧毁了中国，削弱了蒙古对中国的控制。中国和欧洲多达一半的人口死于黑死病，其副作用是促进了节省劳动力的农业和制造业技术的发展和采用，其中包括框架优先造船技术。黑死病也可能是中国的势力从海上撤出的原因之一①。

斯蒂芬·K. 斯坦

黑死病

黑死病因其症状包括黑肿胀（腹股沟淋巴结炎）而得名，黑死病在 6 世纪和 14 世纪先后摧毁了亚洲和欧洲的主要城市。它是由耶尔森氏杆菌引起的，寄生在跳蚤身上，跳蚤的叮咬会传播疾病。擅长攀爬的黑老鼠搭上丝绸之路商队和印度洋商船的顺风车，咬人后传播疾病。

第一次有记录的疫情发生在 541 年的埃及。当时，作为拜占庭帝国的一部分，埃及是印度洋和东地中海之间的贸易枢纽。在接下来的一个世纪里，接二连三的瘟疫袭击了拜占庭和波斯帝国，消灭了大约四分之一的人口。随着交易网络的崩溃，瘟疫逐渐消退。皈依伊斯兰教的阿拉伯军队入侵了衰弱的帝国。

黑死病在 14 世纪再次出现，沿着新近重建的贸易路线从中国迅速传播开来。1347 年蒙古军队包围了位于克里米亚的热那亚贸易前哨城市卡法，并把黑死病带到这里。逃离的船只将瘟疫传播到附近的港口，在接二连三的船只之中进一步传播。

它在年底到达亚历山大港和西西里岛，不久之后到达威尼斯。从那里，它横跨地中海到达大西洋。在接下来的几年里，黑死病夺去了欧洲三分之一的人口。埃及和北非的城市受到的打击尤为严重，多达一半的人口流失。死者中有著名旅行家伊本·巴图塔的母亲。

斯蒂芬·K. 斯坦

---

① 黑死病起源于亚洲西南部，约在 13 世纪 30 年代散布到欧洲，并猖獗了三个世纪，使 2500 万人丧生。我国史料记载多称"鼠疫"，且并不像欧洲那么严重。至于"中国势力从海上撤出"的原因，则纯属对外政策的调整。——译注

拓展阅读

Flecker, Michael.2004. "Treasure from the Java Sea: The Tenth Century Intan Shipwreck." *Asia Heritage Magazine 2* (2). Available at http://maritime-explorations.com/Intan.pdf. Accessed June 20, 2016.

Lane, Frederic C.1934. *Venetian Ships and Shipbuilders of the Renaissance*. Baltimore: Johns Hopkins Press.

Lewis, Archibald R., and Timothy J. Runyan. 1985. *European Naval and Maritime History, 300–1500*. Bloomington: Indiana University Press.

大事年表　时间：全球互动，1000 年至 1500 年

800 年	中国发明了作为导航仪器的指南针
1000 年	中国开始建造带有尾柱方向舵的船只 图勒因纽特人横跨大西洋，从北美航行至格陵兰岛
1061—1091 年	诺曼人征服西西里岛
1066 年	威廉征服者入侵不列颠
1070 年	印度朱罗王朝入侵三佛齐
1071 年	塞尔柱帝国的土耳其人在曼齐克特战役中击败拜占庭
1095 年	教皇乌尔班二世组织了一场意图解放"圣地"的十字军东征
1096—1099 年	第一次十字军东征
1104 年	威尼斯兵工厂得以建立
1147 年	基督教势力占领葡萄牙的里斯本
1160 年	图德拉的本杰明航行到中东和亚洲
1161 年	中国宋朝军队击退女真人的入侵
1183—1185 年	伊本·朱拜尔的朝圣之旅
1187 年	萨拉丁攻占耶路撒冷
1191—1193 年	英格兰的狮心王理查领导针对萨拉丁的第三次十字军东征
1200 年	轮船成为北欧主要的货船种类 人们使用水手星盘作为导航辅助工具 波多兰航海图引入欧洲 欧洲人发明机械表
1204 年	第四次十字军东征和君士坦丁堡的陷落
1215 年	英国颁布《大宪章》
1217 年	伊本·朱拜尔之死

续表

1230 年	蒙古人进占中国宋朝北部
1258 年	蒙古人洗劫巴格达，结束了阿巴斯哈里发的统治
1265 年	汉萨同盟要求所有成员为根除海盗行为做出贡献
1271 年	忽必烈在中国建立元朝
1274 年	蒙古人第一次远征日本
1275 年	马可·波罗和他的家人来到中国
1281 年	蒙古第二次远征日本
1291 年	圣地上最后一个十字军城市阿克陷落
1294 年	忽必烈去世
1300 年	旱罗盘引进欧洲 葡萄牙人发展了轻快帆船，一种适合贸易和勘探的灵活船只
1324 年	马可·波罗去世
1325 年	伊本·巴图塔开始了他横跨中东和亚洲的旅程
1337 年	英法百年战争开始
约 1340 年	阿兹特克人在特诺奇提特兰建立了他们的首都
1348 年	黑死病蔓延到意大利
1354 年	伊本·巴图塔回到家乡
1368 年	明朝建立
约 1400 年	马六甲港在马来半岛建立
1402 年	卡斯蒂利亚王国开始占领加那利群岛
1405 年	郑和开始第一次远航
1415 年	葡萄牙人占领了摩洛哥的奎塔港 英格兰的亨利五世在阿金库尔战役中击败了法国
1420 年	航海家亨利开始组织和指导葡萄牙的扩张
1431 年	葡萄牙人发现亚速尔群岛
1433 年	郑和的船队第七次也是最后一次航行归来
1440 年	葡萄牙水手到达佛得角群岛
1444 年	葡萄牙将非洲奴隶运往葡萄牙，开始了跨大西洋奴隶贸易
1453 年	奥斯曼土耳其人占领君士坦丁堡 英法百年战争结束
1460 年	葡萄牙航海家亨利王子去世
1490 年	天文学家和航海家艾哈迈德·伊本·马吉德完成了基塔布，红海和印度洋的详细导航指南
1492 年	西班牙对伊比利亚最后一个穆斯林王国格拉纳达的征服 犹太人被驱逐出西班牙 克里斯托弗·哥伦布的第一次航行在西印度群岛登陆

1500 年前的美洲

　　美洲可能是历史上保存下来的史前船只种类最丰富的地区，一些土著船只的改装版本至今仍在使用，特别是在南美洲的秘鲁、巴西和智利沿海地区。因为许多美洲人船只的寿命很长，欧洲人（主要是在 18 世纪和 19 世纪）提供的图纸和描述资料是哥伦布发现美洲大陆之前美洲进行航海的主要资料来源，这些资料非常翔实地介绍了史前船只的类型及其用途。

　　为了利用海洋提供的机会和资源，美洲海岸的史前居民发展和使用了不同类型的船只，每种船只都特别适合其各自的地理区域和用途。尽管很难判断特定船只类型的存在年代，但早在公元前 10000 年，在南加州和墨西哥北部附近的太平洋岛屿上发现的水鸟、海洋哺乳动物和鳍鱼的遗骸证明了这种海船的使用。从温哥华岛的深海鱼类和海洋哺乳动物遗骸可以看出，至少在公元前 3000 年，太平洋西北部的远洋船只就已经开始使用了。然而，在厄瓜多尔的瓦尔迪维亚沿海地区出现了当地从未出现过的复杂陶瓷，这使人们认为，这个时候南美洲西北部也在进行互相交流的海洋航行。

　　海船的设计和建造因其使用地区的环境和资源的不同而有很大的差别。树皮和兽皮被用来制造船只和独木舟，但也有地方使用芦苇筏和小芦苇船。同时，被称为"卡巴利托"的木制的小船和小筏也在使用，它们可能是所有船只中最古老的一种。从不列颠哥伦比亚省到智利，美洲西部的人们都知道它们，它们也被用于内陆水域，最著名的是秘鲁的"的的喀喀湖"（Titicaca）。"卡巴利托"由一捆捆绑在一起的芦苇组成，一端剪断，尾部削尖。它是一种单人艇，人们跪着或者两脚向前以驾驶这种小船。史前芦苇筏仍在现代安第斯海岸为人们所使用，在那里人们靠它前往离岸几英里的洪堡海流渔场。在一些地区，特别是加利福尼亚中部和北部，单人芦苇筏进一步发展成为"图里巴萨"（也称为"萨卡"），一种由多捆芦苇用绳子绑起来并连接在一起的木筏。这种船用船桨推进，可以承载几百磅的重量，既可在开阔的海洋航行，也可用于河流、湖泊和小溪。

　　芦苇筏和独木舟［源自西班牙语"独木舟"（canoa）］似乎有着一种相互排斥的关系，后者取代了芦苇筏，通常出现在农业发达或新兴的地区。最著名的独木舟来自太平洋西北部，那里的船只都是用整根红杉原木和云杉原木雕凿而成，供海上航行和活动使用。它们是由一根原木劈成两

卡巴利托草船，秘鲁当地渔民仍在使用。(克谢尼娅·拉戈席纳 /**Dreamstime.com**)

段而成的——为两艘独木舟创造"空间"——然后把原木挖空，有时用焖烧的木炭慢慢地烧掉里面的木头。独木舟是为特定的任务和海洋条件而定制的，包括捕鲸、贸易和运输。这种工艺不仅局限于太平洋西北部，在整个美洲都有使用；它们由松树、橡树、栗树以及其他木材制作而成。直到和欧洲人接触的时期，独木舟一直都是玛雅人和西印度群岛人使用的最重要的船只。在北卡罗来纳州的一个湖泊中发现了一个松树制成的独木舟，它的历史可以追溯到公元前 700 年，这就说明了这种船只种类在东部地区的古老程度。在一些地区，独木舟的建造形式不断升级——在独木舟的基础上增加了边板（从船头到船尾的连续木板），从而扩大了船的干舷（水线和船体顶部之间的距离）。当它从哥伦比亚到达厄瓜多尔的太平洋海岸地区时，加长的独木舟取代了该区域大多数其他土著船只。

从一直都有以桦树皮造船传统的北美洲土著人到南美洲大陆最南端智利的火地岛，整个美洲都使用树皮独木舟。在南方，树皮独木舟有时用海豹皮做帆。这些船能在河流、海上甚至浅水中航行，并能在必要时用于陆路运输。桦树独木舟在北美的发展达到了顶峰，特别是位于纽芬兰和阿拉斯加海岸之间的地区。这一片位于北美的狭长地带，纸桦树（也称为"独木舟桦树"）是当地原生植物。在这个区域之外，其他种类的桦树被用来做独木舟的皮，还有云杉、榆树、山核桃和其他各种树皮也是制造独木舟的材料。然而，每一种都有纸桦树树皮所没有的局限性。虽然纽芬兰的比沃苏克人部落所使用的桦树皮独木舟是专门为远洋航行而设计的，但这些船中的大多数是用于河流和湖泊的航行。比沃苏克人和他们的远洋桦树皮独木舟可能是 16 世纪早期一个航海故事的原型，那时人们在英国海岸附近的一艘独木舟上发现了穿着海豹皮的深色皮肤的水手。在南美洲西部，树皮独木舟可能已经进化成缝板条船，尽管树皮独木舟和缝板条船在一些地方共存，比如在智利沿海的岛屿，"达卡"（dalca）与独木舟同时使用，"达卡"是一种由缝好的木板做成的又长又窄的船。在北美，只有南加州的丘马什人似乎在与欧洲人接触之前使用过车缝木板船。这种被称为"托莫尔"（tomol）的船只种类首先用焦油或沥青将磨砂木板连接在一起，然后用麻绳或其他植物纤维绳穿过在相邻木板上钻过的孔将它们缝合。

　　从北极到智利海岸，人们都在使用由动物皮蒙在框架上建造的皮艇。这些船吃水浅，在波浪上很容易浮起来，因此在海上一般可以保持干燥，在波浪条件下几乎不进水。北极水域经常遭受猛烈的风暴，皮艇必须设计成能适应这些条件的样子。皮艇的主要类型是爱斯基摩木架皮舟（umiak）、皮艇和皮筏，皮艇是由皮筏组成的，皮筏被固定在一个框架内。爱斯基摩木架皮舟和爱斯基摩小艇（kayak）本质上都是海船。爱斯基摩木架皮舟最初是由因纽特人使用的，他们由内而外制作爱斯基摩木架皮舟，把外皮缝在框架周围，让它们收缩，直到变得光滑和紧密。皮艇非常适合航海，是为特殊的环境要求而设计的。因此，从白令海到北大西洋以及内陆的湖泊和河流，皮艇的形状和大小在广泛的地理范围内有很大的变化。皮艇的使用仅限于南北纬 40 度之间，但它们主要是用于南美沿海一岸，包括秘鲁和智利。在这里，它们可以用藤条板并排固定。

轻木筏

　　"轻木筏"（balsa，西班牙语"筏"的意思）包括从哥伦布发现美洲大陆之前到现在，在现代厄瓜多尔、秘鲁和智利使用的一系列的船只。由多种材料制成，包括龙眼芦苇、海豹皮和巴尔沙树的原木。轻木筏在厄瓜多尔热带森林的可航行河流和公海中进行多目的的航行，包括生存、交易，有时还有长途贸易和探险。

最大的航海轻木筏是由一层平铺的绑着浮木的甲板和一间芦苇甲板房组成的。它们由帆推动，并在甲板圆木之间垂直放置可调节的活动中心板（guaras）。进行海洋航行的轻木筏和它们的船员，被西班牙编年史作家奥古斯汀·德·萨拉特（Agustin de Zarate）称为"大水手"（grandes marineros）；它们即使在没有顺风的情况下也能承载大量的货物，进行远距离航行。1527 年，弗朗西斯科·皮萨罗（Francisco Pizarro）的领航员巴托洛姆·鲁伊斯（Bartolome Ruiz）遇到了一艘满载货物的轻木筏帆船，这是欧洲人第一次见到这种类型船只的记录。康提基、伊拉提基和曼特诺等现代木筏的计算机模型和实验航行表明，轻木筏能够从南美洲航行到墨西哥和波利尼西亚。安第斯的传说认为，印加统治者图帕克·印加·尤潘基（1471—1493）率领一支由巴尔萨斯和 2 万人组成的船队进行太平洋探险，9 个月后，他带着满载黄金、黄铜、"黑皮肤"囚犯和其他战利品的船队返回。

杰弗里·P. 伊曼纽尔

木筏在美洲海洋史前史中（特别是厄瓜多尔和秘鲁北部）占有重要而有争议的地位。这些稳定的船只的甲板是用巴尔沙树上的原木捆绑或钉在一起制成的。巴尔沙树是一种"轻如羽毛的木材"，其浮力足以让木筏在海浪中漂浮。较大的船只可以有多个甲板，有时在最顶层有一间小屋，能够装载 70 吨的货物。木筏通常以划桨来驱动，但那些装有推进帆的木筏也有可调节的活动"中心板"（guaras），这些活动中心板垂直放置在甲板圆木之间，随着帆的调整而升降，以提供转向控制。虽然木筏可用于运输、捕鱼和其他当地海事活动，但帆船也可用于发展和维持广泛的贸易网络，沿太平洋海岸从秘鲁运输货物和传播文化到巴拿马，可能北至墨西哥。每次航行都至少 600 海里（1100 公里），从厄瓜多尔向南航行到秘鲁特别困难，因为风和水流都对这艘船不利，需要相当大的航行和航海能力。木筏与跨太平洋航行有关，包括到加拉帕戈斯群岛和大洋洲的航行，尽管没有确凿的证据证明这种航行是有目的地进行的。这种类型的船与几个传说有关，包括秘鲁北部海岸的兰贝耶克文明的创世神话。在这个传奇故事中，8 世纪中叶，王朝的缔造者内姆拉普带着一群妻妾、随从、朝臣还有一个绿色石头的偶像，乘坐一队巴尔萨斯（balsas）舰队从南方来到这里。在航行的过程中，内姆拉普（Naymlap）的一个仆人把羊鱼属生物壳上的尘土撒在他所到之处。（内姆拉普的肖像也描绘了他独自骑马的情景，尽管这些在本质上可能更具有象征意义，而不是他的宫廷到达兰贝耶克的实际情况的反映）。很久以后，传说在 1471—1493 年统治的图帕印加尤潘基（Tupac Inca Yupanqui）率领一支由巴尔萨斯（balsas）和 2 万人组成的船队踏上了太平洋探险之旅。9 个月后，尤潘基带着满载黄金、黄铜、"黑皮肤"囚犯、斑马下颚和其他奇异战利品等丰富货物的船队返回。这次航行与另一个传说有关，来自法属波利尼西亚（距秘鲁 2000 多海里，或 6400 公里）的曼加列娃（Mangareva）一位名叫"托帕"（或"图帕"）的游客从东方乘木筏来到这里，在这里停留了很短的时间，对当地文明做出了重大贡献，然后乘船穿越海洋回到他自己拥有强大王权的国家。

在南美洲东海岸的类似纬度地区也使用过一种类似的船，叫做"江加达斯"。这些木筏的甲板是用各种各样的木头制成的，统称为"木筏"（"帆木筏"）。这些木筏的甲板被捆绑或钉在一起，并配有三角帆和单中心板。尽管江加达斯上出现帆的时间还不清楚，但 19 世纪对这艘船的记载称，它们的形状和用途与欧洲人接触之前相同，这表明它们可能在 1500 年之前就已经航行了。像美洲其他许多前哥伦布时代的船只一样，江加达斯号至今仍在巴西的最东部地区使用。

杰弗里・P. 伊曼纽尔

拓展阅读

Ames, Kenneth M., and Herbert D. G. Maschner. 1999. *Peoples of the Northwest Coast: Their Archaeology and Prehistory*. London: Thames & Hudson.

Anderson, Atholl, Helene Martinsson - Wallin, and Karen Stothert. 2007. "Ecuadorian Sailing Rafts and Oceanic Landfalls." In Atholl Anderson, Kaye Green, and Foss Leach (eds.). *Vastly Ingenious: The Archaeology of Pacific Material Culture, in Honour of Janet M. Davidson*. Dunedin: Otago University Press, 117-33.

Dewan, Leslie and Dorothy Hosler. 2008. "Ancient Maritime Trade on

Balsa Rafts: An Engineering Analysis." *Journal of Anthropological Research* 64: 19-40.

　　Edwards, Clinton R.1965. "Sailing Rafts of Sechura." *Southwestern Journal of Anthropology* 16: 368-91.

　　Erlandson, Jon M.et al.2011. "Paleoindian Seafaring, Maritime Technologies, and Coastal Foraging on California's Channel Islands." *Science* 331: 1181-85.

　　Estrada, Emilio.1955. "Balsa and Dugout Navigation in Ecuador." *The American Neptune* 15: 142-49.

　　Heyerdahl, Thor. 1952. *American Indians in the Pacific: The Theory Behind the Kon-Tiki Expedition.* London: Allen & Unwin.

　　Johnstone, Paul.1988. *The Sea-Craft of Prehistory*, 2nd ed. Sean McGrail (ed.). London: Routledge.

　　McGrail, Sean.2015. *Early Ships and Seafaring: Water Transport Beyond Europe.* Havertown: Pen and Sword.

极北之地因纽特人

　　图勒人，也被称为"原始因纽特人"，是所有现代因纽特人的祖先。图勒文明大约在 1000 年沿阿拉斯加北部海岸发展，并向东传播到加拿大，在 1200 年到达格陵兰岛。他们一直到 1600 年都在繁荣发展，与"小冰河期"相关的剧烈气候变化才导致他们离开北极高地。图勒文明的特点是注重海洋，其在海上狩猎、运输和工具方面的创新和适应性，使北极人能够在北极繁衍数百年。

　　第一批移民到高纬度地区的人被称为"古爱斯基摩人"，其中"旧石器"意为"远古"，"爱斯基摩人"意为"吃鲸鱼肉的人"。他们在大约 4000 年前，在全球变暖和冰川消融的时期，从西伯利亚穿越白令海峡。大约在公元前 500 年，多塞特文化从这些最早的居民发展而来。他们的定居地比早期的人更持久，极富艺术天赋的多塞特人装饰日常用具，并在广阔的地理区域内进行贸易。大约 1000 年前，一种更为复杂的文化取代了多塞特文化。图勒时期与一个被称为"中世纪暖期"的时代相吻合，这一时期从 950 年持续到 1250 年。北半球的气候变暖，使得露脊鲸可以进入北极水域。极有可能北极人只是在跟随这宝贵的资源穿越到遥远的北方。北极人开发了一系列非凡的技术，并使其在北极地区蓬勃发展：他们发明了木架皮舟，一种由海象肋骨和海象皮构成的大型多人艇；他们还开发出了连接在海豹皮浮子上的摆动鱼叉。木架皮舟和更大的鱼叉使捕猎者能够在小型皮艇的帮助下，远航到海上去捕捉露脊鲸。鲸鱼会在它们的觅食地被鱼叉叉住，而浮子能够阻止它们潜水以躲避猎人。这些鲸鱼提供了大量的食物来支撑一个村庄度过漫长的冬天。海豹猎人还完善了在呼吸洞中捕捉海豹的方法，因为冬天冰层堵塞了水道，鲸鱼无法靠近。

图勒妇女在生存中发挥了关键作用。猎人必须保持温暖和干燥。任何身体部位受潮都可能发展成冻伤，导致可能的坏疽和死亡。图勒妇女的缝纫技能对族群至关重要。女人们用驯鹿的肌腱制出了难以置信的小而紧的线。北美驯鹿的皮裤、皮大衣和其他衣服都剪裁精良、轻便，而且非常保暖。驯鹿的毛是中空的，充满空气，是极好的绝缘体。北极人用防水的海豹皮做靴子。

北极的交通方式很适应极圈内的生活。狗被用来拉牢固而轻便的雪橇，雪橇用浮木制成，装有鲸须骨橇。浇在滑橇上的水会立刻结冰，这样雪橇就能在冰雪上轻松滑行。木架皮舟可以把成群的猎人、狗和雪橇运送到很远的地方去寻找食物。合作对于在如此恶劣的环境中生存是至关重要的。春天和夏天，小的家庭团体会一起旅行，冬天则聚集在大型的永久性聚居地捕猎海豹。因纽特人与最早的挪威探险者几乎在同一时间到达大西洋海岸，但人们对他们之间的接触知之甚少。在小冰河期，随着气候变冷，图勒人放弃了他们最北端的居住地，把生存的精力集中在捕猎较小的海洋哺乳动物上，尤其是环斑海豹。随着与欧洲人接触的增加，图勒人口减少了。图勒人是当代因纽特人的直接祖先。

吉尔·M. 丘奇

拓展阅读

McCannon, John.2012.*A History of the Arctic：Nature，Exploration，and Exploitation*.London：Reaktion Books，Ltd.

McGhee, Robert. 1997. *Ancient People of the Arctic*. Vancouver：UBC Press.

Stern, Pamela R.2010.*Daily Life of the Inuit*.Santa Barbara，CA：Greenwood.

中国和东亚，1000 年至 1500 年

1000—1500 年，宋朝（960—1279 年）和元朝（1271—1368 年）兴盛后又衰亡，明朝（1368—1644 年）的皇帝派出了庞大的满载珍宝的舰队。中国海上活动和创新虽然是间歇性的，但却是具有非凡意义的阶段。创新的设计使航海更加可预测和安全，使贸易增加，并使以前难以想象的外国土地的异国情调商品得以进入中国市场。在蒙古人征服宋朝、建立元朝之后，蒙古人新建了大型舰队对日本发起了一场雄心勃勃的远征。来自日本偏远岛屿的海盗仍然是个问题，这些强盗频繁骚扰沿海地区和捕捞商船，促使朝鲜、日本和中国政府采取行动对付他们。

宋朝开启了一个前所未有的中国海上活动时期。游牧民族女真人于1127 年从北方席卷而来，迫使宋朝国都从内陆首都开封迁至沿海城市杭州。在这之前，土地税收提供了国家的大部分收入，它的损失鼓励皇帝从海上贸易中寻求新的收入。在中国传统思想中，禁止外贸有两个原因：一是鼓励精英阶层进阶仕途，并保持中国与一个他们认为提供不了什么东西的世界隔绝；二是中国哲学中的两种主流思想儒家和法家思想都不提倡对商业主义的追求。儒家思想鼓励追求政绩和官僚机构，并将此作为服从于皇帝的表现。法家对社会秩序进行了排名，学者、农民和工匠的社会地位都在商人之前。然而，宋朝国都迁到沿海杭州鼓励了老百姓重新考虑从事商业和贸易，宋朝也越来越依赖维持生存的海上活动。随着外贸利润的增加，商人的地位也上升了。

中国在 11 世纪的海外出口包括铁、钢、工艺品和纺织品，特别是丝绸。中国船只将这些货物运往东南亚，换购热带商品，特别是香料。在 12 世纪，宋朝朝廷鼓励创新，并监督帆船的发展。这是一种新的船舶设计，代表了中国航海建造的典型。这些创新型船只是当时最发达的航海船舶，配备有磁罗盘，由散装头分隔内部隔间，以及可以用甲板上的绳索和滑轮升降的帆，因此不需要水手爬上桅杆。新型帆船也比旧船更大，通常至少 100 英尺长，后来的型号可能超过 300 英尺，因此它们可以携带更多的货物。商船在中国东部日本、韩国，东南亚和印度尼西亚的船队中寻求贸易。在西边，他们穿越东南太平洋以及印度洋，一直延伸到东非海岸。杭州发展成为一个蓬勃发展的港口城市，外国商人满

足了中国人对异国情调的好奇心，来自遥远国度的药品和香料琳琅满目。

罗　盘

由于磁化针，指南针不断指向北方（或南方，这取决于人们观察它的角度）。汉朝时期（公元前 206—前 220 年），一个总是指向南方或北方的山石的支柱用于占卜和风水。之后，磁性通过感应转移到小块铁。在秦朝（公元前 221—前 206），哲学家韩非子提出了用于确定位置的"南指针"概念。占卜和风水的秘密性质适应中国文明的土地农业特征，以及大多数的贸易依靠河流和运河贸易也限制了罗盘在航海的应用。它很可能在唐朝时期（618—907 年）就已经进入航海领域，并且在 850 年之后可以确定已经开始使用了。1088 年，制图师沈括所著的《梦溪笔谈》中第一次描述了磁罗盘及其海上使用。宋人朱彧的《萍洲可谈》（1119 年）讲到，夜间船长通过夜观星象确定船的位置，但在恶劣的天气，他们使用指南针。浮动的指南针从中国蔓延到伊斯兰世界和欧洲，在那里它们被重新定义为旱指南针，到 1300 年改进为在玻璃顶盒中的风上旋转针。浮动指南针在中国仍然在使用，直到 16 世纪荷兰推出旱式旋转针。

克劳迪娅·扎纳迪

1132 年，宋朝朝廷建立了一支永久海军，建造了一支在海岸以及河流和运河巡逻的战舰海军，特别是长江以北派重兵巡逻，在那里强大的海军力量可以保护使人们免受游牧女真人的攻击。女真人建立的金帝国控制了中国河流以北的大部分地区。在采石战役中，中国的舰队击退了女真人想要穿越长江的进攻，并且在杭州成功抵御了来自海上的袭击。宋代部署的创新型战舰中有由人力桨轮驱动的 24 艘船。装备有弹射器和投石机的宋朝战舰，向敌舰上发射各种弹丸，包括装满了金属碎片的陶罐、石灰和火药，使得敌人的船只自动爆炸和燃烧。宋朝的海军人数持续增长。截至 1237 年，共有 52000 名海军人员组成海上编制，超过 100 艘的河船或远洋战舰在中国许多水道航行巡逻，并把中国的实力投射到东海、朝鲜和朝鲜东部海岸。

然而，女真人建立的金国在成吉思汗（1162—1227）和他的蒙古战士铁蹄之下灭亡，蒙古人在1215年攻下了中都（今北京）。成吉思汗的孙子忽必烈（1215—1294）在1233年完成了征服，攻下开封。不断壮大的蒙古帝国构成了对宋朝的更大威胁。忽必烈决心征服中国其他地区，并在宋朝商人以及海军士官的帮助下建立了自己的海军部队。在1274年，蒙古舰队突袭了日本，军队在几个岛屿上登陆。尽管取得了几处胜利，但是日本的抵抗持续增加，加上台风使许多船只沉没，迫使蒙古人撤退。

蒙古人再一次把注意力转向了宋朝，攻克了汉江和长江沿岸的城镇，同时新征服得来的河流周边城镇促进了城镇建设，他们也用缴获的船只扩充他们的海军。到1275年底，蒙古船只占领了长江，随着这种权力的转移，宋朝商人与蒙古人进行贸易，甚至向他们提供船只和船员。扩充后的蒙古舰队于次年夺取了宋朝都城杭州，宋朝官员乘船驶入大海。1279年，一支蒙古舰队把宋朝海军的残余和宋皇帝困在广州海岸，宋朝也走向灭亡，为忽必烈夺取王位并建立下一个中国王朝开辟了道路。得益于此次成功，忽必烈鼓起勇气，再次放眼于日本，集齐更大的军力在1281年攻获了岛屿。在日本人祈祷"神风"神圣的保护下，忽必烈的军队忽遇台风，几乎全军覆没。

元朝像宋朝一样，不断扩展海上冒险。元朝时代的舰队前往安南（今越南）、爪哇、苏门答腊、锡兰和印度。根据马可·波罗的说法，他们甚至到达了马达加斯加。其任务范围包括从外交和贸易到军事报复和征服（包括对越南的征服）。马可·波罗报道了在港口城市泉州看到的元朝船只，描述了船只的艏桅杆处船员人数超过150人的景象。元朝的首都是大都（今北京），以中国各地的货物作为发展基础，如通过内部水道和通过其广泛的贸易路线网罗来自世界各地的粮食。除了贸易及军事和政治事务，元朝海上活动促进了印度、西边更远地区和中国之间的思想交流。佛教经文和文物继续在中国找到一个现成的市场。

纵使有宋元时期的海军力量，在那个时代令人生畏的海盗团伙还是在整个东亚建立起来，攻击船只并侵扰韩国、日本和中国的沿海地区。这些海盗在中文里被称为"倭寇"，意思是"日本强盗"，这个称谓不是基于他们的种族，因为他们当中包括中国人和朝鲜人，但是大多数海盗都来自日本。在11世纪，朝鲜设计师设计了装备武器的战舰以对抗倭寇，在反对倭寇入侵以及13世纪元朝海军的一次流产的远征行动，可以证明战舰的设计是成功的。但在 12 和 14 世纪特别活跃的海盗仍然是一个问题，经过宋、元两代之后慢慢衰落。

入主中原不到 100 年，元朝的统治就衰败了。饥荒、干旱和洪水困扰着这片土地，内部争斗的朝廷官员失去了百姓的支持。汉人在忽必烈继任者的严酷统治下，有了支持反叛分子的借口，其中最著名的是陈友谅和朱元璋 1363 年在鄱阳湖的战斗。后者获得胜利，取代了蒙古的残余（以及陈汉）权力，并建立了一个统治到 1644 年的王朝。

明代海上活动的亮点是郑和（1371—1435）指挥的下西洋活动。明朝太监有军事背景，皇帝任命郑和于 1405—1433 年带领七人进行海外考察。航行的主要任务并不是贸易。相反，船队履行的主要是在海外加强和宣扬国威的外交使命。目的地包括东南亚、印度、中东和东非。郑和的舰队超过 60 艘船和 25000 名船员，船只本身具有前所未有的规模，是当时欧洲船只大小的几倍。郑和的旗舰长约 450 英尺，宽约 180 英尺。船队载着丝绸、瓷器、金器和银器离岸而去，他们向遥远的统治者提供礼物以获得异国人的好奇心，并换取象牙、宝石、香料和在朝堂上备受青睐的异国动物（包括狮子、鸵鸟和长颈鹿）。郑和的船只装备着精良的武器和军队，可以通过武力摧毁海盗，扶持亲中的统治者登上王座来解决当地争端，以此传播中国的影响力。

第七支舰队于 1433 年返回，之后明朝再没派遣过其他舰队出海。朝堂之上，儒家学者重新获得了传统的优势，他们的复苏恰逢海外探险的利润下降，这种情况因郑和下西洋的巨大成本而加剧。再者，朝廷强调农业生产，抑制海外探险和海外贸易。随着孤立主义思想的回归，海军的拨款减少了，明朝海军也开始萎缩。儒家学者贬低商人为自身利益行事，而不是为了国家利益。渐渐地，明朝统治者限制海外贸易，最终将所有海外贸易置于朝廷的控制之下。很快，海外贸易只能在朝贡体系限制范围内进行。在这些限制之外交易的商人被视为海盗，这种措施进一步刺激中国沿海地区海盗活动重新抬头，而当时明朝海军力量有所下降。有一段时间，明朝官员聘请少林僧人与海盗作斗争，但这些努力只取得了有限的成功。中国海上活动迎来伟大的时代，其中包括海军技术的实质性创新，建造大量庞大而精致的船舶。中国海上活动的规模和范围零星但稳步增长。虽然明朝朝廷转向内部，但欧洲探险家和贸易商进入印度洋，对地区贸易起到越来越重要的作用，并最终与中国进行贸易。

阿曼达·叶尔金

拓展阅读

Curtin，Philip D. 1984. *Cross Cultural Trade in World History*. London：Cambridge University Press.

Delgado，James. 2010. *Khubilai Khan's Lost Fleet：In Search of a Legendary Armada*. Oakland，CA：University of California Press.

Dreyer，Edward L. 2006. *Zheng He：China and the Oceans in the Early Ming Dynasty，1405-1433*. New York：Longman.

Levanthes，Louise. 1994. *When China Ruled the Seas*. Oxford：Oxford University Press.

Lo，Jung-Pang. 1957. *China As a Sea Power*. Seattle：NUS Press.

Reddick，Zachary. 2014. "The Zheng He Voyages Reconsidered：A Means of Imperial Power Projection." *Quarterly Journal of Chinese Studies* 3.1.

So，Billy K. L. 2000. *Prosperity，Region，and Institutions in Maritime China：The South Fukien Pattern，946-1368*. Cambridge：Harvard University Asia Center.

So，Kwan-wai. 1975. *Japanese Piracy in Ming China During the Sixteenth Century*. Lansing：Michigan State University Press.

帆船

这种新型帆船是在河流、运河、湖泊以及在南亚和东亚海上发现的典型帆船。"junk"一词来自葡萄牙语"junco"或荷兰语"jonk"，反过来"船舶"这个词可能源于马来语（"Jong"）、爪哇语（"djong"），或者最有可能的是中文（"rongke"）。这种船主要材料是木材，其平坦或略圆的底壳由多个可以做成防水的横向隔板（隔间）建造而成。木板的铺板船体没有像其他船只那样靠近船尾。相反，一块直立的木板横梁隔断了它。相比设计不同的船舶，中国式帆船只需要用更少的隔板，就能够用更多的框架和肋来达到相同程度的强度和刚度。中国式帆船有方形和完整的船帆，并在帆中插入长木条。在它们被西方采用之前，船尾已经开始使用舵掌握航向。带有孔的方向舵（有孔舵）在13世纪传入西方，这种舵更容易操纵。

《吴越春秋》（大约1世纪）中现已散佚的有关海军部分提供了军事战略家伍子胥在西周（公元前1046—前771年）和春秋时期（公元前

"junk" 这个术语适用于各种各样的中国帆船，如图所示，这种帆船传统上是由柚木和带有板条的帆制成。在 15 世纪，郑和的舰队就有这样非常大的帆船，也许长达 500 英尺。（Corel）

771—前 476 年）对吴国海军的描述。这本书列出了大翼、小翼、突冒、楼船和桥船几大类战船。书上还解释说，海军将陆地技术应用于海上作战。因此，"大翼被用作陆地部队的重型战车，小翼被使用作为陆地部队的轻型战车。楼船就像步兵一样。桥船就像轻骑兵"（Lo，2012：28）。

　　不同类型的船舶具有不同的地理区域特色。在北方运河和河流中，沙船不比龙骨大型平底帆船盛行（船的骨架由最低纵向木材建造而成）。远洋船分散在南部海岸（广东、福建）。在 10 世纪，海上贸易飙升，在宋朝（960—1279 年），一些长达 300 英尺，重达 1250 吨的远洋船只被称为"巨舰"。较小的船只（"舸舟"）沿浙江和福建沿岸向南分散，主要用于在河流中载人航行。大型船只用来运送贡品如郑和的远洋船（1405—1433 年），也被称为"宝船"。

克劳迪娅·扎纳迪

拓展阅读

Levathes，L.1996.*When China Ruled the Seas：The Treasure Fleet of the Dragon Throne，1405-1433*.New York：Oxford University Press.

　　Lo，J.-P.2012.*China As a Sea Power，1137-1368.A Preliminary Survey of the Maritime Expansion and Naval Exploits of the Chinese People during the Southern Song and Yuan Periods*.B.A.Elleman（ed.）.Hong Kong：Hong Kong University Press.

Needham，J.1970.*Science and Technology in China*.Vol.4，Pt.3，sec.29，"Nautical Technology"，379–699.

Worchester，G. R. G. 1971. *The Junks of the World*. Annapolis：Naval Institute Press.

蒙古远征日本

蒙古人对日本的远征是历史上最大规模的海军行动之一。在征服中国南宋的同时，蒙古可汗忽必烈（1215—1294）于1274年从朝鲜派遣900艘船在博多港口登陆并远征日本。博多是日本西部国际贸易繁荣的中心城市，他们向这个城市放了一把火，之后军队往日本内陆地区行进。据记载，远征的部队突然撤回他们的船队，并返回到朝鲜。撤退的原因仍然模糊不清。学者们认为大风暴是远征失败的罪魁祸首。不过这是有争议的，因为从风暴中撤回船只而不是留在陆地上，这是不合逻辑的危险决定。一些中国人的说法表明，日本武士强烈抵抗此次入侵，这可能是造成此次撤退的原因。无论什么原因，对日本的第一次远征都以失败告终。

忽必烈的注意力在击败南宋后重新回到了日本，并在同时巩固了他对整个中国的统治。这一次，他聚集了一支来自中国和朝鲜4000多艘战船组成的庞大舰队，于1281年起航。来自朝鲜的900艘船首先到达，剩余的来自中国的船队耽搁了一个多月。来自朝鲜的舰队不能攻取在日本的陆地基地，也许是在两次入侵之间日本建造了防御性石墙。当他们到达长崎北部伊万里湾的鹰岛上，两支舰队最终相遇。历史记录显示，强风和海浪摧毁了远征舰队，摧毁了10艘船中的9艘，并且消灭了同样数量的军队。日本人认为风暴是由众神带来的，因此对"神风"的信仰诞生了。

直到最近，研究蒙古远征日本的唯一方法是通过历史资料。不过在鹰岛进行的水下考古发掘清楚地显示出蒙古第二次远征日本的细节。在水下发现的日本文物揭示了蒙古海军的一些方面，这些文物包括剑、头盔、箭头、陶瓷储物罐、木材和锚。在海床中发现四个完好无损的锚，这表明在船沉没时正好有一阵强风袭来。不是最有趣但也许是最重要的神器，是所

谓的 "Tetsuhau"，一种由陶瓷制成的手榴弹类型。这种装有废金属的弹药最可能使用弹射器抛出。对水下考古遗址文物的研究非常耗时，因为文物的保护需要数年时间，有时甚至需要几十年。到目前为止，似乎有几种类型的船只目前在鹰岛被发现，如大型货船、中型船只以及较小的登陆艇。令人惊讶的是，大多数发现的船只（包括船体木材）来自中国南方。有证据表明船体木材可以进行修复，但不能得出明确的结论。2015 年鹰岛的调查第一次组织了恢复一艘保存完好的船只的项目。感谢这一发现，远征的海军部队的秘密可能很快就会被破译。这艘中国船长约 39 英尺，是一艘快速移动的能将部队带到岸边的船只。

兰德尔·佐佐木

拓展阅读

Conlan，Thomas.2001.*In Little Need of Divine Intervention*.Ithaca：Cornell University Press.

Delgado，James.2008.*Khubilai Khan's Lost Fleet*：*In Search of a Legendary Armada*.Berkeley：University of California Press.

Ota，Koki. 1997. *Mōko Shūrai*：*Sono Gunjishiteki Kenkyū*（*Mongol Invasion*：*The Study of Its Military History*）.Tokyo：Kinseisha.

Sasaki，Randall.2015.*The Origins of the Lost Fleet of the Mongol Empire*. College Station：Texas A&M University Press.

郑和，1371 年至 1435 年

郑和是明朝军事领袖，他指挥舰队进行了七次史无前例的横跨印度洋的航行，以此获得传奇性的地位。他出生在中国云南省省会昆明市附近，原名叫 "马和"，是一个有影响力的穆斯林家庭的后代，他的家族起源于现今乌兹别克斯坦的布哈拉。马和的父亲在 1381 年明朝入侵云南期间被杀。1382 年，马和成为俘虏，被阉割，并成为未来明朝永乐皇帝府内的宦官（1360—1424 年）。虽然出生于穆斯林家庭，但成年以后的郑和笃信佛教，虔诚信奉中国神灵。

郑和在职务、服务以及在其他职能部门都表现出色，在靖难之役中担任军事指挥官，把朱棣推上了皇帝的宝座。当朱棣在 1402 年成立了他的内阁，郑和被任命为大内总管，这是宦官可以达到的最高等级。作为宫廷

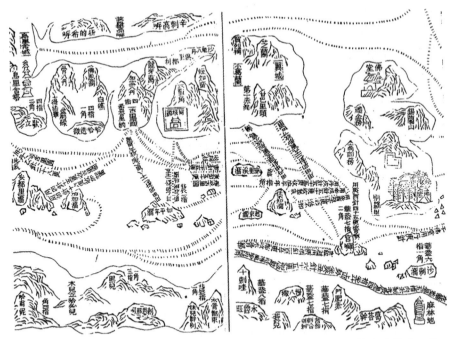

郑和（1371—1435）连续几次领导了在东南亚和印度洋航行的中国舰队。他的航海图于1628年在《武备志》（论述关于武器装备技术）中面世。此图是展现印度（左上）、锡兰（最右侧）和非洲（下）的地图。（制图/通用历史档案/UIG／布里奇曼图像）

太监的总管，他的职责包括宫殿建筑的建造和维护。① 在1403年，永乐皇帝下令建立一支舰队，将中国的实力投射到中国南海甚至印度洋，并任命郑和作为指挥官。在1404年，皇帝将马和的名字改为"郑和"，以表示认可他在保卫郑村堤防时的杰出领导能力以及在靖难之役中的护驾之功。

在1405年，郑和第一次下西洋从中国南京起航，225艘船只中包含各种类型的船，其中有62艘称为大"宝船"。虽然这些船只的具体设计和结构特点至今不明，船只的规模毫无疑问是史无前例的。船体长度在385—440英尺之间，宽度在150—150英尺之间，一些作家认为他们可能长达600英尺。这些宝船很有可能配备有增大的隔间，和明朝初期相对平

---

① 明代宦官共有"二十四衙门"，其中"十二监"地位较高。明初，掌管宫人的内官监是十二监中最重要的，其时郑和正任此职。

底的中国河流驳船类似。据说，它们包含了离心和非垂直的九根桅杆，布置排列在三个舱室中。随后六次下西洋的船只大小和构成都大致相同。

郑和的这几次下西洋与其说是航海探险和贸易，不如说是对周边国家彰显国威更为恰当。每支舰队大约 28000 名人员，主要是士兵，但也包括水手、航海家和其他船舶的官员、工匠和其他专家。船队航行的目的地都比较有名，这些国家中的许多国家把中国吹嘘成"幅员辽阔的大中国"。郑和向他所遇到的地区统治者赠送了金钱，并赋予明朝帝国的认可，他带回了那些统治者的贡品和那些国家的使节。

郑和第一次下西洋访问了印度支那的印度教王国，这个王国是中国的一个盟友，和中国一起反对处于南越与中国南部交界的安南国。他到了爪哇岛之后，通过作为几个中转港聚集地的马六甲海峡。在安达曼群岛进行补给后，郑和的舰队访问了斯里兰卡，继续前行到了印度城市奎隆和柯钦，之后到达最远的目的地卡利卡特，这个港口主导印度洋的贸易。返程采取的是向外的路线，稍微绕行去参观了印尼港口巴邻旁，郑和在这个港口抓住了一个总惹麻烦的中国海盗，并安排了一个中国商人作为这个港口的负责人。

第二次和第三次下西洋分别于 1407 年和 1409 年起航，并且一般都遵循第一次下西洋的路线。访问爪哇时，第二次下西洋引起了中国与衰落的玛迦帕夷帝国的争执，从而成功地巩固了继任的新柯沙里王朝的统治。郑和部队时不时暗示现任统治者，允许他在不诉诸暴力的情况下实现自己的目标。但是必要时，他可以使用武力。例如，在第三次下西洋期间，中国军队与锡兰当地军队展开斗争，以解决它的领导争端。可能是这次下西洋返回过境期间，郑和建造了一座幸存者的加勒石，并在上面用中文、泰米尔语和波斯语分别赞美了佛祖、毗湿奴神和安拉。

郑和的第四次、第五次和第六次下西洋（1412 年、1417 年和 1421 年起航）采取相同的路线前往印度，但随后继续向西航行。第四次下西洋参观了马尔代夫和霍尔木兹，这是印度洋西部最重要的贸易中心。第五次和第六次探险可能再次访问霍尔木兹，然后航行到亚丁、摩加迪沙和马林迪。人们记住了他们在东非中途停留带回中国的贡品——长颈鹿。回到中国后，这些动物被称为神秘的"麒麟"，只有在中国皇帝执政与上天达成一致时才会出现，因此是帝国施以德政的有力象征。

在 1421 年，可能在第六次航队离开后不久，永乐皇帝暂停支持接下来的航行。那年后，他的儿子，也就是洪熙皇帝（1378—1425）登上了王位，他就把下西洋的重任永久地搁置了下来。皇帝任命郑和担任南京大报恩寺庙的监督工作。寺庙建成后，下一任皇帝，永乐的孙子宣德（1399—1435）下令于1430年第七次下西洋，远至霍尔木兹。

在过去的六个世纪里，郑和下西洋的事迹通过口口相传、戏剧、小说、电影和其他媒体等渠道流传开来。1597年罗懋登的小说《三宝太监通俗演义》（又名《三宝大师下西洋》）将郑和下西洋的史实改编成神魔小说，这本小说起到的作用是非常大的。英国作家加文·孟席斯2002年的非小说作品《1421年：中国发现世界》，成为全球畅销书。但学者对此保持疑虑，反对孟席斯关于郑和到达澳大利亚、美洲甚至格陵兰岛的观点。近年来，中国政府将郑和视为中国当前经济崛起和海军力量增强之时和平与包容的象征。中国政府资助了致力于保护郑和下西洋的遗产相关的会议、出版物、纪念碑、研究中心和纪念社团。

约翰·F.布拉德福德

拓展阅读

Dreyer, Edward L. 2006. *Zheng He: China and the Oceans in the Early Ming Dynasty, 1405–1433*. New York: Pearson.

Levathes, Louise. 1994. *When China Ruled the Seas*. New York: Simon and Schuster.

Suryadinata, Leo. 2005. *Admiral Zheng He and Southeast Asia*. Singapore: Institute of Southeast Asian Studies.

欧洲，1000年至1500年

在1000—1500年以及之后的很多年，欧洲大陆靠海的地理位置在塑造欧洲政治和社会中发挥了重要作用。欧洲北部与北海和波罗的海接壤，西部接壤大西洋，南部靠近地中海。因此，欧洲人随时可以进入各个方向的水路。虽然外部的影响通过这些海域进入欧洲，但是欧洲对海洋的激烈探索和扩张将欧洲与世界的其他地方联系在一起，并且对全世界造成影响。

到第一个千年结束时，欧洲人在这些海域进行了各种各样的活动。到8世纪后期，海盗成为北欧人的威胁，维京人开始沿着海岸和河流系统袭击英格兰、爱尔兰和欧洲大陆，南至意大利南部，东至俄罗斯和拜占庭。斯拉夫海盗在北欧和波罗的海海上贸易路线上无情地掠夺。到 12 世纪，德国港口城市的商人联合起来共同组成汉萨同盟，以此保护和规范海上贸易。

地中海发达的贸易网络连同众多现成的藏身之处，如小岛、海湾和小海湾，使得地中海对于海盗而言，成为一个对从事海盗活动极具吸引力的地方。海盗活动在中世纪地中海蓬勃发展，如斯拉夫异教徒那伦丁人从他们的达尔马西亚沿海原居住地大规模进入到意大利的东部和南部进行海盗活动。那伦丁人具有强大的实力，在 9 世纪，他们在亚得里亚海海战中击败了强大的威尼斯人。这一时期早期，北非穆斯林海盗从伊比利亚到克里特岛肆虐，掠夺地中海西部港口城市刚刚起步的贸易网络。事实上，热那亚等城市向更广阔的地中海世界扩张，最初是出于保护他们新生的贸易网络免受穆斯林海盗侵害，穆斯林海盗曾在 934—935 年洗劫了这座城市。热那亚人在接下来的几十年称霸海上，在打击这些袭击者的过程中，重掌海上作战主动权，并成为地中海西部的海上力量。意大利的城市比萨同样也成为区域海上力量，1016 年它与热那亚结盟，目的是击败来自撒丁岛的西班牙东部德尼亚的穆斯林统治者穆贾希德。撒丁岛对热那亚人和比萨人的吸引力在于供应充足的羊、奴隶、盐和谷物。因自己的城市田地稀缺，盐和谷物是他们的迫切需求；这两个竞争对手知道保护这些宝贵的资源关乎他们自己城市的生存，以及贸易机会的扩大。

在 1000 年的早些年，欧洲人向西横跨北大西洋。随着维京人继续突袭和殖民北欧，9 世纪从事畜牧业的农民已经开始在冰岛定居。人口过剩和饥荒助长了他们向西扩张，导致红胡子埃里克（约 950—1003）在 10 世纪晚期发现了格陵兰岛，维京人在那里建立了许多农庄并从事贸易。维京人将格陵兰岛作为他们前往北美的跳板，红胡子埃里克的儿子莱夫·埃里克森（约 970—1020）在现代纽芬兰建立临时定居点。该地被命名为"文兰"，它有过短暂的繁荣，但因为与当地人的敌对关系最终被放弃。因此维京人是第一批通过大海把北美大陆与欧洲大陆连接起来的欧洲人，但无法永久性地建立定居点。

罗马帝国灭亡后，经济停滞困扰着欧洲，但是第一个千禧年到来之际的"农业革命"增加了作物产量，刺激了人口增长和海运贸易增长。农业的创新包括更耐用的犁、改进的马领和马蹄铁以及更有效的作物轮作模式，进一步提高了产量。农业生产力的增长和经济的发展节省了劳动力，从而释放了以前被土地捆绑的许多欧洲人。他们搬到附近的城镇，追求农业以外的职业。城市生活茁壮成长，产生了学者们所谓的"商业革命"，随着城市成为当地的中心，然后是地区，再然后是欧洲和地中海的长途贸易。始于11世纪后期的十字军东征，促进了商业的日益增长。捍卫十字军西方重要的港口城市，这主要是西方商人或者是来自热那亚、威尼斯、比萨、马赛和其他港口城市的殖民者的责任。十字军东征授予他们财务和法律特权，甚至授予控制他们所在城市社区的权力，以换取海军支援。无数的意大利人在恺撒利亚、推罗、贝鲁特、的黎波里以及其他城市的地中海东部沿岸不断涌现，贸易货物从西向东流过这些城市，维持十字军东征国家的发展。同样重要的是东部奢侈品的贸易流动，如运往西方国家的中国丝绸和亚洲/印度香料，这增加了流经欧洲的城市的贸易货物量。

　　与东方世界进行贸易利润丰厚的特点促进了海事技术的创新，促进了货物大量运往西方世界。长期以来，维京人一直使用一种小型货船（"knarr"），沿着斯堪的纳维亚半岛、爱尔兰和格陵兰海岸进行交易，但事实证明它无法长途运输较大的货物。虽然流行的桨帆船对于减轻不稳定的地中海海风问题很有用，但这种船经营成本高，并且与小型货船一样不太适合长途贸易。造船者通过研发中世纪海运的两个重负荷机器（即齿轮和船体）来解决这一难题。两种船都是为长距离运输笨重货物而设计的。它们有宽而平的底部和陡峭的边，使货物容量达到最大化，也便于在港口装卸货物，拥有一根桅杆和帆，还在船尾安装舵以提高机动性。这种方向舵最初出现在12世纪晚期的北海和波罗的海，然后迅速蔓延到地中海。在那里，第一个方向舵被永久地安装在船体上。齿轮和船体的设计非常适合长距离运输，但速度慢。中世纪晚期的造船工人通过引入新的设计来解决这一问题，船体足够大，使其在波涛汹涌的水域中保持稳定，并适合长距离运输货物。葡萄牙人开发了用于远程探索的帆船，帆是大三角形的，使其速度更快并且能够迎风而行。在欧洲南部后来出现了比轻型帆船更大的大帆船，可以容纳四根桅杆，而轻型帆船至多能容纳两根或者三根桅杆。事实上就是这种类型的船只将因1492年航行而闻名的克里斯托弗·哥伦布及其船员带到新大陆，"圣玛丽亚"是一艘大型帆船，"尼尼亚"和"平塔"都是轻型帆船。

　　除了船舶设计的改进之外，12世纪和后来的几个世纪是海上航行创新的时代，创新不仅有助于增加欧洲的长途海运贸易，还开启了欧洲向印度洋和大西洋探索和扩张的时代。12 世纪末通过北欧人对指南针的改进和采用，一场航行革命被开启，并在整个大陆蔓延开来。最早的指南针只是漂浮在水中的磁化指针。到 1300 年，欧洲人发明了旱罗盘，它由磁化针组成，附在罗盘上，用玻璃盖住或装在木箱内。水手后来给指南针增加了一个基座，以保持其相对于海平面的水平位置，最大限度地减少它在波涛汹涌的大海中受到的冲击。指南针的发展与采用的时间大致与海员通过航位推算开发出更准确的方法来计算船舶位置的时间相当，即可以随着时间的推移，结合其速度和方向推测船的位置。

波多兰航海图

波多兰航海图是早期欧洲制图中的一项重大创新。起源于 13 世纪的意大利和西班牙，根据海员的观察估计，并基于指南针的方向和距离，他们以制图的形式保存了海员在地中海航行的经验和智慧。航海图记录了地标、港口和贸易路线（实际上是"portolan"的衍生词是意大利语"portolano"，意思是一本标注航海方向和港口位置的书）。这些地图揭示了中世纪制图师和水手对地中海季风风向全面了解的重要性。波多兰航海图的典型特征是它的"风玫瑰线"网状标志来源于罗经盘，风玫瑰线被画在地图的突出位置，它的目的是向地图阅读者展示季风风向和方位点。波多兰航海图不仅仅是地图，还是艺术品，通常包括错综复杂的城市景观、地理特征、植物群、动物群、特定地区的特征，甚至在公海上的船只和海怪。随着时间的推移，这些地图因其准确性在整个欧洲备受推崇，这很可能解释了地图制作者为他们自己最终采用加入旋涡花饰的做法宣传他们的名字和创作航海图日期。它们的重要性就体现在地理大发现时代海上竞争的国家将它们视为国家机密。

布莱恩·N. 贝克尔

此外，在 14 世纪初期，意大利和西班牙地图制作者发明了波多兰航海图，大大有助于海员在地中海的航行。这些航海图包含贸易路线、港口和重要的地理特征，对于在危险的海洋成功航行提供了至关重要的全面知识，波多兰航海图经常出现风玫瑰的标志、指南针和垂直线（表示风向）。它们主要是一个功能工具，也是艺术品，上面通常详细地呈现出地中海港口城市和精心绘制的动物、人类、甚至海洋怪物的景象。

总的来说，这些创新从根本上改变了海员与地中海的关系，如精确的海上航行时间以及延长了冬季的航行时间，这在以前通常被视为对航海来说有很大风险的季节。地中海海事贸易这几个世纪以来经历了持续的扩张，甚至延伸至欧洲南部，包括整个欧洲大陆。最早存留的地中海与英吉利海峡之间进行直接海上贸易的证据来自13世纪末，到了14世纪，海盗取代了维京人的袭击成为北海贸易最严重的威胁。汉萨同盟已经发展到包括从英格兰到俄罗斯近200个港口城市，成功地遏制了海盗势力，直到16世纪在北欧贸易中一直占据主导地位。然而强大的北欧民族国家团结的出现，却削弱了他们的成员城市进入北海许多重要的国内市场的能力。另一个联盟的问题在于波罗的海和地中海，以及欧洲和美洲新的海上联系的发展，意味着面向大西洋向西的港口贸易需要重新修整。在中世纪晚期，巴塞罗那、马赛、热那亚、威尼斯等地中海沿海城市继续广泛从事海盗活动，这些海盗活动有的是私人赞助的，有的是国家扶持下进行的。

到了14世纪，拜占庭帝国的海军力量开始衰退，使得奥斯曼帝国在东地中海水域宣扬自身实力。强大的奥斯曼海军在地中海东部的存在，包括奥斯曼帝国资助的海盗在东西航运线上进行掠夺，很快迫使西方商人放弃通过黎凡特联结东西方传统的贸易路线，并寻找新的贸易航线。伊比利亚半岛的王国在此次寻找新的航线中居于领先地位。首先是葡萄牙人，然后是西班牙人发起持续的、长距离的海上探险，开创了后来学者所称的"地理大发现时代"。葡萄牙的航海家亨利王子（1394—1460）是这个时代初期的关键人物，他招募了一些当时最优秀的制图师、地理学家和航行员到自己的国家，承诺对向西和向南的海上探险活动给予资金支持。葡萄牙人发现并占领了马德拉（1418年）和亚速尔群岛（1431年），然后沿着非洲海岸向南航行，发现了黄金并进入奴隶贸易的时代。

探险队于1487年绕过非洲的南端，并于1498年到达印度，由此从欧洲到印度洋建立了直接的贸易。葡萄牙的成功激励了西班牙为类似的航行提供资金，其中包括哥伦布1492年的航行，他宣布美洲和加勒比地区为西班牙的殖民地。然而，这仅仅是欧洲海洋扩张的开端。到16世纪中叶，葡萄牙人控制了印度洋香料贸易，建立了直至日本的贸易网络，西班牙探险队发现了太平洋，并且环游世界，对菲律宾宣称主权，探索美洲的内陆。

布莱恩·N. 贝克尔

拓展阅读

Adams，Jonathan.2013.*A Maritime Archaeology of Ships：Innovation and Social Change in Late Medieval and Early Modern Europe.* Oxford：Oxbow Books.

Brummett，Palmira. 1994. *Ottoman Seapower and Levantine Diplomacy in the Age of Discovery.* Albany：State University of New York Press.

Dollinger，Philippe.1970.*The German Hansa.* D.S.Ault and S.H.Steinberg (trans.).Stanford：Stanford University Press.

Dor-Ner，Zvi，and William Scheller.1991.*Columbus and the Age of Discovery.* New York：William Morrow and Company，Inc.

Eddison，Jill. 2013. *Medieval Pirates：Pirates，Raiders and Privateers 1204-1453.* Stroud，Gloucestershire：The History Press.

Graham-Campbell，James.1980.*The Viking World.* London：Frances Lincoln.

Konstam，Angus. 2008. *Piracy：The Complete History.* Oxford：Osprey Publishing.

Meier，Dirk.2006.*Seafarers，Merchants and Pirates in the Middle Ages.* Angus McGeoch (trans.).Woodbridge，England and Rochester，NY：Boydell and Brewer.

Rose，Susan.2012.*Medieval Naval Warfare 1000-1500.* London and New York：Routledge.

Rose，Susan.2012.*The Medieval Sea.* London and New York：Hambledon Continuum.

Scammell，Geoffrey V.1981.*The World Encompassed：The First European Maritime Empires c.800-1650.* Berkeley：University of California Press.

Stockwell，Foster.2003.*Westerners in China：A History of Exploration and Trade，Ancient Times Through the Present.* Jefferson，NC and London：McFarland & Company.

Stuckey，Jace (ed.).2014. The Eastern Mediterranean Frontier of Latin

Christendom. Aldershot：Ashgate Variorum.

图德拉的本杰明

图德拉的本杰明（Benjamin of Tudela）是中世纪最著名的旅行家之一。1160—1173年，他游历了欧洲、亚洲和非洲，在他的旅行日记中详细记录了他的经历。"图德拉的本杰明的旅行日记"，用商人或者交易商惯用的简单的希伯来语写成，后来由本杰明的一个熟人汇编成。学者们认为这是中世纪犹太人历史上最有价值的资料来源之一。

本杰明对自身的描述着墨甚少，相反，他记录了他所拜访的犹太部族之间间隔的距离和地理特征、这些部族的领导者、部族规模和塔木德学校等有趣的事。从他的日记中可以清楚地看到，本杰明看到了这些部族作为一个更广泛构想的"地中海"的犹太人部族的组成部分，这些犹太人因为大海紧密联系在一起。学者关于本杰明的旅行动机没有达成共识。没有任何迹象表明他旅行的原因是由世俗统治者的委任或犹太部族的派遣，但他的所有活动一致地包含拜访当地圣地、学习传统习俗和参拜神迹，这使得这次旅行很可能是朝圣之旅，至少部分可能是。本杰明带有崇敬和悲伤地描述圣地和后十字军东征基督徒的拨款，加深了这种可能性的存在。在12世纪，犹太商人承担数千英里的商业远航的任务并不少见，本杰明的职业也为他漫长的旅程提供了动力。

阅读旅行日记的读者可以获得各方面的有用信息，包括地中海经济和把贸易投诸海上的众多商人。本杰明描述的产品有产于提尔的优质糖、希俄斯的乳香树、胡兰的雪白胡椒、菖蒲和生姜以及塞萨洛尼基生产的丝绸。他进一步指出了外国商人在众多地方活动，包括巴塞罗那和蒙彼利埃的拜占庭人和埃及人、整个希腊的热那亚人、蒙彼利埃和亚历山大的摩洛哥人、君士坦丁堡的巴比伦人、波斯人、美地亚人、埃及人、迦南人、俄罗斯人、匈牙利人、帕西奇亚人、可萨人、伦巴第人和西班牙人。本杰明通过他关于物理的观察以及对他访问过的城市的外观和布局做的描述，使这本书更加具有价值和意义。他说，热那亚市被墙包围着，每个房子都有一座塔，在发生冲突时人们在塔的顶部互相争斗。本杰明甚至称赞亚历山大的建筑师亚历山大大帝建设了一座充满人情味的城市，"因为它的街道是宽而直的，这样一个男人可以从一扇门望向一英里以外的另一扇门，从里希德的大门到海边的大门"（艾德勒，2007：104）。图德拉的本杰明可能是他那个时代典型的犹太商人旅行者，但是因为他旅行日记的保留，对我们了解中世纪地中海的贸易、旅行以及犹太生活做出了宝贵的贡献。

布莱恩·N. 贝克尔

拓展阅读

American-Israeli Cooperative Enterprise.2015. "Benjamin of Tudela." http：//www.jewish virtuallibrary.org/jsource/biography/BenjaminTudelo.html.Accessed January 15, 2015.

Benjamin, Sandra. 1995. *The World of Benjamin of Tudela：A Medieval Mediterranean Travelogue.*Teaneck, NJ：Fairleigh Dickinson University Press.

Benjamin of Tudela. Marcus Nathan Adler (trans.).2007. *The Itinerary of Benjamin of Tudela.*Gloucester, United Kingdom：Dodo Press.

Jacoby, David.2008. "Benjamin of Tudela and His 'Book of Travels'." Klaus Herbers and Felicitas Schmieder (eds.).In *Venezia incrocio di culture.* Rome：Edizioni di storia e letteratura, 135-64.

Shatzmiller, Joseph.1998. "Jews, Pilgrimage, and the Christian Cult of Saints：Benjamin of Tudela and His Contemporaries." In *After Rome's Fall：Narrators and Sources of Early Medieval History.Essays Presented to Walter A.Goffart.* Alexander C. Murray (ed.). Toronto：University of Toronto Press, 337-47.

齿轮船

从 11 世纪到 15 世纪，齿轮船是中世纪商船用于欧洲西北部海域海上贸易和军事角色中最主要的船只类型之一。齿轮结构形式的一些元素最早可以追溯到 4 世纪的船，尽管现在的研究人员在发展齿轮船方面，更加重视关于罗马—凯尔特人造船技术的发展。

术语"齿轮船"第一次用于指船舶，出现在 9 世纪。可能代表齿轮的图画出现在海泽比发现的硬币上，海泽比是今石勒苏益格附近的日德兰半岛上的中世纪贸易中心。同一时期的其他记录中，齿轮船指的是"弗里斯人的船"，弗里斯人是生活在莱茵河和易北河之间的欧洲海岸的商人（哈金森，1994：15）。在 12—15 世纪，齿轮船是在北海和波罗的海占据贸易主导地位的汉萨贸易城市的主要依靠。

齿轮船有平底双端式船体。底板是齐平的（并排放置而不重叠），并且底部突然向上过渡，在那里它加入了延伸的直杆和胸骨柱，从龙骨开始以一定角度形成船的两端。厚厚的重叠木板铺满整个船尾（如同"五线谱"一般），钉在一起以完成高边船体。齿轮船有一个方形帆用于推进，在 12 世纪中叶之后，齿轮船被有中心线的舵所掌航，船舵用一根铰链状排列的铁销（"轴针"）和空心圆柱形套口（"船枢"）悬挂在船尾，因此是一艘货舱空间充足的坚固的船只。

齿轮船结实的宽大结构也很适合军用船只，10 世纪后期，他们被用来运送士兵。齿轮船的高边船体在舰对舰作战中比桨驱动的桨帆船更具有高度优势。为了克服这个缺点，弓形和可供船尾战斗结构的船被制造出来，因为每个造船商寻求自身的优势，导致船的式样形成周期性重复。一份信函（授予奈斯特韦德丹麦修道院的权利）可能表明，在 1249 年之前，齿轮船曾被装备为军舰。汉萨城在 14 世纪晚期用大炮把船只武装起来。不久之后，帆船取代了英国舰队的桨船，因其实用性而在地中海广泛使用。

拉里·A. 格兰特

拓展阅读

Hattendorf, John B., and Richard W. Unger (eds.). 2003. *War at Sea in the Middle Ages and the Renaissance.* Rochester, NY: Boydell Press.

Hutchinson, Gillian. 1994. *Medieval Ships and Shipping.* London: Leicester University Press.

McCarthy, Michael. 2005. *Ships' Fastenings: From Sewn Boat to Steamship.* College Station, TX: Texas A & M University Press.

McGrail, Seán. 2014. *Ancient Boats in North - West Europe: The Archaeology of Water Transport to AD 1500.* New York: Routledge.

McGrail, Seán. 2004. *Boats of the World: From the Stone Age to Medieval Times.* Oxford: Oxford University Press.

克雷克斯·亚伯拉罕，1325 年至 1387 年

学者们把克雷克斯视为马略卡岛制图学校领先的制图师之一，他是一位来自马略卡岛的帕尔马顶尖地图制作师、航海航行的仪器发明者。现代文学通常将他称为亚伯拉罕·克雷克斯（Abraham Creques），但这是不正确的。根据加泰罗尼亚犹太人的习俗，他的父母亚伯拉罕和阿斯特鲁戈纳

将其命名为"克雷克斯·亚伯拉罕"（亚伯拉罕之子）。出于同样的原因，我们知道克雷克斯的儿子（也是一位受人尊敬的制图师）是"犹大·克雷克斯"。

马略卡岛制图学校在地图制作中占有重要地位。作为早期的创新者，波多兰航海图把功能和有关沿海精确信息结合在一起，它带有中世纪世界地图的精心装饰和信息丰富的铭文。这所学校的制图师也将他们的地图以地中海为中心，而不像早期的世界地图通常以耶路撒冷为中心。克雷克斯的制图天赋让这些航海图璀璨于世，为他赢得了人生当中初为制图师的声誉，获得了彼得四世及其儿子阿拉贡的约翰王子的赞助，被约翰王子授予"世界地图大师"的头衔（"世界地图和指南针大师"）。正是在约翰王子的命令之下，克雷克斯制作了著名的加泰罗尼亚地图集（可能是与他的儿子犹大协同完成的），这是现存的学者们可以自信地认为是他绘制的唯一一份地图。在 1375 年或之后不久，约翰王子委托克雷克斯制作世界地图，作为礼物送给他的表弟法国查理六世亲王，虽然这是查理在 1381 年成为国王后唯一一次收到约翰的礼物。

《加泰罗尼亚地图集》被誉为保留最完整的中世纪晚期幸存地图之一，目前收藏于法国巴黎的国家图书馆。与当代的波多兰航海图的地理范围相比，它显得更加雄心勃勃，涵盖从大西洋到中国，从斯堪的纳维亚到非洲的陆地。然而，它显然也意味着对水手有实际用途，因为它表示对城市的政治和宗教忠诚，并提供适用于白天和夜间航行的有用信息。

布莱恩·N.贝克尔

拓展阅读

Abraham, Cresques. 1978. *Mapamundi*, *the Catalan Atlas of the Year 1375*. With commentary by Georges Grosjean (ed.). Dietikon-Zurich：Urs Graf Verlag.

Bibliothèque Nationale de France. 2015. "Atlas de cartes marines, dit (Atlas catalan)." http：//gallica. bnf. fr/ark：/12148/btv1b55002481n/f1. image. Accessed February 16, 2015.

Ceva, Juan. 2015. "The Cresques Project." http：//www. cresquesproject. net/home. Accessed February 16, 2015.

十字军东征

　　十字军东征是由西欧基督教徒发起的一系列军事行动，得到教皇的批准和某种形式的精神奖励，如宽恕参与者的罪孽。从 11 世纪后期开始，十字军东征的最初目的包括恢复圣地与穆斯林的斗争，但在接下来的几个世纪中扩大到包括新的目标和地理焦点，比如伊比利亚的穆斯林、法国南部的异教基督教团体，以及东欧的异教徒和拜占庭的东正教徒。历史学家传统上只考虑那些针对圣地穆斯林的运动是"官方的"十字军东征。然而，许多反对非圣地以外的非基督徒运动也应归属于其中，最近这一观点也甚嚣尘上。支持这一论点的历史学家认为，十字军运动一直延续到 16 世纪，远远超出传统意义上接受的结束时间（13 世纪晚期）。

　　历史学家认为第一次十字军东征（1096—1099 年）是所有前往圣地的东征中最成功的，因为它完成了它的主要目标，即从占领穆斯林塞尔柱的土耳其人手中恢复对耶路撒冷的占领。除此之外，这次十字军东征占领了相当一部分赛尔柱的领土，即现在土耳其、叙利亚、黎巴嫩、约旦和以色列的部分领土。这些国家的领导人最终分裂进入四个十字军国家：埃德萨县（1098 年）、安提俄克公国（1098 年）、耶路撒冷王国（1099 年）和的黎波里郡（1109 年）。随后所有圣地十字军的主要目标是捍卫这些州，但由于组织不良、缺乏重点、强大的穆斯林的抵抗以及欧洲对此兴趣减弱，使这些运动的效果明显低于第一次十字军东征（如果认为所有的东征行动都是有效的话）。事实上，大多数历史学家认为这些后来的十字军东征是失败的。

　　在 12 世纪初，缺乏足够的陆地力量导致了十字军骑士形成如圣殿骑士和医院牧师这样的"军事宗教秩序"，他们的宣誓职责是保护基督教的控制权，并增加前往圣地的朝圣之旅。相反，捍卫十字军国家的重要港口城市主要是西方商人和殖民者的责任。一个重要的结果就是许多意大利商人沿着地中海东部海岸提尔、贝鲁特、的黎波里等城镇建立了殖民地。这对十字军国家货物的东西流动至关重要，其中货物包括人力和其他用品。人们无法确切地知道欧洲有多少财富通过这些地中海东部港口运往东方，但这显然是一个很大的交易量。相当数量的意大利移民迁移到欧洲东部，在地中海东部城市的工场工作或是从事十字军防御工事，虽然他们从来没有在任何一个十字军国家中占据大量人口比重。

十字军东征开始，**15 世纪的手稿。虽然这是 15 世纪描绘愉快航行的绘画作品，但实际情况一定是肮脏和不舒服的。骑士与仆人和乡绅的随从航行人数众多，船只太拥挤，无法为所有人提供睡眠的地方。（大英图书馆）**

　　海上战争并未在反对东欧和波罗的海异教徒或是反对伊比利亚穆斯林的收复失地运动的北方十字军东征中发挥重要作用，尽管 1147 年十字军舰队占领穆斯林里斯本是第二次十字军东征鲜有的几次成功之一。对于十字军东征的国家，条件各不相同，但是各个国家的生存依赖于意大利海军的供应和沿海保护。在十字军东征时保留他们的商业场所和特权的地位，确实促使意大利城市从成立之初起就需要提供这些服务，一个同样重要的动力是需要巩固从欧洲到圣地的海上航线贸易以及部队和朝圣运输的需求。对于这些路线的东部地区而言，埃及最初构成了最大的穆斯林威胁。后来十字军东征也确实将征服埃及作为他们的最初目标，但派系冲突以及 1191 年英格兰的理查德一世征服塞浦路斯阻止了埃及永远真正挑战意大利海军在该地区的霸主地位。

　　同样值得注意的是，伊斯兰世界与远东之间存在着繁荣的贸易往来，这有助于解释穆斯林对欧洲在东地中海水域的主导地位缺乏抵抗；与远东的繁荣贸易降低了与敌对的西方建立商业关系的紧迫性。一旦这一格局得到巩固，这些航线的相对安全性和速度导致后来的十字军东征组织者选择向东的海运部队运输，而不是选择陆路运输。此外，意大利商船在这些航线上占主导地位，通过这些航线向欧洲输送利润丰厚的东方商品，如纺织品、香料和其他地区产品，这些贸易在 1291 年十字军国家最后残余阿克里（Acre）沦陷后仍将持续下去。

　　十字军东征没有引发欧洲人接触伊斯兰文化，但是这场运动肯定增加了欧洲人对伊斯兰文化的接触。这种可能大部分是地中海的原因。它完善地将欧洲和伊斯兰世界联系在一起，如伊比利亚和西西里岛。在此期间，地中海也作为流通渠道将伊斯兰医学、科学、地理知识、建筑和哲学从东方传到西方。因此，海洋在欧洲引入这一知识体系中发挥了重要作用，这导致了西方许多领域的创新。十字军东征的想法被证明在欧洲是有影响力的，作为教皇和世俗统治者（通常是为了个人利益）通过发动针对非穆斯林的运动扩大了十字军东征。例如，教皇英诺森三世发动了一场反对法国南部的基督教异教徒的十字军东征运动，主要反对的是作为挑战教皇力量的代表者的阿比尔派教徒。伊比利亚和东欧的基督教国王以分别牺牲穆斯林和穆斯林异教徒的代价，利用十字军意识形态扩张领土。因此，在后来的欧洲十字军东征中，海洋并不是很重要的因素，但海洋对于该运动的早期成功、未来成功的后续计划以及欧洲的知识成熟起着至关重要的作用。

布莱恩·N.贝克尔

拓展阅读

Chazan，Robert.1987.*European Jewry and the First Crusade*.Berkeley：University of California Press.

Christiansen，Eric. 1980. *The Northern Crusades：The Baltic and the Catholic Frontier，1100-1525*.London；New York：Macmillan.

Courbage，Yousef，and Phillipe Fargues.1998.*Christians and Jews Under Islam*.London：I.B Tauris.

Harris，Jonathan. 2003.*Byzantium and the Crusades*. London：Hambledon

Continuum.

Hillenbrand, Carole. 1999. *The Crusades: Islamic Perspectives*. Edinburgh: Edinburgh University Press.

Housley, Norman. 1992. *The Later Crusades, 1274 – 1580. From Lyons to Alcazar*. Oxford: Oxford University Press.

Maalouf, Amin. 1984. *The Crusades Through Arab Eyes*. Jon Rothschild (trans.). London: Al Saqi Books: Distributed by Zed Books.

Maier, C.T. (ed.). 2000. *Crusade Propaganda and Ideology*. Model Sermons for the Preaching of the Cross. Cambridge: Cambridge University Press.

O'Callaghan, J.F., 2003. *Reconquest and Crusade in Medieval Spain*. Philadelphia: University of Pennsylvania Press.

Riley-Smith, Jonathan. 1987. *The Crusades: A Short History*. New Haven: Yale University Press.

汉萨同盟

汉萨同盟是北欧贸易联盟。在其最鼎盛的时期，它包含 200 多个城镇，其中很多港口从 12 世纪中叶到 17 世纪中叶一直很活跃。

汉萨同盟起源于 12 世纪的德国商人进行海外贸易时组建的"商会"（"协会"）。在当时，国家权力很弱但地方性海盗行为盛行，进入这样的群体能相互提供保护，保障各自利益。当"商会"在位于德国北部的吕贝克港口和波罗的海岛屿哥特兰岛的维斯比，与该地区的其他商会势力汇聚在一起，汉萨同盟就出现了。在短时间内，这个较大的团体将其活动扩展到与波罗的海和北海接壤的陆地上，在加入联盟的定居点建立贸易中心。随着联盟的运作活动越来越多，它成了城市和城镇的联盟而不仅仅是商人的联盟。

联盟活动不断扩大不可避免地带来造船业的快速发展，这反过来促进了造船业采用新的方法和设计。最早的汉萨同盟船只是带齿轮的配有方形帆的平底单桅船。这些种类在 14 世纪和 15 世纪被更大型号的船所取代，这些大型船只具有更先进的设计，带有基本的龙骨，船体有更精细的甲板材料。与之前的单桅船相比，大帆船可携带两倍以上的货物，弧形船体允许它们轻松地停靠在平坦的海岸上。在 15 世纪后半期，汉萨同盟造船厂的人数越来越多，速度更快的船被称为"轻快帆船"。

联盟港口的造船成本以及后续的货物成本一般由同盟中的一些人承担。这样的做法使得利润和风险并存，尤其当船舶的承载量和货物价值变大后，这一点显得尤为重要。他们也确保了越来越多同盟成员投资海运成功企业。

汉萨运输的典型货物包括矿石、木材、毛皮、蜂蜜、谷物、干鱼和织品。据估计，到 15 世纪，汉萨同盟的来往商贸船只约 1000 艘，船只种类从大型远洋帆船到小型滑行艇不等，总吨位约为 6 万吨。

虽然它更倾向于在德国进行征服和殖民活动之后扩张，汉萨同盟有时也会卷入冲突，其中最重要的冲突是与丹麦的海战。根据 1370 年的《施特拉尔松德条约》的条款，在波罗的海地区达成汉萨同盟至上的无可争议的协议。然而在接下来的一个世纪里，同盟的力量是被日益强大的民族国家和海上力量不断扩大的荷兰商船所削弱。

格罗夫·科格

拓展阅读

Halliday, Stephen. 2009. "The First Common Market?" *History Today* 59.7：31-37.

Schildhauer, Johannes.1985.*The Hansa：History and Culture.*Leipzig：E-dition Leipzig.

Schulte Beerbühl, Margrit. 2011. "Networks of the Hanseatic League." *European History Online.* http：//www.ieg-ego.eu/schultebeerbuehlm-2011-en.Accessed Dec.7, 2014.

诺曼人

诺曼人以其海盗行动以及在欧洲和地中海大范围广泛殖民而闻名。诺曼人的领土横跨法国北部和西部沿海、不列颠群岛、西西里岛和北非黎凡特。"诺曼"这个名字来自维京入侵者，意思是"海上人"。"诺曼"指的是斯堪的纳维亚人群体（从 8 世纪到 11 世纪入侵和掠夺其他国家，并在整个欧洲建立了定居点），或者如此处所描述的那样指的是丹麦人和挪威人（其领土延伸到欧洲西部和南部），特别是那些在 10 世纪定居法国北部并建立诺曼底公国的丹麦人和挪威人。

在基督教的消息来源中，"诺曼人"很快成为北欧掠夺者的集体名称。当 11 世纪瑞米耶日历史学家威廉试图为他的当代读者定义"诺曼人"指什么，他写道："他们被称为北方人，因为他们的语言'Boreas'被称为'北方'，'homo'是'人'；从那里来的人被称为'北方人'"（范胡特，1992：17）。

诺曼人原本是来自斯堪的纳维亚半岛的异教徒海盗，从 8 世纪开始袭击欧洲沿海地区。在 9 世纪，诺曼人摧毁了英国、爱尔兰和法兰克帝国。掠夺者拥有速度快而功能多的长船，沿着国内的河流航行，他们甚至掠夺了坎特伯雷、约克、巴黎、沙特尔、汉堡等重要城市。季节性袭击的规模和频率都在增长，诺曼人开始在冬天待在他们可以进行交易且易于防御外敌的安全之地，而不是返回自己的定居点。在 900 年之后，诺曼人表现出在法兰克帝国的西北部建立定居点的倾向。大约在 911 年，法兰克国王查理三世（879—922）将鲁昂周边地区授予维京领袖罗洛（846—约 928）。他建立的定居点发展成为诺曼底公国，诺曼定居者皈依基督教并与土著人口通婚。在维京人或诺曼人这一代人中，随着知名度的提高，他们开始建立起自身的统治力量。

诺曼人迅速扩张的先决条件是他们的海上技术和航海能力。经济上，欧洲进入拉丁语—基督教世界和地中海贸易网络，开始与诺曼掠夺者进行融合。欧洲国家的海军能力随着罗马帝国的崩溃而下降，维京人和诺曼人从中受益。诺曼长船，在 1066 年入侵英格兰的巴约挂毯上有所展示，它与早期的维京长船相似。它们非常适合航海，因为船只容量大，可携带大量的军队。这种长船吃水浅，它们在沿海水域和河流中很好操控，不容易搁浅，这也利于对船只的袭击和入侵。

围绕他们在诺曼底的定居点，诺曼人开始了几个主要的征服运动，他们筑成了恢宏的城堡和防御工事保障自身安全。其中最重要的是由豪特维尔和德哥特两大家族的带领下征服意大利南部的运动，包括西西里岛和北非的部分地区（1015—约 1112 年），以及在征服者威廉的带领下入侵英格兰（1066 年）。在征服西西里岛朝圣者之前，诺曼战士出现在意大利南部，后来在第一次十字军东征中，波希蒙德一世建立了安提阿公国（1096—1099 年）。在整个米德尔时代，西西里和英格兰的诺曼王国在军事和政治结构上进行了创新，这有助于他们的征服运动。例如，意大利的诺曼王国，吸收了阿拉伯、拜占庭和西欧的政治结构，其中有多种族和多宗教的精英官僚机构为他们的诺曼统治者服务。

从欧洲基督教的角度来看，诺曼人开始是异教摧毁者，但之后便升入拉丁语–基督教政体的社会顶层。到了 12 世纪和 13 世纪，诺曼人在很大程度上融入了他们所征服的土著人口当中。他们的政治和军事适应能力以及作为海员和战士的强大的实力，使他们能够征服整个欧洲和地中海的陆地，并在十字军东征中发挥主导作用。

斯蒂芬·考勒

拓展阅读

Bates，David. 2013. *The Normans and Empire*. Oxford：Oxford University Press.

Chibnall，Marjorie. 2006. *The Normans*. Oxford：Blackwell.

Davis，Ralph H. C. 1976. *The Normans and Their Myth*. London：Thames and Hudson.

Van Houts，Elisabeth M. C. 1992. *The Gesta Normannorum Ducum of William of Jumièges*，*Orderic Vitalis*，*and Robert of Torigni*. Oxford：Clarendon Press.

Van Houts，Elisabeth M. C. 2000. *The Normans in Europe*. Manchester：Manchester University Press.

基督徒的朝圣

基督徒前往圣地的朝圣之旅始于近古时期并一直延续到现代，尤其是与耶稣基督生活与死亡以及信徒使命相关的圣地。罗马的共同皇帝康斯坦丁一世和利西尼乌斯于 313 年颁布米兰法令，这项法令结束了对基督徒的迫害，允许他们公开实践宗教和朝圣的权利。因此，前往黎凡特的朝圣之旅的人数开始增多。君士坦丁（280—337）最终成为教会的伟大赞助人，给予神职人员特权并赞助基督大教堂的建设。70 年，耶路撒冷在提多的毁灭后变成废墟，但耶路撒冷在君士坦丁的方向进行了修复。来自帝国其他地区的基督教朝圣者蜂拥到该地区参观圣地。

从近古时期开始一直持续到整个中世纪，虔诚的基督徒会在圣地寻求精神指导或治疗，有时在圣地偶遇圣徒的遗物，其中包括与之相关的骨骼和与圣徒密切联系的圣物。基督徒相信上帝如何对待自己是根据圣徒与上帝的亲疏关系所确定的。他们相信，最早的遗物仅被康斯坦丁的母亲海伦娜一个人发现。据说在耶路撒冷朝圣期间，她发现了耶稣被钉在真十字架上的场面。黎凡特早期的朝圣目的地包括各种各样的地点，如建于 3 世纪的圣墓教堂，确信无误的是位于基督的岩石坟墓之上。

基督教朝圣者从近古时期到中世纪时期的行程和旅行记录一直留存着，涉及的人类、文化、宗教和黎凡特与地中海世界的自然景观的记载都是一笔宝贵财富。其中一些现存的关于涉及黎凡特圣地朝圣的记录，包括大约于 333 年写成的匿名波尔多行程记录、于 300 年末写成的埃杰里亚朝圣记录、6 世纪留存下来的记录。最闻名的当属皮亚琴察的安东尼的旅行日志，作者大约于 670—680 年基于高卢的主教阿尔库勒夫的回忆写成的《神圣的地方》（《圣地旅行》）。

罗马人称地中海为"母马"（"我们的海洋"），并且罗马通过创建相对限制海盗和强盗活动的空间来促进东西方朝圣交流的增加。罗马还维持着一个复杂的公路网络，其中包括朝圣者使用的中转站。4 世纪的朝圣者埃杰里亚，从西班牙的西部省份，经由海路取道到达黎凡特，她在那里待过三年（381—384 年），之后她前往埃及并参观了许多景点，这些地方是基督教《旧约》和《新约》记载的相关地点。埃杰里亚以零碎的形式把她的经历记载了下来，她的记载为该地区提供了重要的叙事描述，以及为该地区早期的基督教宗教活动和基督教礼拜仪式及其日期提供了多样性的证据。

她前往西奈半岛的旅行记录包括对克里姆萨（今苏伊士，位于红海和地中海之间）的简要描述。埃杰里亚指出，该港口作为来自"印度"的货物（可能是埃塞俄比亚和阿拉伯）运往罗马世界的贸易港口，有许多船只，运作良好。她还提到罗马每年都派遣一名使节前往"印度"，表明他们深厚的海外贸易和外交网络关系。现存的文字也包括红海本身的已知的描述，埃杰里亚将红海与大西洋和地中海作比较。她注意到了红海的"红"不反映在水的色调，而是因为在该地区开采红色和紫色的石头而得名。她提到海岸线的车轮的痕迹可能是将船舶拉到陆地上进行清洁或修理的证据。埃杰里亚相信它们是战车轨道，这个地方标志着在出埃及时期，以色列人被埃及法老所驱逐。

圣杰罗姆（约 342—420）在 5 世纪写成的众多书信中的一封，对朝圣者前往黎凡特使用的运输方式提供了深刻见解。圣杰罗姆在这封信中称赞一位苦行僧式的罗马贵妇保拉，她离开了她在罗马的家庭，舍弃了财富，在伯利恒与他一起，为善男信女们建立了修道院。圣杰罗姆描述了保拉登上一艘由船帆驱动的货船，这艘货船由桨手掌舵，从罗马穿过第勒尼安海。它在地中海东部的港口停了很多次，这些停靠的港口城市包括马里、罗兹岛、塞浦路斯和几个腓尼基城市。在逗留的过程中，保拉像埃杰里亚和其他人一样参观了一些圣地。

600年末，黎凡特成了倭马亚哈里发的一部分，基督徒前往圣地的朝拜继续在现在的穆斯林统治的土地上进行。大约在埃杰里亚写下她的记录300年后，高卢主教阿尔库勒夫收回（约670—680年）朝圣者渴望探索的圣经中的地点，召回令人印象深刻和各种各样经常聚集在耶路撒冷的人。想必这些人包括西方和东方的基督徒、犹太人和穆斯林。

基督教徒前往圣地的朝圣之旅一直延续到中世纪，为东西方互动创造了机会。尤其是威尼斯船舶在地中海地区搭载了很多朝圣者。在1095年，教皇乌尔班二世（1099年）在克莱蒙委员会发表讲话，他呼吁举行"伟大的朝圣"，闻名于世的是第一次十字军东征——基督徒圣战。十字军作为朝圣者出发前往耶路撒冷，而乌尔班则认为穆斯林塞尔柱土耳其人进入基督教拜占庭土地，已经中断前往圣地的朝圣之旅，包括圣墓教堂。乌尔班寻求基督教徒"恢复"对圣地的统治，解放来自在穆斯林统治下的东方基督徒。

事实上，第一次十字军东征导致了四位基督教统治的十字军国家的建立，这些国家依靠海洋生存，并从朝圣者定期抵达阿克里和其他港口中受益。这些王国作为基督徒和穆斯林之间重要的互动地点，伊斯兰的朝圣者犹巴尔（1145—1217）在他12世纪的旅行中叙述道。这些联系对中世纪晚期和早期文艺复兴时期知识分子发展文化具有重要意义。

霍尔·卡纳塔拉

拓展阅读

Egeria. 1999. *Egeria's Travels*, 3rd ed. John Wilkerson (trans.). Warminster, England: Aris and Phillips, Ltd.

Elsner, Jás. 2000. "The *Itinerarius Burdigalense*: Politics and Salvation in the Geography of Constantine's Empire." *The Journal of Roman Studies* 90: 181-95.

Hunt, E. D. 1982. *Holy Land Pilgrimage in the Later Roman Empire, AD 312-460.* Oxford: Clarendon Press.

马可·波罗，约 1254 年至 1324 年

旅行者马可·波罗也是著名旅行游记的作者，他来自威尼斯商人家庭，因家中广泛经营东方贸易（主要由他的父亲尼科洛和叔叔马费奥经手），由此获得了财富和声望。在 1270 年回到威尼斯后，这对兄弟 1271 年开始了另一次向东之行，这一次 17 岁的马可也在其列。他在这次旅行中的经历为《马可·波罗游记》（号称《游记》）打下了基础，他在 1290 年末回到意大利后完成了这本著作。这本书得到广泛的阅读，其中描述了中国无尽的财富和成熟的文化，激起了欧洲人对东方的热烈向往。

在 1296 年，马可·波罗在战争中被捕并被威尼斯的敌国热那亚监禁，遇到了比萨的浪漫主义作家鲁斯提契亚诺，他把马可口述的东方的故事都记了下来。这部著作在佛朗哥—意大利语的原始标题是"描述世界"，这实际上更适合描述他们合作的这本书，与其说它是自传、回忆或行记，还不如说是中世纪的教学文献。同时，它为读者提供信息和娱乐。马可·波罗描述到一行前往阿克里，然后在现在的土耳其东南部、伊拉克和伊朗的危险沙漠中前行数英里，抵达波斯湾的霍尔木兹。他们判断出到印度走海路风险太大，于是转向内陆。到了 1275 年，马可·波罗一行人穿过现在的伊朗东部，然后经过阿富汗东北部，并发现了丝绸之路，他们进入中国，最终抵达蒙古大汗忽必烈位于上都的夏宫。忽必烈很高兴再次看到年长的马可·波罗，并且见到了下一辈的年轻马可，他对学习蒙古习俗和当地语言（蒙古语、土耳其语、维吾尔语、波斯语和汉语）的渴望给忽必烈留下了深刻印象。

波罗家族花了近二十年的时间在忽必烈的帝国旅行，尽管《游记》中的修饰和离题让人难以明了他们旅途的路线。马可·波罗的描述中提到，他们一行人很可能担任了蒙古人的军事顾问，甚至设计攻城器械以帮助他们攻下襄阳，因此他统治了扬州三年。更可信的是马可·波罗声称曾是蒙古海关检查员和大汗的个人探险家，大汗喜欢听马可·波罗到了陌生的地方遇到陌生的人的故事，并派遣马可·波罗到最远的地方去收集信息，包括中国或者可能是缅甸。旅行记录了很多忽必烈帝国的不同的人和不同的地方，以及讨论诸如巴格达哈里发的话题、山上的老人和他的刺客、风俗习惯的起源和蒙古人的旧首都（喀喇昆仑）、忽必烈的新首都（今北京）的辉煌，但马可·波罗的观察往往是不连续的，并且缺少具体

的旅行细节，例如两地之间到达和离开的时间以及距离都缺少足够的
细节。

　　历史上最伟大的旅行者之一——马可·波罗，如图中显示他从波斯湾进入霍
尔木兹港，从意大利前往中国。他的旅程编年史激起了欧洲人对东方的热烈向往。
(马可·波罗所著的《马可·波罗游记》，1958 年在 13 世纪的原版基础上进行再
版)

　　马可·波罗一行主要经由太平洋和印度洋走海路返回威尼斯，《马
可·波罗游记》对研究中世纪海洋历史具有重要的价值。《游记》描述了
日本船只、忽必烈海军远征日本战败而归、爪哇岛、苏门答腊岛和斯里兰
卡周围的海域、海岸线，以及印度人民、埃塞俄比亚和马达加斯加的存
在。虽然大多数学者同意马可·波罗（和鲁斯蒂契亚诺）通过耸人听闻
的手法夸大他所见过的和他所听过的故事，但其意图是普及知识和娱乐，
而不是欺骗他们的读者。无可争议的是马可·波罗的游记受到极大程度的
热烈欢迎，广泛出现的以多种语言写成的游记手稿可以说明其受到的欢迎
程度。同样无可争议的是，马可·波罗的地理描述激发了后来的欧洲探险
家前往东方的欲望。事实上，克里斯托弗·哥伦布就拥有一本深受欢迎
《游记》的副本，希望能够到达马可·波罗描述的那个富裕的中国。

布莱恩·N. 贝克尔

拓展阅读

Bergreen, Laurence. 2007. *Marco Polo：From Venice to Xanadu*. New York：Alfred A.Knopf.

de Rachewiltz, Igor.1997. "Marco Polo Went to China." *Zentralasiatische Studien* 27：34–92.

Haw, Stephen G.2006.*Marco Polo's China：A Venetian in the Realm of Khubilai Khan*.London；New York：Routledge.

Larner, John.1999.*Marco Polo and the Discovery of the World*.New Haven：Yale University Press.

Olschki, Leonardo.1960.*Marco Polo's Asia：An Introduction to His "Description of the World" Called "Il Milione."* Berkeley：University of California Press.

Wood, Francis. 1996. *Did Marco Polo Go to China?* Boulder：Westview Press.

欧洲的海盗，1000 年至 1500 年

地中海不仅拥有发达的贸易网络，而且有许多诸如小岛、海湾和小海湾等可供隐藏的地方，这就导致海盗在腓尼基人和希腊时代得以繁荣发展。它在中世纪的地中海仍然蓬勃发展，斯拉夫异教徒那可汀强盗们从达尔马提亚沿海基地到意大利东部和南部进行大范围的掠夺。那可汀强盗已发展成为 9 世纪亚得里亚海的一支强大力量，他们在海战中击败了强大的威尼斯商人，甚至在现在的克罗地亚举行庆祝活动。在此期间的早些时候，北非穆斯林海盗也严重破坏了从伊比利亚到克里特岛的区域。巴塞罗那、马赛、热那亚和威尼斯的公民也广泛参与海盗活动，这些都是由私人和国家赞助的。此外，到了 14 世纪，拜占庭海军力量衰退，地中海东部随之形成了强大的奥斯曼帝国，包括他们雇用的那些掠夺东西商船的海盗也强盛了起来。

至少从 5 世纪开始，海盗威胁到北欧的海上航行。圣帕特里克（约 390—460）在他的《忏悔录》中写道，爱尔兰海盗在他 16 岁时就俘虏了他。所以，当维京人开始他们的海上袭击一直到 8 世纪末，海盗一直是北欧人的既定威胁。到 12 世纪的时候，斯拉夫海盗在北部和波罗的海的贸易路线上无情地袭击船只，以至于德国港口城市的商人联合起来形成汉萨

同盟。它是一个保护和管理海上贸易的协会，同盟的范围从英国一直到俄罗斯，已经成功囊括近 200 个港口城市。直到 16 世纪，汉萨同盟才成功遏制海盗势力，并且在北欧的贸易中占据主导地位。

　　海盗行为威胁着这个时代的海上贸易，但各国也使用海盗行为骚扰他们的政治对手。这有助于解释为什么许多西方海事条例在涉及海盗时如此模糊。一个国家通常认为自己国家的海盗行为是允许的，但竞争国家和他们的公民从事海盗行为就是非法的。遏制海盗的高成本也影响了政府对它的态度，对海盗势力的打压是政府和公民共同承担的责任。1265 年，汉萨同盟要求所有成员城市打击海盗势力。14 世纪，英格兰的海军法院希望其港口能够抵御海盗势力。当局认识到遏制海盗势力对维护良好的对外关系至关重要。热那亚城在 1300 年前后设立了"海盗部门"，对受到海盗势力破坏的受害者进行赔偿。

布莱恩·N. 贝克尔

拓展阅读

Appleby, John C., and Paul Dalton.2009.*Outlaws in Medieval and Early Modern England*: *Crime*, *Government and Society*, *c.1066-c.1600.* Farnham: Ashgate.

Eddison, Jill. 2013. *Medieval Pirates*: *Pirates*, *Raiders and Privateers 1204-1453.* Stroud, Gloucestershire: The History Press.

Khalilieh, Hassan S.2014. "Perception of Piracy in Islamic Sharīa." In *Jews*, *Christians and Muslims in Medieval and Early Modern Times*: *A Festschrift in Honor of Mark R. Cohen.* Arnold E. Franklin, Roxani Eleni Margariti, Marina Rustow, and Uriel Simonsohn (eds.), 226-47. Leiden: Brill.

Meier, Dirk.2006.*Seafarers*, *Merchants and Pirates in the Middle Ages.* Angus McGeoch (trans.).Woodbridge, England and Rochester, NY: Boydell and Brewer.

Tai, Emily Sohmer.2012. "The Legal Status of Piracy in Medieval Europe." *History Compass* 10: 838-51.

威尼斯造船厂

　　作为一个由国家控制的大型造船厂，威尼斯造船厂包括了造船设施、水池和码头，还有相关的绳索、帆船和弹药工厂，它确保威尼斯在中世纪成为地中海东部最强大的商业和海军力量。

威尼斯旧造船厂的历史可以追溯到 1104 年，但是相比旧的造船厂，新造船厂要大得多，它在 14 世纪初期建于威尼斯城的东部，之后闻名的是建于 15 世纪后期的新造船厂。到了 16 世纪，造船厂已经成为世界上最大的工业中心，占地 60 英亩，周围环绕着 2.5 英里的墙壁和护城河。

造船厂也是最早具有生产流水线的造船厂之一。造船厂的工人因"阿森纳蒂"这一称号而闻名，工人们将他们的技能运用到了造船过程的特定领域。工人通常是公会的成员，"阿森纳蒂"的编号成千上万，他们形成了自己的社区。他们从造船厂所拥有的森林里得到木材，虽然他们负责造船过程的大多数工序。威尼斯政府为他们所造出的船只设立了一定的标准，例如，如果有必要的话，商船制造要适应战争的需要。由于其有效的组织，造船厂能够在一天内完成一艘船，而且由于声名远播，很快便吸引了来自欧洲各地的游客。

造船厂从未享有威尼斯造船业的垄断权，但它造的船只占商船和军舰的很大比例。在 15 世纪初，包括 45 个单层甲板的大帆船和 300 艘弧形船体的带有艉楼的两桅和三桅船，有坚固的船身，"船顶之战"（乌鸦巢）和三角形的帆。在后来的几年里，造船厂也制造出了大帆船。随着商业船队缩减，16 世纪造船厂的重要性有所下降。拿破仑·波拿巴（1769—1821）在 1797 年占领这座城市时候烧毁了码头，但这座造船厂在后来奥地利人的占领中得到重建。最终它的码头由意大利政府于 1917 年拆除。

格鲁夫·科格

拓展阅读

Crowley, Roger. 2011. "Arsenal of Venice." *Military History* 27. 6：62–70.

Davis, Robert C. 1991. *Shipbuilders of the Venetian Arsenal：Workers and Workplace in the Preindustrial City.* Baltimore：Johns Hopkins University Press.

Lane, Frederic Chapin. 1934. *Venetian Ships and Shipbuilders of the Renaissance.* Baltimore：Johns Hopkins Press.

印度和东南亚，1000 年至 1500 年

印度洋周边的民族以拥有丰富的航海知识而自豪，不同国家的人在其海域航行，包括阿拉伯人、中国人、印度人和马来人在内。在第一个千禧年的最后几十年里出现了两个强大的王朝，印度的朱罗王朝（985 年）和中国的宋朝（960 年）。两大王朝都把目光朝向海洋，致力于刺激印度洋贸易发展。东南亚国家在此次贸易中发挥了作用，并与中国和印度建立了外交关系。增加贸易往来，向整个东南亚传播印度文化和宗教（佛教和印度教），当朱罗王朝入侵今巨港时，这种和平的互动在第二个千禧年中发生了变化。

国王罗阇一世（947—1014）建立了朱罗王国，并继续扩张他的领土，他的儿子和继任者拉金德拉·朱罗（1014—1042）也是如此。罗阇一世有组织地收复了印度南部的王国。他不断沿着海岸扩张，朱罗帝国占领了科罗曼德和马拉巴尔海岸的繁华港口，为成功入侵斯里兰卡和马尔代夫群岛打下了基础，两者都是重要的贸易中心。拉金德拉·朱罗发起了两次对孟加拉的入侵，巩固了对印度东部海岸线的控制，并为进一步向东贸易提供了便利。根据南印度泰米尔纳德邦拉金德拉寺庙的刻字记载，国王拉金德拉·朱罗在 1025 年"在汹涌的大海中派遣了许多船只，抓住了卡洛瑞姆的国王（在马来半岛），与之同行的还有大象和他光荣的军队，他的军队收获了大量的宝藏"（萨斯特里，1995：211）。朱罗的部队袭击了马来半岛和苏门答腊以及尼科巴岛的其他 12 个港口。1070 年，国王伽罗一世（1070—1118）带领了一支反对卡洛瑞姆的远征部队。卡洛瑞姆是室利佛逝的首都，它是一个强大的商业王国，控制着通往中国市场的门户——马六甲海峡。此前，朱罗与三佛齐保持着友好关系，有几次友好的印度之行，但是朱罗帝国与三佛齐围绕印度尼西亚和中国的主要贸易路线的控制权产生了越来越多的冲突。

在寺庙铭文和其他资料来源中，虽然有很多提及贸易和朱罗的军事探险的记载，但对朱罗的战舰以及海军组织记载较少。海军保持着完善的设施，包括沿着印度海岸的专业造船厂以及斯里兰卡的两个海军基地。战舰定期护送贸易船队，巡逻并镇压海盗行为。许多战舰都是经过改装的商船（巩固了侧面，减少登上船只的障碍），但也有一些是专门建造的。这些

战舰设计的载容量仍然不确定，但其中最大的战舰除了船上船员之外，还能容纳大约 400 名士兵。

在 11 世纪早期，印度洋的贸易网络的商业活动变得愈加复杂，由于对亚洲丝绸和瓷器的需求不断增加，中国在国际商业贸易中成为获利最多的国家之一。三佛齐位于战略位置上，开始主导通过马六甲海峡的商业交流，朱罗王朝开始在印度洋地区不断扩大商业和政治领域。朱罗王朝、三佛齐和中国之间的三角关系在该地区的商业互联和外交交流中发挥了至关重要的作用。朱罗王朝和三佛齐之间因进入中国宋朝的市场的竞争而产生对抗，而朱罗王朝从中不仅获得了丰厚的利润，也加强了自身力量。

印度与东南亚贸易的两个重要海事中心，是由拉金德拉·朱罗于 1020 年建立的甘加贡达乔拉普兰和纳加伯蒂讷姆。直到 13 世纪，甘加贡达乔拉普兰一直是朱罗王国的首都。贸易的增加带来了城镇和市场的繁荣。称为"那格瑞姆"的有组织性的行会出现在每个港口城市。从这些地方考古发掘出来的遗迹使很多古物得以见之于世。最近的考古从遗址中发掘出来的遗迹包括重要的古物、装饰品以及来自中国的陶瓷。位于印度南部东海岸的海边港口城镇的纳加伯蒂讷姆，是印度与东南亚之间商业和宗教交流的重要中心。纳加伯蒂讷姆寺庙的许多铭文记录了朱罗和室利佛逝之间的贸易和礼物来往，包括由三佛齐的统治者捐赠的珠宝和宗教寺庙的文物。同一时期的另一段铭文说的是吉打（今马来西亚的吉打）王国官员的外交捐款，目的是在寺庙建立一座神的雕像。（喀尔克等，2009：122、124）

星　盘

星盘是一种天文仪器，用于定位天体的位置以及确定本地时间。它的使用使海员能够确定他们在海上的纬度。星盘是 2 世纪或 3 世纪在希腊发明的，后来在整个欧洲和伊斯兰世界得到广泛使用。它们在文艺复兴时期曾被用来教天文学，虽然它们的主要用途是推测星座运势。平面星盘是最古老的类型。它由一个标有度数的黄铜盘组成，顶部有几块薄板。星盘的背面标有刻度并装有旋转臂，或"照准仪"，即用于测量太阳或月亮的位置。水手星盘自 13 世纪初开始使用，设计得比平面星盘更简单，由一个刻有符合照准仪的单环组成。水手们测

量了太阳的正午高度，并查找年鉴，找到那个日期太阳的磁偏角。他
们使用数学计算的方法能够修正纬度的偏差。晚上可以从星星上获取
信息。星盘在 17 世纪被更复杂的仪器所取代。

卡伦·S. 加文

　　南印度的商人行会在建立朱罗王国时发挥了重要作用，朱罗帝国经常
成为其海军探险队的幕后推手。其中最大的一个在喀拉拉邦和泰米尔海岸
运营，并在当地海上贸易中占主导地位。他们雇用士兵保护他们的商船并
且有能力发动大规模武装海外探险。几个行会中，特别是在"曼里格曼"
和"爱尼纽尔"中，包括西亚、阿拉伯和波斯等国的外国商人，也有犹
太人、基督徒和穆斯林。为了鼓励贸易，许多地方统治者提供免税和其他
特权吸引外国商人，其中包括在科钦的犹太商人组成的行会"安珠万
南"。亚伯拉罕·本·一居，一位来自突尼斯成功的犹太商人搬迁到了印
度。船主一般待在家，他们把船只和货物交给信得过的船长和水手，而这
些人的大部分时间都是在长途远航中度过。

　　印度西海岸贝鲁尔港口的寺庙铭文记载了 62 种交易的商品。最常提
到的是胡椒、槟榔、坚果、蒌叶、生叶、水稻、大米、檀香、棉线和布匹
（喀尔克等，2009：140）。印度这些年来的编织和染色工业改进了技术，
并不断扩大产业。到 11 世纪的时候，彩绘和块状印花纺织品成为热门出
口产品商品。13 世纪纺车的引进极大地增加了产量。印度块状印花纺织
品，使用媒染剂凝固染料到织物里头，并保留其颜色，因其特征复杂的款
样出口整个东南亚地区，以换取远至班达群岛的香料，印度商人再出口到
整个印度洋地区。这样，印度纺织品在整个地区和中国都有市场。13 世
纪的意大利旅行者马可·波罗描述了大型船只装载着印度的纺织品，从印
度科罗曼德海岸航行到东南亚和中国的场面。特别是爪哇和苏门答腊的贵
族们寻求印度图案的布料。

　　和印度商品一样出口到各国的还有来源于印度的文化。早期的印度贸
易商已经把佛教传入东南亚。泰米尔商人引入了婆罗门宫廷文化和印度教
神灵到东南亚，后来柬埔寨和印度教爪哇统治者开始追寻他们来自毗湿奴
和湿婆神的血统。反过来，泰国的国王也将其作为英德拉的化身。在整个

东南亚，人们融入了印度艺术风格和宗教观念，朱罗王朝在东南亚和平的军事活动日益增多，加速了这种融合和文化适应的进程。越南的詹雕塑例证了印度婆罗门万神殿的解读。来自印度教神话中的天神得到了泰国朝廷的支持，正如描绘的那样，印度神手折叠着，从莲花中慢慢升起。反过来，朱罗寺庙也受到东南亚风格的影响，尤其是吴哥的宏伟风格。吴哥是高棉帝国的首都，位于现在柬埔寨的中心。

在12世纪末和13世纪后期朱罗王国的实力开始衰退，但是印度与东南亚的贸易依然强劲。可以说，随着当地王国寻求新的遥远的市场，特别是孟加拉湾周边，它的衰退可能会促进贸易增加。在14世纪，德里苏丹国日益扩张，进入印度中部和南部，传入了伊斯兰教。穆斯林贸易群体蔓延到越来越多的印度港口，穆斯林水手和船只在印度洋变得更加普遍。在15世纪初，中国人在印度洋也变得更加活跃，在充满传奇色彩的海军上将郑和（1371—1435）的带领下，一系列探险队被派出。中国人的影响远至马六甲海峡以外的地区，与印度洋之外远至东非的人交换货物。继郑和的最后一次下西洋之后（1433年），小商人的传统交易模式和商人公会恢复了。

阿迪卫塔·雷

拓展阅读

Abraham，Meera.1988.*Two Medieval Merchant Guilds of South India*.New Delhi：Manohar Publications.

Barker，Graeme，Craig Benjamin，Jerry H.Bentley，David Christian，Candice Goucher，Benjamin Z.Kedar，J.R.Mcneill et al.2015.*The Cambridge World History.Expanding Webs of Exchange and Conflict*，500 ce-1500 ce 5 5.Cambridge：Cambridge University Press.

Chakravarti，Ranabir.2010.*Exploring Early India*，up to c.AD 1300.Delhi：Macmillan Publishers India.

Champakalakshmi，R.1996.*Trade，Ideology，and Urbanization：South India 300 bc to ad 1300*.Delhi：Oxford University Press.

Kwa，Chong Guan.2013.*Early Southeast Asia Viewed from India：An Anthology of Articles from the Journal of the Greater India Society*.New Delhi：Manohar.

Kulke，Hermann，K.Kesavapany，and Vijay Sakhuja.2009.*Nagapattinam to*

Suvarnadwipa：*Reflections on the Chola Naval Expeditions to Southeast Asia.* Singapore：Institute of Southeast Asian Studies.

Malekandathil，Pius. 2010. *Maritime India*：*Trade*，*Religion and Polity in the Indian Ocean.* Delhi：Primus Books.

Ray，Himanshu Prabha，and Edward A. Alpers. 2007. *Cross Currents and Community Networks*：*The History of the Indian Ocean World.* New Delhi：Oxford University Press.

Ray，Himanshu Prabha，and Jean-Francois Salles. 1996. *Tradition and Archaeology*：*Early Maritime Contacts in the Indian Ocean*：*Proceedings of the International Seminar*，*Techno-Archaeological Perspectives of Seafaring in the Indian Ocean*，*4th cent. B. C. - 15th cent. A. D.* New Delhi：Manohar Publishers and Distributors.

Sastri，K. A. N. 1995. *The Cholas Vol.* I. University of Madras.

Sen，Tansen. 2015. *Buddhism*，*Diplomacy*，*and Trade*：*the Realignment of India-China Re-lations*，*600-1400.* Lanham：Rowman & Littlefield.

Wade，Geoff. 2009. "An Early Age of Commerce in Southeast Asia，900-133 ce." *Journal of Southeast Asian Studies* 40（2）：221-65.

班达群岛

班达群岛位于爪哇岛以东约 1200 英里处，由 10 个小型火山岛组成。直到 19 世纪，班达群岛是肉豆蔻和肉豆蔻干皮粉的唯一来源，由肉豆蔻树种子制成的价值非凡的香料用于食品和药品。其中最大的岛屿班达内拉，成为他们的商业中心和主要的香料港口。

班达群岛贫瘠的土壤鼓励农民专注于香料的生产，而且班达群岛的岛民习惯依赖进口的大米。中国商人在 14 世纪参观了这些岛屿，住在爪哇和马六甲的贸易商每年航行到班达群岛，以棉布、丝绸、大米、象牙和陶瓷交换肉豆蔻干皮粉、肉豆蔻和其他香料。反过来，班达岛的岛民再出口这些货物中的一部分到达马鲁古，这是一个为期两周的向东航行，他们在那里交易丁香。季风导致航行具有严格时间表，外国商人通常会避免前往马鲁古，他们不得不在顺风的时候回到西边。

班达群岛比邻近的社会等级更少，物品更多是公用的，这里的岛民住在腹陆的村庄。他们不愿意见到外国人。随着时间的推移，委任班达内拉港口居民代为处理商业事宜。这些居民因此与爪哇定居者通婚，成为富裕的精英群体，垄断了当地贸易。这些人被称为"富人"，大意即为"有钱人"。

班达群岛在东南亚贸易路线的边缘位置，使入侵变得困难。当地有权的人更愿意和富人进行平等的贸易。然而，欧洲人的到来点燃了冲突。班达群岛民众在 1529 年成功抵制葡萄牙的入侵，之后平等贸易又恢复了。然而，在 16 世纪晚期，荷兰东印度公司稳步取代了葡萄牙人，并于 1602年在班达内拉建立了据点。当地人与荷兰人的贸易纠纷不断升级，荷兰人很快声称对该岛屿的贸易实行垄断，这也导致了战争的爆发。1621 年，荷兰征服了这些岛屿，杀死或驱逐大部分岛民。之后，他们带来了契约仆人和奴隶，在剩余的班达群岛岛民带领下种植肉豆蔻。

荷兰人多次与英国人在岛屿上发生冲突。在 1810 年，英国人在将他们送回荷兰之前征服了他们，并对他们进行了短暂的统治。当英国人离开的时候，他们带走了肉豆蔻树并将它们移植到锡兰，由此结束了荷兰对班达群岛的垄断以及班达群岛在香料贸易的重要地位。

斯蒂芬・K. 斯坦

拓展阅读

Andaya，Leonard Y.1993.*The World of Moluku*：*Eastern Indonesia in the Early Modern Period.*Honolulu：University of Hawai'i Press.

Hanna，Willard A.1991.*Indonesian Banda*：*Colonialism and Its Aftermath in the Nutmeg Islands.*Bandanaira：Yayasan Warisan dan Budaya Banda Naira.

Milton，Giles.1999.*Nathaniel's Nutmeg*：*Or the True and Incredible Adventures of the Spice Trader Who Changed the Course of History.*New York：Farrar，Straus，and Giroux.

Villiers，John.1981. "Trade and Society in the Banda Islands in the Sixteenth Century." *Modern Asian Studies* 15（4）：723-50.

亚伯拉罕・本・一居，约 1120 年至 1156 年

亚伯拉罕・本・一居是来自突尼斯的犹太商人，活跃于 12 世纪的印度洋贸易网络。来自开罗藏经库的大约 80 份文件中提到本・一居和他的大家庭，为了解活跃在地中海和印度的犹太商人生活提供了绝妙的窗口。

本・一居定居在印度的马拉巴尔海岸，他在那里进口和出口胡椒和铁

等商品，并拥有青铜器工厂，之后将商品销往埃及和也门。他的信中证明了一些涉及地中海和红海、也门和印度沿海的市场的商业网络的存在。个人关系、声誉和信任把这些网络的成员紧紧捆绑在一起，通过不断的通信联系精心维护这些网络。商人在一个相互帮助和支持的系统中，作为代理人为彼此买卖货物。本·一居的信件中也强调了与那些在印度洋上交易的人可能面临的风险。这封信提到了海盗对港口和船舶的袭击、同行人的死亡以及整个货运和对沉船的投资的损失。这个系统存在的固有风险也鼓励了商人们与他们的贸易活动和伙伴关系多样化。

本·一居作为工厂的持有者，指出了在伊斯兰和印度洋世界贸易的复杂性。亚丁的商人订购了来自本·一居印度工厂的青铜器如烛台、盆和灯。商人提供了材料（特别是铜），并详细说明了他们想要的款式、尺寸和装饰。这些商人为当地的也门市场订购货物，或者可能出口到其他地方。他们受益于印度工人的工艺，这体现了相互联系的北半球贸易体系。

关于本·一居的信件描绘了犹太人有时在异国他乡过着艰难的生活，不仅要与家乡、宗教和文化保持联系，也要与当地居民互动。本·一居买下一位印度姑娘并让她自由了，当他抵达印度后不久就娶了这位印度奴隶女孩，这遭到了很多批评。他在法律和宗教的严厉限制下，努力和犹太部族协调关系。他聘请了一位印度奴隶作为他的代理人，按照商业惯例，委托他为自己的事务负责。17 年过去了，在 1156 年去世之前，本·一居回到地中海与家人有过短暂的团聚。

特拉维斯·布鲁斯

拓展阅读

Goitein, S. D., and M. A. Friedman. 2008. *India Traders of the Middle Ages.Documents from the Cairo Geniza* （"India Book"）.Leiden：Brill.

Gordon, Stewart. 2008. *When Asia Was the World.* Cambridge：Da Capo Press.

Simonsohn, Shlomo.1997.*The Jews in Sicily（383-1300）*.Leiden：Brill.

伊斯兰世界，1000 年至 1500 年

正如在中世纪早期，中世纪晚期的穆斯林由海路进行贸易、朝圣、求学和征服。穆斯林商人在印度洋和地中海之间运送原材料和商品，传播技

术和文化。阿拉伯地理论著和旅行者的随笔用于描述穆斯林周边的海域
（进一步细分为区域性）和土地，有助远航，了解世界。海上贸易也促进
了伊斯兰教的传播，特别是在西印度洋和东非的沿海地区，11 世纪晚期，
在那里建立起了伊斯兰教。宗教传播到东南亚的速度更慢，但是到了
1500 年，伊斯兰公国占领了马来亚、爪哇、苏门答腊和菲律宾。除了商
人和统治者之外，伊斯兰学者也分散在两岸，知识分子（"乌力马"）经
由陆路和海路去求学和争取赞助。14 世纪的穆斯林旅行家伊本·巴图塔
见到了印度洋和东非的清真寺、古兰经学校、学者和穆斯林教徒。

　　穆斯林海员使用星盘、象限、图表以及后来的指南针等仪器以便航
行。大多数船长喜欢凭肉眼近岸航行（"沿海徒步"）。伟大的航海家兼
作家马吉德（约 1432—约 1500）写了关于印度洋港口、季风、航海技术
和新船技术（如轴向舵）和工具（如磁罗盘）的专著。即使有这样的技
术进步，中世纪的航海也是危险的，沉船和恶劣的天气总是令人担忧。大
多数船长沿着海岸航行，保持视线不离开海岸。然而恶劣的天气可能阻碍
视线，使得船舶偏离航线，或者更糟糕的是可能会导致海难。其他潜伏在
海上的危险包括在地中海和印度洋地区活跃的海盗。为了安全起见，船队
远航带有护卫舰队。伊斯兰海事制定法律是为了裁决争议以及处理与之相
关的海上航行的风险。

　　与中世纪早期一样，风向和天气决定航行季节。地中海船只从 4 月开
始向东和向西航行，直到 10 月，大多数航海在冬季 11 月到次年的 3 月停
止。地中海的风向和当前的风向大致是逆时针方向。在印度洋，季节性季
风决定了航行的方向和时间。这些可预测的风和当前的风向模式在夏季
（6 月至 9 月）和冬季向西南航行（10 月至次年 1 月）。来自阿拉伯半岛
到远东的航程大约需要六个月，回程也是如此。通往中国的商业往返需要
大约 18 个月，在印度中途交易中心短暂停留，使旅行得以分段模式进行。
前往东非的航程定于 4 月、5 月和 8 月季风开始或者结束的时候；6 月和
7 月的天气对于航行在西印度洋来说太危险了。

　　印度洋船只的主要类别为"单桅帆船"，指的是由缝合和密封的木板
制成的各种大小的船只，并且具有长而薄的双端船体和船尾舵。虽然人们
一直相信中世纪印度洋船只从未使用过铁，但最近挖掘出的"泰卡尔·
卡达阿帕利"号残骸（人们暂时将它的制作时间定于 11 世纪和 15 世纪
之间）是在印度建造的最早的铁钉船。中世纪晚期地中海制造的桨帆船

取得了重大进展，但实际上这些船都不是穆斯林所拥有或指挥的。

印度洋

在 7 世纪和 11 世纪之间，穆斯林海员建立了统一的印度洋商业圈，与陆地"丝绸之路"一起，是货物交换的重要渠道。从印度、中国经由波斯湾或红海，并从那里进入地中海。到了 1000 年，穆斯林商人建立了到中国的多条商业路线，还建立了一系列中间口岸和跨文化的交流方法。在多元文化和多宗教并存的口岸，这些跨文化交流的方法促进了贸易的往来的联盟的建立。在中世纪晚期，这条贸易路线蓬勃发展。在西印度洋，以阿拉伯语作为贸易者的共同语言，伊斯兰法律作为主流的法律框架。到 1500 年，这条贸易路线是如此有利可图，以至于西方基督徒商人寻求直接通往印度洋的路径，绕过为作为中间商的蒙古人、马穆鲁克人和奥斯曼人。葡萄牙探险家瓦斯科达是第一个成功完成航行的欧洲人（1497—1499 年），这次航行从根本上开启了海运贸易的新纪元，改变了先前存在的航海和商业模式。

从东方进口的最有价值的商品是瓷器、香料（特别是胡椒、肉桂、肉豆蔻和药材）、珍珠、珠宝、宝石、丝绸和蚕。食品、硬币、木材和布料的贸易也很重要。穆斯林商人获得了许多东部农产品的知识，然后传播到穆斯林土地，从那里蔓延到欧洲，包括种植大米、甘蔗、柑橘类水果和棉花。穆斯林商人也采纳并转让几项重要技术，包括生产丝绸、陶瓷和纸的技术。东非港口（特别是摩加迪沙、蒙巴萨、基尔瓦和索法尔）是黄金、象牙、木材和奴隶的重要出口国。这样获利丰厚的交易促进了斯瓦希里海岸非洲穆斯林统治者的经济和政治力量的加强。

在 1000—1500 年之间，相比地中海而言，印度洋对穆斯林世界来说在经济和政治方面更为重要。位于巴格达的逊尼派阿巴斯王朝的哈里发（750—1258）与位于开罗的什叶派法蒂玛哈里发（909—1171）都专注于向东方的军事扩张和对东方奢侈品的进口。阿巴斯人和他们的地方长官推动了波斯湾港口，特别是巴士拉、霍尔木兹和索哈尔取代了西拉夫的发展。开罗的法蒂玛首都的成立，重新调整了大部分印度洋前往红海港口的航运，尤其是亚丁，这促进了什叶派伊斯兰教沿东非海岸传播（直到 14 世纪该教才占据主导地位）。

萨拉丁于 1171 年消灭了法蒂玛哈里发，不久后随之而来的是亚丁把东方的贸易控制权转移给了也门的统治者。亚丁仍然是这项长途贸易的主要中转站，统治者征收了所有交通的通行费。然而到了 15 世纪，由于来自开罗的马穆鲁克苏丹国（1250—1517 年）官方的支持，吉达（麦加朝圣的主要港口）超过了亚丁。直到 1517 年，奥斯曼人征服了马穆鲁克埃及，并试图利用他们的新红海港口，重新获得在印度洋的穆斯林优势。这导致了 16 世纪奥斯曼帝国与葡萄牙人之间的一系列冲突，以争夺对印度洋贸易的控制权。

地中海

在第一个千禧年来临之际，穆斯林势力在地中海占主导地位。但是在 1000 年之后不久，地中海内外的势力平衡开始向基督教势力倾斜。十字军东征、西班牙"收复失地"运动和咄咄逼人的意大利海运贸易商，都参加了基督徒大规模向地中海南部和东部的推进运动，侵蚀了该地区的穆斯林海上力量。中世纪晚期的时候，基督教军队征服了地中海的伊斯兰领土。

在 960 年，拜占庭人已经收复了地中海东部的克里特岛和塞浦路斯岛，意大利和伊比利亚的基督教势力很快在地中海中西部占据主导地位。同时在 960 年，什叶派法蒂玛哈里发在开罗建立了首都，这提高了红海贸易的重要性，增加了对东部陆地和海洋领土的高度重视。法蒂玛人继续控制着北非和西西里岛，但他们在这些地区的直接影响被突尼斯官僚们之间的冲突所削弱。饥荒、战争和柏柏尔人的入侵导致该地区经济和政治力量的急剧下降，建立保卫领土的有效海军力量的能力也同时减弱了。

事实上，在 11 世纪中期，伊弗里奇亚人派遣船只来保卫穆斯林西西里岛不受基督教诺曼人的入侵，但无法阻止该岛在 1061—1091 年之间落入基督徒手中。诺曼王国（一个自 1130 年来就有的王国）成立了海军力量，进一步削弱了穆斯林在地中海地区的影响。到 12 世纪中期，诺曼国王已经征服了北非沿海的城市和岛屿，虽然他们只保持了短暂的统治。长期在整个地中海地区活跃的基督教诺曼人和意大利北部商人，控制了北非和西西里岛之间的海运贸易。在中世纪晚期，这些意大利海事城邦（最著名的是威尼斯、热那亚和比萨）在地中海地区成为主导经济体，而地中海地区以前由伊斯兰教或拜占庭统治者控制。

事实上，威尼斯和热那亚控制了 12 世纪地中海大部分的海运贸易，在地中海南部的港口城市建立商业旅馆和仓库。两个城邦在黎凡特海岸的十字军城市的前哨基地的交易建立中获利（特别是提尔、西顿和贝鲁特，还有阿卡、佳发和其他城市），并参加了进一步的争斗，以增加它们的商业利益，如 1087 年被热那亚和比萨联合攻击马赫迪耶的突尼斯港口。

作为十字军东征的运输者和供应商，意大利商业城邦获得地中海东部港口的臣服和控制，允许他们主导区域贸易并开始建立经济帝国。第一批十字军大多数人经过这片土地，但后来的十字军东征远行和海上供应成为一种常态。意大利商人、水手成为十字军中不可或缺的成员。黎凡特港口是最后被穆斯林军队重新夺回的十字军城市（最后一次是 1291 年的阿克里），但他们是在陆地上被征服，不是在海上。在海上没有发生过重大的十字军战争。

在地中海西部，基督教伊比利亚军队逐渐侵蚀了穆斯林在安达卢斯的权力，它从 1085 年开始采取猛烈行动以征服托莱多，后来与十字军运动融为一体。第二次十字军东征，来自英格兰和法兰德斯的舰队在进入地中海并前往黎凡特之前，沿着大西洋沿岸参加收复失地运动，1147 年协助围攻阿尔摩拉维德里斯本。这样的航行开始连接北海和地中海，到 1500 年，通过直布罗陀海峡的入口和出口很常见。到 1250 年，唯一在伊比利亚留下的穆斯林国家是格拉纳达（1492 年征服）。在这个地区，初级穆斯林航海业的形式是私人行为（后来被称为巴巴里海盗），其中大部分还是由国家赞助的（特别是奥斯曼帝国）。尽管穆斯林的海上贸易和海军力量已经衰退，但穆斯林仍继续乘船穿越地中海进行朝圣、贸易和学习。他们只是搭载着基督教船航行，或采取陆上航线，或结合这些航行模式，就像本·一居以及本·白图泰之前那样航行一样。

从 11 世纪晚期开始，地中海东部受到了十字军东征和拜占庭力量衰落的影响，开始面对新的土耳其强国（塞尔柱人和后来的奥斯曼人）。法蒂玛和他们的逊尼派继承人阿尤布和马穆鲁克苏丹国把注意力集中在陆地权力和印度洋贸易，进一步减少地中海的穆斯林海上力量。14 世纪，地中海在奥斯曼帝国统治下，航海开始复苏。奥斯曼帝国旨在建立一支能从意大利人手中夺取重要港口和贸易路线控制权的海军力量。15 世纪威尼斯—奥斯曼的几次战争侵蚀了意大利人的领土和商业力量。在制图师皮里·雷斯的叔叔（死于 1511 年）凯末尔·雷斯的带领下，奥斯曼帝国海军在 1499 年的佐奇奥战役中击败了威尼斯人，船上装载的火炮起到了决

在圣保罗的教会勒班陀战役的绘画（1571），安特卫普，比利时。（约瑟夫·
Sedmak/ Dreamstime.com）

定性作用，使爱琴海和亚得里亚海的大部分控制权回到了穆斯林手中。这
种火炮是 16 世纪海战的标志，尤其是在勒班陀战役（1571 年）中，一个
基督徒联盟打败了一个大型奥斯曼舰队。

萨拉·戴维斯·塞科德

拓展阅读

Abulafia，David.2011.*The Great Sea：A Human History of the Mediterranean*.New York：Oxford University Press.

Agius，Dionisius A.2008.*Classic Ships of Islam：From Mesopotamia to the Indian Ocean*.Leiden：Brill.

Alpers，Edward A. 2014. *The Indian Ocean in World History*. Oxford：Oxford University Press.

Chaudhuri，K.N.1990.*Asia Before Europe：Economy and Civilisation of the Indian Ocean from the Rise of Islam to 1750*.Cambridge：Cambridge University Press.

Constable，Olivia Remie.2003.*Housing the Stranger in the Mediterranean*

World：*Lodging*，*Trade*，*and Travel in Late Antiquity and the Middle Ages.* Cambridge：Cambridge University Press.

Dotson，John E. 2001. "Foundations of Venetian Naval Strategy from Pietro II Orseolo to the Battle of Zonchio，1000-1500." *Viator* 32：113-26.

Gertwagen，Ruth，and Elizabeth Jeffreys.2012.*Shipping*，*Trade and Crusade in the Medieval Mediterranean.*Farnham，Surrey；Burlington，VT：Ashgate.

Khalilieh，Hassan Salih.2006.*Admiralty and Maritime Laws in the Mediterranean Sea（ca.800-1050）：The Kitāb Akriyat al-Sufun vis-a-vis the Nomos Rhodion Nautikos.*Leiden；Boston：Brill.

Pearson，M.N.2003.*The Indian Ocean.*London：Routledge.

Pryor，John H. 1988. *Geography*，*Technology*，*and War：Studies in the Maritime History of the Mediterranean*，*649-1571.*Cambridge：Cambridge University Press.

Tomalin，Victoria，V. Selvakumar，P. K. Gopi，and M. V. Nair. 2004. "The Thaikkal-Kadakkarappally Boat：An Archaeological Example of Medieval Shipbuilding in the Western Indian Ocean." *The International Journal of Nautical Archaeology* 33.2：253-63.

伊本·白图泰，1304 年至 1368 年或 1369 年

伊本·白图泰（Ibn Battuta）是一位伊斯兰法学家和旅行者，他遍及欧亚大陆的旅程记录在《游记》（*Rihla*）中。《游记》受摩洛哥的马里林德·苏尔坦委托，由一位学者记录和编辑了伊本·白图泰 30 年旅行经历的口授内容。虽然《游记》（阿拉伯语中的"旅行书"）主要涉及政治和宗教，它也包含了伊本·白图泰从印度洋到中国南海航行的描述，也包括他对幸存的沉船和海盗袭击的描述。

伊本·白图泰生于 1304 年，他的出生地位于直布罗陀海峡丹吉尔的摩洛哥城市。伊本·白图泰属于伊斯兰教的苏菲派，并遵循成为一个伊斯兰法学家的家族传统。在他的旅途中，法学家被证明是一份有利可图的职业。1325 年，伊本·白图泰开始了他环球旅行的第一步，进行了一次前往伊斯兰圣城麦加的朝圣之旅。在他完成朝圣之旅后，1328 年，他旅行

至沙特阿拉伯，并乘坐一艘"贾尔巴"（一种经常在红海使用的双桅帆船）前往也门。恶劣的天气迫使伊本·白图泰的船在到达目的地前在海洋上另待了六天，并最终停在了非洲沿岸。在亚丁进行修整之后，伊本·白图泰横跨印度洋，到达东非的摩加迪沙和基卢瓦。在摩加迪沙，他见到了当地人以盛满盘子的食物欢迎新到商人的传统，这实际上是迫使外国商人接受当地贸易经纪人服务的计划的一部分。

　　1332 年，伊本·白图泰前往安纳托利亚，在那里他登上了克里米亚人在黑海南岸的船只。船长试图越过危险的公海而不是沿着海岸的安全方向航行，最后经历几次失败的尝试以及几乎遭受灭顶之灾后到达克里米亚。在克里米亚，伊本·白图泰参观了卡法，这是沿中国、波斯和欧洲之间的丝绸之路的货物的重要港口和中转站。然后伊本·白图泰转向东方，穿越中亚并前往印度，在那里他于 1334 年在德里苏丹为伊斯兰法学家服务。他在印度逗留的时间很长，并且获利丰厚。1341 年，苏丹任命伊本·白图泰为驻蒙古大使。不幸的是，在完成大多数任务之后，外交使团很快就失败了，包括数百匹马和奴隶在卡利卡特附近的一场风暴中在海上死亡。伊本·白图泰逃离了这场灾难，并搬迁到马尔代夫群岛，在那里他被任命为伊斯兰教首席法官。伊本·白图泰在马尔代夫观察并亲身体验过水手这一职位，与当地妇女一般都只是临时婚姻，一旦船只启程，就意味着离婚。离开马尔代夫之后不久，伊本·白图泰遭遇了海难，他几乎淹死在斯里兰卡海岸附近。他随之遭受到令人唾弃的海上抢劫，这次抢劫是印度海岸附近十几艘海盗船所主导的。

　　在南亚时，伊本·白图泰遇到了中国帆船，并且对它们可容纳数百名乘客和工作人员的宽敞设施惊叹不已。伊本·白图泰对帆船的批评观点是认为这些船与印度洋用绳子缝在一起的普通船只不一样，它们的铺板被钉在一起，当帆船搁浅时很容易破裂。伊本·白图泰在前往中国之前，拜谒了现代苏门答腊岛上的萨穆德拉苏丹。伊本·白图泰关于中国大部分的评论都是不可靠的，如果不认为它们是虚构的话，尽管他对穆斯林在中国南方泉州贸易的描述被认为是准确的。在他回到西欧的时候，在因为鼠疫突然爆发造成大多数人死亡的时候，他却活了下来。1351 年，伊本·白图泰在退休前往摩洛哥之前，最终踏上了西非王国马里这片土地。他在 1368 或 1369 年去世。

戴维·P. 斯特劳布

拓展阅读

Dunn，Ross E.1986.*The Adventures of Ibn Battuta*.Berkeley：University of California Press.

Husain，Mahdi.1976.*The Rehla of Ibn Battuta（India，Maldive Islands and Ceylon）.Translation and Commentary*.Baroda：Oriental Institute.

Waines，David.2010.*The Odyssey of Ibn Battuta ：Uncommon Tales of a Medieval Adventurer*.London：I.B.Tauris.

伊本·朱巴尔，1217 年

来自西班牙格拉纳达的穆斯林朝圣者伊本·朱巴尔（Ibn Jubayr）往返地中海，并在 1183—1185 年间穿越红海。他的旅行突出了 12 世纪地中海航海的变化：穆斯林在海上航行，但当时他们乘坐的是基督教船只，特别是来自热那亚等意大利商业城邦的人。热那亚是伊本·朱巴尔乘坐的三艘地中海船只的生产地。许多以前的穆斯林领土已被基督教控制，伊本·朱巴尔访问了其中一些地方。他的航行还展示了海上旅行的方法和危险：沿海徒步旅行和跳岛旅行经常受到风暴的阻碍，风暴推动船只进入开阔的水域，遮蔽导航所需的视线。经常有多艘船一起辅助航行，以防止海盗袭击。沉船事故一直是海员的恐惧。

伊本·朱巴尔每次在地中海和红海的航行都经历过风暴、大风和航行困难。他第一次从格拉纳达到埃及亚历山大航行了 30 天，经过撒丁岛和西西里岛（他只看到了这两个岛）和克里特岛（他没能看到这个岛），并经历了可怕的暴风雨。他在亚历山大港从陆路前往红海，在那里他登上了一艘叫做"杰尔巴"的小船，船板用椰子纤维缝在一起，这让他对可能危及生命的危险充满了恐惧，一是因为"杰尔巴"的结构，二是它挤满乘客了。浅礁和强风使得航行更加危险，但一周后伊本·朱巴尔靠岸了，并从陆路前往麦加和麦地那。朝圣仪式和观光景点结束后，他经过巴格达和叙利亚向北旅行。为了登上向西驶的船舶，他穿过十字军领土到阿克里，与数百名基督教朝圣者同行。

伊本·朱巴尔的回程经历过两次重要的航行，其中第一次是最可怕的，此次航行对于一年中的安全航行时间来说已经太晚了，通常从阿卡到西西里岛只用两周，现在却需要 40 天。暴风雨驱使船离开航线并摧毁了部分桅杆，水手在风暴中重新修好船只。热那亚队长熟练的驾船技术使船只漂浮在海上，但他的视线看不到陆地，也忽视了乘客供应品的缺乏。最后，西西里岛的海岸出现了，但他们仍然不安全。在此期间他们再次不得不修理桅杆和帆，暴风雨使基督徒绝望，但伊本·朱巴尔平静地说穆斯林服从上帝的旨意。在墨西拿附近，船破裂了，划艇被派遣过去营救乘客。

在西西里岛越冬后，伊本·朱巴尔乘坐另一艘热那亚船出发，与其他三艘基督教船一起航行。起初因反向风而减速，在经过撒丁岛后加速，并很快发现了西班牙海岸，他们沿着海岸直到在格拉纳达停船。在他两年的航行中，伊本·朱巴尔经历过暴风雨和海难，听到过海盗捕捉奴隶的故事，看到了死去的乘客被扔到船外，他濒临饿死。他也途经过多元文化的地中海，履行了他的宗教职责，并留下了关于他的经历的宝贵的描述。

萨拉·戴维斯·塞科德

拓展阅读

Broadhurst, R. J. C. (trans.). 1952. *The Travels of Ibn Jubayr*. London: Jonathan Cape.

Kahanov, Yaacov, and Iskandar Jabour. 2010. "The Westbound Passage of Ibn Jubayr from Acre to Cartagena in 1184 – 1185." Al – Masaq 22: 79–101.

Netton, Ian Richard. 1996. "Ibn Jubayr: Penitent Pilgrim and Observant Traveler," 95 – 101. In Ian Richard Netton, *Seek Knowledge: Thought and Travel in the House of Islam*. Wiltshire, UK: Curzon Press.

伊本·马吉德·阿哈默德，约 1432 年至 1500 年

伊本·马吉德·阿哈默德在 1432 年前后出生于 Julfar（今 Rasal Khaimah），他的祖父和父亲都是著名航海家。他是这个时代最伟大的阿拉伯航海家，也是一位多产的作家兼诗人，伊本·马吉德撰写了 40 多部航海作品。除了详细的航海和技术数据，他的作品通常包括诗歌、对地方和人民的令人回味的描述，以及他经常围绕这些主题进行精辟的观察。他的许多作品都保存到现在，包括《有利可图的书》(*Kitab al-Fawa'id f i usul al-bahr wa'l-qawa'id*)，这是一本关于导航第一原则和条例的书，也

是伊本·马吉德最重要的作品。

《有利可图的书》于 1490 年完成，一个多世纪以来都得到广泛使用，对在红海和印度洋的航行有着最详细的航海指南。它对主要港口、航行的危险、贸易路线、季风、风向和洋流、当地人民的风俗习惯以及阿拉伯航海史都有详细记录。伊本·马吉德描述了垂直线（以及与它们相关的星星）、指南针和其他导航仪器的用法，并详细说明如何通过测量带有"卡迈勒"极星的高度从而计算出它的纬度。一个打结的绳子连接到卡片上，每个结代表一个主要港口的纬度。伊本·马吉德是一个极其注重细节的信息编辑者，他的其他作品详细介绍了非洲东海岸、南面的好望角，还有东亚的中国等地。

伊本·马吉德的作品充满了对水手的建议和警告，其中包括在海上保持警惕以及尊重其他海员的重要性。他的作品中的很多建议在诗歌中也有所体现，如下面关于何时开往印度的节选。

> 每当小精灵在黎明时闪耀，
> 也门的船只被禁止穿越印度。
> 并且在风中夹杂着雨之后的一段时间。
> 但是他们有可能不是那么顺利到达施尔。
> （蒂贝茨，1971：240）

伊本·马吉德去世后，一些阿拉伯作家认为他是穆斯林航海家，他加入了瓦斯科·达·伽马在东非的探险队，探险队与他共享航海有关的信息，并协助他前往印度。没有证据可以支撑这些说法，现代学者对这一说法也不予重视。在 1500 年，伊本·马吉德完成了他的最后一部作品，但很快就去世了。

斯蒂芬·K. 斯坦

拓展阅读

Clark, Alfred. 1993. "Medieval Arab Navigation on the Indian Ocean: Latitude Determination." *Journal of the American Oriental Society* 113: 360-74.

Tibbetts, G. R. 1971. *Arab Navigation in the Indian Ocean Before the Coming of the Portuguese*, *Being a Translation of Kitab al-Fawa'id f i usul al-*

bahr wa'lqawa'id of Ahmad b. Majid al – Najdi. London：The Royal Asiatic Society of Great Britain and Ireland.

穆斯林的朝圣（麦加）

朝觐是前往麦加（在今沙特阿拉伯）的精神之旅，也是伊斯兰教的五大支柱之一。如果可能的话，每个穆斯林都要在他的一生之中前往麦加一次。麦加是先知穆罕默德出生的城市，据说他接受了上帝的指示。旅程将在伊斯兰历法的最后三个月进行。因为伊斯兰历法是基于月球周期的，所以可以在西方日历上的各种日期朝觐。在穆罕默德去世之前，他回到了麦加，他的朝圣为朝觐树立了榜样。穆斯林部族在世界各地的急速扩张，意味着海路一开始就对前往麦加的信徒很重要。

从地中海到埃及以及从那里穿过红海，或横跨印度洋和阿拉伯海岸，船只搭载着朝圣者前往吉达，吉达是阿拉伯红海的主要港口，被称为通往麦加的门户。朝圣者从吉达再走 60 英里到麦加。越来越多的南亚和东南亚穆斯林人口，意味着对于一些穆斯林来说，朝觐旅程可能有几千英里。通常，朝圣者预定货船，在朝觐季节载着这些乘客成为他们船舶业务的重要组成部分。其中一些船足够大，可以运送富裕朝圣者自己的骆驼，而不是到达阿拉伯再雇用骆驼。

虽然走陆路有危险（其中包括匪徒袭击、渴死、饿死或热死），走海路也有其自身的弊端。暴风雨总是危险的。红海的风力往往是强大且逆向的，船只难以在崎岖不平的岩石海岸线驾驭。经常需要将乘客从较大的船只转移到较小的船只，完成前往阿拉伯红海主要港口吉达的航程，朝圣者再从该港口前往麦加。

海盗经常威胁朝圣者的船只。在 12 世纪，十字军领袖雷纳尔德（约 1125—1187）命令红海的五艘舰船袭击载着朝觐旅客的船只。在 15 世纪结束的时候，在他们到达印度洋后，葡萄牙军舰多次袭击携带朝圣者的船只，突袭对他们的旅行很重要的港口。在 16 世纪的部分时间，海上旅行变得如此危险，以致一些穆斯林领导人宣称朝觐对于那些面临严重危险的人来说，不是强制性的。

殖民大国后来试图控制朝觐旅游业务。大英帝国为半岛和东方船舶公司（P&O）提供专属特权，将朝圣者从印度载往阿拉伯。荷兰殖民统治

克尔白（天房）建于沙特阿拉伯麦加的阿尔—哈拉姆大清真寺之内。克尔白是一座神殿，拥有麦加黑石，是穆斯林朝拜的中心，也是前往麦加最终目的地。（Sufi70/ Dreamstime.com）

者在现在的印度尼西亚，不仅寻求控制旅行路线，而且寻求控制前往麦加的路线。在荷兰控制的末期，担心朝圣者受到反殖民主义的影响，当局寻求孤立持有极端主义观点的朝圣者。

从 19 世纪开始，霍乱在阿拉伯圣城中广为扩散。朝觐之旅的双方都做出了努力，以减少疾病的蔓延。在阿拉伯半岛周围地区设立了检疫站，载着朝圣者的船舶经常被迫离开，他们还对船只进行检查以确定是否乘客携带了疾病。

不断提高的运输技术改变了传统的朝觐路线，铁路像蒸汽船一样缓解了旅程的压力。苏伊士运河的开通使北方非洲穆斯林可直接预订吉达的船只，省略了之前途径尼罗河和跨越整个埃及的漫长的旅程。帆船可能需要数周才能穿越红海，但是蒸汽船只用三天就可从苏伊士航行到吉达。第二次世界大战（1939—1945 年）后，越来越多的朝圣者乘飞机旅行。航空公司取代了蒸汽船，成为朝觐朝圣者的主要运输选择。然而最近几年，一些邮轮公司又开始为朝觐旅客提供服务。

肯·泰勒

拓展阅读

Agius，Dionisius A.2013. "Ships that Sailed the Red Sea in Medieval and Early Modern Islam：Perception and Reception." In Venetia Porter and Liana Saif（eds.）. *The Hajj*：*Collected Essays*，*84 - 95*. London：British Museum Press.

Alexanderson，Kris. 2014. "A Dark State of Affairs：Hajj Networks，Pan-Islamism，and Dutch Colonial Surveillance during the Interwar Period." *Journal of Social History* 47（4）（Summer）：1021-41.

Ladjal，Tarek.2013. "Asian Hajj Routes：The Reflection of History and Geography." *Middle East Journal of Scientific Research* 14（12）：1691-99.

Peters，F.E.1994.*The Hajj*：*The Muslim Pilgrimage to Mecca and the Holy Places*.Princeton，NJ：Princeton University Press.

Tagliacozzo，Eric.2013.*The Longest Journey*：*Southeast Asians and the Pilgrimage to Mecca*.Oxford University Press.

奴隶贸易，1000 年至 1500 年

货物和思想交流改变了世界历史，而最早的全球互动的结果之一还包括奴隶贸易的盛行。奴隶制是历史上最古老的制度之一，在不同的时间和地点存在于人类社会当中。在 1000—1500 年这段时期，奴隶贸易逐渐正规化和制度化。奴隶往往是战争俘虏或欠债之人，他们被视为个人私有财产，而且必须为他们的主人服务。然而在中世纪早期，奴隶制随着大型奴隶市场的建立获得了一种新的形式。奴隶开始商业化，他们可以像商品一样买卖。奴隶贸易变得国际化和多方位化，许多国家和人民参与了由陆地到海上进行的奴隶贸易。

以海上突袭而闻名的维京人（793—1100 年）在扩大奴隶贸易中发挥了至关重要的作用。他们捕获并奴役了大量的爱尔兰人和斯堪的纳维亚本地人，在袭击中将他们作为奴隶出售给拜占庭帝国和穆斯林国家。例如，《阿尔斯特年鉴》记录了在 821 年维京人的都柏林袭击事件，在此期间许多妇女被掳走。这种生意大有赚头。在 11 世纪，爱尔兰国王加入了这场贸易，出售战争俘虏到奴隶市场。奴隶被用作贡品和作为对军事服务的付款。都柏林、约克、切斯特和布里斯托尔成为出口奴隶的重要港口。像维

京人一样，阿拉伯海员经常为了寻找奴隶突袭欧洲。在1189年，哈里发率领一支袭击里斯本的舰队，俘获了3000名妇女和孩子，并作为奴隶卖出。

土耳其人（900—1200年）捕获或购买欧洲奴隶，并训练他们成为军队的士兵。其中最著名的是奥斯曼帝国的禁卫军，但许多其他伊斯兰国家也组成了奴隶士兵军团。在少数情况下，这些奴隶士兵升为国王，在印度（1206—1290年）建立德里苏丹国，在埃及建立马穆鲁克苏丹国（1250—1517年）。虽然四次十字军东征（1202—1204年）之后地位下降，君士坦丁堡长期以来一直是奴隶贸易的中心。

意大利商人开始占据地中海海运商业的主导位置，建立了进入黑海的新贸易路线。他们向土耳其人出售亚美尼亚和格鲁吉亚奴隶，特别是在1380年之后由于黑死病造成的劳动力短缺，进口了数千奴隶到意大利。

现代读者习惯性地将非洲与奴隶贸易联系起来。在之前，非洲人被其他非洲人俘虏并被当作奴隶。加纳等通过黄金、象牙和奴隶的贸易，保持着与欧洲和近东文化的联系。阿巴斯王朝的领导人哈里发购买了大量的东非奴隶（称为"Zanj"），从斯瓦希里海岸将他们运往北方，以便在伊拉克的沼泽地上耕种。条件是如此恶劣，以致奴隶世纪末起义了。这使东非与伊斯兰世界之间的奴隶贸易极大地正式化和制度化。欧洲人后来进入并且扩大了奴隶贸易。1440年葡萄牙水手到达佛得角群岛，很快就换成了非洲人奴隶来耕种以前无人居住的岛屿。1452年，教皇尼古拉斯五世发表一项法案，授权葡萄牙人奴役包括妇女在内的战俘和孩子们。1453年奥斯曼帝国征服了君士坦丁堡，扰乱了君士坦丁堡奴隶贸易的东部路线，但在接下来的几个世纪，欧洲在美洲的殖民化大大扩大了西方的奴隶贸易。

这个时代的奴隶往往比以后几个世纪的作品更多样化，奴隶受雇于家庭、军队、农场和种植园。其中许多人是女性，这个时代的奴隶与白人奴隶主缺乏种族区别，男性黑人奴隶后来成为跨大西洋奴隶买卖的典型代表。

阿迪卫塔·雷

拓展阅读

Alpers, E.A., 2014. *The Indian Ocean in World History*. Oxford：Oxford

University Press.

Campbell，G.，2006.*The Structure of Slavery in Indian Ocean Africa and Asia*.London：Frank Cass.

Eltis，D.，and S.L.Engerman.2011.*The Cambridge World History of Slavery*：*Vol.3*.Cambridge：Cambridge University Press.

Rodriguez，J.P.1997.*The Historical Encyclopedia of World Slavery*.Santa Barbara，CA：ABC-CLIO.

主要文献

来自中世纪犹太商人的信，约 950 年至 1250 年

1896 年在开罗的本以斯拉犹太教堂发现的信件和文件，证明了许多犹太商人的广泛旅行和商业交易。这些文件已有 1000 多年的历史（870—1880 年），总共超过 30 万份，描述了长途业务关系、贸易模式，甚至是几起诉讼案例。贸易伙伴关系超越了政治、文化和宗教边界，跨越北非、阿拉伯海岸、波斯湾和印度等地。950—1250 年间，犹太商人尤其在亚丁特别活跃。亚丁是印度洋、埃及和地中海的贸易中心。以下信件由居住在阿马尔菲附近的意大利人撰写，他违背父母的意愿出海，描述了他在海上面临的危险，他希望在圣地建立新生活的希望。

　　我违背了我的父母，从我与父母离开的那天起，我就面临着死亡和无法忍受的危险。同样，当我访问阿马尔菲准备离开这座城市时，我遇到了许多困难。杂事缠身，我想知道为什么有那么多事会发生在哈楠和梅纳昂身上。他们会被祝福包围着，永远被铭记，这样对我来说是非常好的。[他们把介绍我] 给商人，我所有的交易都是按照他们的指示进行的；所有其他事项，例如要支付给城市的海关税费。他们也试过说服我们不要继续前进。但是我们没有听，因为它是由上天注定的。

　　我们抵达巴勒莫。除了支付水手的小费外，我们支付了一切海关费用。我们还有一周的等待。最后我们在那里找到了一艘驶向埃及亚历山大港的大船。我们支付了票价，然后在新年假期开始前出

发。但在提市黎月的第五天，这是星期一的中午，暴风雨开始了，我们被暴风雨困扰了三天。在第三天，船开始漏水，水从四面渗入。[我们努力地] 为了减轻它的负荷并将水排出来，因为船上有大约 400 人。大海变得更加狂野，船上全部负载都被扔掉了。所有人都躺下，因为任何人都没有力气向上帝哭诉。然后他们走向船长并恳求他说："救救我们！在太阳落山之前还有一丝阳光时，尽可能将船驶向陆地，否则一切都会消失殆尽。"所有人都大声哭叫。这艘船朝着海岸转向，人们彼此互相拥抱，颤抖着。我无能为力描述我们是如何哭泣的。因为当我看到那些知道如何游泳的人已经放弃了生命的希望，我该怎样做，谁能忍受没至脚踝一样高的海水？

最后，船撞到了地面并且破裂了，就如当一个男人用双手挤压一颗鸡蛋那样。乘客们开始淹死在这里，有的人抓着船的碎片在海上漂浮着。我们三个站在船舱最上面的一部分，不知道如何逃脱。下面的人叫我们："快下来，你们每个人，抓住一块木头，骑上它，也许上帝会让你得救。"我们用痛苦的声音向上帝哭泣，但是当我看到每个人都骑着一块木头，我对以利亚（他的一个同伴）说："我们为什么要坐在这里，让我们像他们一样。"我发出一声巨响并且感动落泪。我们一起互相帮助，[祈祷] 看见以色列的人。

他抓住了一块木头。他们幸存下来了，并在黎巴嫩的提尔定居。尽管这封信的结尾缺失了，作者总结道：

金钱没什么用……我在考虑改行。

资料来源：Shelomo Dov Goitein. 1973. *Letters of Medieval Jewish Traders* (Princeton：Princeton University Press)，40–41. Used by permission of Princeton University Press through Copyright Clearance Center，Inc.

"维京袭击"；摘自 1060 年瑞米耶日的威廉之诺曼底公爵的事迹

11 世纪的僧侣瑞米耶日的威廉（William of Jumieges）在 1060 年前后写了诺曼公爵的事迹。征服者威廉（1028—1087）后来命令僧侣继续发展这项工作，包括威廉征服英国的内容。12世纪的作家进一步扩展了这项工作，美化了诺曼人的事迹，它仍然是迄今诺曼人留存的最好的资料之一。下面的段落叙述了维京人在851年和852年沿着塞纳河航行进行的毁灭性的袭击事件，突袭法国各地，使得鲁昂和许多其他城市成为废墟。

　　此后，丹麦人口迅速增长，很快岛屿就挤满了人，许多男人被皇室法令强迫迁离他们的家园。因为在他的儿子长大之后，父亲不得不驱逐他们所有人，除了他的继承人。

　　在他的祖先的法律的推动下，卢森布鲁克开始放逐他的儿子比约恩以及他的导师哈斯特，同时一大群年轻人以相同的方式被强迫离开，为了他可以探索外国土地，并以武力取得新的土地定居。作为一个流亡者，他被国家驱逐出境，他的学生派出信使邀请附近省份的士兵。他们是冲动、渴望战斗并且加入远征的行列，就这样聚集了无数新兵。还有什么可说的？他们建造船只，修复盾牌铠甲，擦亮胸甲和头盔，削尖剑和长矛，并用各种武器加强了他们的军队力量。在指定日期，船舶被投放于海中，士兵赶紧上船。他们提高了标准，在风来之前扬帆，像狼一样敏捷捕捉上帝的羊，将人类血液注给他们的神托尔。

　　所有人都喜欢这种血祭。顺风推动他们，在851年——我们的上帝之年，他们来到曼多瓦的一个港口。他们的船舶越来越多，并且立刻放火烧了县城。他们疯狂地烧毁了圣昆廷修道院。尼庸的主教伊莫和他的执事被他们的刀剑砍死了，剥夺了牧师身份的普通人被砍成了碎片。他们从那里去了塞纳河口，在那里开动了船，在瑞米耶日附近建立了他们的攻城营地。瑞米耶日的僧侣和其他居民听说异教徒到来，他们逃走了，埋了一些财宝，另外一些带在身上，因此是在上帝的帮助下拯救了他们自己，[但] 所有的建筑都被夷为平地。

　　从那里，他们沿着塞纳河航行，抵达了他们放火毁坏的鲁昂，这也是他们对基督徒犯下暴力罪行的地方。他们更深入到法国内部，以维京人特有的愤怒入侵几乎整个奥地利，遍及奥尔良延伸去巴黎的路。在他们的袭击中，他们因缺乏马术技能而徒步游行。但后来他们像我们的同胞一样骑马前行，将他们在路上遇到的一切都毁坏至尽。然后他们在圣弗洛朗修道院以南的岛上躲藏着，圣弗洛朗修道院是该地区的避难所。他们建造了一种类似堡垒的小屋，留在那里。

他们的囚犯是锁着的，他们自己抓住机会洗清罪过，目的是为了直接开始探索新的征程。他们从这个岛上用艇或马组织了意外的突击，周边地区也因此遭到蹂躏。然后他们穿过安茹，在那里烧毁了昂热。全国各地的城镇和村庄，从大海到普瓦捷市，成为大屠杀的牺牲品。之后他们乘船前往图尔，以他们惯常的屠杀方式；他们放火烧毁了小镇，并摧毁了周围的国家。不久之后，他们沿着卢瓦尔河航行，他们到达了奥尔良，在那里夺走了所有的黄金。

斯丁和他的同伙雄心勃勃，他们的领主应占据高位，开始认真考虑皇位。最后，在征求意见后，他们的船只驶向大海，决心通过秘密袭击夺取罗马。但是一场可怕的风暴袭来，暴风迫使他们停靠在鲁尼市附近。

在城市毁灭之后，异教徒们征求意见并决定返回。在回到他的祖国的途中，破坏者的旗手和军队之王比约恩遭遇了海难，几乎没有到达英格兰海岸，而且他的一些船只也一并丢失了。

资料来源：Elisabeth M. C. Van Houts（ed. and trans.）. 1995. *The Gesta Normannorum Ducum of William of Jumièges，Orderic Vitalis，and Robert of Torigni*. Volume 1. Oxford：Clarendon Press，pp. 17-25. Used by permission of Oxford University Press.

《东方见闻录》，1299 年，马可·波罗

来自威尼斯的商人马可·波罗（1254—1324）与他的父亲和叔叔一起旅行到中国，他们在忽必烈汗（1215—1294）统治的中国度过了一段时间。在他回来时，他记录了他的旅行。[①] 一个多世纪以来，他的书一直是欧洲人了解远东的首要指南。在下面的段落中，他讨论了香料贸易的中心市场爪哇、一些航海参考点以及爪哇岛以西的王国，爪哇岛潜伏着诸多海盗。

当你从南部和东南部之间 1500 英里的昌巴航行时，你来到一个

---

① 《东方见闻录》，即《马可·波罗游记》，又名《马可·波罗行纪》等。

叫做爪哇的大岛。这些岛屿的经验丰富的水手说它是世界上最伟大的岛屿，他们对爪哇岛非常熟悉，而且岛上有一个超过 3000 英里的罗盘。对伟大的国王来说，这是一笔伟大财富，世界其他地方不可相提并论。岛上的居民都是"偶像崇拜者"。岛上充满着财富，出产黑胡椒、肉豆蔻、甘松、良姜、荜澄茄、丁香等各种香料。

这个岛航运繁忙，商家买卖昂贵的商品，从中获取丰厚的利润。这个岛的宝物是极好的，就如同传说中的一样。而且我可以向你保证，由于距离很远以及昂贵的探险费用，伟大的卡昂永远不会占有这个岛屿。

梅尼巴是一个目光朝向西方的伟大王国。百姓们是他的崇拜者；他们拥有自己的语言和自己的王，不向任何人纳贡。

在这个国家，你会看到更亮的北极星，因为它高于海平面两肘。你必须知道的是，从这个梅尼巴王国和附近的另一个格尔瓦特王国，每年都有超过 100 艘海盗船在银贝斯出现。这些海盗带着他们的妻子和孩子，在整个夏季离家在外。他们的方法是 20 或 30 艘海盗船队连成一片，然后形成他们所谓的海警戒线，也就是说，船与船之间减少彼此间距直到间隔为 5 或 6 英里，因此它们可以覆盖的区域类似 100 英里的海，没有商船可以从他们手中逃脱。当海盗看到了船上燃烧的火或烟的信号，然后所有海盗行动起来，抓住商人并掠夺他们的财产。海盗掠夺后让商人们走了，说："跟你一起走，获得更多的收益，那可能也会落到我们手上！"

但现在商人们已经意识到了这一点，他们的人员装备精良，并且乘坐的是如此庞大的船只，因此他们不怕海盗船袭击。可是有时仍然会发生意外事故。

这个王国有大量的胡椒、生姜、肉桂、浮羽鸽和印度的坚果。他们还制造非常精致和漂亮的巴拉姆。来自东方的船只的压舱货中带来了铜。他们也带来了丝绸布料、金子以及森德尔绸；还有金银、香、甘松和其他有需求的精美香料，并以此交换这些国家的产品。

船只来自许多地方，特别是来自曼兹的大省。粗糙的香料出口到曼兹和西部，商人运往亚丁的亚历山大港，但船只向后方走，不是向东走的那一到十艘；这是我之前提到过的一个非常值得注意的事实。

格尔瓦特是一个伟大的王国。百姓们是偶像崇拜者，他们有一种独特的语言，有他们自己的王，不向任何人纳贡。它位于西方，北极星在这里更显眼，从北极星就可推测出这个国家海拔在六肘左右。

这里的百姓们是现存最凶残的海盗，他们残暴行径的其中之一，就像如此：当他们乘坐商船时，他们会强迫商人吞下一种混合在海水中名叫塔玛琳的东西，这可以强制性给商人洗胃，以防商人因为认识到海盗的危险吞下了他们最有价值的宝石和珍珠。通过这种方式，海盗可以保证他们获得所有的财富。

在 Gozurat 省，种植了大量的辣椒、生姜和靛蓝。他们也种植了大量的棉花。他们的棉花树很大，长得很饱满，有六步高，树龄达到20 岁。然而应该观察到，当树变得很老的时候，棉花不便用于纺织，只能作为被子的填充物。树龄达到 12 岁，树木才能提供良好的纺纱棉，但是 12—20 岁树龄产出的棉花都是劣质的。

资料来源：Henry Yule（trans.and ed.）.1903.*The Book of Ser Marco Polo the Venetian Concerning the Kingdoms and Marvels of the East*.2 vols.London：John Murray，217，324-35，328.

伊本·白图泰的旅程，1354 年

伊本·白图泰（1304—1369）是 14 世纪的穆斯林学者，在大约 30 年的时间里，他从西班牙出发，经过北非、中东、非洲之角，然后到达印度和东南亚，游历了整个穆斯林世界。从东南亚，他向北航行到中国。伊本·白图泰游历了许多国家，并在回国后写了一本名为《游记》①的书。下面的段落描述了他参观过的一些地方，包括亚历山大港的灯塔和繁忙的亚丁港，以及采珠者和他遇到的其他人。

我于星期四（1325 年 6 月 14 日）离开我的出生地丹吉尔，当时我 22 岁，打算去麦加的圣地和麦地那的先知墓朝圣。我独自出发，找不到同伴……没有一群旅人与自己联系。我内心有一种压倒一切的冲动，渴望参观那些壮丽的圣所。受此影响，我决定离开我所有的朋

---

① 编者注：即《伊本·白图泰游记》。

友，离开我的家。当我的父母还活着的时候，我感到与他们分离是一件非常痛苦的事情，我和他们都很悲伤。

他穿过地中海来到亚历山大港，参观了那里著名的灯塔。

这是一座很高的方形建筑，它的门在地面以上。在门的对面，有一座同样高的建筑物，从那里有一座通向门的木桥。如果把这个移开，就没有入口了⋯⋯

它坐落在一个高高的土墩上，位于距离城市 3 英里的长长的土地上，这长长的土地从城墙附近一直伸入大海，因此除了城市以外，不能通过陆地到达灯塔。1349 年，我再次返回西部时，发现灯塔已经破败不堪，根本无法进入，也无法爬到门口。

伊本·白图泰从叙利亚陆路来到麦加，在那里待了一段时间，然后从阿拉伯半岛的吉达港出发，向南航行。

我们在萨瓦金（今苏丹）坐船前往也门。因为这海中有许多礁石，夜间不能航行。黄昏时他们上岸，日出时再上船。船长经常站在船头警告舵手注意礁石。离开萨瓦金六天后，我们到达了哈利镇，这是一个人口众多的大型城镇，居住着两个阿拉伯部落。苏丹是一个品格高尚的文人和诗人。我陪他从麦加到吉达，当我到达他的城市时，他对我很慷慨，好几天都把我当作他的客人。我上了他的船，来到撒迦镇，那里住着也门商人。

我从那里前往海边的也门港亚丁。它四面环山，只能从一侧接近。它没有庄稼、树木或水，但有水库，收集雨水。阿拉伯人经常切断居民的饮用水供应，这样人们就不得不用金子和布料来买水。这是一个非常热的地方。它是印度人的港口，来自金巴亚特（Cambay）、卡瓦兰（Kawlam）、卡利卡特（Calicut）和许多其他马拉巴尔（印度西南海岸）港口的大型船只都停靠在这里。那里有印度商人，也有埃及商人。它的居民要么是商人，要么是搬运工，要么是渔民。有些商人非常富有，有时一个商人拥有一艘满载货物的大船，这是他们炫耀和竞争的主题。尽管如此，他们虔诚、谦卑、正直、慷慨，善待陌生人，慷慨奉献给奉献者，并全额支付上帝所要求的十分之一。

又从那里往卡伊斯去，卡伊斯又名尸罗夫。西拉夫人是波斯人的贵族，其中有一个阿拉伯部落，他们潜水寻找珍珠。珍珠渔场位于尸罗夫和巴林之间的一个平静的海湾，海湾就像一条宽阔的河流。每年4—5月，来自和夫、巴林和加提夫的大量船只会载着商人和潜水员来到这里。潜水前，潜水员戴上一种玳瑁面具，在鼻子上夹一枚玳瑁夹子，在腰上系一根绳子，然后潜水。当潜水员到达海底时，他发现那些贝壳被卡在小石头之间的沙子中。他用手将它们拉出来或者用他为此专门准备的刀子将它们松散，并将它们放入一个斜挎在脖子的皮包中。当他的呼吸变得受限时，他就拉绳子，在岸上拿着绳子的人感觉到绳子在动，就把他拉到船上。人们从他那里拿走了袋子，打开贝壳寻找珍珠，然后将大大小小的珍珠收集在一起。苏丹拿走了他捕捞的第五个贝壳，其余的都被商人们买走了。他们中的大多数是潜水员的债权人。

离开扎伊拉（今索马里）后，我们航行了 15 天，来到摩加迪沙，这是一个巨大的城镇。这里的居民都是商人，有许多骆驼，他们每天要宰杀几百头骆驼作为食物。当一艘船到达港口时，它会遇到小船，每艘船上都有一些年轻人，每个人都带着一个装有食物的盖碗。他把这个送给船上的一个商人，说这是我的客人，其他人也都这么做。除了那些经常到镇上旅行并了解其人民的人，他们住在他们喜欢的地方外，每个下船的商人只去那个作为他主人的年轻人的房子。然后，主人为他出售他的货物并为他购买。如果有人以过低的价格从他那里购买任何东西，或者在他没有东道主的情况下向他出售，那么他们就认为这笔交易是无效的。这种做法对他们（商人）来说非常有利。

资料来源：Gibbs, H.A.R. (trans.and ed.).1929.*Ibn Battuta Travels in Asia and Africa, 1325 - 1354.* London：Routledge, pp.43, 46, 87, 107 - 11, 121.

郑和下西洋，1405—1411 年

明朝最伟大的海军上将郑和（1371—1435）曾率领中国的大型舰队

六次航行东南亚和印度洋。用现代的说法，郑和是一面旗帜，展示了中国的力量和它在海外事务中的影响力。在航海中，郑和赠予和接受的礼物肯定了与中国的朝贡关系，镇压了海盗，扶持了中国青睐的地方统治者。下面的段落摘自《明实录》，这是一本明朝政府文件集，描述了皇帝对郑和的命令，以及他第三次航海胜利归来的情景。

1405 年 7 月 11 日 ［第一次航行］

宦官郑和等人带着帝国的命令前往西海各国，酌情向这些国家的国王授予图案精美的丝绸和用金线交织而成的杂色细丝。

1407 年 10 月 2 日 ［第二次航行］

被派往西海各国的宦官领袖郑和，用镣铐绑着海盗陈祖义等人，将他们带回来了。在此之前，当他到达老港口时，他遇到了陈祖义等人，派人去他们那儿谈判并招安他们。祖义等人佯装投降，暗中密谋攻打帝国军队。郑和和其他人发现了这件事，于是就组织军队准备防御。当陈祖义率领的军队进攻时，郑和派军队出征。祖义遭受了巨大的失败。5000 多名土匪被杀，10 艘土匪船被烧毁，7 艘被俘虏。此外，还缴获了两枚假铜印，活捉了三名犯人，其中包括陈祖义。当他们到达首都时，命令把所有的犯人都斩首。

1408 年 10 月 17 日 ［第三次航行］

宦官领袖郑和以及其他人奉命作为使者前往卡利卡特、马六甲、萨穆德拉、阿鲁、嘉意乐、爪哇岛、暹罗、占帕、科钦、阿勃巴旦、萧克兰、南武里、甘巴里等国。他们还向这些国家的国王赠送锦缎、绸缎和丝绸。

1411 年 7 月 6 日 ［第三次航行归来］

作为使节被派往西洋各国的宦官郑和和其他人，他们在返回后呈递了斯里兰卡被俘国王亚伊·库奈尔及其家人。在此之前，郑和等人曾被派往各个藩属国作使节。然而，当他们到达斯里兰卡时，亚伊·库奈尔国王对他们却是侮辱和无礼的。他想伤害郑和，但郑和知道了，就离开了。亚伊·库奈尔还对邻国采取不友好的行动，多次拦截和抢劫邻国的使节。所有的藩属国都对他的行为感到深恶痛绝。当郑和返回时，他再次经过斯里兰卡，国王引诱他来到这个国家。亚伊·库奈尔国王让他的儿子拿延索要金银财宝，但郑和不肯给他。然后，国王秘密派遣了 5 万多名藩属国军队去抢劫他的船只。他们还砍伐树木，制造障碍，阻碍郑和的返回路线，使他无法提供援助。郑和和其他人发现了这一点，他们聚集了他们的军队，然后又回到他们的船上。然而，这条航线已经被封锁。郑和这样对他的部下说："大部分的部队已经派出去了，这个国家的中部将空空如也。"他还说："我们的商人和军队是孤立和紧张的，将无法采取行动。如果他们受到突然袭击，攻击者就会达到他们的目的。"因此，他秘密地命令人们通过另一条路线前往船只，并命令政府部队与攻击者殊死搏斗。然后，他亲自率领 2000 名士兵穿过一条小路，出其不意地袭击了这座皇家城市。他们占领了这座城市，活捉了亚伊·库奈尔、他的家人和酋长。斯里兰卡军队返回包围了整个城市并进行了几次战斗，但郑和极大地打败了他们。郑和等人随后返回到朝廷。聚集在一起的大臣们要求处决国王。皇帝同情国王的愚蠢和无知，仁慈地下令释放他和其他人，给他们食物和衣服。礼部奉命从这个家庭中挑选一个有德的人作为国家的国王，以处理国家的献祭。

资料来源：Geoff Wade（trans.）.*Southeast Asia in the Ming Shi-lu：An Open Access Resource*，Singapore：Asia Research Institute and the Singapore E-Press，National University of Singapore. Entries 533，605，1048，1778. http：//epress.nus.edu.sg/msl/.Accessed June 29，2016.Used by permission of National University of Singapore Press.

第五章 第一个全球性的时代，
1450 年至 1770 年

概　述

瓦斯科·达·伽马（约 1469—1524）开辟了一条通往亚洲财富的欧洲新路，而克里斯托弗·哥伦布（1451—1506）为了寻找一条通往亚洲财富的新路，误打误撞进入美洲，而从欧洲人角度看美洲是一个全新的世界。他们相隔仅 6 年的航行共同标志着世界历史上的一个戏剧性时刻。在此之前，世界各国社会相对孤立。不同文明只了解他们的近邻和贸易伙伴，就像意大利人和阿拉伯人彼此了解；但对更遥远的文明（如中国）只有零星的认识。哥伦布、达·伽马以及后来的欧洲探险家和冒险家的航行，前所未有地把世界各国人民联系在了一起。他们的成就就是如此，西班牙统治者用了近一个世纪的时间才能了解美洲的大小，欧洲制图师也用了近一个世纪的时间才能绘制出相当准确的亚洲和美洲地图。

那些跟随哥伦布航行尾迹的航海家们，例如向北航行的约翰·卡伯特（1450—1500）和向南航行的佩德罗·阿尔瓦雷斯·卡布拉尔（1467—1520），很快证明哥伦布没有发现位于日本的新岛屿，而是发现了一个全新的大陆。费迪南德·麦哲伦（1480—1521）发现了通往太平洋的海峡，并证明了世界上所有的海洋都是相互联系的，亚洲东印度群岛并不是位于巴拿马岛以西很近的地方，几千英里的太平洋将它们分隔开来。亚洲的财富如此之大，以至于派往美洲的探险家们继续把大部分注意力集中在寻找一条通过西北通道通往中国和印度的航线上，或者仅仅是攻击西班牙的航运路线。俄罗斯探险家同样也在寻找一条穿越俄罗斯北部到达亚洲的通道。

由于约翰内斯·古腾堡（约 1398—1468）改进了活字印刷术，使造船业和航海业的革新迅速传遍了欧洲，使这些航行成为可能。第一本印刷的《圣经》出现在 1455 年，在接下来的 50 年里，欧洲人印刷了大约 2000 万本书。这种前所未有的倾泻式的传播方式将知识传播到整个欧洲，促进了包括天文学和航海在内的许多领域的发展。

到了 15 世纪，波托兰海图详细描绘了海岸线和港口，并为它们之间的航行提供了指南针方向。一旦看不到土地，导航员可以依靠恒星来确定它们在北方或南方的位置。在北半球，他们依靠极星，并使用象限（四分之一圆）标记一个刻度来读取恒星的高度。葡萄牙人汇编了现有的导航知识，将其传播给了他们的水手，并系统地改进了他们的导航专业知识和工具。到了 1480 年，他们从赤道向南航行，通过太阳的赤纬和后来的南十字星座（相当于南极的北极星）来确定自己的南北位置。

葡萄牙的帆船融合了北欧和南欧的建造风格，这是一种配备方形和横帆的三桅全帆船，几乎可以在任何情况下航行。它装备火炮，由掌握新航海知识和仪器（包括星盘、象限仪和十字准星）的军官指挥，是世界上第一艘能在任何地方航行的船。由其他欧洲建造商复制，帆船和类似的船只将欧洲人带到了世界各地的海洋。

葡萄牙领导人很快就了解了印度洋的海洋地理知识。对于完全的殖民而言，他们缺乏人口支持。但在精心策划的战役中，他们试图控制其商业，系统地扩展其在亚洲的海洋帝国。葡萄牙船只在质量和数量上的巨大优势使他们能够摧毁当地的海军反对派，在整个地区建立基地，夺取马六甲海峡（1511 年）和霍尔木兹（1515 年）的控制权，通过骚扰经过红海的阿拉伯船只，葡萄牙成为欧洲主要的亚洲香料供应国，在 1513—1530 年间，每年带来约 30 吨丁香和 10 吨肉豆蔻（Reid，1993：14）。

葡萄牙帝国虽然在贸易中发财，但终因实力不济，逐渐断送地盘给欧洲的竞争对手。欧洲的竞争对手通过仿效葡萄牙，建立了自己的贸易要塞，并与葡萄牙争夺控制权。1619 年，荷兰人在巴达维亚（今雅加达）建立了基地，逐渐取代葡萄牙人从事香料贸易。17 世纪，英国人又与荷兰人就贸易问题打了三场战争。直到荷兰人和英国人的到来，欧洲人几乎完全控制了香料贸易，排挤了当地的货主。欧洲船只通常是全副武装的，在春季和夏季航行到东印度群岛，在冬季继续交易，并于次年返回。航行的里程及其固有的危险性推动了海事贷款和保险的发展，以资助它们和帮助股份公司分散风险。

早在 17 世纪，欧洲人对在印度洋进行贸易没什么兴趣，所以他们用黄金、白银或在亚洲其他地方购买的商品来支付商品，比如中国丝绸。在 17 世纪 40 年代，东南亚每年出口大约 6500 吨胡椒（这是最受欢迎的香料）以换取 25 吨的白银。到 17 世纪中叶，荷兰商人估计，欧洲人消费了东南亚生产全部香料的三分之一到一半。而在 15 世纪，它们的消耗量则不到 10%（Reid，1993：19、24）。

西班牙迅速发展的美洲帝国在很大程度上要归功于机遇和征服者的个人行动。在流行病摧毁了当地人口后，欧洲人认为美洲人烟稀少，因此吸引了越来越多的欧洲人。哥伦布回国后的一个世纪里，有 20 多万西班牙人移民到新大陆。17、18 世纪，随着其他欧洲国家在新大陆建立殖民地，向他们运送非洲奴隶，以及欧洲殖民者，移民人数不断增加。农作物和动物也在新旧世界之间移动，改变了世界各地的农业和饮食。以前只在秘鲁发现的土豆成为从爱尔兰到俄罗斯的人们的主食。以前生长在东南亚不同岛屿的许多香料，就像香蕉和其他水果一样，被移植和生长在整个热带地区。西班牙水手在船上使用了加勒比群岛居民使用的吊床，其他国家的海军也纷纷效仿，使其成为船上生活的主要部分。

尽管西班牙人在美洲定居并从中攫取财富，但他们也把注意力集中在亚洲贸易上，从西班牙驶往马尼拉的西班牙大帆船就是这种贸易的缩影。每年的航行中，他们用新世界的白银交换中国的瓷器和丝绸。他们依靠欧洲的航海知识和两个大的风力系统完成了 2 万英里的往返旅程。第一次帮助了哥伦布在热带地区从东向西航行，加速了他们从美洲到中国的速度。第二次是麦哲伦探险队的第一次在温带地区航行（特别是南北半球 40—50 度之间），风从西向东吹，他们被"咆哮的 40 度"（西风带）带回了家。西班牙创造的新世界银币（New World silver）帮助创造了一种全球货币。在海盗的传说中，这种银币被称为"八元币"（piece-of-eight），也就是一枚真正的八元硬币或西班牙元。

渐渐地，荷兰人主导了国际贸易。他们的商船队从 17 世纪 30 年代的 2500 艘增加到 60 年代的 12000 多艘，占欧洲海运总量的三分之二。荷兰人开创了低成本的、专门建造的船只，典型的例子是"弗罗伊德"号，这是一艘船体宽敞的四四方方的货船。还有鲱鱼巴士，这是一艘非常大的渔船，设计用于在海上停留两个月，方便在捕获鲱鱼时加工和包装。两者都依靠简化的索具、一系列滑轮和其他节省劳力的设备来处理帆和货物，这使得他们只需要很少的船员。英格兰成为其主要竞争对手，并通过俘获战争中的荷兰货船而充实自己的舰队，仅在第一次英国荷兰战争（1652—1654 年）中就有超过 1000 艘荷兰货船被英格兰俘获。

欧洲人继续改进他们的航海技术。佛兰德制图家福西厄斯·墨卡托（Gerardus Mercator，1512—1594）发明了一种更精确的系统，可以在平面地图上显示地球的曲面。1584 年，荷兰制图家卢卡斯·扬索恩·瓦格纳（Lucas Janszoon Waghenaer，1533—1606）出版了《水手镜》（Mariner's Mirror），这是第一本装订好的海图和航行方向集。这本不可或缺的指南被翻译成多种语言的版本，发行的范围从西欧扩展到了从波罗的海到加那利群岛的所有水域。

计算船舶的东/西位置（经度）仍然是一个问题。这种计算是根据船只速度和时间的估计，主要依靠用沙漏来测量。航迹推算结合了速度、方向和时间，可以估计船只的位置，哥伦布和其他横渡大西洋的探险家就依靠了这个系统。1714 年，英国政府成立了经度委员会，并向解决计算经度问题的人提供了 20000 英镑的奖励，但直到 1761 年约翰·哈里森（1693—1776）才收到这个奖励，因为他的航海经线仪能够保持确切的时间，并可以精确计算经度。

墨卡托

福西厄斯·墨卡托于 1512 年 3 月 5 日出生在今比利时的杰拉德·德·克雷默，他是一名佛兰德制图师，研究数学和天文学，以绘制墨卡托投影而闻名。墨卡托曾就读于鲁汶天主教大学，后来与杰玛·弗里修斯合作，创造了一些最先进的地图、地球仪和天文仪器。虽然墨卡托有时质疑自己的信仰，但他更倾向于基督教信仰而非哲学。1544 年，他被控同情新教，被监禁了 7 个月，但在获释后，他又重新开始绘制地图。16 世纪 60 年代，墨卡托发明了一种技术，使船只能够在地球的曲面上沿直线航行。这种"墨卡托投影"促进了海上旅行。因为经纬度线是直的，这就允许沿着一条直接的路径到达地图上的某个点，而不是以前地图上的曲线。当它们远离赤道时，纵向线间隔得越来越远，以解释地球的球形。

　　1580 年，墨卡托开始编纂地图集（《地图与记述》），这个词最早被墨卡托用来描述地图的编纂。墨卡托的儿子鲁莫尔德在他父亲去世（1594 年）一年后，于 1595 年完成了地图集的绘制，其中包括古代地图和墨卡托绘制的当代地图。

马修·布莱克·斯特里克兰

　　到 16 世纪末，船只的体积不断增大，其吨位从几百吨增加到 1000 多吨。专用战舰取代了中世纪的临时战舰。这些船只之所以这样叫"大帆船"，是因为随着建造者淘汰了过去船只前后装置的巨大的前后城楼，这些帆船的线条变得越来越圆滑。由于水密枪口，在两层甚至三层甲板上安装了更多（甚至更大）的大炮。到 17 世纪中叶，英国和法国的军舰携带了多达 70 门大炮，重达 2000 吨。一个世纪后，它们的重量接近 3000 吨，超出了木质造船的实际极限。相比之下，由于欧洲人主导了最重要的贸易航线，亚洲船只变得更小。由于缺乏业务，亚洲的船运公司把目光集中在当地市场，用最多不到 200 吨的船只运送大米、谷物和其他常见货物。

　　欧洲人在他们创造的国际市场中获益，占据了绝对优势的地位，进口了大量曾被视为奢侈品的商品并获益，这些商品在 18 世纪变得越来越普遍：咖啡、胡椒、糖、茶、烟草，以及从中国的瓷器和丝绸到印度的印花布和细布等制成品。除了北极和南极，只有南太平洋没有受到欧洲人的影响。18 世纪中期，新一代的探险家，最著名的是詹姆斯·库克（James Cook，1728—1779），带着科学家进入了这个地区，他们进行观察，研究当地的动植物，收集样本。到 1770 年，欧洲人统治了海上世界，这是一个很大程度上由他们塑造的世界。

斯蒂芬·K. 斯坦

拓展阅读

Boxer，Charles R.1969.*The Portuguese Seaborne Empire，1415–1825*.New York：Alfred A.Knopf.

Hugill，Peter J.1993.*World Trade Since* 1431：*Geography，Technology，and Capitalism*.Baltimore：Johns Hopkins University Press.

Love，Ronald.2006.*Maritime Exploration in the Age of Discovery，1415–*

1800.Westport，CT：Greenwood.

　　Misa，Thomas J.2011.*Leonardo to the Internet：Technology and Culture from the Renaissance to the Present.*Baltimore：Johns Hopkins University Press.

　　Philips，William D.，and Carla R.Philips.1993.*The Worlds of Christopher Columbus.*Cambridge：Cambridge University Press.

　　Reid，Anthony.1993.*Southeast Asia in the Age of Commerce*，*1450-1680*，*Volume 2：Expansion and Crisis.*New Haven：Yale University Press.

年表　第一个全球性的时代，1450 年至 1770 年

1450 年前后	印刷机引进欧洲
1484 年	葡萄牙国王约翰二世成立海事咨询委员会
1488 年	巴托洛梅乌—迪亚斯到达好望角，为葡萄牙人进入印度洋奠定了基础
1492 年	克里斯托弗·哥伦布横渡大西洋，探索了几个加勒比岛屿
1494 年	葡萄牙和西班牙签署了《托莱西亚斯条约》
1497 年	约翰·卡伯特在他的第一次探险航行中到达了纽芬兰
1498 年	瓦斯科·达·伽马抵达印度卡利卡特
1500 年	佩德罗·阿尔瓦雷斯·卡布拉尔在巴西东北部登陆
1501 年	第一批非洲奴隶抵达西班牙的加勒比殖民地
1506 年	哥伦布之死 葡萄牙建立了葡属印度来管理其印度洋帝国
1510 年	阿尔伯克基领导葡萄牙征服果阿邦
1517 年	马丁·路德发起了新教改革 奥斯曼帝国征服了埃及
1518 年	美国首次爆发天花
1520 年	伟大的苏莱曼成为奥斯曼帝国的苏丹 费尔南多·德·麦哲伦发现了南美洲的麦哲伦海峡，航行到太平洋
1521 年	赫尔南·科尔特斯征服了墨西哥的阿兹特克帝国 费迪南德·麦哲伦在菲律宾被杀 麦哲伦的舰队完成了环球航行
1524 年	乔凡尼·达·韦拉扎诺为法国探索北美海岸
1534 年	雅克·卡蒂亚宣称加拿大是法国的领土，并开始探索圣劳伦斯河
1535 年	新西班牙总督建立
1537 年	佩德罗·努内斯被任命为葡萄牙王国的宇宙学家
1538 年	巴巴罗萨在普雷维扎战役中击败了基督教舰队

续表

1545 年	英国军舰玛丽·罗斯号沉没
1555 年	莫斯科公司成立于英国，与俄罗斯和波罗的海进行贸易
1560 年前后	墨卡托提高了地图的导航精度
1565 年	西班牙第一艘马尼拉帆船横渡太平洋
1571 年	葡萄牙在日本长崎设立贸易站 热那亚、西班牙和威尼斯的舰队在勒班托战役中击败了奥斯曼帝国
1577—1580 年	英国的弗朗西斯·德雷克爵士在掠夺西班牙殖民地和美洲的航运之后，环球航行
1582 年	理查德·哈克卢伊特出版了《触动美洲发现的潜水之旅》，以促进英国在美洲的殖民
1584 年	荷兰制图家卢卡斯·扬索佐恩·瓦格纳出版了《水手镜》，这是第一本装订的海图和航行方向集
1587 年	沃尔特·罗利爵士在罗阿诺克岛上建立了英国殖民地，它的居民在几年内神秘地消失了
1588 年	西班牙无敌舰队的航行和失败
1591 年	荷兰人发明了一种经济的货船
1592—1598 年	朝鲜和日本之间的壬辰战争
1600 年	英国东印度公司成立
1602 年	荷兰东印度公司（VOC）成立
1603 年	德川幕府在日本建立 英国女王伊丽莎白一世去世
1605 年	塞缪尔·德·尚普兰在新斯科舍省建立了法国殖民地
1607 年	英国殖民者在弗吉尼亚州的詹姆斯敦建立殖民地
1609 年	荷兰法学家雨果·格劳秀斯出版了《自由的海》一书
1619 年	第一批非洲奴隶到达弗吉尼亚 荷兰东印度公司占领雅加达，并更名为巴达维亚，成为公司在东南亚的运营中心
1620 年	五月花号在新英格兰登陆
1621 年	荷兰占领班达群岛
1633—1653 年	印度泰姬陵的建造
1634 年	日本政府限制外国商人前往长崎附近的德岛
1641 年	荷兰打败葡萄牙，控制了马六甲
1644 年	清朝在中国建立
1648 年	欧洲三十年战争结束 荷兰共和国从西班牙手中获得了独立
1651 年	英格兰通过了第一部航海法案

1652 年	荷兰殖民者在好望角附近建立了开普敦
1652—1654 年	第一次英荷战争
1655 年	英格兰入侵牙买加
1661 年	第一场游艇比赛发生在英国国王查理二世和他的兄弟詹姆斯之间 葡萄牙将其在摩洛哥的最后一站丹吉尔拱手让给英格兰，以换取英格兰对西班牙的支持
1662 年	英属东印度公司占领印度孟买
1665—1667 年	第二次英荷战争
1671 年	亨利·摩根爵士率领英国海盗进行了他们最大的一次突袭，洗劫了巴拿马城
1672—1674 年	第三次英荷战争
1674 年	法国在印度的本迪切里建立基地
1687 年	艾萨克·牛顿出版了《数学原理》
1688 年	英国光荣革命 伦敦劳合社开始为船只和探险提供保险
1690 年	弗拉基米尔·阿特拉索夫探索并绘制堪察加半岛
1700 年	俄国和瑞典之间的北方战争开始
1703 年	1703 年的大风暴使船只在英格兰沉没
1715 年	沙皇彼得大帝在圣彼得堡建立了俄罗斯海军学院
1718 年	海盗黑胡子（爱德华·蒂奇）死于战争
1719 年	丹尼尔·笛福的《鲁滨逊漂流记》出版
1721 年	大北方战争结束
1733—1743 年	维图斯·白令第二次勘察了西伯利亚的海岸线，并探索了白令海峡、阿留申群岛和阿拉斯加海岸
1740—1748 年	奥地利继承战争
1756—1763 年	七年战争，又称法印战争
1757—1759 年	六分仪的发明
1761 年	约翰·哈里森因他的天文钟而获奖，这使得经度的精确计算成为可能

非洲，1450 年至 1770 年

　　撒哈拉以南的非洲与数千英里的海岸线接壤，被河流分割，湖泊遍布。尼日尔河的拱形河面构成了它的东北边界，刚果河则从它的南部延伸出去。许多河流都有数英里宽、数英里深，足以让登陆艇在内陆航行 100 英里以上。大多数人生活在水边，社会也没有被划分成陆地和海洋两个独立的世界。许多早期的现代非洲人从事捕捞和农业，他们的陆地和水上的经历相交织，形成两栖的生活，包括经济、社会结构和政治制度。他们的生活方式正是围绕着与水的关系而形成的。

非洲人在欧洲人到来的几个世纪前就发展了强大的海上传统，使他们能够掌控和开发自己的水路。据记载，大多数非洲人都是游泳健将和潜水健将，他们利用这些能力捕鱼、打捞沉船上的物品、放松身心。独木舟是最普遍的水上工具，被用于商业、战争和捕鱼。游泳和皮艇使非洲社会能够密切了解他们的世界并开发自然资源。贸易总是涉及文化实践和思想的交流。由独木舟孕育的长途或短途商业，将水边社会编织成一个社区共同体。在 15 世纪之前，贸易流向内陆的跨撒哈拉市场。从 1444 年开始，欧洲人沿海岸而来，并获得更快的海运商业航线和海外市场，使贸易转向大西洋。独木舟促进了货物快速运往非洲沿海市场。整个 18 世纪，非洲航海技术促进了与欧洲人的友好互惠商业关系。

非洲社会在儿童很小的时候就灌输给他们一种观念，那就是将游泳视为一种能救命的技能，是快乐和利润的源泉。荷兰商人彼得·德·马里斯（Pieter de Marees，1987：26）说，一旦孩子们开始自己走路，他们很快就会去水里学习游泳。家长们通过让孩子们玩耍来提升专业技能。年轻人把海岸、河流和湖泊的滩涂当作游乐场。在埃尔米纳（今加纳），让·巴贝特看到了数百场……男孩和女孩在海滩一起运动，在波浪起伏的许多地方，一起学习游泳。非洲人的技能从他们的成长开始，男人和女人从婴儿时期开始，就像鱼一样游泳（Hair，1992：II，532）。类似的场景也在室内展开。在廷巴克图附近，马里·雷内·凯利看着一群群年轻的男女黑人在水里游泳、跳舞、嬉戏，觉得很有趣（凯利，1830：II，56）。

人们经常利用游泳来获取收入。大西洋在非洲几乎没有天然港口，大多数港口实际上是冲浪港，或者说是位于冲浪海滩上的登陆点。他们几乎不提供海上保护，也没有码头，迫使船长在离岸几英里的地方抛锚。因为速度较慢且笨重的船只通常会在海浪中倾覆，船长们会雇用非洲的冲浪者在船只和海岸之间运送货物和人员。当满载货物的独木舟下水时，船夫们常常靠在船边，以保持船头朝向大海，防止倾覆。欧洲奴隶贩子雇用非洲救生员来保护他们的投资。法国奴隶贩子西奥菲勒斯·坎诺雇了一个游泳队，每当独木舟在高浪中倾覆时，他们就会跳下水去，游着泳去营救那些被镣铐束缚着不能游泳的俘虏（坎诺，1976：256）。

通过赚取硬通货和贸易货物的潜水员，在一些国家的政治和经济发展中发挥了核心作用。男人和女人收获牡蛎作为他们的肉食，并燃烧牡蛎壳生产建筑石灰。刚果王国的姆班巴省控制着罗安达岛及其周边地区，在那里人们采集贝壳用于流通。其他人则收集黄金。巴尔特报告说，萨库王国出产大量黄金，黑人们为了这些黄金潜入岩石下面，跳入瀑布捕鱼（Hair，1992：II，338）。

非洲人的潜水技巧给白人旅行者留下了深刻印象，欧洲船东雇用他们从船体上刮下藤壶。克鲁水手反复清理了在利比里亚蒙罗维亚的约翰·H. 琼斯号，令查尔斯·斯图尔特震惊，他写道："他们水下的力量的保持真的非常了不起。"（斯图尔特，1936：12—13）正如博斯曼在象牙海岸和谷物海岸所见到的那样，潜水对于那些看到非洲人捡起从船上抛下的小饰品的白人旅行者来说是一种奇观。

> 每当他们在船上时，我把一串珊瑚或别的什么东西扔进海里，他们中的一个就会立即跟着它潜到水里，几乎要到海底去把它捞上来。这是他们很少错过的，他们对自己所得到的回报深信不疑。"（博斯曼，1705：491）

虽然欧洲人想要征服非洲的政体，但生态优势却有利于拥有铁制武器的非洲人，迫使欧洲人平等对待他们。到了 18 世纪，非洲人在很大程度上控制了贸易，他们使用游泳和皮艇来削弱欧洲人的剥削。

水道是非洲人的地缘政治空间所固有的。当船只沉没或上岸时，它们成为非洲人和欧洲人争夺所有权的地方。欧洲人希望非洲人采纳西方的打捞传统，规定船东保留受损船只的所有权，允许打捞人就打捞到的货物获取补偿。非洲统治者行使了传统的自由裁量权，允许他们索要一部分在他们境内与搁浅船只之间所捕获的猎物以及船上的货物，有时也会要求索要他们赎回的船员。他们通常派出男女潜水员去打捞沉船。1615 年，神父曼努埃尔·阿尔瓦雷斯（Manuel Alvares）抱怨说，比雅戈人声称海滩上的东西属于第一个占领它的人。如果一艘船在他们的任何岛屿上失事，他们认为这是合理的收获。还有……保留那些被他们囚禁的不幸的人，直到被朋友赎回（Alvares，1990：3）。

由于大西洋的奴隶贸易可能会耗尽人口并造成政治不稳定，一些寡头曾试图击退欧洲的奴隶贩子。几内亚比绍的法鲁普人反对其邻国卡桑加的奴隶贸易，并通过袭击葡萄牙的船只和把遇难的水手卖为奴隶来打击葡萄牙的奴隶贩子。

统治者并不总是占有受损的船只。为了促进未来的贸易，一些人命令公民收回属于非洲、北非和西方商人的货物和船只。然而，当欧洲人保留了搁浅船只的所有权时，他们雇用了非洲潜水员来打捞他们的货物。

水上运动也削弱了欧洲在非洲水域增强影响力的努力。英国皇家非洲公司的威廉·史密斯报告说，当史密斯试图绑架并迫使非洲人接受他的商业条款时，一名塞拉利昂的统治者如何游到安全的地方，而其他人则偷走了货物。1600 年，在谷物海岸（现在的利比里亚），约翰·冯·卢贝芬报告说，一个人手里拿着一个锡制啤酒杯，头上戴着一顶士兵的头盔，和他们一起跳入水中，就这样在水下游了很长一段距离，然后他又出来跳上他的小船。他知道欧洲人游泳游得不够好，抓不住他。事实上，欧洲人对他尽管手上还拿着不义之财但还是像鱼一样游泳的能力感到吃惊（琼斯，1963：12）。

在试图重新获得自由的过程中，被奴役的非洲人经常跳到水里。许多人在向海岸前进的途中从独木舟上跳下。同样，男人和女人也会从离岸的奴隶船上跳下来，有时还会设法逃跑。

独木舟是大西洋非洲社会、文化、政治和经济发展的中心，提供了三个主要的功能：贸易、捕鱼和战争。如果没有独木舟，在热带非洲旅行将会极其困难，因为采蝇会将纳加纳病传播给役使牲畜，而这种疾病通常在数周内就会致命。因此人类搬运工和独木舟手是主要的运输方式，独木舟的效率要高得多。独木舟是一种多用途的船只，速度快，反应灵敏，而且吃水浅，能在几英寸深的水中航行。其中最大的一艘能装载数吨货物或供超过 150 人乘坐。

独木舟手将非洲融合成一个由商业和文化交流联系在一起的社区共同体。商人们通过沿海水域和沿河运输商品，在不同民族相互交往和通婚的过程中传播思想、传统和精神信仰。洋泾浜语得到发展，包括沃洛夫语、博邦尼语、富拉尼语、基孔哥语、林加拉语、豪萨语、阿拉伯语和欧洲语在内的一些语言成为贸易语言。

为了巩固财富和保护商业，许多商人组织成学者们所说的"独木舟屋"。这些是贸易公司和作战公司，它们维持着舰队以保护和辐射自己的商业利益和影响力。它们迅速发展，满足了不断加强的跨大西洋贸易的商业需求。这些公司由传统上通过血统继承巩固并由最年长的男性家庭成员领导，发展成为相关和不相关的商人、桨手、战士和奴隶的公司，通过虚构的血缘关系和市场资本主义联系在一起。随着海外贸易的扩大，领导权转移到最富有的成员手中，这反映在尼日利亚三角洲的艾菲克部落授予贸易公司负责人的头衔上——Ete Ufok，意为"家族之父"，或被意为"独木舟之父"的"Etubom"（Sparks，2009：40）所取代。

到了 15 世纪 90 年代，尼日尔三角洲东部的渔民与葡萄牙人开展了活跃的商业活动，并将他们的渔业社区变成了商业国家。1699 年，让·巴贝特观察到该地区奴隶贸易的作用在不断扩大，他记录了长约 60 英尺、宽约 7 英尺的独木舟，将欧洲的货物和鱼运往高地的黑人。作为交换，他们将带回大量不分年龄和性别的奴隶以及一些巨大的象牙（Hair，1992：II，675）。

这种说法听起来很野蛮：人类是笨重的、易损坏的商品，需要快速运往奴隶市场。他们需要食物和水，因为食物成本和死亡率随旅途长度增加而变高。因此，把奴隶运到海岸比从陆路运送更有利可图。步行到海边可能需要几个月的时间，死亡率很高。水上旅行速度更快，也不那么费力，减少了死亡人数，使商人能够以比陆上旅行更高的价格出售更健康的人类。

大西洋贸易的潮流为非洲人、欧洲人和美国人带来了巨大的收入。从 15 世纪到 20 世纪初，几乎所有从非洲流出的货物（包括大约 1200 万被运往新世界奴役的人）都是通过冲浪独木舟从岸上转运到船上的。例如在 19 世纪末，冲浪独木舟手运送了大约 4 万吨货物进出达荷美殖民地（曼宁，1985：62）。冲浪独木舟手利用他们的专业知识抬高工资。

大多数位于通航水道附近的政权都拥有保护商业和领海的海军。在冲突期间，各国政府还迫使从事贸易和打鱼的独木舟手及船员服役。这些为战争而建的堡垒超过 80 英尺长，可容纳 200 人以上。由于它们很长却相对较狭，使它们在汹涌的水中不稳定，所以只能在水池、湖泊和缓慢的河流中使用。在沿海水域工作的船只长度在 20—40 英尺之间。

战士们既要航行又要战斗。发射的"导弹"包括标枪、长矛和箭，它们经常浸在毒药中，会导致缓慢而痛苦的死亡，这吓坏了欧洲人。在给定的信号下，战士们放下手中的桨，齐射一连串的箭或标枪。因为独木舟会在水陆两栖攻击中并排而来，所以盾、剑、刀、刺矛和短斧在肉搏战中被使用。由于非洲人难以登上高舷船只，大多数船只与独木舟之间的战斗以僵局和谈判告终。

海军可以保卫领海不受欧洲的入侵，并在此过程中俘获大量船只。比加哥人生活在比加哥群岛上，从 15 世纪到 19 世纪初，他们掠夺在几内亚比绍大陆上经营的欧洲商人。他们占领了船只，洗劫了欧洲沿海和河边的贸易要塞，葡萄牙牧师曼努埃尔·阿尔瓦雷斯（Manuel Alvares）对此大加斥责：

> 那些不在比加哥舰队上的人无法逃脱他们的魔爪……如果他们遇到来自海岸其他地方的两三只独木舟，除非它们更强大，否则即使它们是战船，他们也不会避开它们。因此，他们说所有其他国家在海上都是他们的鸡。（阿尔瓦雷斯，1990：2）

为平静的水域建造的战船如果足够大的话，可以装备从欧洲人购买的固定和旋转的枪支。一些当地政权在 17 世纪晚期开始采用大炮。在平行于贝宁和比夫拉的环礁湖系统上尤其如此。更大口径的火炮被固定在船头，这样独木舟和周围的水域就可以吸收它们的后坐力。独木舟的机动性使弓枪很容易对准目标。侧向安装的旋转炮必须更小，因为较大的炮的后坐力会使船沉没倾覆。

海军炮被用来对付船只和独木舟、轰炸陆地部队、支援和防御两栖攻击。1737 年 7 月，小波波和惠达的一支海军在小波波的统治者阿尚莫的指挥下，用毛瑟枪和大炮消灭了一支由 13000 名达荷曼士兵组成的侵略军。小波波的海军摧毁了他们的独木舟，把他们困在岸上后，在他们闲暇时，小波波的海军从他们的独木舟上向他们开火，并将他们消灭（诺里斯，1789：55、56）。

游泳和划独木舟是广泛用于开发自然资源的技能，使非洲人有效地将河流、湖泊和沿海水域编织成广阔的文化和商业网络。船夫把大量的欧洲进口货物运到内陆，把非洲产品运到海上。战争独木舟保护了贸易和商业，潜水员从倾覆的独木舟和沉船中打捞货物。欧洲人的到来提供了扩大独木舟贸易和通过游泳创收的机会。从 1444 年到大约 1700 年，合作和共同的海上贸易是非洲和欧洲关系的典型。随着欧洲大国试图控制非洲市场

和原材料的生产，这种情况逐渐被替代。欧洲的殖民化在 19 世纪下半叶
正式开始。

凯文·道森

拓展阅读

Álvares，Manuel. 1990. *Ethiopia Minor and a Geographical Account of the Province oSierra Leone*（*c.1615*）.P.E.H.Hair（trans.and ed.）.Liverpool.

Bosman，William. 1705. *A New and Accurate Description of the Coast of Guinea，Divided into the Gold，the Slave，and the Ivory Coasts.* New York.

Brooks E.George，Jr.（ed.）.1968. "A.A.Adee's Journal of a Visit to Liberia in 1827." *Liberian Studies Journal* Vol.II.

Caillié，Réné. 1830. *Travels Through Central Africa to Timbuctoo; and Across the GreaDesert，to Morocco; Performed in the Years 1824 – 1828.* 2 vols.London：H.Colburn and R.Bentley.

Canneau，Theophilus.1976.*A Slaver's Log Book，or 20 Years' Residence in Africa.*Englewood Cliffs，NJ：Prentice-Hall.

de Marees，Pieter. 1987. *Description and Historical Account of the Gold Kingdom of Guinea.*Albert Van Dantzig and Adam Jones（trans.）（1602，first ed.）.New York：British Academy.

Hair，P.E.H.1992.*Barbot on Guinea：The Writings of Jean Barbot on West Africa，1678-1712.*2 vols.London：Hakluyt Society.

Jones，Adam. 1983. *German Sources for West African History，1599 – 1669.*Wiesbaden：Steiner，Franz.

Jones，G.I.1963.*The Trading States of the Oil Rivers：A Study of Political Development in Eastern Nigeria.*London：Oxford University Press.

Manning，Patrick. 1985. "Merchants，Porters，and Canoemen in the Bight of Benin：Links in the West African Trade Networks." Catherine Conqury-Vidrovitch and Paul Lovejoy（ed.）. *The Workers of the African Trade.* London：Sage.

Norris，Robert.1789.*Memoirs of the Reign of Bossa Ahadee of Dahomey，King of Dahomy an Inland Country of Guineay.*London：W.Lowndes.

Sparks，Randy J. 2009. *The Two Princes of Calabar：An Eighteenth – Century Atlantic Odyssey.*Cambridge：Harvard University Press.

Stewart，Charles Jones.1936.*"Home at Last*！*"：A Voyage of Emigration to Liberia，West Africa in 1861−1862*.Cold Spring Harbor：Whaling Museum Socie-ty.

Thomas，Chas.W.1860.*Adventures and Observations on the West Coast of Africa，and its Islands*.New York：Derby & Jackson.

莫桑比克岛

莫桑比克岛是位于莫桑比克海峡北部的一个岛屿，是非洲大陆和西印度洋马达加斯加岛之间的通道。作为一个具有战略意义的地点，它成为一个重要的贸易站和葡萄牙海外帝国的一部分。葡萄牙人将其命名为"莫桑比克岛"，很可能是以当地酋长阿里·穆萨·莫比克（Ali Musa Mbiki）的名字命名的。

该岛只有 1.86 英里长，最大宽度 0.31 英里，缺乏淡水。尽管如此，到了 900 年，它已经是一个重要的阿拉伯和斯瓦希里贸易站。瓦斯科·达·伽马于 1498 年 3 月初抵达该岛。葡萄牙人认识到它的战略重要性，也发现了这座岛上受到良好保护的港口莫斯苏瑞尔湾，他们征服了该岛并将其并入他们的印度国（Estado da India）[①]。在曼努埃尔一世统治时期（1495—1521 年），他们首先建造了一座用石头构建和加固的贸易站、一座供奉圣加布里埃尔的教堂、一座公墓和一间为患病海员提供医疗的医院。其次是在岛的最北端建造了教学（Nossa Senhora de Baluarte）和圣塞巴斯蒂安要塞（Fortaleza São Sebastião），保护通往内港的入口通道。

莫桑比克岛成为葡萄牙—印度航线上最重要的中转站之一，被称为"葡萄牙至印度的中转点"（Portugal's Estado da Índia）。1558 年后，它成为葡萄牙东印度各省的首府。它曾是大西洋和印度洋地区的贸易站和基督教传教士探险的中心以及奴隶贸易的港口。尽管在 1604 年、1607 年和 1608 年遭到荷兰的围攻，这座岛屿仍然是东印度各省的首府，直到 1752 年才获得行政独立。在苏伊士运河开通后，莫桑比克岛失去了航运的重要性，首都于 1898 年迁往卢伦索马科斯（今天的莫桑比克共和国首都马普托）。

由于其历史重要性和保存完好的 16、17 世纪欧洲岩石建筑和防御工

---

① 印度国，又作"印度政厅"，是葡萄牙在印度等亚洲地区的殖民地政权。

事，联合国教科文组织在 1991 年将莫桑比克岛列为世界遗产。

托尔斯泰·多斯桑托斯·阿诺德

拓展阅读

Baxter, T.W., and A.da Silva Rego.1962–1989.*Documentos sobre os Portugueses em Moçambique e na África Central*（*Documents on the Portuguese in Mozambique and Central Africa*）, *1497–1840*. Lisbon：Centro de Estudos Históricos Ultramarinos.11 vols.

Boxer, Charles R. 1961. "Moçambique Island and the 'Carreira da Índia.'" *STVDIA* 8：95–132.

Henricksen, Thomas H. 1978.*Mozambique：A History*.London：Rex Collings.

Newitt, Malyn.1995.*A History of Mozambique*.Bloomington：Indiana University Press.

Newitt, Malyn.2005.*A History of Portuguese Overseas Expansion*, *1400–1668*.London, New York：Routledge.

奴隶贸易：1450 年至 1770 年

跨大西洋奴隶贸易是人类历史上规模最大的强迫移民，它将非洲、欧洲和美洲的经济紧密地联系在一起。在整个过程中，围绕着农作物生产的创新、不断变化的市场必需品和劳动力需求，贸易量不断减少和流动。葡萄牙船员利用海事技术的进步、航海专业知识、地图制作创新以及对西非洋流更为精确的理解，开始了 15 世纪 40 年代的奴隶贸易。这些创新使海上交通成为欧洲贸易商更加快捷的流通方式，并帮助维持与西非各社区的联系。葡萄牙人偶尔会突袭当地村庄寻找奴隶，但他们发现，与当地部落群体谈判构建贸易伙伴关系更符合他们的利益。随着殖民地野心在西半球激增，贸易扩大到包括各个欧洲国家，葡萄牙人引入了新的经济体系，塑造了雄伟的海洋帝国。

黄金是欧洲人最初最渴望的东西。欧洲人认为西非的一个地区是黄金海岸，他们为当地王国提供了开采这种矿产的优惠条件。最初，葡萄牙人从非洲西部的其他地区进口奴隶到黄金海岸，让他们在矿场劳动。西非的黄金增强了葡萄牙水手在全球的存在感，甚至在 15 世纪晚期资助了瓦斯科·达·伽马环绕南非好望角的航行。然而，大西洋贸易增加了对人类商

这张 1788 年由反奴隶制运动推广开来的
图表显示了奴隶在运送到船上时的拥挤状况

品的需求，因为欧洲的旅行者将他们的注意力转向了大西洋。

　　到 15 世纪末，伊比利亚殖民者占领了欧洲南部和非洲海岸线以西的几个大西洋岛屿。马德拉群岛、圣多美群岛和加那利群岛在发展种植园复合体方面发挥了关键作用，这些复合体最终统治了美洲的奴隶社会。在糖作物种植业的驱使下——这种糖作物在 16 世纪早期对大多数欧洲人来说都是陌生的，伊比利亚殖民者剥削非洲、欧洲和土著劳工来对糖生产进行完全的垄断。随着殖民野心向西扩展到大西洋，贩卖奴隶在西非人和西欧人眼中逐渐正常化。种植园主最初选择了非洲奴役、欧洲契约劳动和奴役美洲土著相结合的方式，但从长远来看，后两种方式都不成功。契约仆役的合同最终到期，美洲印第安奴隶要么频繁逃亡，要么死于殖民者带来的外来疾病。最终，欧洲人利用现有的非洲市场扩大了奴隶贸易。再加上整个西欧反黑人种族主义的升级，跨大西洋奴隶贸易从非洲大陆夺走了数百万人的生命。这种奴隶贸易盛行的最初几个世纪对那些乘坐奴隶船的人来说尤其具有毁灭性。据历史学家计算，在 16 世纪和 17 世纪早期，将近 20% 的非洲奴隶死于"中部通道"（Middle Passage），即从非洲到美洲的航行（Lindsay，2008：95）。

　　尽管欧洲人从西非夺走了数百万人的生命，但历史学家普遍认为，当地社区控制着进入中部通道的奴隶流动。非洲的统治者通过他们自己的意志从事贸易，当欧洲人试图迫使当地社区遵守规则时，他们经常遭遇到物质和经济手段的阻力。西非人不仅在军事上抵抗了欧洲人的入侵，他们还聪明地让奴隶贩子彼此对立。例如，非洲商人约翰·科朗蒂（John Corrantee）受到法国人和英国人的追捧，因为他们都想在黄金海岸的奴隶贸易中获得立足点。记录显示，如果科朗蒂对贸易条件不满，他经常操纵这两个帝国智胜欧洲对手，增加自己的财富。此外，欧洲水手和非洲妇女的混血后代在很大程度上控制了通过港口城市的奴隶数量，一些人还经营着横跨欧洲、非洲和美洲的广泛贸易网络。由于奴隶制是整个西非的一种土著制度，大多数部落社会在向大西洋网络出售奴隶这一点上几乎没有分歧。

　　在15世纪早期葡萄牙人的突袭中被带走的人，大部分是被欧洲的精英阶层雇用为他们的家仆，以此彰显他们的社会地位。然而，随着在大西洋岛屿上成功种植甘蔗以及1492年克里斯托弗·哥伦布（Christopher Columbus）的航行，单一作物农业传播到了加勒比群岛和美国大陆的部分地区。糖最好种植在热带环境中，劳动条件要求不断补充劳动力。由于疾病、虐待和体力衰竭，产糖地区的出生率保持在低水平，但对劳动力的需求仍然很高。当糖在蓬勃发展的欧洲市场上卖到高价时，加勒比海的种植园主增加了对人类动产的需求。因此在17、18和19世纪，将人类作为商品进行强制运输在整个糖殖民地得到增强。

　　大米、咖啡、靛蓝、可可、烟草和棉花也促进了美洲黑人劳动力向世界各地流动。每一种主要作物都满足了市场对非欧洲本土作物的需求。这种征服土地和农作物生产的结合，最终导致了殖民间的对抗和建立在非洲劳动力基础上的欧洲帝国的崛起。自然屈从的种族主义理论为这种对动产奴役的依赖提供了动力，因为黑奴被认为是白人奴隶主的绝对财产。在大西洋贸易之前的几个世纪里，反黑人的哲学思想就已经存在于西欧，但白人至上主义将这一理论纳入美洲的法律和社会条件中，几乎没有给被奴役的人们带来自由。支持奴隶制的辩护者经常辩称，非洲人在欧洲主人的教导下变得文明，却完全忽视了奴隶是如何被迫忍受精神、身体和性暴力的。奴隶是由他们的生产来定义的这一观点，无疑将黑人的生命价值降到最低，并使奴隶贸易得以发展。

虽然是伊比利亚人领导了美洲的殖民化，并在多个地区扩大了非洲奴隶制，但英国、法国、瑞典、荷兰、丹麦和德国的部分地区也投资于奴隶商品。到了 18 世纪，大英帝国在西欧的海军力量中独霸天下，成为美洲最多产的奴隶贸易帝国之一。英国经济的很大一部分与奴隶贸易有关，并通过向消费者介绍糖、烟草、棉花和咖啡等产品，刺激了英国资本主义的扩张。

泰勒·D. 帕瑞

拓展阅读

Eltis，David.2000.*The Rise of Slavery in the Americas*.Cambridge：Cambridge University Press.

Lindsay，Lisa A.2008.*Captives As Commodities：The Transatlantic Slave Trade*.New Jersey：Pearson Education，Inc.

Lovejoy，Paul E.2011.*Transformations in Slavery：A History of Slavery in Africa*，3rd ed.Cambridge：Cambridge University Press.

Northup，David.2013.*Africa's Discovery of Europe*，3rd ed.Oxford：Oxford University Press.

Rediker，Marcus.2007.*The Slave Ship：A Human History*.New York：Penguin Books.

Schwartz，Stuart B.（ed.）.2004.*Tropical Babylons：Sugar and the Making of the Atlantic World，1450－1680*.Chapel Hill：University of North Carolina Press.

Sparks，Randy J.2014.*Where the Negroes Are Masters：An African Port in the Era of the Slave Trade*.Cambridge，MA：Harvard University Press.

Thornton，John K.2012.*A Cultural History of the Atlantic World，1250－1820*.Cambridge：Cambridge University Press.

美洲：1450 年至 1770 年

因其两侧皆是大西洋和太平洋以及其他较小的海洋区域（如加勒比海），美洲众多的海岸线自然地影响了它的历史。虽然美国海洋历史的标准叙述强调在哥伦布时代之前美洲缺乏公海海洋传统，但无论新到的欧洲人在哪里遇到海岸群体，他们实际上都对当地的捕鱼和航海技能感到惊奇。西班牙语、法语和英语文献详细地描述了当地的轻型船只，包括用单一树干雕凿的独木舟和更精致的桦树皮独木舟。克里斯托弗·哥伦布将他在加勒比地区看到的船只与划艇进行了比较，并评论了与欧洲板框架技术截然不同的结构。当地居民主要将船只用于保护沿海水域的航行、捕鱼和运送战士。在南美洲，人们使用轻木筏建立了贯穿整个西海岸的贸易路线。但是，美洲土著制造业制造的船主要适用于河流和沿海航行，或加勒比地区的岛屿间旅行。欧洲人的到来极大地影响了美洲的海洋发展，他们引入了公海航行，并将这些土著民族与世界其他地区联系起来。

西班牙属美洲

除了传说中的维京探险家曾从他们在冰岛和格陵兰的居住地探索过北美水域和海岸线外，第一个有记录的穿越大西洋到达美洲的欧洲航海者是克里斯托弗·哥伦布（1451—1506），他为即将统一的西班牙帝国而航行。1492 年，这位热那亚航海家进行了四次航行中的第一次出海航行，他带领着三艘船（尼那号、平塔号和圣玛丽亚号）从帕洛斯·德·拉·弗朗特拉岛（Palos de la Frontera）经加那利群岛（Canary Islands）到达巴哈马群岛、古巴和伊斯帕尼奥拉岛（Hispaniola）。后来他们认为是欧洲人发现了加勒比海，在当时被认为是一条由西方发现的通往亚洲的通道。哥伦布带着黄金、好奇心以及在新领土成功殖民化和传教化的前景回到了西班牙。西班牙的统治者迅速做出反应，试图垄断与印度的贸易，并利用美洲的财富增加他们在伊比利亚半岛和西欧的权力。

到 16 世纪末，两个总督（一个在墨西哥城，另一个在利马）和 10 个（地区性的）法庭管辖区（瓜达拉哈拉、墨西哥、危地马拉、圣多明各、巴拿马、波哥大圣达菲、基多、利马、恰卡斯和智利）负责殖民管理。塞维利亚的贸易商会对美洲的贸易和海外殖民地享有垄断地位，它引进了一长串的规章制度。一个主要的贸易动力是在新卡斯提尔总督辖区的波托西发现了大量的银矿，并在 16 世纪 60 年代引入汞齐化，这有助于从低级矿石中提取银。在 1493—1800 年间，波托西丰富的矿藏可能占了全球白银产量的 80%。这些白银为西班牙在欧洲的军事行动提供了资金，并促进了世界各地与中国和东南亚的贸易。在发现了一条跨太平洋航线后，西班牙的"马尼拉加隆"号（Manila galleons）定期在阿卡普尔科和马尼拉之间航行，用白银购买中国和其他亚洲商品。他们的成功不仅取决于水手、矿工和骡夫等许多人的努力，而且取决于天气。这些人在墨西哥的维拉克鲁斯和巴拿马的波特贝洛这两个美洲主要港口之间工作。在 16 和 17 世纪，西班牙的财宝船队成为荷兰和英国私掠船和海盗在大西洋活动的目标（直到 1670 年西班牙和英国之间的马德里条约宣布海盗行为为非法），迫使他们在军舰的护送下进行运输。

韦拉克鲁斯成为新西班牙总督辖区的主要转运港口。然而，阿卡普尔科和韦拉克鲁斯都只是季节性城市，因此并未像其他港口城市那样辉煌。17 世纪之前，大西洋经济将矿山、庄园、渔业、种植园和贸易站连接起来，大西洋两岸的遭遇引发了被称为"哥伦布交换"的持久环境后果。尽管土豆、玉米、西红柿和豆类等主要作物的出口导致了非洲、亚洲和欧洲的人口爆炸，小麦、葡萄和甘蔗也导致了人口爆炸，但欧洲人带来的最显著的细菌和疾病却给新大陆带来了巨大的农业和人口灾难。例如，天花疫情导致阿兹特克首都特诺奇蒂特兰 90% 的人口死亡，并导致其在 1521 年被西班牙占领。在接下来的几个世纪中，横跨大西洋的自由和强制移民改变了美洲的人口结构并增加了美洲人口。

葡属巴西

1500 年，佩德罗·阿尔瓦雷斯·卡布拉尔（1467—1520）在巴西东北部登陆，并宣称葡萄牙对其拥有主权。与西班牙的领土殖民化不同，葡萄牙人主要定居在沿海地区，在那里他们最初专注于出口用于欧洲染料的巴西木材。因为葡萄牙探险家最初没有发现白银或黄金，他们集中精力生产经济作物。巴西殖民者出口烟草和棉花，但从欧洲引进的甘蔗直到 18 世纪早期仍是跨大西洋船只上最重要、最赚钱的产品。早期的葡萄牙殖民者一直在与持续的劳动力短缺作斗争，事实证明定居者和土著无法弥补这种短缺。葡萄牙蔗糖种植园对劳动力的需求促成了跨大西洋奴隶贸易。在以三角贸易为基础的所谓大西洋体系中，非洲提供劳动力，美洲提供土地和矿产，欧洲提供技术和军事力量。16 世纪 30 年代，第一批奴隶来到葡萄牙的巴西甘蔗种植园。制糖业蓬勃发展，到 16 世纪末，每年有 100 多艘船往返于巴西的累西腓和葡萄牙的里斯本之间。与西班牙一样，葡萄牙也寻求对其殖民地贸易的垄断，这体现在它与西班牙谈判达成的 1494 年《托德西拉斯条约》中。荷兰和法国的探险队都曾试图入侵巴西，取代葡萄牙人，但都没有取得长期的成功。来自加勒比地区糖业生产商的竞争日益激烈，到 17 世纪末，巴西糖业种植园的盈利能力下降。

北美和加勒比海的英国人

第一个有文献记载的由英国资助的横渡北大西洋的人是热那亚人约翰·卡伯特（约 1450—约 1500），他于 1497 年离开布里斯托尔，并在返回后作出的报告中称那儿有丰富的渔场，但没有贸易货物。过了几十年，英国王室才开始积极参与跨大西洋活动，首先是向私掠船发出特许状。1579 年，由伊丽莎白女王秘密支持的弗朗西斯·德雷克爵士（约 1540—1596）在哥伦比亚附近劫持了满载货物的西班牙船 Nuestra Senora de la Concepcion 号，随后乘船前往美洲西海岸，袭击西班牙殖民地，然后横渡太平洋。在接下来的几十年里，各种各样的机构把殖民者送到了今天的美洲东海岸。

在新阿姆斯特丹（1624—1664 年）的荷兰贸易站和波士顿（成立于清教徒定居点，1629 年）之间建立沿海贸易之前，英国定居者努力在减少了他们数量的疾病和饥荒中生存。这些加尔文主义者中的许多人在务农的过程中失败了，他们以渔民和商人的身份来到了大海。他们把分布在北美东海岸的越来越多的英国定居点联系起来，这些定居点包括亚热带种植园、喧闹的捕鱼营地和宗教狂热者的虔诚社区。随着时间的推移，它们发展成为一个充满活力的海洋社区。在 1630 年，138 艘船横渡大西洋到达新英格兰，没有一艘船在平均 10 周半的航行中失踪。与加勒比海的殖民地间贸易始于英国内战（1642—1646 年），当时来自马萨诸塞州的船只将木材运往加勒比海的甘蔗种植园，并在这片富饶的水域捕鱼。

到了 17 世纪，来自新阿姆斯特丹和缅因州港口之间的北美造船厂建造了越来越大的船只，包括为英国皇家海军建造的小型战舰。事实上，造船业成为殖民地最赚钱的出口制造业。在英格兰 13 个不同的大陆殖民地之间，载有消息、货物和乘客的小帆船在政治一体化和最终的独立中发挥了作用。尽管主要针对其在荷兰的竞争对手，英国的航海法案（1651 年、1660 年和 1663 年）也限制了美洲殖民地的造船和贸易。然而，英国统治者更关注加勒比地区的贸易，这与蔗糖、咖啡和烟草的种植园生产密切相关。与其他后来者一样，英国在加勒比地区的经济成功依赖于奴隶经营的种植园。英国商人进入奴隶贸易，每年以非人道的方式运送成千上万的奴隶穿越大西洋。

法国

国王弗朗西斯一世（1494—1547）在 16 世纪 30—40 年代资助了雅克·卡地亚（1491—1557）的北美探险。与英国探险家的竞争促使法国探险家从纽芬兰向西迁移到新斯科舍和缅因湾，他们很快就意识到该地区毛皮贸易的潜力。法国在新斯科舍的殖民地由塞缪尔·德·尚普兰（Samuel de Champlain）于 1605 年建立，它连同未来的法国殖民项目更多地依赖于与土著的合作，而不是对他们的征服，尤其是在魁北克附近，第一批法国殖民者与土著交换海狸和其他皮毛。法国毛皮商人向西航行，然后沿着密西西比河南下，在五大湖周围建立了定居点，最终在 1682 年在路易斯安那州建立了定居点。

荷兰人

1609 年，英国探险家亨利·哈德逊在寻找通往亚洲的西北通道时，宣称荷兰人拥有北美部分地区的主权。1615 年，荷兰人在今天的纽约附近建立了他们在北美的第一个定居点和贸易站——拿骚堡。1621 年荷兰西印度公司（WIC）成立后，荷兰扩大了在该地区的业务。1626 年，公司董事彼得·米努特（约 1580—1638）从伦纳普原住民手中买下了曼哈顿岛，并在下一代人的统治下，沿着康涅狄格河和特拉华河建立了殖民地。荷兰海员成功地削弱了西班牙和葡萄牙对美洲领土的占领，他们占领了船只，突袭并占领了防守薄弱的沿海定居点。西印度公司在委内瑞拉、圭亚那、加勒比海和巴西东北部建立了定居点，而巴西的主要港口累西腓从被葡萄牙占领变为荷兰西印度公司的美洲总部所在地。西印度公司的船只成为从巴西运糖、从委内瑞拉运盐和烟草到欧洲的主要运输船。但在 1661 年，恢复元气的葡萄牙人成功地把荷兰人赶出了巴西。然而，加勒比仍然是荷兰西印度公司行动的重要中心，在多巴哥（1628 年）、库拉索（1634 年）和阿鲁巴（1637 年）建立了第一批殖民地。

海盗和战争是这些年来美洲海域的常态，富裕的殖民地可能会多次易手。例如，在英荷战争期间（1652—1674 年），位于巴西北部的荷兰殖民地苏里南在 1667 年之前多次易手。1667 年，英国为了确保其对新阿姆斯特丹（今纽约）的主权交换了它。这些年来，海上活动稳步增加，许多

欧洲殖民地发展了自己的航运造船设施，这有助于他们在 17 世纪末和 18
世纪的独立运动。

比尔吉特·特莱姆-沃纳

拓展阅读

Crosby，Alfred. 1972. *The Columbian Exchange. Biological and Cultural
Consequences of 1492*.New Haven：Yale University Press.

Elliott，John H.，2006.*Empires of the Atlantic World.Britain and Spain in
America，1492-1839*.New Haven：Yale University Press.

Parry，J.H.，1990.*The Spanish Seaborne Empire*.Berkeley：University of
California Press.

Rediker，Markus. 2007. *The Slave Ship. A Human History*. New York：
Viking/Penguin.

Rediker，Markus.2014.*Outlaws of the Atlantic*.Boston：Beacon Press.

Roland，Alex.2007.*The Way of the Ship.America's Maritime History Reenvi-
sioned，1600-2000*.Malden：Wiley.

Smith，Joshua M.（ed.）.2009.*Voyages.The Age of Sail，Documents in A-
merican Maritime History，1492-1865*，vol.1.Gainesville：University Press of
Florida.

理查德·哈克路伊特，1552 年至 1616 年

作为最为人所铭记的地理学家、翻译家、作家和编辑，理查·哈克路
伊特（Richard Hakcut）是一位名副其实的万事通人物。尽管哈克路伊特
从未横渡过大西洋，但在他最重要的两本书中都有他流传后世的宝贵财
富：《不同的航行中美洲的发现一瞥》（简称《不同的航行》，1582 年）和
《航海原理》（1589 年）。在《不同的航行》中，哈克路伊特宣传了英国对
北美的殖民行动。哈克路伊特的表弟汉弗莱·吉尔伯特爵士被伊丽莎白女
王授予了统管这次探险的权力。哈克路伊特的书出版五年后，吉尔伯特同
父异母的弟弟沃尔特·罗利爵士在弗吉尼亚州的罗诺克岛建立了殖民地。

哈克路伊特早年失去了父亲，成为同名同姓的表弟的监护人。他的堂
兄通常被称为律师理查德·哈克路伊特，而本条目的主人公有时被称为小
理查德·哈克路伊特。作为威斯敏斯特学院的女王奖学金获得者，哈克路
伊特后来获得了牛津大学的文学学士和文学硕士学位。1580 年，他被任

命为圣公会牧师。此外，他还担任英国驻法国大使，他的巴黎之旅是他唯一一次出国旅行。

在罗阿诺克的殖民地失败后（现在被认为是失去的殖民地），哈克路伊特继续支持英国人在北美的殖民定居点。他的名字出现在向詹姆士一世国王提出的弗吉尼亚殖民地宪章的请愿书中。正是通过这些努力，詹姆斯敦在 1607 年获得特许并在最终成了定居点。

《航海原理》是哈克路伊特最著名的著作。考虑到哈克路伊特本人并没有参加过任何一次英国的航海活动，编纂跨越近 1000 年的众多航海记录绝非易事。哈克路伊特正是在这部作品中展示了他的翻译、编辑和写作技巧。哈克路伊特成功地讲述了英国的航行，同时也包括了参与者所写的信件和日记。这部多卷本的著作很受欢迎，后来多次再版。哈克路伊特用他的航海原则来颂扬英国人过去和当代的成就。正是通过这种赞美，哈克路伊特促进了未来成功的航海，并真正相信英国人能够推进他们对北美的殖民，并将他们的统治扩展到整个大西洋。

尽管前面详细提到的两部作品很重要，但哈克路伊特尚有 20 多部作品。其中包括其他关于旅行、贸易的论述，甚至是给伊丽莎白女王的演讲，详细介绍了英国人如何从新大陆的殖民中获利。西班牙人和葡萄牙人利用征服来开采金银，但哈克路伊特认为英国人可以利用农业和航运的财富来发展经济，建立海上帝国。他的分析是完全正确的。

马修·布莱克·斯特里克兰

拓展阅读

Hakluyt，Richard.Reissue 1972.*Voyages and Discoveries：Principal Navigations，Voyages，Traffiques and Discoveries of the English Nation.*Jack Beeching（ed.）.New York：Penguin Books.

Mancall，Peter C.2007.*Hakluyt's Promise：An Elizabethan's Obsession for an English America.*New Haven：Yale University Press.

Parks，George Bruner.1928.*Richard Hakluyt and the English Voyages.*New York：American Geographical Society.

马尼拉帆船

马尼拉帆船（The Manila Galleon）是一种装备精良、有多层甲板的西班牙商船，有三到四根桅杆、一根装有大三角帆的后桅，船尾有一条引人注目的方形长廊。从 1565 年到 1815 年，平均每年有两艘西班牙加隆船从菲律宾的马尼拉横渡太平洋到达墨西哥的阿卡普尔科，然后返航，这是当时最长的不间断的海上航行。马尼拉加隆通过交换新世界白银和中国制成品（包括丝绸和瓷器）以及在特定帝国间的移民流动，触发了社会经济进程。来自伊比利亚半岛的墨西哥商人、殖民地和教会当局从新西班牙前往菲律宾。而在回程途中，乘客包括西班牙返回者、菲律宾—马来水手、中国工匠甚至东亚奴隶。泛太平洋交易所建立在波多西（秘鲁）银矿的发现和明朝货币危机的巧合之上，它们共同推动了中国海上贸易的转变，刺激了对奢侈品和香料的需求。

在费迪南德·麦哲伦（1480—1521）到达菲律宾群岛（1521 年）的五次太平洋探险过后，奥古斯丁修道士（Andrésde Urdaneta，1498—1568）利用他对年度季风、台风条件以及黑潮（Kuroshio）的了解，在 1565 年建立通往新西班牙的回程航线。纬度相差 20 度的距离需要几个月的航行时间，东西两条航线的平均航程为 9000 海里。虽然往西行的大帆船可以在不到两个月的时间内抵达马尼拉，但从亚洲到阿卡普尔科的航程可能需要长达一年的时间。除了恶劣的天气和补给不足之外，乘客们还可能受到西班牙敌人的袭击，或者是受到被这艘价值连城的帆船所吸引的个别海盗的袭击。这些造价昂贵的大帆船大多建在马尼拉的国际港口加维耶，充分利用了附近良好的木材和现成的劳动力。作为王室的垄断产品，从参与停靠港口到购买建筑材料，所有大帆船相关的事务都遵循王室的法令。1593 年，国王腓力二世（1527—1598）规定每艘帆船的最大载重量为 300 吨，并将每年运送的白银数量限制在 100 万比索（约 28 吨）。由于太平洋两岸的西班牙人很快就找到了规避这些限制的方法，所以实际发货量要大得多。

比尔吉特·特莱姆-沃纳

拓展阅读

Buschmann, Rainer F. et al. 2014. *Navigating the Spanish Lake：The Pacific in the Iberian World，1521-1898*. Honolulu：University of Hawai 'i Press.

Schurz, William Lytle.1959.*The Manila Galleon*.Boston：D.P.Dutton.

Suárez, Thomas.2004.*Early Mapping of the Pacific.The Epic Story of Seafarers，Adventurers and Cartographers Who Mapped the World's Greatest*

Ocean.Singapore：Periplus.

"五月花"号

"五月花"号在美国历史上有一个著名的节点，因为这艘船运送朝圣者到新大陆，在那里他们建立了普利茅斯殖民地。这一事件因其在英国殖民统治中的重要性而成为历史分析的主题，并随着感恩节的到来而被神化。那艘载着朝圣者到现在马萨诸塞州的著名船只的确切起源尚不清楚。据信，克里斯托弗·琼斯和其他商人在 1607 年前后出于贸易目的购买了这艘船。然而，在历史记录中发现的第一次有记载的航行发生在 1609 年。

1620 年，"五月花"号载着朝圣者来到普利茅斯，开始了新的殖民地生活

在这似乎是第一次的航行之后，"五月花"号在欧洲大西洋沿岸运输货物。1620年9月，"五月花"号第一次横渡大西洋来到北美，这次航行使它闻名遐迩。"五月花"号在第一次跨大西洋航行后仅仅服役了几年。在1624年被宣布不适于航海。据可靠的消息来源，它已被拆解。

"五月花"号代表了17世纪的航海情况。在那时，在欧洲、非洲和新大陆之间的大西洋盆地中有运输大量人员和各种商品的船只。像"五月花"号这样的其他许多船只提供了欧洲人开始在以前没有被欧洲国家殖民的地区定居的方法，在北美殖民历史中被发现的"五月花"号恰好是比较有名的一艘。

马修·布莱克·斯特里克兰

拓展阅读

Caffrey，Kate.1974.*The Mayflower*.New York：Stein and Day Publishers.

Dillon，Francis.1973.*The Pilgrims*.New York：Doubleday & Company.

Hilton，Christopher. 2005. *Mayflower*：*The Voyage That Changed the World*.Phoenix Mill，UK：Sutton Publishing.

Philbrick，Nathaniel.2006.*Mayflower*：*A Story of Courage*，*Community*，*and War*.New York：Viking.

美洲海盗：1450年至1770年

西班牙于1493年建立第一个殖民地后不久，美洲的海盗活动就开始了。在埃尔南多·科尔特斯（1485—1547）1521年打败阿兹特克帝国和在15世纪30年代弗朗西斯科·皮萨罗（约1471—1541）洗劫印加帝国后，海盗活动迅速增加。当西班牙的船只载着阿兹特克人和印加人的财宝横渡大西洋时，其他欧洲强国贪婪地观望着。16世纪20年代和30年代，法国海盗船袭击了西班牙的船只和定居点，这是西班牙在加勒比地区面临的第一次重大挑战。这些袭击迫使西班牙人建立了一个昂贵的护航系统，称为"由印度人管理的护航系统"（Carrera de Indias），一直持续到18世纪。西班牙在16世纪40年代后期建立了富有的萨卡特卡斯（今墨西哥）和波托西（今玻利维亚）银矿，增强了对海上保护和沿海防御工事的需求。

到16世纪60年代，从美洲殖民地流入西班牙的财富吸引了英国海员前往该地区。起初，英国人将非洲奴隶偷运到西属美洲，但在1568年的圣胡安·德·乌鲁阿战役之后，西班牙人击沉了一艘英国走私船——重达700 吨的"吕贝克耶稣"号，英国海员转而从事海盗活动。弗朗西斯·德雷克爵士（约 1540—1596）是这些富有进取心的海盗中最著名的一位，他与法国海盗、逃亡的土著和非洲奴隶西马龙结成联盟，威胁西班牙在大西洋和太平洋的航运和殖民地。他的成功激怒了西班牙国王菲利普二世（1527—1598），促使菲利普二世 1588 年企图推翻伊丽莎白一世（1533—1603）的统治。

在 16 和 17 世纪，海盗与国家利益和欧洲帝国的竞争有着千丝万缕的联系。典型的例子是，英国、法国和荷兰的海盗或 17 世纪被称为"海上抢劫团伙"（buccaneers）的海盗，他们串通一气，袭击和掠夺西班牙的美洲殖民地。君主们公开对海盗们进行苍白无力的谴责，私下却鼓励他们削弱西班牙帝国。与此同时，西班牙的战利品要么充实了君主的金库，要么帮助发展了加勒比海和北美的新兴殖民地。英国领导人认为早期殖民活动的重点应是海盗和私掠船攻击西班牙的潜在基地。事实上，英国在 1655 年从西班牙夺取牙买加，开启了亨利·摩根爵士（1635—1688）的海盗时代，他洗劫了普林西比港、贝洛港和巴拿马城。2000 多名海盗很快来到了牙买加的皇家港口，他们把自己的战利品投资在奴隶和蔗糖种植园。英格兰将这些人视为国家的钱袋子，而不是将他们判定为罪犯。

随着英国、荷兰和法属美洲殖民地在 17 世纪后期的发展，海盗对老牌势力和殖民精英失去了作用。大西洋贸易对糖、烟草和其他商品的利润超过了海盗劫掠带来的收入。1689 年以后，英法两国之间不断升级的敌对行动使美洲的海上劳动力市场紧张，导致西印度群岛和北美港口出现大规模的海军冲突。因此，许多前海盗离开西印度群岛，来到印度洋，在那里他们通过掠夺莫卧儿帝国防御薄弱的船只积累财富。这些财富中的很大一部分流向了英裔美国人的港口，海盗在那里有着重要的政治和商业联系。然而，印度洋海盗破坏了与英国商业界的关系。

议会召回了那些与海盗勾结的殖民地总督，在 1700 年通过了一项更有效地镇压海盗的法案，公开审判并处决了印度洋海盗威廉·基德，派遣海军中队铲除了马达加斯加附近圣玛丽岛的海盗基地。随着安妮女王之战的进行（1702—1713 年），这些行动阻止了大部分海盗活动。

在 1716 年，海盗以复仇的方式卷土重来，并造就了一些历史上最富色彩和力量的海盗，包括爱德华·蒂奇（黑胡子）、斯蒂德·博内、查尔斯·文、花布杰克·拉克姆、爱德华·英格兰、巴塞洛缪·罗伯茨、爱德华·罗和威廉·弗莱。大约有 4000 人打着黑旗航行，在这个时代掠夺了至少 2400 艘船只。与他们的前辈不同的是，在没有国家支持的情况下，他们攻击所有国家的航船。在上面列出的海盗中，只有爱德华·英格兰在战斗中或绞刑中幸免于难。到了 18 世纪 20 年代中期，英国皇家海军和殖民地官员将海盗驱赶到诸如纽芬兰和洪都拉斯湾这样的边缘地区。在那里，海盗通过抢劫食物、酒以及捕鱼和伐木的船的补给品来谋生。1726年以后，海盗只在零星和孤立的情况下出现，或者以国家私掠船的名义出现。然而，这一代海盗为过去和现在的全球商业和舆论领域留下了持久的遗产。

史蒂芬·J. J. 皮特

海盗黑胡子

　　臭名昭著的海盗黑胡子以从 1716 年到 1718 年在大西洋和加勒比海实施恐怖活动而闻名。他早年的生活是个谜。历史学家认为他出生于 1680—1690 年间的英国布里斯托尔。1716 年 12 月初的一份记录显示，在西班牙王位继承战争（1701—1714 年）期间，黑胡子是本杰明·霍尼戈尔德号（约 1680—1719 年）海盗船上的一名中尉。在抢劫了法国和西班牙的船只几年后，黑胡子加入了一个加勒比海盗团伙，偷了一艘海盗单桅帆船，当上了船长。1717 年秋，黑胡子和他的船员在加勒比海的马提尼克岛海岸捕获了法国奴隶船协和号。他把这艘船重新命名为"安妮女王复仇号"，它成了他的旗舰。黑胡子和三艘更小的海盗船一起，袭击并俘获北美海岸的船只，在船主中散播恐怖。

　　1718 年 5 月，海盗们回到他们在卡罗来纳的基地，封锁了南卡罗来纳州的查尔斯顿将近一个星期。他们劫持船只，扣押乘客和船员作为人质，以换取治疗船上疾病的昂贵药品。海盗们在收到赎金后起航，但他们的船只在北卡罗来纳州的旧托波赛湾搁浅在沙洲上。黑胡子放弃了"安妮女王复仇号"和另一艘单桅帆船，把一些船员放逐到附近的一个小岛上，驶向北卡罗来纳州的奥克拉科克岛。1718 年 11 月，罗伯特·梅纳德中尉（约 1684—1751）指挥"珍珠"号战舰，在一场激烈的战斗中，攻击并俘虏了"黑胡子"号仅剩的单桅帆船。梅纳德开枪把黑胡子击毙，然后把海盗的头从"珍珠"号的船头垂下来，把黑胡子的尸体扔进帕姆利科海湾。传说中他埋藏财宝的地点也随着他一起消失了。

萨曼莎·J. 海因斯

拓展阅读

Baer，Joel.2007.*Pirates*.Great Britain：Tempus.

Earle，Peter.2003.*The Pirate Wars*.New York：Thomas Dunne Books.

Lane，Kris.1998.*Pillaging the Empire：Piracy in the Americas 1500 - 1750*.Armonk and London：M.E.Sharpe.

Rediker，Marcus. 2004. *Villains of All Nations：Atlantic Pirates in the Golden Age*.Boston：Beacon Press.

Ritchie，Robert C.1986.*Captain Kidd and the War Against the Pirates*.Cambridge：Har-vard University Press.

马萨诸塞州的塞勒姆

马萨诸塞州的塞勒姆是美洲殖民地和早期美洲的主要港口之一。早在 17 世纪 20 年代欧洲人来到这里之前，诺姆基格人（Naumkeag people）就在塞勒姆定居。他们种植玉米、大豆和南瓜，并用独木舟、渔网和堰捕鱼。

在 1623—1624 年的冬天，英国的多切斯特公司在未来波士顿所在地东北 30 英里处的安角岩岬上建立了一个前哨站。后来居民们把这个定居点重新命名为"赛隆姆"，这是希伯来语"和平"的意思。

在多数人的想象中，塞勒姆的文化身份体现在了它作为 1692 年女巫审判地点的作用，这后来在阿瑟·米勒的《熔炉》（1953 年）中得到了突出的体现。然而，正是塞勒姆与世界各大洋的联系，使这座城市的命运在这里起起落落地变化着。正如海事历史学家塞缪尔·艾略特·莫里森（Samuel Eliot Morison）所言，"塞勒姆人口略低于 8000 人，是 1790 年美国的第六个城市。她的容貌甚至比波士顿的还要古老，那几乎包围着她的咸水的臭味更加明显"（莫里森，1922：79）。

独立战争（1775—1783 年）和 1812 年战争（1812—1815 年）结束了塞勒姆作为北美主要港口城市的全盛时期。大西洋鳕鱼的出口和西印度糖浆的进口证明了像理查德·德比（1712—1783）和乔治·克劳宁希尔德（1733—1815）这样的海员进行的是有利可图的贸易冒险。塞勒姆的其他船长则走得更远，在所谓的东印度和中国贸易中发迹。事实上，塞勒姆港的船只经常停靠在主要的亚洲转口港，以至于那里的许多商人认为塞勒姆是一个主权国家。这种和其他国家的紧密联系从塞勒姆的城市徽章中可以看出，该徽章的座右铭是"Divitis Indiae usque ad ultimum sinum"，拉丁文为"至富裕的东印度群岛直至最后一圈"。

现存的运货单表明塞勒姆船舶运载的货物种类繁多。银、檀香、烟草和鸦片是外出航行中最理想的商品。来自苏门答腊的胡椒、桑给巴尔的树脂以及中国的茶、丝绸和瓷器，是新英格兰回程中最令人垂涎的商品。

塞勒姆航运业的衰落始于 1807 年的《禁运法案》和 1812 年的战争，这两件事情都阻碍了塞勒姆与世界的商业联系。此外，塞勒姆港无法与波士顿和纽约等更大更深的港口竞争。

尽管如此，塞勒姆的航运并没有完全停止。小说家纳撒尼尔·霍桑在 1846—1849 年期间担任港口监督员，在皮克林码头附近的海关大楼工作——皮克林码头正是小说《红字》（写于 1850 年）开篇出现的场景。

到了 19 世纪末，塞勒姆的经济产业已经转向工业。1914 年 6 月 25 日，悲剧发生了，一场大火从科恩皮具厂蔓延开来，烧毁了 1376 栋建筑，2 万名塞勒姆居民无家可归。栗子街集中的联邦建筑幸免于难，现在仍然是游客们最喜爱的景点，在那里他们能看到这座城市过去海上财富穿越时光的展览。

爱德华·D.梅利略

拓展阅读

Morison, Samuel Eliot. 1922. *The Maritime History of Massachusetts, 1783-1860*. Boston: Houghton Mifflin.

Morrison, Dane Anthony, and Nancy Lusignan Schultz (eds.). 2004. *Salem: Place, Myth, and Memory*. Boston: Northeastern University Press.

United States Department of the Interior, National Park Service. 1987. *Sa-*

lem：*Maritime Salem in the Age of Sail.* Washington，DC：Government Printing Office.

走私

在殖民时期，猖獗的走私定义了美洲的商业。一些历史学家估计，走私货物占所有贸易货物的 50%，但这种暗地里的走私贸易的准确数字很难确定。大规模走私产生于欧洲主要大国如英国、西班牙、法国和葡萄牙的限制性重商主义经济政策。对美洲商业和制成品生产的严格禁止，助长了殖民地商人积极走私，以增加他们的利润空间，并以更低的价格获得所需的商品。只有荷兰人避开了这些政策中的大部分，他们在库拉索、圣尤斯塔提乌斯和苏里南经营自由港，并允许外国船只运载他们的货物。

在 16 世纪，大多数走私活动是由北欧船只和水手潜入富裕的西属美洲殖民地，贩卖非洲奴隶，然后带着白银、巧克力和其他稀有的新大陆商品离开。随着英国、法国和荷兰殖民地在 17 世纪的成熟，走私变得更加复杂，包含了更广泛的商品种类。1651 年，英国议会不顾一切地挑战荷兰在贸易上的霸主地位，通过了《航海法案》，将英国贸易限制在英国船只和港口。1660 年颁布的新法案规定，烟草、糖、靛蓝、原木、大米以及除鱼以外的大多数殖民地商品，必须出口到英格兰、威尔士、爱尔兰和其他英国殖民地。1707 年后，还要出口到苏格兰。

《航海法案》所增加的限制为所有国家之间的走私开辟了新的领域。英国殖民商人无视法律，直接将列举的货物运往欧洲港口，特别是阿姆斯特丹、里沃诺、汉堡和里斯本，然后带着走私的制成品、葡萄酒和白兰地返回。虽然被殖民精英广泛接受，但走私仍需秘密进行。商人们定期给他们的船长写秘密信件，命令他们避开热门的贸易航线，并与其他船只交谈。船长还应提高船员的工资并提供给良好的食品和饮料，以保持船员的士气，并确保船员在安全运送走私货物之前，不给妻子写信，不与市民混在一起，不偷偷溜到酒馆。为了达到这一目的，走私者通常会在较大城镇的海关官员眼皮底下卸下非法货物。最受欢迎的地点包括波士顿附近的面条岛、新港附近的油布湾、纽约附近的桑迪胡克、费城附近的特拉华州的路易斯和纽卡斯尔。

随着 18 世纪的发展，特别是在接受战争期间殖民商人向敌国走私货

物的控诉之后，反走私的立法变得更加严厉。在法国和印度战争
（1754—1763 年）之后，许多英国殖民商人的不忠导致了新的海关法的出
台，打击了普遍存在的走私行为。议会最终认定走私是死罪。1773 年，
英国国会通过了《茶叶法案》(Tea Act)，削弱了美洲与荷兰之间的走私活
动，进一步阻止了殖民地商人的非法贸易。因此，波士顿茶党起源于国会
对走私的讨伐。事实上，当美国于 1776 年宣布独立时，心怀怨恨的走私
者成了最热情、最活跃的爱国者之一。

史蒂芬·J.J. 皮特

拓展阅读

Carp，Benjamin L.2012. "Did Dutch Smugglers Provoke the Boston Tea
Party?" *Early American Studies*：*An Interdisciplinary Journal* 10：2，335-59.

Chet，Guy.2014.*The Ocean is a Wilderness*：*Atlantic Piracy and the Limits
of State Au-thority，1688-1856.*Amherst and Boston：University of Massachu-
setts Press.

Tyler，John W.1986.*Smugglers & Patriots*：*Boston Merchants and the Ad-
vent of the Amer-ican Revolution.*Boston：Northeastern University Press.

佩德罗·德·特谢拉，逝世于 1641 年

佩德罗·德·特谢拉是一名葡萄牙军官和探险家，他沿着亚马孙河谷
和南美洲的航行对欧洲的探险和葡萄牙帝国在新大陆的扩张产生了巨大的
影响。特谢拉最为人所知的是他在 1637—1639 年的亚马孙探险中所扮演
的角色。在那次探险中，他成为第一个穿越亚马孙河的欧洲人，并最终从
现在的巴西贝伦探索到了厄瓜多尔的昆图。他在南美洲的职业生涯长达
30 多年，在此期间，他帮助葡萄牙在巴西建立了统治，战胜了竞争对手
西班牙，使葡萄牙的领土主张超越了《托尔德西拉斯条约》(1494 年) 所
允许的范围。

德·特谢拉于 1575—1587 年之间出生在葡萄牙的坎塔涅德，人们对
他的早年生活知之甚少，只知道他很早开始了军事生涯。在很多方面，他
的职业生涯是当时欧洲日益激烈的殖民竞争的缩影，葡萄牙人对西班牙贸
易收益的担忧、西班牙帝国在新大陆的土地收购以及葡萄牙人对独立的要
求与日俱增。1607 年，德·特谢拉上尉前往巴西，随后击退了法国人控
制和定居圣路易斯的企图。他帮助葡萄牙在巴西北部海岸建立了普雷塞皮

奥堡。这个堡垒发展成为后来的贝伦市，他还带领军队沿着兴古河和亚马孙河巡逻，抵制偶尔进入的英国、荷兰和法国商人以保护葡萄牙在当地贸易中的垄断地位。

1637 年，两名西班牙方济会修士因为对当地居民怀有敌意而放弃使命，来到普雷塞皮奥堡时，德·特谢拉的势力受到挑战。出于对西班牙人在该地区此类活动的担忧，马兰豪省省长雅克梅·莱蒙多·德·诺隆哈委托德·特谢拉率领一支探险队沿亚马孙河而上。他的任务是护送西班牙修士到西属秘鲁的基多，查明西班牙在亚马孙河谷的扩张程度，确定葡萄牙未来的堡垒和定居点。

德·特谢拉为他的探险做了充分的准备，他们乘坐 40 多艘独木舟出发，船上装载着武器、食物和贸易货物，船上的船员由巴西土著和葡萄牙士兵组成。这次探险涉及里约内格罗河和马德拉河的大约 1000 个地点，确定了西班牙定居点，系统地绘制了亚马孙河流域的地图，并在经过 8 个月的旅程后成功抵达基多，其成员深受西班牙人的欢迎，西班牙人自己则在担心葡萄牙扩张的进展。

一位西班牙耶稣会神父克里斯特巴·德·阿库纳陪同德·特谢拉于 1638—1639 年返航，并向他的上司汇报了葡萄牙的扩张情况。事实证明，西班牙官员对这些上报的情况采取行动的速度很慢，德·特谢拉的探险队巩固了葡萄牙对亚马孙河流域的主权要求，还超出了《托尔德西拉斯条约》中约定的范围。由于此次成功他晋升成为总督，1641 年 6 月 4 日，健康状况不佳的德·特谢拉在巴西的路易斯多马拉霍去世。

肖恩·莫顿

拓展阅读

Goodman, Edward J., 1972. *The Explorers of South America*. New York: Macmillan.

Smith, Anthony. 1994. *Explorers of the Amazon*. Chicago: University of Chicago Press.

中国和东亚，1450 年至 1770 年

到 15 世纪，中国通过陆路与东亚建立了长达 1500 年的联系（始于西汉），通过海上与东亚其他地区建立了长达 500 年的联系（始于北宋）。

这一悠久的航海传统以明朝太监郑和（1371—1435）率领船队穿越西太平洋和北印度洋跨越28年（1405—1433年）的史诗般的航行而告终。这次明朝海军行动的规模和范围在东亚乃至当时的世界上都是前所未有的。然而，1433年后，由国家领导的海军在中国的行动突然停止。中国自愿从东亚撤出海上力量，这其中既有政治上的原因，也有个人的原因，但其中最重要的原因是明朝海上远征的沉重财政负担。

即便如此，明朝的航行仍然带来了大量好处。其中最显著的是以中国为中心的朝贡贸易，这是一个自相矛盾的术语，用来描述中国与其他一些亚洲国家在1450—1770年之间的交流关系。这是一种如假包换的形式。对外贸易代表通常向中国朝廷表示象征性的敬意。他们的贡物将换回好几倍于这些贡物价值的金钱和货物的慷慨回赠。在礼宾仪式之后，外贸代表可以在没有政府干预的情况下自由地在中国境内销售货物。他们带来的所有商品，包括"贡品"，都得到了中国国家或市场的补偿，这表明朝贡贸易是由中国与外界的市场交换所决定的。在鼎盛时期，朝贡贸易网络沿太平洋—印度洋海上航线有30多个成员国，他们每2—3年就派遣一次贸易代表团前往中国。为了维护这个以中国为中心的贸易体系，帝国政府向朝贡国家发放了许可证，没有这些许可，外国船只和代表就被拒绝进入中国。这可能是东亚第一个有记录的由中央控制的海关系统。

大多数朝贡贸易商都是这样的一些人，他们在所谓的亚洲地中海——中国南海（South China Sea，中国称南海）当中航行，而航行在很大程度上取决于可预测的亚洲季风模式，即盛行风在秋季由北向南吹，在春季由南向北吹。

朝贡贸易的主要商品有医药材料，如矿物、植物、动物器官；奢侈品，如香料、香水、稀有的羽毛和贝壳；热带硬木。中国为此交换制成品，包括纸、扇子和雨伞、陶瓷、漆器制品、瓷器和水晶珠子、金银产品（黄金、珠子、金箔）、铜产品（硬币、球、盆、盘子等）、铅和渔网铅锤、铁制品（锅、丝、针等）、汞、硫、棉布、桐油等。此外，尽管中国官方一直禁止贵金属出口，但仍有大量中国铜币作为国际货币出口到亚洲地中海地区（中国南海）。

1500年后，随着西班牙新大陆白银开采和精炼的兴起，中国的对外贸易发生了微妙的变化。随着西方对中国商品需求的增加，西班牙商人发现中国对白银的需求似乎是无限的。这导致了从1565年到1815年持续

250 年的马尼拉帆船贸易。西班牙每年向中国市场运送成千上万吨白银，以换取中国的制成品，主要是丝绸。例如，在 17 世纪 30 年代，一艘从马尼拉开往墨西哥的西班牙货船会载有 300—500 箱丝绸产品，净重 6.9 万—11.5 万磅。邻国日本也加入了这项白银贸易，在 1530—1700 年间向中国运送了数千吨白银，以换取中国制造的产品，如纺织品、纸张、文具和书籍。在一个由青铜币为唯一法定金属货币的经济体中，直到 19 世纪 90 年代，外国白银在中国都是作为一种存储价值（囤积）的手段。白银贸易是中国朝贡贸易的自然衍生品。在大多数情况下，进口的外国银件以原始尺寸、形状和样式留在中国，并被视为银锭而不是货币。然而，在中国的白银总摄入量中，约有 7% 被熔炼成银含量为 98% 的锭。这些锭被称为纹银，是一种财政银，用于纳税和支付政府开支。

朝贡贸易网络和随之而来的以中国为中心的贸易模式（即其他国家来中国进行贸易）对中国经济产生了意想不到的后果。这使得中国商船的航行在很大程度上显得多余。欧洲商人尤其如此，他们的商品具有全球吸引力，他们的船只装备精良，能够在危险水域航行。这为未来两个世纪中国海上能力的逐渐退化埋下了伏笔。中国海军的弱点在 1522—1566 年之间首次暴露出来，当时日本海盗（倭寇）出没于中国东海岸水域。这些海盗很快控制了当地的海上航线，甚至袭击了中国沿海城市。然而，明朝官员确认 70% 以上的日本海盗是中国不法分子。在第一次鸦片战争（1839—1842 年）中，中国被英国东印度公司的现代英国战舰打败。中国逐渐衰落的海上力量终于暴露无遗。

与此同时，中国私营部门蓬勃发展。投资者为大型船舶的建造提供资金，这些船舶在中国古老的朝贡体系中交易。这一点在日本最为明显。从 1642 年到 1684 年，中国的私营商人负责 66% 的丝绸出口（超过 500 万英镑）和 70% 的铜出口（超过 8000 万英镑）。这些中国海上贸易商的活动在 1688 年达到顶峰，当时有 193 艘中国船只和 9128 名商人停靠在长崎。这种贸易的规模如此之大，以至于德川政府担心它对日本资源和社会的影响。同年，日本政府对中国商人施加了限制。每年只有 70 艘中国船只被允许访问长崎，货物的最高限额为 10 万两白银（约相当于 4 吨）。有证据表明，中国私营贸易商在西班牙、菲律宾和荷兰的东印度群岛发挥了类似的作用。到了 18 世纪，东南亚的华人群体变得强大，以至于欧洲殖民者通过屠杀以消灭他们的中国竞争对手。1740 年，荷兰军队在巴达维亚屠杀了约 10 万中国人。早在 1603 年，西班牙军队在马尼拉屠杀了 2.4 万名中国人。尽管如此，中国在东南亚的海上和贸易人口迅速恢复，表明私营部门并未被这些暴行吓倒。

历史学家长期以来一直在争论中国当局颁布的海上禁令的结果。的确，海上贸易禁令是官方宣布的，如明朝朱元璋颁布的 30 年禁令（1368—1398 年），以及清朝康熙皇帝（1661—1722）颁布的 30 年禁令（1664—1684 年，1717—1727 年）。然而，这些禁令的有效性值得怀疑。走私是常见的。在清代，一位名叫申尚达的将军每次航行都能挣到 4000—5000 两白银（328 万—410 万英镑）。他一直到 1681 年才罢休，那时他总共积累了 975936 两的资产（40 吨）。最著名的例子是郑成功的海上帝国，从中国沿海一直延伸到日本和东南亚其他地区。郑的贸易规模据信是他在日本的荷兰竞争对手的 7—11 倍。17 世纪的清政府禁令对郑的商业没有任何影响，郑的商业从海上经营中赚取的利润足以维持 17 万名士兵军队和 8000 艘船只长达 40 年之久。1662 年，郑的船队从澎湖列岛发起了一次大型进攻，从荷兰人手中夺取了台湾。

在大陆，中国与东亚的联系经历了巨大的变化。1644 年，满洲人沿着长城防线通过山海关，并作为“雇佣兵”进入中国，帮助镇压李自成（1606—1645）领导的重大叛乱，李自成的追随者占领北京并建立了全新但短命的大顺政权。明朝末代崇祯皇帝（1611—1644）自杀身亡。满洲人履行了“雇佣兵”的职责，推翻了李自成，但拒绝退出关外。相反，他们在中国夺取了政权，建立了一个新的王朝——清朝，统治时间从 1644—1911 年。这在几个方面从根本上改变了东亚的地缘政治平衡。

- 它使中国的永久防线长城变得多余。军队和工匠不再需要驻守和维护长城。
- 明朝时期，中国的领土在北部和西部扩大了一倍。
- 新的农业安置方案扩大了中国农业经济的规模，同时降低了城镇化率。
- 1715 年大清帝国单方面冻结其税收总额，即无论中国未来在领土、经济和人口方面的扩张如何，其总收入保持不变，最后的税收在 1700 年之后翻了两番。

在 18 世纪的长期和平中，清政府逐渐衰弱，统务废弛。到 1850 年，中国人口已达 4 亿，但清政府雇佣的官吏不到 3 万人。这不仅造成了人口与官员之间的巨大差距，也造成了士绅阶层（拥有功名的人）与受薪官员之间的巨大差距。在缺乏政府权威的情况下，基层自治不仅变得普遍，而且很快就成为了清政府的期待。

虽然这些年来个体中国商人和贸易者蓬勃发展，但清政府的权力以及未来保护中国贸易所需的海军力量逐渐枯竭。这个问题在 18 世纪的大部分时间里很少得到关注，但它导致 18 世纪中国遭受了一系列内部叛乱的灾难性后果，包括白莲教叛乱（1794—1804 年）、太平天国起义（1850—1864 年）等，以及与几个外国势力的战争失败，如鸦片战争（1839—1842 年和 1856—1860 年）、中法战争（1884—1885 年）和甲午中日战争（1894—1895 年）。

邓钢

拓展阅读

Deng, Gang.1997.*Chinese Maritime Activities and Socio-Economic Consequences, c.2100 b.c.-1900 a.d.*New York, London and West Port：Greenwood Publishing Group.

Deng, Gang.1999.*The Premodern Chinese Economy—Structural Equilibrium and Capitalist Sterility.*London and New York：Routledge.

Deng, Gang. 1999. *Maritime Sector, Institutions and Sea Power of Premodern China.* New York, London and West Port：Greenwood Publishing Group.

Frank, A.G., 1998.*ReOrient：Global Economy in the Asian Age.*Berkeley：University of California.

Gipouloux, Francois. 2011. *The Asian Mediterranean, Port Cities and Trading Networks in China, Japan and Southeast Asia, 13th-21st Century,* London：Edward Elgar.

Hobson, J.M., 2004.*The Eastern Origins of Western Civilisation.*Cambridge：Cambridge University Press.

Jones, E.L., 1988.*Growth Recurring：Economic Change in World History,* Oxford：Clar-endon Press.

Mokyr, Joel.1990.*The Lever of Riches.*Oxford：Oxford University Press.

Vries, Peer.2015.*State, Economy and the Great Divergence,* London and New York：Bloomsbury Press.

东亚的海盗活动，1450 年至 1770 年

随着元朝（1271—1368 年）的衰落，海盗活动日益猖獗。在明朝（1368—1644 年），海盗活动频繁发生。被中国人称为"倭寇"（日本强盗）的海盗，他们中的许多人来自中国或东南亚的其他地区，但他们在日本和中国的许多近海岛屿活动，袭击航运和沿海定居点，尤其是中国南部沿海地区。海盗的扫荡在 16 世纪中期达到顶峰，在 17 世纪随着中国清朝（1644—1911 年）和日本德川幕府（1603—1867 年）的强大中央政府的建立而衰落。

明朝的第一个皇帝洪武（1368—1398）无法说服分裂的日本政府镇压海盗，于是在沿海修建了堡垒。足利统一日本后，永乐皇帝（1402—1424）重建了日本与中国的朝贡关系，这有助于减少海盗活动。这期间，中国还建立了一支强大的海军，并在郑和（1405—1433）的伟大航行中达到顶峰。郑和展示了中国的军事实力，并攻击海盗基地，极大地减少了海盗活动。

随着中国在随后的几年里从海上撤出，最终禁止了海上贸易，海盗和走私活动又回到了中国的水域。明朝廷多次要求日本政府采取行动镇压日本岛屿上活动的倭寇，但收效甚微。倭寇的袭击在 16 世纪 50 年代达到顶峰。海盗在近海岛屿和孤立的沿海地区建立了难以攻打的大本营，并深入内陆进行袭击，一度威胁到南京。

中国分散的反海盗努力经常以失败告终。然而，在 1557 年，一支中国军队打败了一支庞大的海盗舰队。1563 年，俞大猷将军驻守在靠近台湾的澎湖列岛，海盗经常在那里建立基地。部队在该地区巡逻，打败了许多海盗。然而，他的部队在这次胜利后撤退了，海盗们很快又回来了。总的来说，中国的反海盗努力是最成功的，政府和军方官员密切合作，并持续多年努力，就像在南海发生的那样。在台湾，内部的不一致和分裂使其成为海盗的避风港。

在 17 世纪，郑芝龙（1604—1661），一个成功的商人，转向海盗行当。荷兰人认为，对中国船只的海盗攻击将帮助他们控制中国的贸易，在他们的支持下，郑氏集结了数百艘船只，打败了朝廷派来对付他的船队。面对入侵的满洲人，明朝政府在 1628 年任命郑芝龙为海军上将，希望他

的庞大舰队能够扭转乾坤，但在 1646 年，郑氏投奔清朝。郑氏的儿子郑成功（1624—1662）领导了明朝残余的忠臣。他被迫撤退到台湾，打败了荷兰守军，并在那里建立了自己的统治，直到 1683 年被清军打败。后来，面对清朝军队和装备精良的欧洲船只，海盗活动逐渐减少，这些欧洲船只在当地贸易中占据越来越大的主导地位。

克劳迪娅·扎纳迪

拓展阅读

Amirell, Stefan, E., and Leon Mueller.2014.*Persistent Piracy：Maritime Policies & State Formation in Global Historical Perspective.* New York：Palgrave.

Dabringhaus, S., and Ptak, Robert（eds.）.1997.*China & Her Neighbours. Borders*，*Visions of the Other*，*Foreign Policy* 10th to 19th Century.Wiesbaden：Harrassowitz Verlag.

Shapinsky, Peter. 2014. *Lords of the Sea：Pirates*，*Violence*，*and Commerce in Late Medi-eval Japan.*Ann Arbor：University of Michigan Press.

So, Kwan-wai.1975.*Japanese Piracy in Ming China During the* 16th Century.Michigan State University Press.

Willis, John E., Jr.2007. "The Seventeenth-Century Transformation：Taiwan under the Dutch & the Cheng Regime." Murray A. Rubinstein (ed.).*Taiwan.A New History.*New York：M.E.Sharpe，84-106.

英格兰，1450 年至 1770 年

在 15—18 世纪之间，英格兰从一个相对较小的国家转变为世界上占主导地位的海军强国和最重要的海上国家。在一系列的战争和较小的冲突中，英国皇家海军击败了西班牙、荷兰和法国的舰队，使英国商人经常得到政府支持以进入世界各地的市场。英国在加勒比、北美和印度的殖民地在扩大英国的影响和贸易方面发挥了重要作用，世界上越来越多的货物通过英国船只运输。

1496 年 3 月 5 日，意大利航海家乔瓦尼·卡布托（约翰·卡伯特，1450—1500）和他的三个儿子收到了英国国王亨利七世（1457—1509）授予他们以阿尔比翁的名义向西航行到中国的专利证书。第二

年，卡伯特乘坐一艘载有 20 人的船出海。他们到达北美，声称这是英国的领土，但返回的人数太少，完成不了其他任务。卡伯特随后的两次探险更加详细地考察了北美，尽管英国统治者寻求的新大陆殖民地的建立还要再过一个世纪。卡伯特的探险是对葡萄牙和西班牙的大西洋探险的回应，卡伯特的探险建立在英国对北大西洋已有知识的基础上。英国渔民，尤其是来自布里斯托尔的渔民，长期在这些水域捕鱼，他们 15世纪初航行到冰岛，后来到达格陵兰岛、拉布拉多，也许还有纽芬兰。英国商人航行到波罗的海和地中海，与新发现的大西洋岛屿如马德拉岛和加那利群岛进行贸易。

随后的几次探险紧随卡伯特的首次尝试而来。威廉·韦斯顿是布里斯托尔的一位商人，他可能参加了卡伯特的第一次探险，于 1499 年横渡大西洋，在北美登陆，很可能是今天的加拿大。都铎王朝持续资助探险航行，1502 年休·艾略特和罗伯特·索恩被派往新大陆，并在接下来的半个世纪中还派遣过其他几个人。不过，他们的目标是发现一条通往美洲西北航道的亚洲航线，但他们却未能找到这条航线。一次 1517 年的远征未能到达美洲，但约翰·拉特（1528 年）领导的 1527 年远征队到达了纽芬兰，并访问了西班牙殖民地圣多明各。理查德·霍尔（1540 年）于 1536年由亨利八世（1491—1547）派遣，也登陆纽芬兰，但他的报告没有引起新世界的兴趣。

虽然英国统治者在新大陆上累积财富的速度很慢，但他们拒绝了葡萄牙和西班牙对这片领土提出的主权要求，并将其写入了《托德西拉斯条约》（1494 年）。

英国女王伊丽莎白一世（1533—1603）坚持认为海洋属于所有人，荷兰法学家雨果·格劳秀斯（1583—1645）后来在《自由的海》（*Mare Liberum*，1609）提出了这一观点。在 16 世纪下半叶，越来越多的英国水手被利润所吸引，开始与葡萄牙和西班牙的殖民帝国进行贸易和走私，不久之后又成为私掠船或海盗。

1530 年，普利茅斯商人威廉·霍金斯（1495—1555）将他的贸易活动扩展到大西洋，在接下来的十年里，他可能是第一个完成欧洲、西非和巴西之间三角贸易的英国人。1542 年，英国介入支持查理五世（1500—1558）对法国和奥斯曼帝国发动的意大利战争。霍金斯与朋友詹姆斯·霍斯韦尔和约翰·伊利奥特一起转向成功袭击法国商业的私人装备船。战争结束后，英国商人越来越多地参与奴隶贸易。托马斯·温德姆于 1553 年成功地在西非进行了一次奴隶贸易之旅，随后还有另外两人参与，其中每一位都以其残暴和侵略性著称。虽然葡萄牙和西班牙都反对这种行为，但英国商人还是成功进入了奴隶贸易。大多数探险都是由私营企业或股份公司支持，只有少数人获得了王室的资助。

亨利五世（1387—1422）在百年战争（1337—1453 年）中发展了一支小型海军来支持他的作战，但直到 16 世纪西班牙军队的威胁增加，英国才大幅扩充其海军力量。即使在那时，英国最有才华的指挥官们也花了大量的时间在私掠船上。威廉·霍金斯的儿子约翰·霍金斯（1532—1595），在 1562 年领导了三艘私掠船，他们俘获一艘葡萄牙奴隶船并在圣多明各卖掉了 301 名奴隶。作为这种行径的回敬，西班牙禁止英国船只进入其加勒比殖民地。约翰在他的二表弟弗朗西斯·德雷克（1540—1596）的陪同下，于 1564 年、1565 年和 1567 年三度出航，他们的冒险获得了成功。因为他们俘获了几艘船，在非洲获得了一船奴隶，并在委内瑞拉卖掉了 400 名在航行中幸存下来的人。1567—1568 年的这次航行却以灾难告终。他们又一次在非洲俘获了一批奴隶，并俘获了一名葡萄牙奴隶贩子。之后，他们乘船前往美国，在圣胡安德乌鲁阿登陆，在那里遇到了一个西班牙中队，该中队袭击并俘虏了霍金斯五艘船中的三艘。

霍金斯死里逃生的经历并没有减少英国人的活动。相反，英国海盗和私掠船增加了。霍金斯、德雷克、托马斯·卡文迪什、马丁·弗罗比舍、理查德·格伦维尔、汉弗莱·吉尔伯特和沃尔特·罗利根据需要以探险家、私掠船手、走私者或商人的身份出航。他们通常由王室出资，独立运作，16 世纪下半叶，英格兰海上势力大幅增加。德雷克和卡文迪什是第一个追随麦哲伦脚步的人，他们分别在 1577 年、1580 年和 1586 年完成了环球航行。他们都袭击了西班牙在太平洋的殖民地和航运，大肆掠夺。直到卡文迪什远征之后，西班牙才设法确保通过麦哲伦海峡及其太平洋殖民地的通道安全。

不断升级的袭击和英格兰对荷兰独立战争的支持，使菲利普二世（1527—1598）对英格兰发动了大规模的远征。1587 年，德雷克率领一支英国舰队攻打西班牙的加的斯港，摧毁了 37 艘船只，并将西班牙无敌舰队的撤离拖延到第二年。这支史上最大舰队之一的无敌舰队发现自己在几场战役中都被更具机动性的英国军舰击败，这导致其指挥官做出带来厄运的决策：在英格兰附近航行。风暴摧毁了他的许多船只。随后双方都继续进行，英国的私掠船继续掠夺西班牙的船只，直到伊丽莎白女王于1603年去世之后才迎来和平。

除了私掠船，马丁·弗罗比舍（1535—1594）还带领三支探险队前往北美，并在寻找西北航道的同时绘制了北美东北海岸的部分地图。早期的报道称，他带着1350吨黄铁矿（"傻瓜眼中的黄金"）回到英国后，发现黄金是假的。亨利·哈德逊（16世纪下半叶至1611年），为莫斯科公司工作，1608年他曾两次探索北极圈附近的北美北纬地区，但都以失败告终。在他第三次也是最雄心勃勃的探险中，他到达了现在的哈德逊湾并绘制了地图。但是，哈德逊号的船员在冬天被困在冰中之后，发生了叛变，他们乘船回家，而另外7名船员被困在冰中，他们的命运最终是个谜。这些探险都报道了纽芬兰、大浅滩（Grand Banks）的丰富渔业资源，布里斯托尔的渔民们开始利用这些资源。一些渔民在纽芬兰过冬，加工和腌制他们的渔获物，其中一些地方发展成永久性的定居点。1614年，约翰·史密斯（1580—1631）率领的一支探险队在缅因海岸附近发现了丰富的渔业资源，这很快吸引了鳕鱼渔民和捕鲸者。

沃尔特·罗利（约1554—1618）在伊丽莎白女王1584年颁布的《宪章》的支持下，发起并资助了英国在北美建立殖民地的第一次重大尝试行动。他1587年的探险在卡罗莱纳海岸外的罗阿诺克岛上建立了殖民地。然而，与西班牙的战争推迟了后续的远征计划，并增加了补给和移民。当第二次远征终于在1590年到达时，他们没有发现任何罗诺克殖民地的踪迹，它的命运仍然未知。

英国斯图亚特王朝的第一代君主加强了殖民努力，并一度改善了与西班牙的关系。詹姆斯一世（1566—1625）与马德里签订了一项和平条约，迫使英国的私掠船追逐其他海上企业或者与越来越多的新大陆殖民地进行贸易和走私。英格兰于1607年在弗吉尼亚、1620年在马萨诸塞建立了第一批永久的美洲殖民地，前者是由一个股份公司建立的，后者是由宗教异议人士建立的。在经历了早年的挣扎后，这两个地区的定居发展迅速，弗吉尼亚种植园的烟草出口成为英格兰不断增长的跨大西洋贸易的重要组成部分。英格兰还在几个加勒比岛屿上建立殖民地，包括圣基茨岛（1624年）、巴巴多斯岛（1627年）和尼维斯岛（1628年），以及沿西非海岸在几内亚和贝宁的贸易站。1670 年，查理二世特许经营哈德逊湾公司，垄断该地区的皮毛贸易。随着时间的推移，英格兰、加勒比殖民地和北美殖民地之间的贸易模式逐渐形成，其中包括非洲奴隶、加勒比糖、烟草、朗姆酒、木材、毛皮和来自北美殖民地的其他商品。

1651 年，为了保护和鼓励这种不断增长的贸易，英格兰颁布了第一部航海法。其目的是将英国货物和贸易限制在英国船只之内，并推翻荷兰在海上贸易中的主导地位。当时，世界上大约三分之二的航运是荷兰人的，英国不断努力限制荷兰的贸易导致了英格兰和荷兰之间的三场战争（1652—1654 年、1665—1667 年、1672—1674 年）。英国人在这些战争中取得了成功，在第一次战争中夺取了 1000 多艘荷兰商船，在第二次战争中占领了荷兰的殖民地新阿姆斯特丹（纽约），在第三次战争中大幅度削弱了荷兰的海军力量。在 1692 年的海牙战役和巴弗勒战役中，英国舰队与荷兰结盟，打败了法国舰队，确立了英格兰在该地区的海上霸主地位。

英国皇家海军在这些战争中变得更加强大，英国政府越来越多地控制了大西洋上的私人殖民活动，并将其整合为一个不断壮大的帝国。然而在亚洲和太平洋地区，东印度公司拥有相当大的独立性。一直到 18 世纪，东印度公司仍是该地区占主导地位的英国贸易公司。虽然英国女王伊丽莎白一世在 1600 年特许成立了东印度公司，但直到 17 世纪晚期，英国商人才大量进入太平洋和印度洋。随着时间的推移，英国在该地区的利益增长，他们来自苏拉特（1615 年）、孟买（1662 年）和加尔各答（1690年）港口的利润在 1757 年的普拉西战役（英国击败孟加拉及其法国盟友，获得了印度次大陆的大部分）后逐渐增长。

烈　酒

"烈酒"是 18 世纪海军中为水手服务的各种弱酒精饮料的通称。在英国的皇家海军中，它是朗姆酒和水的混合物，加入少许柠檬或酸橙作为调味剂和防腐剂。后来，人们认识到石灰也有助于预防坏血病。"烈酒"的发现一般归功于海军少将爱德华·弗农（1684—1757），绰号"老格罗"，因为他喜欢的格纹（"罗缎"）布斗篷。

> 水与朗姆酒的规定比例和添加的其他成分因船长而异。然而在 18 世纪，按皇家海军标准，其比例被定位为四分之一朗姆酒和四分之三水的混合物，每天发放两次。虽然朗姆酒是加勒比海产糖的一种廉价副产品，但也可用其他廉价酒精代替。与啤酒和水不同，蒸馏酒在长达数月的航行中不会变质。水手们把水和朗姆酒混合在一起，就得到了他们想要的定量的酒精，这也有助于他们应付船上的寒冷和艰苦的劳动。并且烈酒能让储存在船舱里已经不新鲜的饮用水变得更好喝。
>
> 马修·布莱克·斯特里克兰

大西洋也成为英法冲突的舞台。1714 年，英国（自 1707 年联合英格兰和苏格兰的《联合法案》颁布之后的英国）从西班牙获得了向西班牙殖民地进口奴隶和其他商品的权利。英国与西班牙殖民地的贸易在接下来的 30 年里蓬勃发展，但欧洲政治越来越多地让英国卷入与法国和西班牙的战争。为支付这些战争的费用，英国政府成立了英格兰银行（Bank of England），英国卓越的金融体系及其日益增长的海军和商船，帮助它赢得了西班牙王位继承战争（1701—1714 年），结束了西班牙支配欧洲的野心。英国占领直布罗陀这一战略位置，英国的武装力量可以自由进出地中海。

英国与法国和西班牙的关系依然不佳，并在两场相关的冲突中爆发战争：一场是以加勒比海为中心的詹金斯之耳战争（1739—1748 年）；另一场是以欧洲事务为中心的奥地利王位继承战争（1740—1748 年）。詹金斯之耳战争是以英国商船船长罗伯特·詹金斯的名字命名的，在走私被抓获之后，詹金斯的耳朵被西班牙军官割掉。英国舰队袭击了西班牙在加勒比海的殖民地，直到 1744 年法国参战支持西班牙，这使战争的焦点转移到欧洲，英国、奥地利和荷兰与法国、普鲁士和西班牙交战。

英国在加勒比海的一支探险队没能占领古巴，但在欧洲水域，英国船只经常袭击法国海岸，英国舰队在菲尼斯特角附近两次决定性地击败了法国舰队，成功占领了该海域的几艘船只。《亚琛条约》于 1748 年结束了这场战争。除了欧洲的领土变化，该条约还确认了英国与西班牙殖民地进行贸易的权利。然而在 1756 年，英国和法国在七年战争（1756—1763

年）中再次开战。英国皇家海军自始至终在海上作战中占据主导地位，击败或遏制了法国舰队，并支持英国远征队扩大英国在印度的领土并征服加拿大。

1763 年，英国从战争中崛起，成为世界上占主导地位的海军力量，并拥有利润丰厚的殖民地，这些殖民地横跨全球，从加勒比海到北美再到亚洲。尽管这些战争使英国政府负债累累，但当时这似乎并不令人担忧，因为英国军舰控制着公海，其商人可以随意在世界各地进行贸易，控制着世界上大约一半的贸易额。

雅库布·巴斯塔

拓展阅读

Andrews，Kenneth R.，1984.*Trade，Plunder and Settlement：Maritime Enterprise and the Genesis of the British Empire*，*1480-1630*.Cambridge：Cambridge University Press.

Armitage，David and Michael J.Braddick.2002.*The British Atlantic World*，*1500-1800*.New York：Palgrave.

Benjamin，Thomas.2009.*The Atlantic World*.Cambridge：Cambridge University Press.

Elliott，John H.2007.*Empires of the Atlantic World：Britain and Spain in America 1492-1830*.New Haven：Yale University Press.

Friel，Ian.2003.*Maritime History of Britain and Ireland*.London：British Museum Press.

O'Hara，Glenn. 2010. *Britain and the Sea：Since 1600*. New York：Palgrave Macmillan.

Raudzens，George. 1999. *Empires：Europe and Globalization*，*1492-1788*.Phoenix Mill：Sutton Publishing.

Rodger，N.A.M.，1996.*The Wooden World：An Anatomy of the Georgian Navy*.New York：Norton.

Rodger，N.A.M.，2005.*The Command of the Ocean：A Naval History of Britain*，*1649-1815*.New York：Norton.

约翰·卡伯特，约 1450 年至 1500 年

约翰·卡伯特（意大利语乔瓦尼·卡伯特）是一名水手、航海家和

探险家，以探索北美而闻名。这是维京人之后第一个这样做的欧洲人。卡伯特可能出生于意大利热那亚，后来举家迁往威尼斯，并于 1476 年获得威尼斯公民身份。他在 1496 年之前的大部分生活仍然不为人知。他的生意遍及地中海，并在 1488 年后迁往西班牙瓦伦西亚。也许是为了躲避债主，然后又迁往塞维利亚。和其他几位意大利海员一样，他也曾为探险之旅寻求皇室的资助，但一直没有成功，直到他大概在 1495 年移居英国。

1496 年 3 月 5 日，或许是在伦敦的意大利银行家的支持下，卡伯特和他的三个儿子收到了亨利七世的特许函，授予他们广泛探索海洋的权利。卡伯特在当时英国第二大港口布里斯托尔装备他的探险队。卡伯特的第一次探险航行在 1496 年进行，但很快就返回了，没有成功。他的第二艘船是重达 50 吨的马修号，于 1497 年 5 月 20 日起航，并于 6 月 24 日抵达北美。卡伯特的探险队在北美探险了四个星期，一直待在海岸附近。他们发现了人类居住的证据，但没有遇到当地人。它们的着陆地点还不确定，纽芬兰、新斯科舍、缅因和拉布拉多都被认为是有可能的。

他们于 8 月 6 日回到布里斯托尔，几天后，卡伯特面见亨利八世，亨利八世奖励了他，并在之后授予他每年 20 英镑的津贴。1498 年 2 月，卡伯特获得了皇家特许权，可以组织另一次探险，几位英国商人也资助了这次探险。1498 年 5 月，卡伯特带着 5 艘满载纺织品和其他贸易货物的船离开了。其中一艘被风暴损坏的考察船很快返回，但是其他四艘船的命运仍然是个谜。他们可能在海上失踪了；一些历史学家认为他们成功返回，但探险的记录丢失了。位于布里斯托尔大学的卡伯特项目组于 2009 年成立，该计划的历史学家目前正在寻找有关约翰·卡伯特（John Cabot）及其最后一次探险命运的线索。

雅库布·巴斯塔

拓展阅读

Jones, Evan T., 2010. "Henry VII and the Bristol Expeditions to North America: The Condon Documents." *Historical Research* 83 (August).

Jones, Evan T. and Alwyn Ruddock. 2008. "John Cabot and the Discovery of America." *Historical Research* 81 (May): 224-54.

Quinn, D.B., A.M. Quinn, and S. Hillier (eds.). 1979. *New American World: A Documen-tary History of North America to 1612*, 1.

Ruddock, A.A., 1966. "John Day of Bristol and the English Voyages

Across the Atlantic Before 1497." GJ 132：225-33.

　　Williamson, J.A., 1962. *The Cabot Voyages and Bristol Discovery under Henry VII*.Hakluyt Society, 2nd ser.120.

丹尼尔·笛福，约 1660 年至 1731 年

　　丹尼尔·笛福以《鲁滨逊漂流记》而闻名，他是一个才华横溢、兴趣广泛的人。同时他是一个间谍、商人、多产作家（300 多本书）和记者，他创建了辛迪加专栏，并帮助塑造了现代英语小说。虽然笛福从未出过海，但他在小说和非小说作品中都以动人的笔触描写了大海。

　　《鲁滨逊漂流记》出版于 1719 年，很快就广受欢迎。笛福运用了当时流行的旅游书籍的元素，他的人物形象的原型大体上基于被困水手安德鲁·塞尔柯克（Andrew Selkirk）的真实故事。安德鲁·塞尔柯克作为一名被困在南太平洋的水手的冒险故事于 1712 年出版。《鲁滨逊漂流记》很快就被译成多种语言，由于其对普世人类价值的探索以及欧洲殖民主义的影响，它持续引起世界各地人们的共鸣。这个故事及其主题多次以各种形式出现，包括 1954 年和 1997 年的《鲁滨逊漂流记》(*Robinson Crusoe*)、汤姆·汉克斯（Tom Hanks）的热门电影《荒岛余生》(*Cast Away*, 2000) 以及现代真人秀节目《幸存者》(*Survivor*, 2000) 和《赤裸与恐惧》(*Naked and fear*, 2013)。笛福写了他的书的续集以及其他几个令人兴奋的海上冒险故事。他的著作《暴风雨》(1704 年) 生动地描述了 1703 年的大风暴，融合了第一人称叙述和科学分析，是新闻业的一个里程碑。

　　然而，笛福最着迷的是贸易和商业。他从事制砖、酒和烟草贸易，他对英国商业的许多分支有着惊人的了解。尽管他经常在高风险的投资中赔钱，但他对商业的痴迷使他向英国国王威廉三世（1689—1702）提出了殖民和贸易的新计划。一种想法是让英国商船向东航行，停靠在菲律宾马尼拉附近，在那里他们会遇到一艘悬挂法国国旗的船只，然后秘密地交换丝绸、瓷器、肉豆蔻和丁香。然后，这艘英国船将驶往南美，从事类似的秘密贸易。他还提出了一项计划，在南美洲靠近现代的智利瓦尔迪维亚和板块河与麦哲伦海峡之间的东南海岸建立两个新的英国定居点。

　　笛福还把注意力转向了皇家海军，他建议在苏格兰建立一个海军基地，为英国和苏格兰海岸提供就业机会和保护。他还建议海军要想办法吸

引水手，而不是靠给人留下深刻印象。

他希望伦敦成为世界贸易中心。在《完整的英国商人》(*The Complete English Tradesman*, 1726) 一书中，笛福认为英国商人优于其他国家，英国应该通过贸易而不是军事力量在世界上获得主导地位。这一壮举在笛福于 1731 年 4 月 24 日去世后不到 100 年，由英国通过商业和军事力量的结合而实现。

乔伊斯·桑普森

1703 年的大风暴

1703 年 11 月 26 日（现代历法 12 月 7 日），一场巨大的飓风摧毁了英国沿海地区。考虑到当时的气象测量状况，尽管无法确定风速和运行路径，当代的记录表明这场风暴是那个时代最严重的自然灾害之一。暴风雨出现在地平线上之前，人们没有收到任何预警。狂风将数千棵树连根拔起，暴雨淹没了田地，淹死了人和牛。在伦敦，数以千计的砖砌烟囱倒塌，许多房屋被毁。

水手和航运业的损失尤其严重。几十艘船和大部分船员在海上失踪；其他船只被吹离航线数百英里。数百艘停泊在泰晤士河上的船只被扯离系泊处，被吹向上游，造成严重破坏。皇家海军损失了 10 艘军舰，包括 90 炮先锋号和几艘较小的军舰。确切的死亡人数尚不清楚，但已超过 1 万人，其中许多是随船沉没的水手。由于所处的海洋环境，船上的水手几乎没有生还的机会。

马修·布莱克·斯特里克兰

拓展阅读

Backscheder, Paula R. 1989. *Daniel Defoe: His Life*. Baltimore and London: John Hopkins University Press.

Healey, George Harris. 1955. *The Letters of Daniel Defoe*. Oxford, Clarendon Press.

Richette, John. 2008. *The Cambridge Companion to Daniel Defoe*. Cambridge University Press.

弗朗西斯·德雷克爵士，约 1540 年至 1596 年

弗朗西斯·德雷克爵士（Sir Francis Drake）是一名英国探险家和私掠船手，因成功袭击西班牙港口和航运而闻名。他在 1587 年进攻加的斯港，并在 1588 年与西班牙无敌舰队作战。

德雷克出生于德文郡的克朗代尔，是埃德蒙·德雷克的第一个孩子。德雷克是约翰·霍金斯（1532—1595）的表弟，霍金斯是一位著名的海军上将，是他将德雷克带领进海上生活。弗朗西斯·德雷克在 16 世纪 60 年代和霍金斯一起进行了几次突袭和奴隶远征，到 1568 年他开始指挥自己的船。在 1569—1575 年之间，德雷克攻击了西班牙在中美洲的殖民地、船只和商队，他们经常与其他英国或法国的私掠船以及逃跑的"黑奴"（cimarrons）合作。在这个过程中，他获得了一小笔财富，他用这笔钱为他的家庭购买了土地，并为自己买了一艘船。

1577 年，德雷克与弗朗西斯·沃辛厄姆爵士共同制定了一项计划，准备进行一次环球私掠船航行。沃辛厄姆、约翰·霍金斯和伊丽莎白一世（1533—1603）为这次航行提供了资金。这支由五艘船组成的探险队由金鹿号（Golden Hind）的德雷克率领，于当年秋天启程前往非洲海岸，计划继续前往南美，然后环绕该大陆，在太平洋海岸攻击西班牙的领地。德雷克的下属船长们被证明是不守规矩的，其中两人后来被判叛变罪并斩首，但这支舰队还是成功地在摩洛哥海岸俘虏了西班牙和葡萄牙商船。他的三名船长没有穿过麦哲伦海峡，而是返回英国，因此德雷克只带着两艘船进入了太平洋。德雷克沿着海岸向北航行，攻击船只和居民点，传播恐惧，并获得了比他的船只所能携带的更多的战利品。在秘鲁利马附近，他捕获了一艘满载黄金的西班牙宝藏船。1580 年 9 月 26 日，他们向西穿越太平洋，回到普利茅斯的家。

由于他给了他的投资者以丰厚的回报，并完成了麦哲伦远征以来的第一次环球航行，第二年伊丽莎白女王封他为爵士。之后，他短暂担任普利茅斯市长，并在议会任职。

1585—1586 年，德雷克指挥了 21 艘船和 1800 人。他把他们带到加勒比地区，在那里，他们袭击了西班牙的船只和定居点，并劫持了一些定居点以索取赎金，但这些赎金并没有带来德雷克所期望的财富。在返航途中，他们撤离了沃尔特·罗利（1552—1618）在罗阿诺克建立的殖民地。

1579 年 3 月，弗朗西斯·德雷克爵士的船"金鹿号"与西班牙船"康塞普西翁的纽斯特拉号"之间的战斗。弗朗西斯·德雷克爵士是一名英国探险家和私掠船手，因成功袭击西班牙港口和航运而闻名。(美国国会图书馆)

　　1587 年，德雷克再次出航，这次是与西班牙政府直接的对决。他的舰队袭击了加的斯港，在那里他俘获了四艘船，摧毁了 20 多艘船。这扰乱了西班牙最重要的港口，推迟了西班牙国王菲利普二世 (1527—1598) 的军事准备。后来，德雷克的舰队巡航西班牙并拦截了几个西班牙舰队，进一步推迟了菲利普二世远征英格兰的计划。

1588 年，西班牙无敌舰队出航英格兰，期待护送军队横渡英吉利海峡。德雷克是英国舰队的一名海军中将，他帮助击退了这支舰队。德雷克在最初的战斗中领导了一个英国中队，并俘获了一艘西班牙船。后来，德雷克组织了一艘消防船袭击停泊在那里的西班牙舰队，然后率领他的中队参加了格拉维林战役的高潮战役，击退了无敌舰队。

1589 年，德雷克和约翰·诺里斯爵士率领 100 艘船和大约 19000 名士兵出征葡萄牙，目的是将葡萄牙从西班牙的统治下解放出来，占领亚速尔群岛。这项任务最后的结果说明这是他的部队力所不能及的。尽管它确实为与西班牙作战的叛军提供了一些支持，但远征队还是失去了 20 艘船和 1 万多名士兵。尽管这次行动失败了，德雷克仍然是一名活跃的指挥官。他于 1595 年 8 月与约翰·霍金斯和一支庞大的舰队一起出海，再次袭击西班牙在加勒比海的领地。在早期获得成功之后，探险队对波多黎各的进攻失败了。德雷克 12 月在巴拿马地峡登陆，但舰队被西班牙士兵击退。在海上，一种致命的热病在舰队中蔓延，杀死了许多人，包括德雷克，他死于 1596 年 1 月 27 日。他被海葬在铅制的棺材里。

雅库布·巴斯塔

拓展阅读

Bawlf, Samuel. 2003. *The Secret Voyage of Sir Francis Drake*, *1577 - 1580*. Walker & Company.

Hakluyt R., 1589 [1965 ed.]. *The Principall Navigations*, *Voiages and Discoveries of the English Nation*. Cambridge：Published for the Hakluyt Society and the Peabody Museum of Salem at the University Press.

Hughes-Hallett, Lucy. 2004. *Heroes：A History of Hero Worship*. New York：Alfred A. Knopf.

Kelsey, Harry. 1998. *Sir Francis Drake*, *the Queen's Pirate*. New Haven, CT：Yale University Press.

东印度公司，1600 年至 1874 年

英属东印度公司（EIC，1600—1874 年）是世界上最早的公司之一，在大英帝国的建立和全球商业市场的整合中发挥了关键作用。对于理解现代世界的演变来说，这或许也是最重要的商业组织。一般来说，在世界或

欧洲历史教科书中，英国东印度公司（EIC）连同荷兰东印度公司（DIC，成立于 1602 年）和法国东印度公司（FIC，成立于 1664 年）都在"重商主义"一节中被讨论。它商业革命的一个方面体现在政府特许（许可）公司经营和赋予他们特殊的权力。这个联盟是互惠互利的，因为海外贸易需要大量的资本，它们占有特权以及拥有遥远本土国家的统治者的保护。

从本质上讲，公司商人从这种关系中获得了两大好处：一是在特许经营区域内的贸易垄断，二是有限责任。正如一些流行的商业杂志文章所声称的那样，东印度公司是否是世界上第一家有限责任公司（LLC）还存在争议。作为政府支持的回报，该公司有望为全国贸易找到新的市场，并带回黄金和白银。东印度公司主要使用黄金支付东印度群岛的商品，包括胡椒、肉桂、小豆蔻、肉豆蔻、棉花、染料、纺织品、香料、硝石、丝绸和靛蓝。它还在港口设立了常驻代理机构，并建立了包括新加坡和中国香港在内的新城市，以促进与亚洲这些地区的贸易。

在 1600 年 12 月 31 日特许东印度公司成立，该公司的名称是"总督和东印度群岛的伦敦商人公司"。然而与同行的荷兰和法国不同，东印度公司严格关注贸易，而不是最初从事的军事征服活动。东印度公司的初始理事会由 24 名股东组成，他们当选为伦敦管理公司事务的股东。最初，东印度公司作为商家为个人安排航行，投资并收到付款。因此，早期的商业尝试不遵循任何模式，它们既是经济冒险，也是探索。

公司的皇家特许状在查理一世被处决时终止（1649 年），但由护国公奥利弗·克伦威尔（1653—1658）在 1657 年 10 月续签。新章程使东印度公司成为一家股份制公司，它根据公司的整体运营向投资者支付股息，而不是按航次计算。这一变化赋予了东印度公司现代企业的属性，使其具有总体的方向和战略。国王查理二世颁布了一项新的皇家宪章，赋予该公司与其他国家类似的特别权力，包括发动战争、执行司法、从事外交、获取领土、征募和指挥军队，以及掠夺违反其垄断地位的船只。随着时间的推移，东印度公司拥有超过 20 万人的常备军和自己的海军。在其鼎盛时期，其贸易额占全球贸易的一半。根据 1858 年的《印度法》(India Act)，该公司停止了作为一个活跃实体的运营，但这一过程直到 1874 年《印度法》的最后一部宪章到期后才结束。

在成立的 100 年间，东印度公司的运作对英国社会、经济和国内政策产生了广泛的影响。到 1699—1701 年，东印度群岛的贸易货物占英国海外进口的 13%。东印度公司还从公司向股东出售股票的资金中向英国政府提供贷款。这使东印度公司成为两个持有英国在 1689—1713 年战争中积累的大部分债务的组织之一（另一个是成立于 1694 年的英格兰银行）。咖啡馆如雨后春笋般遍布全国，从印度进口的廉价棉织品创造了需求，刺激了英国纺织业的发展，而纺织业又是 18、19 世纪英国工业革命的重要基础。

由于需要从其总利润中向股东支付股息，东印度公司对世界旅游和贸易的最大贡献之一就是建立了正式的海洋知识体系。尽管通俗的历史把约翰·哈里森发明的天文钟（1714 年）描绘成世界航海之谜的最后一块拼图，但事实是，如果没有对洋流、环流模式和海岸轮廓的准确了解，天文钟只不过是另一种航海辅助工具。如果东印度公司船长要维持稳定的航行模式，即船只在可预测的时间到达相同的港口，就需要这些资料。这种类型的海事信息至关重要，因为航程中最危险之时正是接近海岸线之处，这时最有可能发生令利润损失的海难事故。尽管东印度公司从未建立过水文办公室（如 DIC 和 FIC 所设），但它聘请了一些专业水文学家，如亚历山大·达利莫浦（1737—1808）和詹姆斯·霍森伯格（1762—1836）。他们编写并研究了在世界海洋航行所需的信息，这些信息开始出现在印刷书籍和海图上。当东印度公司在世界东部的贸易垄断在 18 世纪恶化，并且随着 1834 年东印度公司结束了对中国的航运垄断，水文工作者的工作成为面向世界商业航运的服务行业。

从 17 世纪中期到 18 世纪早期，东印度公司的章程和组织结构发生了变化，逐渐成为世界上最强大的公司之一。在那段时间里，该公司成了英国殖民的代理人，就像商业冒险家一样。随着莫卧儿帝国的瓦解，当地的印度统治者向那里的欧洲贸易代理商寻求支持，帮助他们发动叛乱，当罗伯特·克莱夫爵士（1725—1774）因在普拉西战役（1750 年 6 月 23 日）中获胜而获得孟加拉及其 3000 万居民的控制权时，该公司完成了首次领土收购。

东印度公司也与海盗有着密切的联系。该公司利润丰厚的海上贸易使印度洋和中国南海成为海盗抢劫船只的有吸引力的区域。因此东印度公司拥有自己的海军，并雇用私人船只和船长来抵御海盗。然而，并非所有雇用私掠船的尝试都使东印度公司受益。例如，著名的海盗威廉·基德船长（1645—1701）最初受雇是为了保护公司的贸易。海盗与大英帝国的关系一直存在于现代大众的想象中。这家公司是众多虚张声势的故事和电影背景的一部分。例如，基德很可能是约翰尼·德普在热门电影《加勒比海盗》中饰演的杰克·斯派洛船长的灵感来源。在这个系列中，东印度公司和英国政府是斯派洛和他快乐的海盗团伙的敌人，他们代表着为自由而斗争。2010 年，总部位于伦敦的奢侈品贸易公司获得了东印度公司的名称和商标的使用权，现在以东印度公司（East India company）的身份运营，将自己的传统与这家历史悠久的公司联系起来。

乔伊斯·桑普森

航海时代的船上生活

尽管人们的描述常常是浪漫的，但在航海时代，船上的条件非常恶劣。水手们忍受着低工资，数月甚至数年不与国内或外部世界联系的痛苦。尽管具体的危险取决于航行（一名海军军官可能会在战斗中坠海；一名美国鱼叉操作工可能会在与一头抹香鲸的战斗中丧生），海上的一切船只都有许多危险，包括风暴、搁浅、索具脱落和疾病（尤其是"时代之祸害"——坏血病）。

在这种情况下，维持船上的秩序是船长的首要任务，任何违规行为的惩罚都是迅速而残忍的（通常是用猫尾鞭打）。然而，如果没有这样的危险，海上生活也会令人麻木乏味。水手们通过游戏、讲故事、唱歌和包括文身和复杂的涂鸦在内的工艺品来打发无聊的日子，鼓舞士气。军官们可以指望有更好的食物和停泊处，但普通海员（许多只是男孩）生活和工作在狭窄、往往不卫生、没有隐私的环境中，准备食物时会从饼干中会发现虫子（可能还包括腌肉和其他不需要冷藏的食品）。

这些条件导致弗雷德里克·威廉·华莱士用《木船和铁打的人》来作为他 1924 年关于大航海时代结束的著名书籍的标题，这本书（尽管它忽略了惊人数量的女性也在海上劳作交易）已经成为这些船员和船只的通用术语。对东印度公司来说，航海的好处之一是，即使是普通的水手也能分到一小部分货物，使他们能够自己交易货物。

凯莉·P.布什内尔

拓展阅读

Bowen, H. V., Margarette Lincoln, and Nigel Rigby. 2015. *The Worlds of the East India Company*. Boydell Press.

Brown, Stephen R., 2009. Merchant Kings：*When Companies Ruled the World, 1600-1900*. St. Martin's Press.

"The East India Company：The Company That Ruled the Waves." *Economist*, *December* 17 2011. http：//www. economist. com/node/21541753. Accessed December 1, 2016.

Erickson, Emily. 2014. *Between Monopoly and Free Trade：The English East India Company, 1600-1757*. Princeton University Press.

Farren, John, and Sarah Jobling（producers）. 2014. *The Birth of Empire：The East India Company*. Presented by Dan Snow. Documentary TV mini-series.

Wild, Antony. 1999. *The East India Company：Trade and Conquest from 1600*. Harper Collins.

爱德蒙·哈雷，1656 年至 1742 年

天文学家爱德蒙·哈雷（Edmond Halley），最著名的彗星以他的名字而闻名，他通过改进某些导航仪器、绘制恒星图表和测量大西洋中的磁变化，对海洋导航做出了重大贡献。

哈雷生于伦敦郊区的肖尔迪奇，1673 年考入牛津大学皇后学院，毕业前写了三篇天文学科学论文，发表在《皇家学会哲学学报》上。其中两篇与第一位皇家天文学家约翰·弗拉姆斯蒂德（1646—1719）合著，他特别关注如何准确确定海上经度的问题。弗拉姆斯蒂德认为，计算经度的最佳方法是绘制导航星和月球运动的精确图表。然后，可以通过它确定距离固定参考点（如返航港）的纵向距离。为了帮助弗拉姆斯蒂德绘制全球海图，1676 年，哈雷带着几架望远镜和其他自行改装的天文和导航工具，前往当时英国最南端的领土，南大西洋的圣赫勒拿岛。在那里的两年时间里，哈雷帮助改进了各种导航仪器，发明了一种新型的航海日志来确定船只在水中的速度，并准确地绘制了南半球 340 多颗恒星的位置。他在返回英国后不久就出版了这些航海日志。他在航海方面的贡献帮助他在 23 岁生日前当选为皇家学会会员。这项研究使哈雷与艾萨克·牛顿有了密切联系，最终是哈雷说服牛顿出版了他的代表作《数学原理》，完全付

清了第一版的成本。

哈雷对气象学、物理学、数学、古典学术和自然历史做出了巨大贡献，他对经度问题持续感兴趣。多年来，他收集了航海者对罗盘变化的观察结果，希望通过对磁力变化的理解和对纬度的精确测定，找到一种确定经度的方法。在英国海军部的支持下，他在 1698—1700 年间进行了几次航海，测量南大西洋的磁极变化。这些旅行的结果是制作了两条以等角线（或哈雷线）为特征的海图，这些海图连接了等磁变化点。海图出版后，哈雷继续绘制英吉利海峡的潮汐、深度、海流和风力图，制作了又一份有价值的海洋简编。他从来没有把注意力集中在一个单一的问题上，他还改进了潜水钟，注意到压力是如何改变空气量的，并创新了保持新鲜空气供应的方法，后来他还发明了一种用于海洋打捞的潜水头盔。1703 年，哈雷在牛津大学担任萨维利亚数学教授，他在有生之年一直担任这一职务，在弗拉姆斯蒂德去世后，他获得了皇家天文学家的头衔。

蒂莫西·丹尼尔斯

拓展阅读

Cook，Alan.1998.*Edmond Halley*：*Charting the Heavens and the Seas*.Oxford：Clarendon Press.

Thrower，Norman（ed.）.1981.*The Three Voyages of Edmond Halley in the Paramore*，*1698–1701*.Burlington，VT：Ashgate.

Wakefield，Julie. 2005. *Halley's Quest*. Washington，DC：Joseph Henry Press.

约翰·哈里森，1693 年至 1776 年

约翰·哈里森（John Harrison）是来自约克郡的一名英国木匠，他最著名的成就是发明了一种弹簧驱动的航海计时器，试图精确地确定一艘船在海上的经度。

在 17 世纪，船只通过"航位推算"来确定方位，使用先前确定的位置来计算其位置，并基于经过的时间和路线上的估计速度来推进位置。这一方法容易出错，主要是因为潮汐和水流不断变化，而这些错误对商船和军舰来说代价高昂。值得注意的是，在 1707 年，由于导航错误，英国海军上将克劳德思利·斯沃尔的舰队在西伯利亚群岛附近撞上了几块礁石。4 名战士沉没，近 2000 名水手淹死。为了应对这场灾难以及保持对穿过

可预测航道的商船的持续掠夺，英国议会于 1714 年成立了经度委员会，以探索确定海上经度的解决方案。该委员会为那些能够展示一种工作装置或方法来精确测定经度的个人提供高达 2 万英镑的奖励，该装置或方法可以在经度的一半到一度范围内（或 30—60 海里之间）在海上精确测定经度。

在接下来的一个世纪里，几种不同的建议被提出，但其中只有两种最有希望的方法是依赖于航行时能够准确测量船上的时间，因为两个特定位置之间的经度差异相当于时间差异。通过知道参考点（如格林尼治）和船上的时间差异（最容易在中午计算），导航员可以计算出他相对于参考点的经度。哈里森认识到，更流行的方法——通过天体导航来确定时间——需要晴朗的天空、良好的海图以及由称职的导航员操作的昂贵的导航工具。在咨询天文学家皇家爱德蒙·哈雷（1656—1742）和几个有成就的钟表匠后，哈里森利用他作为木匠磨炼出来的技能制作了一个不受海上旅行变化影响的时钟。1736 年，他测试了他的 "H1"（后来被称为 H1），并被资助 500 英镑以进一步改进它。在 1760 年，他又制作了两块更大的钟表，最终制作出了他的杰作——直径 5.2 英寸的 "H4"。在海上试验中，它在 81 天内仅有 5 秒钟的误差。以天文学家为首的经度委员会，他们的专业水平远远高于手工工匠，一直阻挠哈里森获得那笔奖金。他的余生几乎都在与董事会就赔偿问题争论不休，在去世前三年，他终于得到了一份和解。詹姆斯·库克（1728—1779）用 H4 的副本绘制了他的发现之旅。哈里森的计时器今天可以在格林尼治的国家海洋博物馆内看到。

蒂莫西·丹尼尔斯

拓展阅读

Hobden，Heather，and Mervyn Hobden.1988.*John Harrison and the Problem of Longitude*.Lincoln，England：Cosmic Elk.

Quill，Humphrey.1966.*John Harrison：The Man Who Found Longitude*.New York：Humanities Press.

Sobel，Dava.1995.*Longitude*.New York：Walker & Company.

玛丽·罗斯号

建于 1510 年重达 500 吨重的玛丽·罗斯号，在 1536 年被扩充到 700 吨，并配备了新的重炮。1545 年 7 月 19 日，在索伦特战役中，英国最大、最现代化的船只之一玛丽·罗斯号沉没了。经历了重新改造的船被证明是不靠谱的。一阵狂风袭击了玛丽·罗斯号，水通过敞开的炮口大量涌入，最终船沉入怀特岛外约 35 英尺的水中。防登网阻碍人们从船上逃跑，415 名水手和海军军人中只有六分之一或四分之一的人活了下来。

打捞这艘珍贵的船引发了一场法庭诉讼，世人对英国人所持有的种族和地位的看法提出了质疑。1546 年 7 月，海军部任命精通最新技术的威尼斯人皮蒂保罗·科尔西指挥打捞工作。1547 年 7 月，意大利商人雇用了科尔西在南安普敦附近打捞圣玛丽亚号和圣爱德华号。科尔西雇用了雅克·弗朗西斯和另外七名非洲潜水员，他们将绳索固定在物品上，将物品吊到水面上。

打捞工作一直持续到意大利商人指控科尔西从圣玛丽亚号偷窃货物并起诉他。这些商人以前称赞弗朗西斯的专业知识，试图通过弗朗西斯的自卑感为由否认他的法律人格，称他为"奴隶"、"终究是个黑人"和"出生在没有受洗的地方的异教徒"。作为英国最好的潜水员，弗朗西斯作证说，他潜入水下，在水下"看到"了据称被盗的物品，这些物品被"保存"了下来，如果科尔西没有被捕，这些物品本可以归还。他说，商人通过在 5 月份逮捕科尔西来阻止收回国王的财产（玛丽·罗斯号），科尔西是海上平静时潜水的"最佳人选"（雅克·弗朗西斯证词）。尽管有些人声称非洲人低人一等，弗朗西斯还是展示了来自非洲的专业知识。两年来，他在灾难中的证词和专业精神挑战了种族、奴隶制和地位的观念。当时英国还没有将奴隶制合法化，法院接受了弗朗西斯的意见。

审判中止了打捞行动，玛丽·罗斯号的位置也从记忆中消失了。一层泥浆掩埋并保存了船体的下半部分。1836 年夏天，渔民们将渔网套在船的一些木材上，1836 年和 1840 年这艘沉船进行了浅层作业。1971 年玛丽·罗斯号被重新发现，玛丽·罗斯信托基金会于 1982 年在迄今为止最复杂的水下发掘中打捞了这艘船被泥土包裹的部分。这艘船的残骸保存在英国朴次茅斯的玛丽·罗斯博物馆。打捞船只"出土"了大量的人工制品，包括航海设备、海军商店、武器、食物、个人和专业设备，从乐器、手术器械、导航设备到服装、念珠和其他宗教物品，甚至一套西洋双陆棋。这些为 16 世纪的船上生活提供了无与伦比的写照。

凯文·道森

拓展阅读

Childs, David.2014.*The Warship Mary Rose：The Life and Times of King Henry VII's Flagship*.London：Chatham.

Dawson, Kevin. 2006. "Enslaved Swimmers and Divers in the Atlantic World." *The Journal of American History* 92 (4) (March)：1327-55.

de Nicholao Rimero, Anthonius.1548.Deposition made on May 28, 1548, PRO, HCA 13/93, ff.275-6, and Interrogation of and Deposition made by Jacques Francis on Tues-day, February 8, 1548 (O.S.), 18 February 1548 (N.S.), PRO, HCA 13/93/202v-203r.

http：//www. nationalarchives. gov. uk/pathways/blackhistory/early _ times/settlers.htm.The *Mary Rose website*.http：//www.maryrose.org.Accessed December 15, 2015.

McElvogue, Douglas. 2015. *Tudor Warship Mary Rose*.Annapolis：Naval Institute Press.

航行法

重商主义是 17 世纪和 18 世纪占主导地位的经济理论，它鼓励各国通过发展殖民地和限制与敌对国家的贸易来促进积极的贸易平衡。这将使财富留在特定的帝国之内流转。英国通过的《航行法》，也称为《贸易和航行法》，集中体现了其对重商主义的采用。这些法案限制英国殖民地与其他国家（如西班牙、葡萄牙、法国和荷兰）及其殖民地进行贸易，并且限制所有英国殖民地仅与英国商人进行贸易。英国的欧洲竞争对手也通过了类似的法案。

第一部航海法于 1651 年奥利弗·克伦威尔统治期间颁布。荷兰人正迅速成为欧洲的主要贸易商，并日益主导大西洋贸易。该法案旨在阻碍荷兰贸易，鼓励英国贸易和海军力量的发展。它禁止任何非英国船只与不列颠群岛进行贸易。

查理二世于 1660 年恢复英国君主制后，政府通过了一项新法案，将 1651 年的法案扩大到包括新获得的加勒比殖民地在内。1660 年法案还要求殖民地只能与英国进行贸易，他们的货物必须由英国船长用英国船只运送，其中大部分船员也是英国人。1663 年的《航海法》限制了英国殖民地之间的贸易，要求他们的产品，除了奴隶和马德拉葡萄酒等少数例外，首先要运到英国，然后再分散到其他殖民地出售。当然，这以牺牲殖民地为代价，使英国商人更加富裕。其他法案继续增加限制、填补漏洞，1696年的《航海法》合并了各种航海法。对细节部分的修改一直持续到1849年议会废除《贸易和航行法案》。

来自英国美国殖民地的商人是那些最受航海法案限制的类型之一，这有助于美洲革命的产生。1764年的《糖法案》引发了殖民抗议，它旨在迫使殖民者购买英国殖民地出产的高价糖，而不是来自法属西印度群岛的廉价糖。后来的《印花税法案》(1765年)、《茶叶法案》(1767年) 和《汤森法案》(1767年) 也引发了殖民抗议。反对这些税收和限制的抗议最终促成了1775年的美洲革命。然而在第一部航海法通过后，越来越多的商人逃避了这些限制，成为走私者。在整个新世界，美洲走私者与法国、荷兰、葡萄牙和西班牙殖民商人非法交易，来自这些国家及其殖民地的走私者同样规避贸易限制，寻求最低的商品价格，而不顾贸易限制和关税。

马修·布莱克·斯特里克兰

拓展阅读

Armitage, David and Michael J.Braddick (eds.).2009.*The British Atlantic World*, *1500-1800*, 2nd ed.New York：Palgrave Macmillan.

Dickerson, Oliver Morton.1951.*The Navigation Acts and the American Revolution*.Phila-delphia：University of Pennsylvania Press.

Harper, Lawrence A. 1939. *The English Navigation Laws*：*A Seventeenth Century Experi - ment in Social Engineering*. New York：Columbia University Press.

沃尔特·罗利爵士，1554年至1618年

伊丽莎白一世女王的朝臣沃尔特·罗利爵士 (Sir Walter Raleigh)，利用他在法庭上的影响力鼓励英国的探索和殖民。他获得了探索美洲海岸部分地区的皇家特许权，为了纪念女王，他将他发现的地方命名为弗吉尼亚，并赞助了几次探险之旅。除了寻找传说中南美某处的黄金之城埃尔多拉多之外，罗利还在今天弗吉尼亚州的罗诺克岛上建立了一个英国定居点，并在英国朝廷上推广吸烟。然而，他本人从未涉足北美。罗利早在1583年就开始计划北美殖民化。他申请了一项殖民专利，并于

1584 年委托理查德·哈克特写了一本支持北美殖民地的小册子。在从伦敦著名商人那里获得资金后，罗利于 1585 年派遣了一支约 600 人的探险队。他们定居在罗诺克岛。然而，不到一年，这个殖民地就因定居者面临饥饿被遗弃了。它的殖民者被弗朗西斯·德雷克带回家，德雷克当时正在突袭西班牙的船只。罗利在 1587 年派遣了第二次远征，重建了殖民地。然而，计划中的补给船队因与西班牙的战争而推迟。西班牙无敌舰队战败后（1588 年），补给船队的领导人改为航行到古巴，希望突袭西班牙船只。直到 1590 年，一艘补给船才抵达罗诺克岛，发现殖民地已被遗弃。关于"失落的罗诺克殖民地"命运的讨论一直持续到今天。

1594 年，罗利率领一支探险队前往南美洲西北海岸的圭亚那，在那里，他听到了西班牙关于黄金之城埃尔多拉多的故事，并为之着迷。他发表了一篇关于这次航行的记述《圭亚那的发现》(1596 年)，夸大了他的发现，进一步助长埃尔多拉多传说的传播。罗利参加了几次反对西班牙的战斗，包括 1596 年对加的斯的突袭，并在议会短暂任职。1603 年伊丽莎白死后，他失去了影响力，并因密谋反对詹姆斯国王而被审判、定罪并监禁在伦敦塔。他于 1616 年被释放，率领第二次远征南美，再次寻找埃尔多拉多。没有找到它，他手下的人袭击并洗劫了西班牙在圭亚那的圣托马斯定居点，破坏了西班牙和英国之间脆弱的和平，并冒犯了坚持要惩罚罗利的西班牙人。回来后，罗利写了一封《圭亚那之旅道歉》，在信中他为自己的行为辩护，但毫无结果。他于 1618 年 10 月 29 日在威斯敏斯特被斩首。

马修·布莱克·斯特里克兰

拓展阅读

Armitage, Christopher M., 1987.*Sir Walter Raleigh：An Annotated Bibliography*.Chapel Hill：University of North Carolina Press.

May, Steven W., 1989.*Sir Walter Raleigh*.Boston：Twayne Publishers.

Popper, Nicholas.2012.*Walter Raleigh's "History of the World" and the Historical Culture of the Late Renaissance*. Chicago：University of Chicago Press.

法国，1450 年至 1770 年

从史前时代起，人们就生活在法国的海岸边，但是我们今天所知的法国在 15 世纪才第一次接触大海。从 1450 年到 1770 年，法国开辟了越洋贸易路线，组建了海外殖民地，组建了海军，并与同为竞争对手的海洋国家（特别是英国）发生冲突。沿海共同体在法国经济和社会中发挥了越来越大的作用。到 18 世纪末，法国已经跻身世界领先的海洋国家之列，法国公众已经对海洋有了积极甚至浪漫的看法。

中世纪的法国王国在 15 世纪中期迈出成为海洋国家的第一步，进入了两个分隔大陆的海洋：大西洋和地中海。从 12 世纪起，英国在欧洲大陆的领地（安格文帝国）封锁了法国通往大西洋海岸的通道。在百年战争的最后几年（1337—1453 年），法国军队取代了英国军队，于 1443 年征服了诺曼底的迪埃普，几年后先后征服了塞纳河上的鲁昂和塞纳河口的哈尔欧。一个由独立封建国家拼凑而成的国家阻止了法国进入地中海，但是其中面积最大的普罗旺斯在 1486 年成为法国的一部分。

弗朗西斯一世国王（1515—1557）进一步扩大了法国海上的边界。1572 年，他在勒阿弗尔新建了一个港口，成为法国首都巴黎的主要海港。弗朗西斯一世于 1532 年完成了布列塔尼半岛的王权和法国之间的正式联合，将广阔的多岩石的大西洋海岸与内陆连接起来。同年，他与奥斯曼帝国君主苏莱曼大帝（1694—1566）的协议允许在君士坦丁堡、士麦那、阿勒颇、亚历山大、突尼斯和阿尔及尔建立法国贸易站。通过这些土耳其控制的港口，然后穿越地中海，法国进口棉花、细布、丝绸、宝石和香料。马赛的法国商人因与黎凡特人或东方人做生意而变得富裕，法国王室、贵族和精英银行家享受着这种东方奢侈品的井喷景象。

1492 年新大陆的发现为法国的海外扩张开创了一个新的机遇时代。1523 年，弗朗西斯一世为了打通通往中国的西方贸易路线——中国是黎凡特贸易奢侈品的来源地，派遣意大利航海家乔瓦尼·德·维拉扎诺（1485—1528 年）探索佛罗里达和纽芬兰之间的海岸。从 1534 年开始，雅克·卡地亚（1491—1557）又向这些海岸航行了三次。在同一时期，来自法国巴斯克地区的无畏渔民冒险进入冰冷的北大西洋。他们在纽芬兰大浅滩捕捞鳕鱼，在挪威冰冻的海岸捕杀鲸鱼和海豹。根据法国大多数人信奉的天主教宗教日历，鳕鱼的收获在一年中无肉的神圣日子里滋养了法国人民。探索之旅和前往远方的旅程激发了法国王室的想象力，但同时他们面临着来自欧洲对手的竞争。

西班牙和葡萄牙坚持他们在《托德西拉斯条约》（1494 年）下的权利，该条约分割了新世界，将所有其他国家排除在贸易和定居之外。法国商人无视他们的条款，渗透到西班牙的美洲市场。16 世纪，来自西班牙殖民地的违禁皮革、糖和烟草越来越多地抵达勒阿弗尔和法国其他的大西洋港口。1554 年，法属私掠船的船长在官方授权下发动了一场海上战争——哥伦比亚袭击西班牙的卡塔赫纳印度群岛，1555 年烧毁了古巴哈瓦那。不久之后，法国试图在巴西（1562 年）和佛罗里达（1567 年）建立自己的殖民地，但是这些努力因邻国葡萄牙和西班牙殖民地的抵制而失败。

法国在 17 世纪更加成功。1603 年，塞缪尔·德·尚普兰（1574—1635）在阿卡迪亚岛（新斯科舍）建立了皇家港。三年后，位于圣劳伦斯河岸边的魁北克市成立。诺曼底的海洋事业为位于今天加拿大的这些殖民地提供了占据人口大多数的定居者。

在加勒比地区，美洲岛屿公司在小安的列斯群岛或迎风群岛建立了种植园。其时间地点分布如下：圣克利斯朵夫岛（今天的圣基茨和尼维斯），1626 年；多米尼加，1635 年；瓜德罗普，1635 年；马提尼克岛，1637 年；圣巴特，1648 年；圣马丁，1648 年；圣克罗伊，1650 年；圣卢西亚，1650 年。布雷顿南特镇的繁荣源于王室对加勒比贸易的独家垄断。今天海地沿海的法属托尔图加于 1659 年正式成立。在此之前，这里曾是法国、英国和荷兰海盗的天堂，他们自称"海岸兄弟"。托尔图加仅仅是个开始，法国 1697 年在西班牙伊斯帕尼奥拉岛以西三分之一的地方建立了圣多明戈（今海地）殖民地，这只是一小步。法属加勒比殖民地的生活很快就集中在大片种植园上——几乎全部用于种植糖，并由成千上万的非洲奴隶工作。跨大西洋贸易路线、地中海贸易路线、鳕鱼渔业、跨大西洋殖民地和西非奴隶贸易站的网络将法国与更广阔的世界联系起来。海外贸易量的增加意味着法国不再需要负担一批临时战舰（大部分是改装的商船）的费用，而是需要一支永久性海军。

国王路易十四（1661—1715）支持建立一支海军来维护法国的海外利益。让—巴蒂斯特·科尔伯特（1619—1683）是国王的财政、殖民地和海军大臣，他下令清点每艘能够进行战争或贸易的船只——无论大小——包括船主姓名和雇用的海员人数。根据收集到的港口和港口设施信息，科尔伯特通过开发土伦来支持地中海的一个法国海军中队，并在布列塔尼的布列斯特驻扎了另一个中队，从那里它可以航行到英吉利海峡或大西洋。圣马洛的海军学校将负责海军军官的教育。在 1661—1671 年间，法国建造了 106 艘战舰，其规模是原有海军的四倍。

路易十四时期皇家海军的建设对法国的经济和生态产生了深远的影响。橡树林被开发用于生产桅杆、甲板和船体的木材。工厂制造了大炮和锚，但也耗尽了法国的煤炭供应。在海岸附近，绳棚和风帆进一步耗尽了法国的古老森林。土伦和布列斯特的军火库是这一活动的纽带，成为前工业时代法国最大的工人集中地。

新海军的海员来自渔民和其他水手，这意味着还要雇用一批监工。尤其当沿海城镇的出海门户被封锁，海事工作者就会被无情地围捕。科尔伯特为全国大约 5 万名海事工作者（总人口近 2000 万）建立了海事征兵制度，取代了之前随意的做法。征兵被证明是一项不受欢迎的行为，抗议和抵抗随之而来，这迫使海军只能维持一批劳役兵来补充征兵人数。

科尔伯特和他同时代的大多数人一样是重商主义者，他认为世界上贵金属（黄金和白银）的数量有限。在这样一种零和的财富观中，只有对外贸易的顺差才会给国家带来财富。科尔伯特的政策强调对海外商品的进口征收关税，对参与海外贸易的法国工业给予补贴，并为母国建立海外殖民地。作为这个目标的一部分，科尔伯特于 1664 年创建了法国印度公司。最终，法国的殖民地和贸易站扩展到印度洋上的波旁河流域（留尼旺）和法兰西河流域（毛里求斯），以及印度的昌德纳戈尔和庞迪切里。由于在印度的贸易，该公司总部所在地布列塔尼的洛林特蓬勃发展。

在大西洋世界，加勒比海、非洲和法国之间发展了三角贸易。1669 年，路易十四授权向安的列斯群岛出口奴隶，以支持加勒比糖的生产。在 1685—1688 年间，富有的爱尔兰天主教难民到来之后，布列塔尼的南特人在奴隶贸易中起了主导作用。通常，船长从西非的南特航行到塞内加尔，购买男人和女人来换取制成品。他们接着航行到安的列斯群岛，把奴隶卖给种植园主。随后，这些船只带着加勒比香料和糖返回南特。

法国皇家海军的建立和科尔伯特重商主义政策的建立鼓励海外贸易和殖民化，导致了法国与英国和荷兰的一系列毁灭性战争。虽然最初在荷兰战争（1672—1678 年）中，法国和英国联合对抗荷兰时取得了胜利，但后来在九年战争（1688—1697 年）中，法国单独对抗英国、荷兰及其西班牙盟友时，海军均势的局面向不利于法国的方向发展。在海角战役（1690 年）中，法国海军消灭了荷兰和英国联合舰队，但在 1692 年，法国舰队在拉霍格战役中以绝对劣势被击败。在随后令人筋疲力尽的西班牙王位继承战争（1702—1713 年）中，法国的海军力量下降，新船只下水被暂停。《乌得勒支条约》（1713 年）结束了战争，其中，法国放弃了纽芬兰的定居点，并撤出了阿卡迪亚（新斯科舍）的皇家港。

尽管有这些挫折，路易十四并没有结束法国的海外冒险。相反，法国海外贸易在 17 世纪 20 年代有所增长，尤其是跨大西洋贸易，到 1740 年，这一贸易占法国海外贸易的一半。南特和波尔多比以往任何时候都更加繁荣。在亚洲，法国印度公司的贸易量与英国东印度公司持平，达到荷兰东印度公司的三分之二。在法属印度，在约瑟夫·弗朗索瓦·杜普利克斯（1697—1763）的有力领导下，沿着马拉巴尔海岸建立了新的贸易站。在大西洋，路易斯堡建在罗亚尔岛（今天的布雷顿角岛）上，以保卫新法国的入口。

法国在海外的再次成功可预见地导致了与英国的进一步对抗。当 1744 年战争开始时（奥地利王位继承战争的一部分，1740—1748 年），海军部长让·弗雷·德·里克·菲·莱皮奥（莫勒帕伯爵，1701—1781）采取了一种防御战略，强调护送商船队，运送军队来保卫海外殖民地。莫勒帕试图避免与英国数量上领先的皇家海军大规模的舰队接触。《艾克斯拉查佩尔条约》（1748 年）结束了冲突，在其中，英国将路易斯堡归还法国，以换取印度的马德拉斯港。这是一次公平的交换，但冲突的风险依然存在。在 1754—1755 年，一场反法国热席卷了议会，并推举年长的威廉·皮特（1708—1788）上台。皮特决心打破法国的海外帝国，这主要是在七年战争（1756—1763 年）中，也被称为法国和印第安战争。法国失去了几个加勒比殖民地和整个加拿大。

然而，这些损失被持续盈利的海外贸易抵消了。到 17 世纪 80 年代，法国拥有欧洲最大的海外贸易经济体系——甚至超过了英国（多丹，2004：144）。法国艺术家克劳德·约瑟夫·凡尔纳（1714—1789）在一系列全景油画中描绘了法国港口的繁华景象。18 世纪末，波尔多取代南特成为法国大西洋最繁忙的港口。马赛成为法国第三大城市，人口超过

12 万。

　　尽管在战争中损失惨重，但公众对海洋的态度在 18 世纪有所改善。海洋，从一个严酷而无情的地方——在流行文化中与斋戒的神圣日子、悲剧和死亡联系在一起，重新在人们的想象中成为一个美丽和神秘的地方。从 18 世纪中叶开始，富有的金融家沿着法国海岸建造避暑别墅。关于科学探索和发现的航海记录以及遥远岛屿和不同寻常的海洋生物的照片越来越受欢迎。1707 年，探险家米歇尔·杜博凯（1676—1727）乘坐德库弗特号进入太平洋，到达克利珀顿岛。克利珀顿位于哥斯达黎加以西约 1500 英里处，至今仍然是法国人的领地。其他探险队访问了秘鲁（1733年）和拉普兰（1736 年），测量了子午线弧并确定地球的形状。最令人印象深刻的探险之一是路易斯–安托万·德·布干维尔（1729—1811），他在地理学家和博物学家的陪同下，于 1766—1769 年间探索了太平洋，为法属波利尼西亚的建立奠定了基础。法国与海洋的联系在 18 世纪稳步增长。

乔治·塞德菲尔德

拓展阅读

Ames, Glenn J., 1996. *Colbert, Mercantilism and the French Quest for the Asian Trade*. De Kalb, IL：Northern Illinois Press.

Bamford, Paul. 1956. *Forests and French Sea Power*. Toronto：University of Toronto Press.

Curry, Anne. 2002. *The Hundred Years' War, 1337–1453. Essential Histories*. Oxford：Osprey Publishing.

Daudin, Guillaume. 2004. "Profitability and Long–Distance Trading in Context：The Case of Eighteenth Century France." *The Journal of Economic History* 64：144–71.

Dull, Jonathan. 2005. *The French Navy and the Seven Years' War*. Lincoln, NE：University of Nebraska Press.

Eccles, W.J., 2010. *The French in North America, 1500–1783*. Ontario：Fitzhenry & Whiteside.

Rognzinski, Jan. 2000. *A Brief History of the Caribbean：From the Arawak and Carib to the Present*. New York：Penguin Books.

Vergé–Franceschi, Michel. 1996. *La marine française au xviii esiècle：*

guerres, *administra-tion*, *exploration*.Paris：SEDES.

雅克·卡地亚，1491 年至 1557 年

法国航海家和探险家雅克·卡地亚（Jacques Cartier）于 1534 年宣称加拿大是法国的领土，并在一系列探险中探索和绘制了圣劳伦斯河地图，从而确立了法国对该地区的控制。

卡地亚的早期生活鲜为人知。卡地亚 1491 年出生于法国布列塔尼海岸的圣马洛，1520 年娶了当地精英阶层的玛丽·凯瑟琳·德斯·格拉奇为妻。人们对他早期的职业生涯也同样知之甚少，但他可能参与了早期的探险之旅，也许是乔瓦尼·德·维拉扎诺的探险之旅。1534 年，弗朗西斯一世国王任命他指挥探险队去北美寻找一条通往亚洲的西北通道。两艘船于 1534 年 4 月 20 日起航，20 天后抵达纽芬兰。接下来的几周，卡地亚探索了鸟岛（他的团队在那里杀死了 1000 多只鸟）、爱德华王子岛、安提斯岛和圣劳伦斯湾。他们遇到当地人，俘虏了两个人，并把他们带到了欧洲。在加斯佩湾的岸边，卡地亚竖立起一个 30 英尺高的十字架，并为法国宣称拥有这片土地，然后经历了 137 天的探险后返回家乡。

第二年，卡地亚带着三艘船、110 人和他去年带回家的两名印第安人再次出发。他们沿着圣劳伦斯河一直航行到易洛魁印第安人的首都霍赫尔阿加（今天的蒙特利尔）。他们在那里受到欢迎，并做成了生意，然后返回上游，在现代魁北克附近过冬。在那里，他们在几个当地印第安村庄附近建立了一座堡垒。严冬和随之而来的疾病，可能是坏血病，夺去了 25 人和 50 名印第安人的生命。他们于 1536 年 5 月乘船回家，再次带走了印第安俘虏。在法国，卡地亚报告说他发现了一个富裕的王国，并认为圣劳伦斯河可以提供通往亚洲的通道。

欧洲的政治状况将弗朗西斯一世国王派遣卡地亚再次远征的时间推迟了五年之久。卡地亚于 1541 年第三次航行到加拿大，担任由西乌尔·德·罗伯瓦尔、吉恩·德·拉罗克指挥的殖民探险队的主要领航员。卡地亚第一次出航时，带着五艘船，大约有 1500 人，罗伯瓦尔在等待补给时被耽搁了将近一年。卡地亚于 1541 年 8 月 23 日抵达魁北克。由于害怕印第安人的攻击，他为跟随他溯河而上的殖民者在今天的鲁热角建立了一个有堡垒的定居点，他称之为皇家查尔斯堡。从那里，他继续探索圣劳伦斯河，但从未越过蒙特利尔。那年冬天，易洛魁人袭击了这里，杀死了几名

"大赫明号"，是法国探险家雅克·卡地亚在他的一次前往美洲的探险过程
（大约在 1535 年）中乘坐的船。（图源：美国国会图书馆）

定居者。第二年春天，卡地亚决定返回法国，带着他的手下发现的"黄
金"和"钻石"样本。

卡地亚在春天乘船去法国，不理会最近抵达的罗伯瓦尔，后者要求他
留下来。在没有卡地亚加入的情况下，罗伯瓦尔率领他的探险队去了皇家
查尔斯堡，但由于与易洛魁人的关系持续不佳，加上疾病和恶劣的天气，
次年探险队被迫放弃。然而，卡地亚的黄金和钻石被证明是毫无价值的石
英晶体和黄铁矿。卡地亚退休后到他的圣马洛庄园居住，继续写关于加拿
大的潜在财富的文章。他于 1557 年 9 月 1 日去世。直到 1605 年，法国才
在加拿大建立永久定居点。

雅库布·巴斯塔

拓展阅读

Blashfield, Jean, F. 2001. *Jacques Cartier in Search of the Northwest Passage*.Compass Point Books.

Cook，Ramsey（ed.）.2015.*The Voyages of Jacques Cartier*.Toronto：University of Toronto Press.

Hoffman，Bernard G.1961.*Cabot to Cartier*.Toronto：University of Toronto Press.

塞缪尔·德·尚普兰，1574 年至 1635 年

塞缪尔·德·尚普兰（Samuel de Champlain）是一位著名的法国探险家、制图师，魁北克市的创建者和殖民地领导人。他经常被称为"新法国之父"，他鼓励定居，监督该地区的发展，改善与土著人民的关系，并促进贸易。尚普兰探索了渥太华河、圣劳伦斯航道、五大湖东部和新英格兰的一部分，发现了尚普兰湖，并撰写了大量关于他的探险和美洲土著社会的文章。

尚普兰 1574 年出生于法国的布鲁威，他的早期生活鲜为人知。他参加了几次去西印度群岛和中美洲的探险，从而成为一名著名的航海家。他从 1601 年至 1603 年担任亨利四世（1553—1610）的制图员，然后加入了由弗朗索瓦·格雷·杜邦率领的考察加拿大的探险队。1604 年，尚普兰是皮埃尔·杜瓜·德·蒙特远征加拿大的制图员，在那里他帮助建立了芬迪湾沿岸的皇家港，即现在的安纳波利斯。从 1605 年到 1607 年，尚普兰探索了芬迪湾、圣约翰和圣克罗伊河水系，绘制了加拿大东南部的大西洋海岸线以及后来成为新英格兰的地图。

随后，尚普兰参加了一次沿圣劳伦斯河逆流而上的探险，并于 1608 年 7 月 3 日建立了一个贸易要塞，也就是后来的魁北克市。在那里，尚普兰改善了法国与休伦人和阿尔冈昆人的关系，并帮助他们在 1609—1610 年打败易洛魁人。1613 年，国王路易十三世（1601—1643）任命尚普兰为新法国的司令官，继续探索这个地区。1615 年，他航行到休伦湖，在那里他再次与法国的休伦湖盟友对抗易洛魁人。在战争中受伤的尚普兰在休伦人那里度过了一个冬天，在 1616 年返回法国之前，他写了一份关于他们生活和文化的综合报告。

尚普兰继续写作和出版，赢得了民族志学家的认可。他于 1620 年回到加拿大，致力于改善加拿大的行政管理。他建立或扩大了几个法国堡垒和贸易站。1627 年，红衣主教德·黎塞留让他掌管百人联合公司，该公司控制着来自法属加拿大的利润丰厚的毛皮贸易。尚普兰因政府与英格兰

和易洛魁人的持续敌对而感到不安。英国私掠船大卫·柯克包围了魁北克市和尚普兰，后者缺乏保卫殖民地的力量，于 1629 年 7 月 19 日放弃了这座城市。当 1632 年《圣日耳曼—昂—莱条约》结束殖民统治时，法国收复了殖民地，花了大量时间撰写关于领导力和航海的临时著作的尚普兰回到魁北克开始重建。不幸的是，他日渐衰弱的身体状况导致他在 1633 年年底退休。他于 1635 年 12 月 25 日在魁北克市逝世。

肖恩·莫顿

拓展阅读

Champlain, Samuel de. 1922 – 1936. *The Works of Samuel de Champlain*. H.P.Biggar（ed.）.6 vols.Toronto：Champlain Society.

Dionne, N.E., 1963.*The Makers of Canada：Champlain*.Toronto：Morang & Co.Ltd.

Morison, S. E., 1972. *Samuel de Champlain：Father of New France*. Boston：Little Brown Press.

法国东印度公司

法国东印度公司是活跃在印度洋的法国贸易公司的总称，其中最重要的是法国东方公司和法国东印度公司。它们的创立是为了与英国和荷兰的东印度公司竞争，这些公司自 17 世纪初以来就一直在积极经营。

许多原因导致了法国第一次尝试与东方建立海上贸易的失败，包括融资不足与荷兰人的强烈敌意。玛丽·德·美第奇于 1615 年特许成立的摩鹿加公司，在印度东南海岸的本地治里（Pondicherry）建立了一个短暂的贸易站，取得了一定的成功。

后来的法国贸易公司包括东方公司、马达加斯加公司和中国公司。在国王路易十四的大臣金·巴蒂斯特·科尔伯特的指导下，这三家公司于 1664 年合并为东方贸易公司。它是由国王特许成立的合资企业，垄断了整个印度洋和太平洋的法国贸易，将香料、纺织品、咖啡和茶叶等货物运回法国。法国勒阿弗尔港、拉罗谢尔港和圣马洛港的造船厂为该公司的舰队生产船只，作为一个新港口——注定成为该国最重要的造船厂所在地——于 1666—1667 年在洛林建造。

尽管法属东印度公司未能在印度洋大岛国马达加斯加开拓殖民地，但该公司在较小岛屿留尼旺和毛里求斯取得了成功，这两个岛屿都被证明是种植香料的理想地点和供应站。其代理人还在印度设立了几个贸易站，包括 1668 年在西北部的苏拉特和 1673 年在东北部的钱德那加，并于 1674 年在庞迪切里重新开放了这个贸易站。然而，到 1719 年，该公司融资失败，它与其他几家公司合并成为印度公司，垄断了法国在旧世界和新世界的贸易。

法国在印度定居点的总督约瑟夫·弗朗克奥瓦·杜普利克斯试图扩大他的国家在印度次大陆的领土，但是在卡纳蒂战争期间（1746—1763 年）被罗伯特·克莱夫（1725—1774）指挥的英国东印度公司部队阻止了。杜普利克斯的失败标志着法国在印度的政治和商业抱负的终结。法国东印度公司于 1769 年解散，于 1785 年重新建立，并在 1789—1799 年法国大革命期间再次解散。本地治里和其他几个沿海飞地在 20 世纪中期转移到新独立的印度之前一直属于法国。

格罗夫·科格

拓展阅读

Das，Sudipta.1992.*Myths and Realities of French Imperialism in India*，*1763–1783*.New York：P.Lang.

Ray，Indrani.1999.*The French East India Company and the Trade of the Indian Ocean*：*A Collection of Essays*.New Delhi：Munshiram Manoharlal.

Wellington，Donald C.2006.*French East India Companies*：*A Historical Account and Record of Trade*.Lanham，MD：Hamilton.

乔瓦尼·德·维拉扎诺，1485 年至 1528 年

乔瓦尼·德·维拉扎诺的成就经常被其他探险家所掩盖，他是第一个在卡罗莱纳和纽芬兰之间的北美海岸进行勘测的欧洲人，并发现了后来成为纽约的天然良港。

像许多同时代的探险家一样，维拉扎诺来自意大利。他出生于佛罗伦萨的一个贵族家庭，受过良好的教育，经常从法国的迪埃普港出发，在地中海和北欧水域航行。1522 年，他俘获了两艘西班牙船。也许是受麦哲伦环球航行幸存者归来的启发，维拉扎诺得到了法国国王弗朗西斯一世（1519—1559）的支持，为他提供了四艘船。他们于 1523 年秋天起航，表面上是为了探索新世界，寻找通往印度的路线，但同时也是为了袭击西班牙的船只。维拉扎诺的两艘船被暴风雨损坏，第三艘诺曼底号带着几艘在西

班牙海岸被俘获的商船返回法国。因此，在 1524 年初，维拉扎诺独自从马德拉群岛航行到拉多芬。这是一艘皇家船只，船上有 50 名船员和 8 个月的给养。

维拉扎诺向北航行，避开了加勒比海，到达了卡罗莱纳州的屏障岛屿。从那里，他向北航行，探索了纽约湾、长岛、哈德逊河和纳拉甘塞特湾，在那里他登陆并与当地居民进行贸易。然后继续向北航行，他们沿着海岸航行了大约 900 英里，定期登陆，与土著人会面，有时还与他们进行贸易。当地的毛皮给他们留下了特别深刻的印象，维拉扎诺对此进行了详细的报道。他们继续沿着纽芬兰东海岸航行，到达北纬 50 度，因为补给不足，他们返航回家。仅仅两个星期，他们就穿越了大西洋，于 1524 年 7 月 8 日抵达迪埃普。

维拉扎诺正确地报告过，通过北美进入亚洲的可能性不大，但事实证明，他无法说服弗朗西斯一世为进一步的勘探提供资金。维拉扎诺转向求助于迪埃普的金融家，后者资助了另外两次探险。1527 年，维拉扎诺航行到巴西，带回了一批用来染布的异国木材。他于 1528 年再次出航，仍在寻找通往印度的路线。他探索了包括瓜德罗普岛在内的几个加勒比岛屿。在那里，加勒比勇士杀死了他。弗朗西斯一世在意大利卷入了一场惨烈的战争，从来没有利用过维拉扎诺的发现。

斯蒂芬·K. 斯坦

拓展阅读

Murphy, Henry Cruse. 1875. *The Voyage of Verrazano: A Chapter in the Early History of Maritime Discovery in America*. New York: Press of J. Munsell.

Thrower, Norman. 1979. "New Light on the 1524 Voyage of Verrazzano." *Terrae Incognitae* 11: 1, 59–65.

Wroth, Lawrence. 1970. *The Voyages of Giovanni da Verrazzano, 1524–1528*. New Haven: Yale University Press.

印度和东南亚，1450 年至 1770 年

13 世纪，朱罗王朝的覆灭结束了印度航海的伟大时代。在此期间，朱罗国王在缅甸和印度尼西亚发动了一系列海军战役，印度商人在整个印度洋开展业务，并在东南亚、东非和埃及建立了贸易站。印度商人此后依

然活跃，但阿拉伯和波斯商人逐渐开始主导中东和印度之间的贸易。东南亚各地的商人在东印度洋航行，中国商人也是如此。1498 年，当瓦斯科·达·伽马（约 1460—1524）从印度科泽科德出发时，他的探险队见到了富裕的土著王国、成功的商人和遍布该地区的贸易网络。达·伽马开始了欧洲征服印度洋的进程，这需要 250 多年的时间才能完成，因为西班牙、荷兰、英国和法国的商人和舰队都抵达该地区，彼此之间以及与当地王国之间展开了斗争。随着欧洲的征服改变了这个地区，欧洲人对印度洋贸易的控制越来越多，当地的海上传统和航海活动持续存在。在一系列战争之后，英国在 18 世纪末成为该地区的主导力量。

15 世纪中叶，印度仍然是印度洋的贸易中心。印度商人在各种印度和外国港口经营。尽管印度本身在政治上被分裂，但贸易往来遍及印度洋，由来自不同港口的船只运送。最常见的船只统称为"单桅帆船"，通常采用单一桅杆、三角后帆、船尾舵以及用椰子纤维绳（100 英尺的船需要几百英里）缝合在一起的木板制成的船体。印度建造商生产各种尺寸的船只，通常在 50—500 吨之间。他们携带各种货物，从香料、金属和纺织品到珍珠、稀有宝石，甚至大象（出口市场很小）。古吉拉特的船是由柚木建造的，因其超长的使用寿命而备受赞誉，古吉拉特商人沿着海岸航行，持续与波斯湾贸易，一直到 20 世纪。该地区的大部分贸易集中在香料上，香料是价值最高的贸易商品：锡兰（斯里兰卡）的肉桂、印度马拉巴尔海岸和印度尼西亚苏门答腊的胡椒、印度尼西亚东部班达群岛的豆蔻和肉豆蔻、摩鹿加群岛的丁香，以及来自众多东南亚港口的檀香木和其他芳香木材和树脂。

15 世纪 30 年代后，中国明朝政府正式禁止对外贸易，但私人舢板继续前往印度尼西亚和菲律宾，交易铜、铁、麝香、瓷器、陶器、缎子、丝绸和其他当地商品。事实上，中国在 16 世纪是东南亚香料的主要客户，消费了大约四分之三的产量，尤其是胡椒。剩下的大多数再加工香料出口到印度，并且连同胡椒和其他印度香料一起，通过波斯湾或红海向西出口到伊斯兰世界。一些香料从那里重新出口到欧洲——这是威尼斯商人主导的贸易。除了香料，印度洋贸易的主要产品是中国的丝绸和瓷器、来自印度的棉纺织品和宝石，以及在许多地方生产的玻璃、珠宝和陶器。一些地区，特别是孟加拉，向中东出口大米，孟加拉也生产和出口一些制成品。横跨印度洋的长途旅行在这个时代很罕见，但在过去很常见。相反，货物由一系列从事短途运输的商人反复转手，这些商人包括阿拉伯人、亚美尼亚人、缅甸人、中国人、印度人、爪哇人、犹太人、马来人、波斯人和许多其他种族的人。

许多商人是多民族贸易团体或行会的成员，这对地方统治者的权力是一种制约，尤其是在印度尼西亚，地方统治者在港口中心以外几乎没有权力。港口之间的紧张关系因日益增长的贸易、越来越多的民族和文化而变得更加丰富，但大多数印度尼西亚岛屿的农业从内部上来看还是地方性的。费迪南·麦哲伦（约 1480—1521）抵达菲律宾后卷入其中一场纠纷，并因此死亡。马六甲海峡的优越港口和地理位置主宰着中国、印度和印度尼西亚之间的贸易纽带，以及由于其不断增长的财富而成为布料、瓷器和其他商品的进口国，但没有一个国家像室利佛逝 500 年前的鼎盛时期那样主导着东南亚的贸易。

瓦斯科·达·伽马于 1498 年抵达印度马拉巴尔海岸最大的港口科泽科德，几乎没有引起当地统治者的直接兴趣，他提供的贸易商品产生的收益甚至更少。尽管欧洲人已经成为老练的海员，他们的船只超过了印度洋上常见的船只，但除了贵金属，他们没有什么东西可以提供给当地商人。葡萄牙船长通过雇用当地航海家很快了解了当地贸易，并且认识到该地区海洋地理带来的机遇。贸易需要经过几个要塞，葡萄牙领导人将注意力集中在占领这些要塞以及战略位置和防御港口上。他们希望取得该地区历史上前所未有的成就，完全垄断印度洋贸易。

欧洲战舰巨大的回力和坚固的船壳常常使他们能够攻破当地的防御并占领港口，尤其是印度尼西亚群岛，但是印度的许多沿海公国以及在 1572 年征服了古吉拉特的强大的莫卧儿帝国成功地抵抗了大多数欧洲人的攻击。连续几支葡萄牙舰队击败了科泽科德的海军，其穆斯林统治者向法蒂玛埃及寻求帮助，埃及派出一支庞大的海军远征队来加强科泽科德的海军。1509 年，埃及人在第乌被击败，并撤退。在 1517 年征服埃及的奥斯曼帝国定期支持下，科泽科德不时伏击孤立的葡萄牙船只和中队，但事实证明，他们无法在远离本土的地方继续发挥实力，也无法将葡萄牙人赶出他们稳步获得的岛屿基地。

在阿方索·德·阿尔布开克（1453—1515）的带领下，葡萄牙人在得知果阿岛的大多数印度人不喜欢这位穆斯林统治者后，于 1510 年占领了果阿岛。第二年，葡萄牙人征服了马六甲。征服红海口亚丁的努力失败了，但是附近的霍尔木兹岛在 1515 年落入他们手中。随着东非的莫桑比克和印度西海岸的科钦分别于 1507 年和 1508 年被占领，它们成为葡萄牙印度洋帝国的基础，统称埃斯塔多达恩迪亚。葡萄牙人通过控制这些贸易要塞、袭击当地航运、向当地托运人出售安全通行证以及在为期六个月的非洲至欧洲之旅中运送家乡香料而变得富裕起来。奥斯曼人驱逐葡萄牙人的努力屡屡失败，包括 1538—1539 年从红海对第乌和 1554 年对霍尔木兹的大规模进攻。同样，苏门答腊的亚齐苏丹国也无法将葡萄牙人赶出马六甲，即使装备精良的海军装备了奥斯曼大炮。尽管如此，葡萄牙的资源仍然紧张。当地船只经常避开葡萄牙的封锁。随着时间的推移，葡萄牙人开始倾向于合作参与当地贸易，并许可当地商人在他们控制的地区经营，而在此之前，葡萄牙人曾试图暴力地完全控制香料贸易。

其他欧洲人最终跟随葡萄牙人来到印度洋。西班牙人在美洲开展业务，在 16 世纪 60 年代殖民菲律宾，并通过马尼拉帆船与中国建立了贸易关系。荷兰公司于 1595 年开始抵达，并于 1601 年联合成立荷兰东印度公司。三年后，荷兰人与科泽科德的统治者缔结了一项条约，而科泽科德的统治者仍在与葡萄牙交战。荷兰人于 1619 年在爪哇岛的巴达维亚（今雅加达）建立了大本营，于 1622 年征服了班达群岛，垄断了肉豆蔻和肉豆蔻干皮，并于 1642 年从葡萄牙的统治下占领了马六甲。荷兰人随后稳步地将葡萄牙人从锡兰赶走。他们在 1654 年占领了科伦坡港，并在 1665 年完成了征服，这使得他们垄断了肉桂生意。葡萄牙还失去了阿曼，阿曼在奥斯曼的支持下于 1650 年成功驱逐了葡萄牙人。一个多世纪以来，阿曼保持着脆弱的独立，击败了 1741 年的波斯入侵，并积极与东非进行贸易，随着葡萄牙在该地区影响力的下降，阿曼商人在东非建立了贸易站。

英国的东印度公司于 1601 年到达，仅比荷兰公司晚了几年，但是英国公司进展更慢，在马德拉斯（金奈，1640 年）、孟买（1661 年）和加尔各答（1690 年）建立了基地。英国商人周期性侵占荷兰的贸易，两国在 1652—1674 年间进行了三次战争，但这两家公司经常避免直接敌对，以保持彼此的繁荣昌盛。到了 16 世纪 40 年代，几乎所有的胡椒和其他香料都是用荷兰东印度公司或英国东印度公司的船只运抵达欧洲，这是葡萄牙尝试而从未成功过的壮举。进入 19 世纪初，欧洲人用黄金和白银购买大多数亚洲商品，这些商品通过西班牙的马尼拉帆船从欧洲和美洲进入该地区。亚洲市场对染料、羊毛布料、铜、铁和其他金属的需求也很小。

　　欧洲人也进入了当地贸易体系。荷兰人用来自日本的铜和印度的布料换取印度尼西亚的香料，经常强迫当地统治者只与他们交易。许多亚洲商人开始倾向于通过欧洲船只运送货物，因为欧洲船只往往速度更快，而且这些船只的军备使它们成为该地区海盗难以下手的猎物，其中一些海盗也是欧洲人。因此，欧洲托运人支持通过好望角将香料和其他货物运回欧洲，并支持亚洲港口之间的贸易。

　　到 18 世纪中叶，英国东印度公司有一项利润丰厚的生意，就是将中国的茶叶带到欧洲。而荷兰人则从爪哇带来咖啡，咖啡是欧洲人移植到新地方的许多产品之一。15 世纪以前，咖啡只在也门种植和饮用。16 世纪，咖啡饮料传播到埃及。从也门的摩卡港出口，咖啡在伊斯兰世界变得越来越受欢迎，并在下个世纪到达北欧。为了满足日益增长的需求，荷兰人将咖啡种植带到了爪哇。欧洲人还将土豆和其他新世界作物引入印度洋地区，这些作物成为印度人饮食的主食。

　　法国东印度公司成立于 1664 年，在下个世纪对英国人形成了挑战。它在非洲沿海的留尼汪和毛里求斯建立了基地，后来又在印度的本地治里和金德讷格尔建立了基地，直到 20 世纪这两个地方仍是法国的领地。在法国派遣的强大舰队的定期支持下，法国东印度公司巩固了与印度几个邦的联盟，并经常进行军事演习以对抗其竞争对手英国。冲突在 17 世纪 40 年代和 50 年代爆发，最终导致了普拉西战役（1757 年）。在那场战役中，英国军队（其中许多是印度人）击败了法国的重要盟友孟加拉邦的纳瓦卜。

　　后来，英国在接下来的 50 年里逐步扩大了对整个印度的统治，一个接一个地击败了各个统治者和邦，并在 17 世纪 80 年代初击败了由令人敬畏的海军上将皮埃尔·安德烈·德·萨瑟伦（1729—1788）率领的法国舰队。同时，英国商人逐渐取代了荷兰人，特别是在第四次英荷战争（1781—1784 年）和法国大革命和拿破仑战争（1795—1810 年）期间法国占领荷兰之后。英国议会于 1784 年通过了《印度法案》，要求设立一个管理委员会，负责监督英国东印度公司在印度的运作以及英国对其占领的部分地区建立正式统治的进程。

　　1500 年后，一系列欧洲大国和商业公司试图垄断印度洋贸易，消除本土竞争。尽管他们设法控制了长途贸易，但他们从未完全取代土著商人和海员。印度人、爪哇人、马来人和其他人继续广泛航行，控制着沿海贸易。缅甸、爪哇岛、苏门答腊岛、越南和其他地方的政体设法保持了独立，并控制了大部分地方的贸易。尽管如此，欧洲人还是控制了印度洋贸易中最有利可图的部分。随着欧洲人在该地区定居，他们更全面地进入当地贸易，并将欧洲技术引入当地造船，尤其是沿海贸易中使用的小型船只，这些船只被欧洲和印度商人购买。直到轮船的引入和 1869 年苏伊士运河的开通，欧洲对当地贸易的控制才变得势不可挡。

斯蒂芬·K. 斯坦

拓展阅读

Alpers，Edward A. 2013. *The Indian Ocean in World History*. Oxford：Oxford University Press.

Bose，Sugata.2009.*A Hundred Horizons：The Indian Ocean in the Age of Global Empire*.Cambridge：Harvard University Press.

Chaudhuri，K.N.1985.*Trade and Civilization in the Indian Ocean：An Economic History from the Rise of Islam to 1750*.Cambridge：Cambridge University Press.

Furber，Holden. 1976. *Rival Empires of Trade in the Orient，1600 – 1800*.Minneapolis：University of Minnesota Press.

Hall，Kenneth R.2011.*A History of Early Southeast Asia：Maritime Trade and Societal Development，100–1500*.Lanham，MD：Rowman & Littlefield.

Mathew，K.S.，1997.*Shipbuilding and Navigation in the Indian Ocean Region AD 1400–1800*.New Delhi：Munshiram Manoharlal.

McPherson，Kenneth.1993.*The Indian Ocean：A History of People and the Sea*.Oxford：Oxford University Press.

Pearson，Michael.2003.*The Indian Ocean*.New York：Routledge.

果阿

果阿是印度次大陆西海岸的一个邦，曾经是葡萄牙的殖民地。它先后被印度教和穆斯林王国统治，于 1510 年被葡萄牙占领，并成为葡萄牙远东海洋帝国在亚洲最重要的领地之一。

自 1496 年以来，果阿一直由穆斯林阿迪勒·沙希王朝统治，1510 年 2 月，果阿很容易就落入了阿丰索·德阿尔布开克（Afonso de Albuquerque）将军的葡萄牙军队手中。穆斯林军队在 5 月收复了这座城市，但是 11 月德阿尔布开克在印度叛军的帮助下，用 34 艘船只组成的一支舰队重新占领了这座城市。

由于众多河流（包括曼多维河和祖阿里河）流经且拥有良港，果阿是印度西海岸最繁忙的货物集散地之一，并且长期以来一直是重要的造船中心。在葡萄牙的统治下，它的船坞和军火库逐渐成为埃斯塔多（葡萄牙在亚洲的领土）最具生产力的海军设施之一。受阿尔布开克在该地区建立造币厂的刺激，这座城市也作为香料贸易中心而繁荣起来。葡萄牙人已经开始取代阿拉伯人和威尼斯人，从事这项利润丰厚的活动。葡萄牙君主制资助天主教在殖民地的传教活动，从而使之成为后来亚洲天主教活动的基地。

果阿于 1530 年成为埃斯塔多的首都，取代了印度西南海岸的科钦港。这座城市以其宏伟的建筑（大部分是教会建筑）和优雅的日常生活闻名，被称为"黄金果阿"。然而在 16 世纪末，它的财富开始减少。越来越活跃的荷兰海军的船只在 1603 年封锁了它的港口，1635 年流行病席卷了这座城市，1639 年荷兰又进行了一次封锁。

在 18 世纪和 19 世纪英国大举扩张之后，葡萄牙在印度的领土被缩小到果阿以及达曼和第乌的沿海小飞地。1961 年底，这三个国家都被印度强行吞并。

格罗夫·科格

拓展阅读

Jayasuriya, Shihan de S. 2008. *The Portuguese in the East*: *A Cultural History of a Maritime Trading Empire*. London; New York: Tauris Academic Studies.

Pearson, M. N., 1987. *The Portuguese in India*. Cambridge; New York: Cambridge University Press.

Rao, R. P., 1963. *Portuguese Rule in Goa*, *1510 – 1961*. Bombay; New York: Asia Publishing House.

马六甲

马六甲这个名字（Malacea；马来语 Melaka）在历史上可以指一个或多个事物的组合：一个港口城市；15 世纪和 16 世纪早期具有历史意义的苏丹国或帝国；葡萄牙、荷兰和后来的英国殖民地；今日马来西亚的一个省；整个马来半岛的同义词，以及将马来半岛与苏门答腊岛分开的海峡。

马六甲港始建于 1400 年前后，半个世纪后达到顶峰。据传说，马六甲的崛起是在古代新加坡淡马锡衰落的背景下发生的，其并在同时成为马六甲苏丹国的商业和政治中心。在鼎盛时期，这个帝国横跨马来半岛以及苏门答腊岛和廖内群岛的中东部地区。15 世纪时，马六甲是马来文化最重要的中心，其统治者也被称为"马来君王"。它蓬勃发展的贸易引起了一系列欧洲大国的注意。

阿丰索·德阿尔布开克于 1511 年征服了这个港口和周围的一些土地，此后马六甲一直是葡萄牙殖民地，直到 1640 年被荷兰东印度公司（VOC）夺走。虽然这个港口和城市被葡萄牙人占领了，但马六甲苏丹臣民的效忠对象基本上保持不变。苏丹国并没有在 1511 年结束，而是在 1528 年结束，当时最后一任苏丹的两个儿子建立了新政体：伯拉克和柔佛—罗帝国。荷兰的统治从 1641 年持续到 1795 年，在法国革命战争期间，荷兰东印度公司殖民地被英国东印度公司接管。根据 1824 年的英荷条约，马六甲仍然是英国的领地，最初由东印度公司统治，并与槟城和新加坡一起作为海峡殖民地。马六甲及其周边地区于 1963 年成为马来西亚的一个州。

彼得·博斯伯格

拓展阅读

Borschberg, P., 2010.*The Singapore and Melaka Straits：Violence, Security and Diplomacy in the 17th Century*.Leiden and Singapore：KITLV Press and NUS Press.

Hashim, Yusoff Muhammad.1992.*The Malay Sultanate of Malacca.A Study of Various Aspects of Malacca in the 15th and 16th Centuries in Malaysian History*.Kuala Lumpur：Dewan Bahasa dan Pustaka/Ministry of Education.

Singh Sandhu, K., and P.Wheatley.1983.*Melaka：The Transformation of a Malay Capital, c.1400 – 1980*, 2 vols.Kuala Lumpur：Oxford University Press.

Wheatley, P., 1961.*The Golden Khersonese：Studies in the Historical Geography of the Malay Peninsula before A.D.1500*.Kuala Lumpur：University of Malaya Press.

奥朗劳特人

马来语中"海洋民族",术语"奥朗劳特人"(Orang Lant),泛指东南亚群岛的任何海洋游牧民族,包括缅甸和泰国安达曼海岸的莫肯人,以及婆罗洲、苏鲁群岛、苏拉威西群岛和马鲁古群岛周围海域的萨玛—巴瑶人。然而,这个词被更为具体地用于识别居住在马六甲海峡沿岸地区、印尼廖内—林加群岛和中国南海南部沿岸地区的原马来海上游牧民族。奥朗劳特人主要生活在名为"舢板"("长船")的船上,以家庭为单位居住,但有时使用更大的船。他们的经济活动主要集中在沿海地区的食品和贸易产品,如珍珠和海龟壳的运输和收集。他们还经常参与海盗活动,并为马来沿海国家提供海军和海上警察部队后备力量。

直到 19 世纪,奥朗劳特人对于马六甲海峡政治的成功都占有重要地位。与奥朗劳特领导人建立联盟的沿海国家,可以依靠他们的海军力量来保护友好的航运行为,并作为私掠船对抗竞争对手,从而在贸易模式上创造相互支持。在这些安排下,奥朗劳特还提供了很多宝贵的服务,如港口引航、军事侦察、奴隶突袭、信息和乘客的运输、造船和收集稀有木材。15 世纪初马六甲作为主要的地区货物集散地,这种联盟是它崛起的一个核心要素,并被认为在使斯维利亚成为 7—10 世纪的地区霸主方面发挥了类似的作用。奥朗劳特人和马来沿岸国家之间的联盟,对 16—18 世纪的柔佛、巨港和占碑等海上政治力量短时且短效的崛起也同样至关重要。

19 世纪,轮船的到来和英荷对根除地区海盗行为的承诺,打破了奥朗劳特人的政治和军事实力平衡。到了 20 世纪初,许多人选择从他们生活的船上搬到了通常建在高架基桩上的永久定居点。在 20 世纪后半叶,现代区域国家的政策努力几乎使所有的仍在海上的家庭都安顿下来。然而,奥朗劳特人仍然是一个具有独特马来方言的可识别的族群,其经济生活严重依赖海洋资源的开采。其发展过程基本遵循了万物有灵论及伊斯兰教的话语构建体系。

约翰·F. 布拉德福德

拓展阅读

Andaya, Leonard. 2008. *Leaves of the Same Tree: Trade and Ethnicity in the Straits of Melaka.* Honolulu: University of Hawai'i Press.

Chou，Cynthia. 2003. *Indonesian Sea Nomads*：*Money*，*Magic and Fear of the Orang Laut*.New York：Routledge Curzon.

Sopher，David. 1977. *The Sea Nomads*：*A Study of the Maritime Boat People of Southeast Asia*.Singapore：National Museum.

日本，1450 年至 1770 年

1450—1770 年这一长达三个世纪的时期，是日本政治结构发生重大突破的时期：从中世纪晚期到战国时期的权力转移，再到德川（江户）时期的开始，最著名的是 250 多年不间断的幕府统治（1603—1867 年）。政治体制改革对海事问题产生了重大影响。早期，随着中央控制的削弱，国内贸易出现了增长。随着与欧洲列强建立联系，对外贸易蓬勃发展，但过渡时期的特点还包括试图发展一支中央海军，以准备对朝鲜半岛发起攻击。江户时期，对外交往受到高度限制，国内的海上贸易再次开始繁荣。

中世纪晚期，1450 年至 1550 年

中世纪时期传统的以地产为基础的经济包括分期支付业主的租金和会费，交易通常发生在京都的中心地段或附近。船长的任务是将这些租金和会费运送给监工。然而，在中世纪晚期，中央对周边地区的控制逐步减弱，地方政府能够在其周边地区行使权力。随着土地制度的崩溃，地方自治权不断增加。因此，市场开始在远离京都中心城市蓬勃发展，繁荣的经济导致了以海运为基础的贸易网络的不断发展。

海上贸易与航运

中世纪晚期，与中国的贸易是在中央政府的支持下进行的，定期派代表团往返内地。由于当地的日本家庭与朝鲜半岛进行了直接的交流，日本与朝鲜的贸易往来更为频繁，而且往往绕过官方通道。日本的主要出口产品包括苏木、硫黄、刀剑和铜矿，主要用来交换中国的硬币、白银、丝绸和锦缎，以及来自朝鲜的大米、豆类、人参和纺织品。

随着当地港口市场的发展，国内以海运为基础的贸易路线成为货物和人员的重要通道。技术进步、商品生产过剩以及越来越多地使用硬币支付这些商品的费用，都促使人们越来越需要通过船只运送更多的货物。这种

贸易繁荣的特点就体现在 1445 年以来的记录中，其中提到了近 2000 艘国内船只通过神户港检查站。多达 150 吨的船只运送了 50 多种不同类型的货物，从海运货物到陶器再到谷物。

海盗行为在国内外都是一个问题，船只经常向当地领主支付"保护费"，以确保他们安全通过危险的水域。

海事治理

在此期间，没有中央海军试图控制国内海事基础设施。地方统治者通过控制海上哨岗（通常位于地理或经济战略要塞），或者通过赋予这些哨岗免收通行费的权利，来表明他们的影响力。对港口设施的行政监督也有助于提升地方政府的收入，因为他们有权授权建立港口基础设施，允许大型船只进入港口，并增加带来更多贸易货物的潜力。

在某些情况下，显赫的家族试图挑战中央对外贸的控制。早在 1398 年，其总部设在索省（今山口县）的大内家族就与幕府合作。幕府将军足利尊氏曾要求大内向朝鲜朝廷提交佛教经典《高丽大藏经》的副本。尽管在这期间经历了一系列的起伏，但大内还是在 1468 年占据了优势。在幕府贸易团的官方陪同下，大内家族不仅在返回时没收了幕府的部分货物，而且征用了明朝政府提交给幕府的官方贸易许可证，以备日后进行贸易访问。这使幕府立即继续与明朝进行直接贸易的努力事倍功半，尽管他们很快就利用朝鲜中间人向明朝政府解释了情况，并重申他们对外贸的控制。

战争时期与早期统一，1550 年至 1600 年

最早到达日本的欧洲人是 1543 年的葡萄牙人，紧随其后的是英国人和荷兰人。虽然贸易最初很繁荣，但在 16 世纪末和 17 世纪初，丰臣秀吉和他的德川幕府继任者逐渐限制了日本与西方国家的官方交往。他们颁布法令驱逐葡萄牙耶稣会传教士，处决外国和日本的基督徒。驻扎在长崎海岸外的出岛上的荷兰商人，由于很少传播宗教信仰，被允许在葡萄牙人的地位起起伏伏时继续存在。

1592 年，丰臣秀吉入侵朝鲜，这是他打算征服中国的第一步，对朝鲜半岛组织以海军为基础的攻击，标志着一次罕见的集中尝试，日本海军舰艇很可能由渔船和货船改装而来，而不是专门为战争建造的。入侵最终没有成功，日本直到 19 世纪末才再次发展大规模的中央海军。

当以陆地为基地的地方领主（"大名"）在这期间争夺权力时，许多以濑户内海地区为基地的海盗家族也努力使他们"海上领主"的地位合法化。丰臣秀吉进一步巩固了他在群岛上的权力，他在 1588 年颁布了一项法令，宣布海盗为非法，部分原因是为了消除他权力的潜在威胁。实际上，他为海盗家庭提供了他们所寻求的合法性，使他们成为他的家仆，并利用这些海盗打击其他海盗。

早期德川幕府，1600 年至 1770 年

德川幕府上台后，群岛出现了相对和平的局面，外部的海上威胁基本消失，内部的海上贸易网络再次开始增长。

海上贸易和航运

商人严重依赖大型船只在日本各地运送货物。在江户时代早期，沿海货船的载货量一般在 200—400 石（一石被认为大约 330 磅）之间，在贸易船只建造限制放宽后，载货量增加到 1000 石。随着日本不同地区之间的贸易增长，以大阪为起点或终点的沿海航线也随之发展起来。最终，幕府委托沿海的海图和灯塔，为海上航线提供便利。许多地方的"大名"废除了港口税，允许其领域的自由贸易，鼓励地方经济增长，并强调了在刺激经济的过程中无阻碍的海上运输的重要性。

大量的国内海运贸易及其对江户市场的影响体现在票务系统发展上。该系统旨在确保更高的产品标准，并带来平等分享利润的机会。该系统规定，在商定的日期，每个大阪的商业公司将在本季度的第一时间向江户投放一批船只。大型船只在港口等待，而来自每个商船队的一艘小型、快速的船只在仓库登记，收到一张加盖时间戳的船票。随后，这些船只将驶向江户，与其他商业公司争夺第一批抵达乌拉加港的船只。胜出的公司不仅在当季有优势在江户率先出售他们的货物，而且胜出的船长也将获得奖金和荣誉，被称为该贸易路线上最快的船长。

海事治理

为了执行幕府设置的隔离法案，管理者不仅通过将所有欧洲贸易转移到出岛，而且颁布法律禁止日本船只越过海岸线以禁止外来人员进入。有一项法律规定，沿海船舶和渔船必须建造船尾薄弱和悬挂的舵，这导致船只不适合在汹涌的大海上航行。船舵是可拆卸的，使用时挂在横梁上，伸入水中。在横梁外伸出的木板围住船舵，提供了一些保护，但是在暴风雨

的海洋中，船舵往往会很快被折断或松开。如果一艘日本船在暴风雨中被吹离航线或遭遇海难，并被外国船只救起，船员通常不被允许直接返回日本。尽管外国人将这项立法解释为加强孤立主义政策，但其他证据表明，这种中央颁布的法律可能旨在限制边远省份的海军力量发展。早在 1638 年，对商船大小的限制就被放宽了，这表明建造限制可能会阻止"大名"建造大型军用船只。

因此，中世纪晚期和现代早期日本权力结构的变化，对群岛内的海事实践产生了巨大的影响。随着中世纪土地制度的逐渐瓦解，当地显赫的家族行使了他们的权力，允许他们争夺对国内外贸易的控制权。16 世纪晚期的大事件从最初与欧洲传教士和商人的接触过渡到几乎排斥所有西方外国人，因为日本的中央控制权掌握在德川幕府手中。这些限制使得海员们再次关注国内问题，重新审视沿海贸易和地方防御网络。

米歇尔·达米安

拓展阅读

Batten, Bruce L., 2003. *To the Ends of Japan*: *Premodern Frontiers*, *Boundaries*, *and Inter-actions*.Honolulu: University of Hawai'i Press.

Berry, Mary Elizabeth. 1989. *Hideyoshi*. Cambridge: Harvard University Press.

Damian, Michelle M.2010. "Archaeology through Art: Japanese Vernacular Craft in Late Edo-Period Woodblock Prints." MA Thesis: East Carolina University.

Shapinsky, Peter D., 2014. *Lords of the Sea*: *Pirates*, *Violence*, *and Commerce in Late Medieval Japan*.Ann Arbor: University of Michigan.

Verschuer, Charlotte von. 2006. *Across the Perilous Sea*: *Japanese Trade with China and Korea from the Seventh to the Sixteenth Centuries*.Cornell East Asia Series.Ithaca, NY: Cornell University Press.

Wilson, Noell.2015.*Defensive Positions*: *The Politics of Maritime Security in Tokugawa Japan*, 1st ed.Cambridge: Harvard University Press.

壬辰战争，1592 年至 1598 年

1592 年日本入侵朝鲜，标志着长达七年的壬辰战争的开始①。它以壬辰年（"水龙"）在朝鲜发生的"壬辰倭乱"或"强盗入侵"命名，以几场依靠创新战舰和战术的海战为特色。

丰臣秀吉（1536—1598）派遣了 15 万人的军队征服朝鲜，并在一系列内战中获胜，以此巩固了他作为日本幕府将军的统治。他的具体目标是不确定的。当他巩固自己的统治时，他本可以设法让他的战士占领其他地方。不到三个月，日本的庞大军队占领了朝鲜的大部分主要城市，并开始准备入侵中国。然而，朝鲜的抵抗仍在继续，朝鲜海军袭击了日本的运输船和补给船，摧毁了其中许多船只，并打乱了入侵计划。

在日本海盗袭击的刺激下，朝鲜海军上将李舜臣（1545—1598）在战前发展了一支小型但有效的海军。像许多临时人员一样，日本战舰携带大量重装甲部队登上敌舰。李舜臣依靠机动和开发船只以对抗日本的战术，这些船只被设计成难以登上的样子，特别是"龟船"，它依靠装甲甲板来保护划桨人，并依靠一排排尖刺来威慑登船者。在几场战斗中，李舜臣以 U 形编队（被称为"鹤翼"）部署了他的船只，包围了日本的舰队，然后依靠高超的机动性和大炮——朝鲜的武器更大，射程更远——击毁敌人的舰队。

由于无法控制海洋或确保在陆地上的征服，丰臣秀吉于 1596 年同意休战，然后于次年再次入侵。这次入侵也取得了初步的成功，日本赢得了这场战争中唯一的海军胜利，抓住并摧毁了朝鲜在庆长战役中部署不善的大部分舰队。这场灾难迫使因政治原因被解雇的李舜臣上将复职。李舜臣引诱了一支由大约 133 艘战舰和 200 艘补给船组成的强大的日本军队进入露梁海峡的狭窄水域。狭窄的水域和强大的洋流扰乱了日本的舰队，而李舜臣仅指挥 13 艘战舰，赢得了巨大的胜利，击沉或严重损坏了 24 艘以上的日本战舰，并杀死了日本海军上将。李上将也在战斗中牺牲了，而丰臣秀吉的死也很快结束了这场战争。朝鲜的海上力量拯救了这个国家。

哈里·巴伯

---

① 壬辰战争，我国一般称"万历朝鲜战争"，或"万历朝鲜之役""万历援朝战争"。应朝鲜求援，明朝军队参加了 1598 年的最后一次海战——露梁海战，两国联军在陈璘、邓子龙和李舜臣的指挥下，取得了最后胜利，老将邓子龙牺牲。

龟 船

"龟船"（Geobukseon）是一类早期现代朝鲜战舰。龟船通常被称为世界上第一艘铁壳船，它采用封闭的甲板和木制舱顶，上面覆盖着金属板和尖刺，以保护人员免受步枪和射箭攻击和登船。然而，一些历史学家对这些说法提出了质疑，认为这艘船的"外壳"实际上并没有包上金属，并将它们与当代日本战舰（如安宅船）相比较，后者的上层结构也可能包上了铁。然而，龟船有着独特的底部船体设计，这使它能够在朝鲜沿海的浅水区及其许多小岛上灵活穿梭。

龟船与海军上将李舜臣（1545—1598）密切相关，李舜臣在壬辰战争（1592—1598 年）中战胜了日本强大的军队。记录显示，第一艘"龟形"战舰的设计可以追溯到 1411 年，在世宗国王统治时期（1397—1450 年），他优先使用火药武器，以应对朝鲜北部边境沿线女真人的劫掠和日本海盗在其沿海的袭击。龟船在李舜臣的领导下重新出现，尺寸显著增加，设计被优化，以更有效地使用海军火炮。

龟船与朝鲜的主战船"板屋船"一起使用，该船有宽大的甲板来容纳大炮和弓箭手，更高的干舷来增加射程，还有保护甲板供划桨手使用。尽管龟船在壬辰战争中被认为是海军胜利的关键，但在冲突期间甚至任何时候，服役的龟船都不太可能超过四艘。

约翰·F. 布拉德福德

玄闵基

拓展阅读

Hawley, Samuel.2005.*The Imjin War*：*Japan's Sixteenth-Century Invasion of Korea and Attempt to Conquer China*.Seoul：The Royal Asiatic Society Korea Branch.

Holz, Heidi. 2009. "Complementary Keys to Naval Victory." *Naval History Magazine* 23（4）.

Lee, Min-Woong.2004.*Naval History of the Imjin Waeran*.Seoul：Chungaram Media.

Lim, Won-Bin. 2005. Discussing Yi Sun-Shin's Strategy and Tactics.

Seoul：Shinseowon.

　　Swope, Kenneth M., 2005. "Crouching Tigers, Secret Weapons：Military Technology Em-ployed During the Sino-Japanese-Korean War, 1592-1598." *The Journal of Military History* 69 (1)：11-41.

　　Turnbull, Stephen. 2002. *Samurai Invasion：Japan's Korean War, 1592-1598.* London：Cassel and Co.

长崎

　　从 1571 年开始，长崎的繁荣持续了将近三个世纪。它是日本最大的跨太平洋贸易港口，是幕府政府唯一允许西方船只登陆的地方，也是繁荣的亚洲海上贸易中心，是来自世界各地的货物、人员和思想进入日本的门户。

　　长崎位于九州岛的西部边缘。16 世纪时，它正处于连接中国、东南亚和西欧的新兴跨空间贸易网络的十字路口上。为了利用这一点，军阀大村纯忠（1532—1587）于 1571 年带领葡萄牙船只前往他领地内的一个渔村。这次尝试成功了。长崎很快就变成了一个繁荣的商业中心，葡萄牙和西班牙的船只从果阿、澳门、马尼拉和里斯本来此交换商品，主要是为了换取日本的白银。然而，令人担忧的是，葡萄牙传教士和商人将长崎视为更大范围征服的立足点，幕府将军丰臣秀吉（1536—1598）及其继任者严厉打击了长崎的西方人。他们在 1587 年驱逐传教士，在 1614 年宣布基督教为非法，并在 1639 年最终将葡萄牙人完全驱逐出境。

　　长崎适应了这种变化。1634 年，为了平息幕府将军的怀疑，商人们建造了一座名为"出岛"的小岛来容纳葡萄牙人。当葡萄牙人被驱逐后，出岛接待了荷兰东印度公司，以换取贸易垄断地位，没有其他西方国家的船只可以在日本登陆。荷兰商人们挤在出岛三平方英亩的土地上，在那里，他们被禁止通过这座狭窄的、有门禁的桥，而这座桥连接他们的岛屿和城市，荷兰商人与谷仓院子里的动物、菜园、仆人和仓库争夺空间。更让他们感到孤立和无聊的是，幕府每年只允许两艘荷兰船只登陆。然而，他们的产品受到欢迎，从甘蔗到科学仪器，出岛的新奇事物遍布整个日本，使长崎成为幕府王国中最具异国情调的地方之一。那些渴望更多了解西方的人把目光锁定在长崎，在那里他们可以学习荷兰语，阅读和翻译西方关于数学、天文学、医学和自然科学的书籍。从 1641 年到 1853 年，美国船只抵达，推翻了荷兰的垄断地位，长崎是日本唯一的西方门户。

尽管长崎以荷兰贸易港口闻名，但它更依赖于中国的贸易。尽管幕府每年只允许荷兰人的两艘船登陆，但在 16 世纪后期，每年多达 200 艘中国船只驶入长崎。由于担心日本银矿会因支付这些货物而被掏空，幕府将军限制了中国船只的数量，但是船长和商人只是在附近走私者的海湾里装载了糖、人参、丝绸、药品和象牙。利润压倒了谨慎。此外，尽管法律将长崎华人限制在居民区，但他们的影响力仍然很大。只有少数日本人能读懂荷兰语，但许多人能读懂这座城市中的中文书籍，这些书让日本了解世界大事和新想法。此外，中国商人从东南亚转运货物，为日本提供了与太平洋邻国的联系。

凯文·詹姆斯·麦卡锡

拓展阅读

Clulow，Adam.2013.*The Company and the Shogun*：*The Dutch Encounter with Tokugawa Japan*.New York：Columbia University Press.

Hellyer，Robert I.，2009.*Defining Engagement*：*Japan and Global Contexts*，*1640-1868*.Cambridge：Harvard University Press.

Jansen，Marius.1991.*China in the Tokugawa World*.Cambridge：Harvard University Press.

荷兰，1450 年至 1770 年

"荷兰联合省"，亦俗称"荷兰共和国"，是由于反抗西班牙腓力二世（1527—1598）而进行的政治和宗教叛乱的政治结果。经过 80 年的战争，信奉加尔文教的荷兰共和国于 1648 年获得独立。在战争期间，这个共和国成为欧洲最强大的国家之一，这在很大程度上是因为它控制了海上贸易。海事技术、金融创新、贸易网络和公共投资的结合使荷兰共和国成为欧洲最有活力和效率的国家，能够将其日益增长的财富转化为经济和军事实力。东印度和西印度贸易公司的成立，使该共和国成为一个全球大国，阿姆斯特丹是其金融中心和贸易中心。然而，荷兰在世界贸易中的主导地位导致了一系列战争，反而侵蚀了它的地位。1715 年后，荷兰进入了一个衰落期，原因是战争消耗、市场状况不断变化以及结构性弱点。尽管它在 18 世纪末仍然是一个金融大国，但到了 1750 年，英国已经取代荷兰成为欧洲领先的海上强国。

起源与反抗，1516 年至 1572 年

荷兰共和国的历史与其地理位置密切相关。12 世纪，位于莱茵河和马斯河三角洲低洼地带的荷兰或"低地国家"通过填海造地而发展起来，促进了农业创新。随着通往英吉利海峡、北海和莱茵河的通道的通达，这些城镇利用其由海上活动、制造业和农业发展起来的财富，获得了重大的政治自治权。15 世纪，勃艮第公爵统一了"勃艮第荷兰"（后来被称为"十七个省"），是查理五世皇帝（1500—1558）最富有的地区之一。

在十七个省中，佛兰德斯和布拉班特成为欧洲人口最多、经济最发达的地区。安特卫普是他们最著名的城市，发展成为北欧的经济和金融中心，拥有超过 4 万人口和包括佛兰德斯布业在内的几家奢侈品制造商。与此同时，荷兰和泽兰成为十七个省中最重要的造船商和货运商。15 世纪早期，随着全装备鲱鱼船的发展，实现了荷兰和泽兰几个世纪以来对北海鲱鱼养殖场的实际垄断。鲱鱼船是一种能让一小群船员在海上捕捞和加工鲱鱼的船。到 15 世纪中叶，北方各省拥有 500 辆全装备鲱鱼船（范霍特，1977：152—53；以色列，1989：24）。15 世纪，荷兰取代了波罗的海航运中的汉萨同盟，并在 1550 年主宰了波罗的海的贸易。它的 1800 艘商船占十七个省航运总量的 70 %。收费记录显示，荷兰船只将 66 %的盐、74 %的莱茵河葡萄酒和 76 %的鲱鱼运入波罗的海，70 %的出口小麦和 81 %的黑麦都由荷兰船只运输（以色列，1989：24；范霍特，1977：184—185）。

十七个省的独立传统最终导致了与西班牙的冲突。腓力二世（1556—1598）于 1556 年继承哈布斯堡的王位，使得加尔文主义在十七个省中传播开来，西班牙的影响力也随之扩大。1566 年，对天主教圣像的攻击导致腓力派遣阿尔巴公爵（1507—1582）率领军队镇压叛乱。阿尔巴的残酷镇压（包括处决几名高级贵族）导致了 1568 年与荷兰贵族的公开战争。一些贵族前往神圣罗马帝国集结军队；另一些人则出海，也就是所谓的"海上乞丐"，他们以私掠船的身份袭击西班牙船只。奥兰治亲王威廉一世（1533—1584）是国家的一名将军和荷兰贵族的领袖，成了叛乱的领袖。被阿尔巴的军队击败后，他撤退到德国，离开阿尔巴控制的低地国家。

建立荷兰共和国，1572 年至 1609 年

阿尔巴不得民心的统治引发了新的叛乱。1572 年 4 月 1 日，"海上乞丐"占领了布里勒（Brill），随后几名贵族叛逃到叛军手中，这导致威廉再次担任荷兰和泽兰的统治者（这些省份事实上的首席执行官）并在北部重新发动叛乱。阿尔巴以蓄意施暴回应，谋杀了几个被占领城镇的居民。这加强了荷兰的抵抗，威廉在"海上乞丐"船的支持下，收复了北部大部分城镇。在 16 世纪 80 年代的大部分时间里，荷兰人努力建立一个政府，并在西班牙的攻击中幸存下来。1585 年安特卫普的陷落标志着这项事业陷入低谷，成千上万的加尔文教徒逃离北方，结束了该城市的卓越地位，无意中促成了荷兰的经济扩张。与英国结盟、西班牙无敌舰队的失败（1588 年）以及法国内战都转移了西班牙的注意力和精力，使处于边缘的荷兰组建起一个能够维持战争的政府。

乌得勒支联邦以及专门将北部省份与西班牙分开的《放弃法》(1581 年)，定义了荷兰新兴的邦联结构。各省在政府结构上的分歧使州政府成为他们的中央联邦机构。虽然理论上，州政府要求全体一致采取行动，但实际上荷兰及其省长——来自奥兰治和拿骚的贵族家族——发挥了巨大影响力。拿骚的莫里斯（1567—1625）被任命为荷兰的省长，紧接着奥兰治的威廉于 1584 年被暗杀，1586 年约翰·奥尔登贝格维特（1547—1619）被提升到该共和国最重要的政治职位——荷兰的代言人，这些都是荷兰影响力的例证。

海军的组织反映了共和国的邦联性质。从起义开始，各省的海洋利益就是一个中心问题。早期叛乱的特点导致北方城镇发展自己的舰队、港口设施和海军管理部门。尽管将军希望建立统一的海军，但省内的竞争阻止了这一愿望。1597 年，共和国在荷兰设立了五个独立的海军将领职位，其中三个在荷兰（阿姆斯特丹、梅兹·马斯和诺德尔·夸蒂尔），两个在泽兰（米德尔堡）及弗里斯兰（杜克/哈林根）。海军将领们为自己的收入负责，收取各种通行费、由州政府规定的税款和关税以支付商船的护航费。此外，海军将领组织护航队，雇用私人武装突袭敌人的船只。州政府的特别补贴根据需要提供了额外资金，特别是用于军舰建造。

西班牙 1598 年对荷兰贸易的行政禁运促进了荷兰战略的改变，从而改变了战争与荷兰国家的性质。荷兰的海上战略不是旨在控制海上航线的

海战，而是以西班牙的贸易和经济为目标，同时扩大自己的贸易和经济规模。1599 年，荷兰船只首次袭击了葡萄牙在非洲和巴西的定居点，武装商船进入印度洋和加勒比海，目的是破坏和取代伊比利亚的贸易。1602 年荷兰东印度公司的成立——以其荷兰语缩写"VOC"而闻名——就是这一战略的缩影，给这场冲突带来了私人投资的承诺和利润的希望。在一个与州政府密切合作的董事会的管理下，投资者和股东为荷兰东印度公司的军事行动提供资金，并从船只货物中获利。1605 年，荷兰东印度公司从葡萄牙手中占领了香料群岛，使荷兰人垄断了世界肉豆蔻、胡椒和丁香的供应。两年后，荷兰军队在直布罗陀附近打败了西班牙舰队，显示了荷兰海军日益强大的战斗力。

从黄金时代到灾难时期，1609 年至 1674 年

与西班牙的十二年休战期（1609—1621 年）使荷兰共和国得到了社会认可，提高了荷兰在整个欧洲的外交地位，但并没有带来和平。国内冲突在奥尔登·巴内维尔德与莫里斯的冲突中达到了高潮（前者因叛国罪被击败并处以死刑），暴露了荷兰政治中由荷兰支持的"州"党和由省长追随者支持的"奥兰治"派之间的分歧。莫里斯的胜利，加上三十年战争（1618—1648 年）的爆发以及共和国对扩大海外贸易和财产的渴望，导致了 1621 年敌对行动的再次爆发。

共和国恢复了早先的海洋和经济战略。军队在堡垒密布的低地国家进行军事演习，共和国扩大了海外进攻，成立了荷兰西印度公司（WIC）——一家像荷兰东印度公司的股份公司。荷兰西印度公司的目标是葡萄牙殖民地以及非洲和美洲的航运，尤其是奴隶和蔗糖贸易。在公司成立的最初几十年里，荷兰西印度公司占领了葡萄牙在非洲黄金海岸和奴隶海岸的殖民地，并攻击了巴西利润丰厚的食糖贸易。到 1640 年，它在西非、南美、加勒比海和北美（今纽约）建立了殖民地和设施。1628 年，它袭击并俘虏了西班牙的一个宝藏舰队。

在亚洲，荷兰东印度公司扩大了其在印度洋和南洋的贸易网络，成为该地区的主导海上力量。荷兰东印度公司总部在印度尼西亚的巴达维亚（今雅加达），它的士兵和船只使用上千种类型的军事策略消灭竞争对手，并增加市场份额。到 1640 年，它打破了葡萄牙肉桂的垄断，占领了锡兰的加勒，并在印度、马六甲、日本以及中国台湾建立了贸易站和工厂。

在欧洲水域，荷兰人 1639 年在唐斯群岛击败西班牙舰队，巩固了其作为欧洲最强大海军力量的声誉，荷兰商人扩大了他们在欧洲贸易中的份额，这在很大程度上是由于"北欧小商船"的发展，这是一种廉价的、专门建造的商船，旨在用最少的船员运输大量货物。共和国首先在波罗的海贸易中占据主导地位，然后在伊比利亚、地中海和亚洲贸易中占据主导地位，这使阿姆斯特丹成为 17 世纪中叶欧洲最大的贸易中心，荷兰人拥有近 15000 艘商船，占欧洲总数的四分之三（德弗里斯，1976：118）。

《明斯特和约》(1648 年) 结束了长达 80 年的战争，但也给共和国带来了新的挑战。17 世纪 50 年代，与葡萄牙的新一轮战争将荷兰西印度公司赶出了巴西，这是该公司遭受的第一次打击。更重要的是，对共和国贸易至上的不满导致了一系列与英国的海战，随后是与法国进行的更危险的战争。第一次英荷战争（1652—1654 年）发现荷兰海军在英国新设计的战船和前线战术上处于劣势，但约翰·德·威特（1625—1672）的造船计划改变了这种平衡，共和国赢得了第二次英荷战争（1665—1667 年）。然而，法国国王路易十四在第三次英荷战争（1672—1674 年）中统一了法国和英国，这是规模更大的法荷战争（1672—1678 年）的一部分。法国入侵暴露了荷兰军队的准备不足，由米凯尔·德·吕特（1607—1676）领导的荷兰舰队控制了海洋，最终在 1674 年将英国从战争中赶了出来。法国的入侵更加危险，造成了恐慌。

战争与衰落，1674 年至 1795 年

尽管损失了数千艘商船，英荷战争对荷兰贸易几乎没有造成永久性的损害。更明显的是，路易十四的持续威胁以及共和国暂时失去香料贸易垄断凸显了荷兰东印度公司贸易模式的弱点。与法国的战争不仅剥夺了共和国的重要市场，还直接威胁到国家本身，荷兰需要增加国防开支。九年战争（1688—1697 年）和西班牙王位继承战争（1701—1714 年）标志着共和国军事力量的顶峰。荷兰共和国人口略少于 200 万，有 12 万名军人和 113 艘船只，大部分资金来自借贷（格莱特，2002：155—171）。共和国的公共债务从 1678 年的 3800 万盾增加到 1714 年的 1.28 亿盾，当时荷兰经济正处于最困难的时期（以色列，1995：985—986）。与法国的战争不仅剥夺了阿姆斯特丹商人在法国的市场，也剥夺了他们在地中海的市场。由威廉三世的"光荣革命"（1688 年）建立的英荷联盟，向英国商人开

放了荷兰主导的市场，尤其是波罗的海贸易。与此同时，荷兰金融家在英格兰银行、东印度公司和英国国债中发现了新的投资机会，这些投资机会提振了英国经济的同时，损害了共和国的经济。西班牙王位继承战争结束时，世界贸易结构发生了有利于英国的变化。法国失去了地中海的主导地位；英国获得了在西班牙殖民贸易的机会；荷兰则失去了对波罗的海贸易的实际垄断。

《乌得勒支和约》（1714 年）后的几年里，共和国的经济持续衰退。尽管它仍然是一个相当大的贸易大国，但欧洲市场日益增长的保护主义伤害了荷兰制造商，成为破坏了荷兰经济的最后支柱之一。荷兰社会结构和资本市场性质的变化导致荷兰资本转向更安全的投资，并形成保守的寡头统治政治。即使在 18 世纪荷兰东印度公司持续繁荣的亚洲，随着欧洲竞争对手采用更精简、更具成本效益的商业模式，其基础设施成本——船只、堡垒、士兵和仓库——日益削减利润。奥地利王位继承战争标志着共和国从欧洲大国的行列中彻底退出。它在那场冲突中糟糕的表现以及随之而来的政治革命标志着大国结束的开始。与英国的最后一场冲突——灾难性的第四次英荷战争（1780—1784 年）——证实了共和国作为海上强国的衰落。

约翰·M. 斯泰普尔顿

拓展阅读

Bruijn，Jaap R.，1990.*The Dutch Navy of the Seventeenth and Eighteenth Centuries*.Columbia，SC：University of South Carolina Press.

De Vries，Jan.1976.*The Economy of Europe in an Age of Crisis，1600－1750*.London：Cambridge University Press.

Gastraa，Femme S.2003.*The Dutch East India Company：Expansion and Decline*.Zutphen：Walberg Pers.

Glete，Jan.2000.*Warfare at Sea，1500-1650：Maritime Conflicts and the Transformation of Europe*.London：Routledge.

Glete，Jan.2002.*War and the State in Early Modern Europe：Spain，the Dutch Republic and Sweden as Fiscal-Military States，1500－1660*.London：Routledge.

Harding，Richard. 1999. *Seapower and Naval Warfare，1650－1830*.London：UCL Press.

Israel, Jonathan I. 1989. *Dutch Primacy in World Trade*, *1585-1740*. Oxford, UK: Clarendon Press.

Israel, Jonathan I. 1995. *The Dutch Republic*: *Its Rise*, *Greatness*, *and Fall*, *1477-1806*. Oxford, UK: Clarendon Press.

Parthesius, Robert. 2010. *Dutch Ships in Tropical Waters*: *The Development of the Dutch East India Company* (*VOC*) *Shipping Network in Asia*, *1595-1660*. Amsterdam: Am-sterdam University Press.

Van Houtte, J.A., 1977. *An Economic History of the Low Countries 800-1800*. New York: St.Martin's Press.

英荷战争，1652 年至 1674 年

英荷战争是 17 世纪下半叶英国和荷兰联合省之间的一系列海上冲突。尽管传统上一般将此表述为贸易和殖民地而战的经济纷争，但民族主义、国内政治和宗教因素影响了这三场冲突。1674 年第三次英荷战争结束时，荷兰基本上是在海上作战。尽管英国的海上贸易和实力持续增长，到 18 世纪中叶超过了荷兰，但荷兰共和国在欧洲贸易中很明显仍然占据着主导地位。这两个国家随后发起第四次战争（美国独立战争的一个分支），但那时英国已经成为欧洲的"海上霸主"，这场战争证实了英国的这个头衔。

第一次战争的起源可以追溯到荷兰和英国海上贸易的顺差造成了英国的嫉妒，再加上英国内战（1642—1651 年）所造成的政治动荡。到 17 世纪，荷兰共和国主导了欧洲的运输贸易，并迅速成为欧洲的主导海军力量。由于建造和运营成本更低，荷兰的北欧小商船运载了欧洲一半以上的货物，这使荷兰能够运输比任何竞争对手都便宜得多的货物。英格兰议会通过了《航海法》（1651 年），以维护英荷贸易平衡，但这除了表明英格兰对荷兰贸易霸权日益不满外，几乎没有发挥真正的作用。英国国王查理一世（1649 年）通过婚姻与荷兰奥兰治家族联系在一起的决定进一步激怒了荷兰官员，荷兰对英国关于英荷政治联盟提议的拒绝进一步加剧了紧张局势。英国扣押荷兰商船，并坚持在经过英吉利海峡时荷兰军舰需敬礼的要求，导致了 1652 年 5 月的敌对行动。第一次英荷战争（1652—1654 年）虽然是短暂的，但却发生了很多事情。拥有更现代化的船只和前线战术的英国皇家海军在大部分战争中占据上风。尽管如此，荷兰在申根的

胜利（1653 年 8 月）打破了英国的封锁。和约于 1654 年 4 月被打破，但对解决战争问题没有什么帮助。荷兰仍然是欧洲的主要贸易大国，并立即开始造船计划，促进了船队现代化的发展。

第二次和第三次英荷战争比第一次更受政治驱动。虽然贸易和海洋竞争仍然是核心，但英国和荷兰的国内政治也是重要因素。起初，英国国王查理二世（1630—1685）在荷兰共和国渡过了流亡时期，并没有挑起战争的念头，但是他担心侄子奥兰治的威廉三世王子在荷兰共和国的政治前途，再加上他哥哥詹姆斯（1633—1701）建立殖民地的雄心壮志，给了他进行一场战争的充分理由。英国对荷兰殖民地和航运业发动一系列无端攻击，导致了 1665 年 3 月 4 日的正式敌对行动。第二次英荷战争（1665—1667 年）比第一次更为公平，双方都赢得了代价高昂但没有结果的战争，这场战争很快演变成一场消耗战。尽管英国占领了荷兰殖民地新阿姆斯特丹（今纽约），但查理国王无力资助这场战争，这是皇家海军历史上最屈辱的失败之一。荷兰人突袭了梅德韦港（1667 年 6 月），那里停泊着许多英国船只，他们俘获了两艘，并烧毁了另外十多艘。两个月后查理二世同意开始和平谈判。

查理二世因失败而蒙羞，他抓住机会，支持法国参加由路易十四（1638—1715）发起的法荷战争（1672—1678 年），目的是恐吓荷兰共和国。查理二世认为，第三次战争的胜利将加强他的国内政治地位，但议会中很少有人支持再次开战，法国联盟在政治上（和宗教上）存在问题。他认为他的战争决定是一个不容错过的战略机会。1672 年 5 月，法国入侵荷兰，法国军队冲破了荷兰的防线，查理的战争计划几乎毫无意义。到 6 月底，乌得勒支已经沦陷，阿姆斯特丹本身也受到威胁。只有让洪水淹没乡村，荷兰才能解围。相比之下，第三次英荷战争（1672—1674 年）对查理来说并不顺利。在当时最伟大的海军指挥官米希尔·德鲁伊上将（1607—1676）的带领下，寡不敌众的荷兰人在索莱贝（1672 年 6 月）一举击败英法舰队。查理的侄子威廉三世（1650—1702 年）被提升为省长，拒绝了和平提议。随着路易十四征服西班牙和荷兰的野心变得明显，英法联盟破裂了。查理二世的盟友基础随之消失了。德鲁伊特在得克萨斯击败了另一个英法舰队（1673 年）后，查理同意签署和约。威斯敏斯特条约（1674 年）在很大程度上重申了 1667 年条约的条款。

尽管荷兰人暂时在海上仍处于领先地位，但英国议会和国王之间的国内斗争仍在继续，导致了光荣革命（1688 年），威廉三世和玛丽二世继承了王位。最终，是政治革命、英荷合作以及与路易十四统治下的法国的两场令人精疲力竭的战争，而不是英荷冲突，让英国在 18 世纪中期超越荷兰，成为欧洲的海上霸主。

约翰·M. 斯泰普尔顿

拓展阅读

Hainsworth, Roger, and Christine Churches.1998.*The Anglo-Dutch Naval Wars*, *1652-1674.*Thrupp.

Jones, J.R., 1996.*The Anglo-Dutch Naval Wars.*New York.

Rodger, N.A.M., 2004.*The Command of the Ocean*, *A Naval History of Britain*, *1649-1815.*New York：W.W.Norton.

Rommelse, Gijs.2007.*The Second Anglo-Dutch War*（*1666-1667*）：*International Raison d'Etat*, *Mercantilism*, *and Maritime Strife.*Hilversum.

荷兰东印度公司

荷兰特许东印度公司（其缩写 VOC 更广为人知）是 17 和 18 世纪统治亚洲贸易的强大公司。荷兰东印度公司成立于 1602 年，是最早的股份公司之一，被认为是世界上第一家跨国公司。凭借发动战争、谈判条约、铸币和建立殖民地的权力，荷兰东印度公司几乎成为一个独立的国家。在公司运营的那些年，它雇用了 100 多万欧洲人，向欧洲和世界运送了 250 多万吨亚洲货物。然而，在经历了一个世纪的惊人增长后，荷兰东印度公司在 18 世纪逐渐衰落，这是该地区其他欧洲贸易公司影响力的增长和荷兰东印度公司自身结构弱点的必然结果。尽管如此，荷兰东印度公司在 1795 年倒闭之前仍然是一家重要的贸易公司，在 200 年的历史中，每年有能力支付 18 % 的股息。

起源和组织

荷兰东印度公司源于荷兰商人希望在葡萄牙主导的亚洲香料贸易中发展贸易关系。当葡萄牙贸易惯例的改变限制了它的供应的时候，北欧对亚洲香料的需求不断增加，这就为渴望发展自己亚洲贸易的雄心勃勃的荷兰商人创造了机会。对葡萄牙的"秘密"贸易路线和做法有了初步了解后，曾在亚洲为葡萄牙人工作的荷兰人提供了航行所需的信息。科内利斯·德·郝德曼 1595 年的成功航海让荷兰商人和投资者相信了他们的经济潜力。

在 1595—1601 年间，他们向亚洲派遣了 15 支不同的舰队，但他们的成功无意中提高了亚洲胡椒的价格，并导致欧洲胡椒价格暴跌，危及荷兰经济。这种情况导致荷兰将军与管理机构进行干预。1602 年，将军和公司达成了一项妥协："荷兰特许东印度联合公司"，通常被称为荷兰东印度公司。

一张画有荷兰东印度公司旗帜的插图，该公司的总部在雅加达和爪哇（美国国会图书馆）

荷兰东印度公司的组织反映了荷兰共和国的分散化。它的 6 个部门（或称为"商会"）有自己的董事会、仓库和设施，总部设在代表创始公司的城市。被称为"十七人董事会"或"十七绅士"的由 17 人组成的董事会，管理着商会。荷兰东印度公司与荷兰政府关系密切。国家要求东印度公司的高级官员宣誓效忠，并定期提交情况报告。它还鼓励荷兰东印度公司舰队攻击葡萄牙和西班牙的船只——共和国与之交战的国家。1609 年后，议会委任总督。作为该公司在亚洲的最高权力机构，该职位还主持了印度独立委员会（Council of The Indies）的成立，负责监督该公司在该地区的利益。

早期的亚洲探险需要大量的资本支出，在最初的十年里，这些资金投入超过了他们的利润。像现代有限责任公司一样，投资者只对他们的投资金额负责，尽管他们对荷兰东印度公司的管理控制也少得多。1610 年，股东开始从他们的投资中获得红利，荷兰东印度公司在 17 世纪末一直保持着高利润。

扩张和增长，1602 年至 1672 年

荷兰东印度公司最初的章程授予了好望角以东荷兰贸易 21 年的垄断权，其董事们愿意发动战争来保护这些贸易。1617—1623 年任总督的扬·彼得祖翁·科恩采取了激进战略，这是 17 世纪早期公司经营的特点。科恩认为，武力将是荷兰东印度公司未来成功的核心，他说："没有战争的贸易，没有贸易的战争，都是无法维持的。"（帕尔特修斯，2010：38）与当地巨头和欧洲贸易公司一样，荷兰东印度公司"实际上征服了他们在香料贸易中的霸主地位"（帕尔特修斯，2010：38）。科恩战略的核心是建立一个永久基地，作为总部、欧洲返程的集结地以及贸易货物和供应的集散中心。当荷兰东印度公司于 1619 年占领雅加达时，将其更名为巴达维亚，它就成了荷兰东印度总部。凭借强大的舰队、军队和后勤基础设施，荷兰东印度公司利用贸易和战争来征服英国，取代葡萄牙成为欧洲在亚洲的霸主。到 1660 年，荷兰的堡垒和工厂遍布印度洋和南洋，从西部的南非和马拉巴尔海岸，到东部的中国台湾和摩鹿加又称马鲁古群岛。

停滞和衰落，1672 年至 1799 年

这种模式使荷兰东印度公司在 17 世纪成为亚洲最强大的欧洲实体国，也是其在 18 世纪衰落的主要原因之一，使荷兰东印度公司能够通过贸易和战争捍卫其垄断地位的基础设置不适合 18 世纪变化的市场。在第三次英荷战争期间（1672—1674 年），英国打破了荷兰对胡椒的垄断，这是暴露荷兰东印度公司结构弱点的诸多事件中的第一次。与路易十四统治下的法国之

间代价高昂的战争进一步破坏了荷兰经济，因此，英国超越了荷兰，成为欧洲最具活力的经济强国。竞争对手英国、法国和丹麦东印度公司的出现，加上印度次大陆不断变化的政治局势，进一步削弱了荷兰东印度公司的地位。尽管荷兰东印度公司在亚洲贸易中仍占有很大份额，但这不足以抵消其基础设施的成本。第四次英荷战争（1780—1784 年）给荷兰东印度公司带来了致命的打击，公司一半的运输遭到破坏。尽管荷兰和泽兰试图将该公司国有化，但其章程于 1799 年到期，标志着这家曾经显赫的公司的终结。

约翰·M. 斯泰普尔顿

拓展阅读

Boxer, Charles R., 1965. *The Dutch Seaborne Empire*, *1600 - 1800*. London：Hutchinson.

Gaastra, Femme S., 2003. *The Dutch East India Company*：*Expansion and Decline*.Zut-phen：Walburg Pers.

Israel, Jonathan I., 1989. *Dutch Primacy in World Trade*, *1585 - 1740*. Oxford：Oxford University Press.

Parthesius, Robert.2010.*Dutch Ships in Tropical Waters*：*The Development of the Dutch East India Company（VOC）Shipping Network in Asia*, *1595 - 1660*.Amsterdam：Am-sterdam University Press.

北欧小商船

"北欧小商船"（也叫平船、悬浮灯泡或长笛）是 17 世纪荷兰的一种商船。作为一种高效设计的通用货船，远洋的北欧小商船最大限度地扩大了货物空间，只需要很少的船员。在 17 世纪早期，它们成为荷兰商人的首选船只。

第一艘北欧小商船是由皮特·詹斯茨·维尔（也叫皮特·詹斯茨·莱昂，1561—1620）于 1595 年设计建造的。这是第一艘专门为商业目的建造的船。早期的船只用于战争和货运，它们又大又重，可以支撑大炮和容纳大量船员。

一艘典型的北欧小商船，长 80—100 英尺，船尾又高又窄。船身是弧形的，在水线附近有一个突出部分，并向顶部变窄，这一特点被称为"滚屋结构"。这种设计将货物的重量放在水线附近，降低了船的重心，增加了船的稳定性。这也减少了北欧小商船支付的通行费，因为他们通常是根据船只的甲板表面来计算的。这种经济型的北欧小商船可以运载两倍于同样大小的船只的货物。

通常北欧小商船有三根桅杆。前桅和主桅都是方帆，后桅是三角帆，所有的帆都采用了简易的索具系统，提高了抗风能力，需要的水手也更少——有时只需几十人，不过三十几人更常见。

起初，北欧小商船主要用于波罗的海贸易路线以及北欧和西欧的沿海路线，这些路线相对来说比较安全，不受海盗侵扰，从而使它们能够携带最少的武器。荷兰东印度公司在运输珍贵的香料和咖啡时，偏爱盒子形的北欧小商船，并为其在亚洲的船只配备了大炮。

北欧小商船的建造和运营成本低廉，在 17 世纪为荷兰商人提供了巨大的优势，并帮助荷兰建立了贸易帝国。它们的高效设计启发了后来的荷兰、英国、法国和瑞典商船，特别是在东印度群岛。

卡伦·S. 加文

拓展阅读

Boxer，C. R.，1990. *The Dutch Seaborne Empire*：*1600 - 1800*. London：Penguin.

Hoving，A. J.，2012.*Nicolaes Witsen and Shipbuilding in the Dutch Golden Age*.College Station，TX：Texas A&M University Press.

Konstam，Angus.2003.*The Pirate Ship 1660-1730*.Botley，UK：Osprey Publishing.

Lavery，Brian. 2004. *Ship*：*The Epic Story of Maritime Adventure*. New York：Dorling Kinders ley Limited.

Parthesius，Robert.2010.*Dutch Ships in Tropical Waters*：*The Development of the Dutch East India Company（VOC）Shipping Network in Asia 1595 - 1660*.Amsterdam：Amster-dam University Press.

雨果·格劳秀斯，1583 年至 1645 年

许霍·德赫罗特（Hago de Graoot）是一位荷兰法学家和外交家，他以拉丁化的名字"雨果·格劳秀斯"（Hugo Grotius）而闻名。如今，他因对现代国际法和海商法的发展所作的贡献而被人们所铭记。

格劳秀斯于 1583 年 4 月 10 日出生在荷兰代尔夫特市的一个贵族家庭。他是一个极具天赋的孩子，法国亨利四世国王称他为"荷兰的奇

迹"。格劳秀斯 11 岁时被莱顿州立学院（今莱顿大学）录取，并于 1598 年获得法国奥尔良大学的法学博士学位。这标志着他在荷兰政治生涯的开始，他成了共和国资深政治家约翰·范·奥尔登贝格维特的得力助手，奥尔登贝格维特帮助使格劳秀斯在政府中迅速崛起。他曾担任荷兰史官、检察官、鹿特丹市长（市政府秘书）以及省和联邦地产代表。与此同时，格劳秀斯还担任荷兰东印度公司的说客。

1610 年后，格劳秀斯越来越多地卷入荷兰加尔文教派的宗教纠纷。这些争端逐渐演变成宪法危机，并在 1618 年 8 月奥兰治亲王、拿骚统治者莫里斯发动政变后结束。格劳秀斯和其他一些政界和司法界的重要人物一起被捕。奥尔登巴内费尔特被处决，格劳秀斯被判终身监禁。

格劳秀斯利用狱中的时间写作。他于 1622 年逃到巴黎，在那里他受雇于法国的路易十三。在那里他写了可以说是他最著名的著作——三卷本《战争与和平法》，这本书于 1625 年出版，后来进行了修订，直到作者去世。由于无法返回荷兰，他后来为瑞典克里斯蒂娜女王和她权力很大的财政大臣阿克塞尔·奥克斯森蒂尔纳服务。在三十年战争的最后阶段，他成了瑞典的臣民，并担任瑞典驻法国大使。由于战争造成财政捉襟见肘，他从巴黎被召回，途经汉堡和吕贝克前往斯德哥尔摩，在那里他得到了一笔可观的养老金。在拒绝了瑞典政府议员的职位后，他前往一个不为人知的地方。格劳秀斯的船遭遇了一场可怕的风暴，在波兰沿海失事了。格劳秀斯筋疲力尽，病入膏肓，从陆路前往罗斯托克，在那里他于 1645 年 8 月 28 日死在了离主市场广场不远的一家客栈里。

作为一名了不起的作家，他的作品从诗歌、历史和圣经批评到自然法和国际法的评论都有涉及。海事历史学家因格劳秀斯的一本小册子而永远铭记他，那是他最初于 1609 年匿名出版的《自由的海洋》。在这篇文章中，他阐述了荷兰人藐视葡萄牙的阻挠行为，随意在公海航行，并在东印度群岛不受葡萄牙或西班牙控制的港口和商场停靠的法律理由。这样，他为后来的海商法奠定了基础。后来，作为荷兰东印度公司的游说者以及 1613 年在伦敦和 1615 年在海牙举行的英荷殖民会议的代表，他为荷兰将竞争者排除在香料贸易之外的努力辩护，从而在荷兰香料垄断亚洲的形成中发挥了作用。在整个过程中，格劳秀斯将他的论点建立在法律和历史的基础上，从而为国际法做出了贡献。

彼得·博斯伯格

拓展阅读

Borschberg, P., 2011. *Hugo Grotius, the Portuguese and Free Trade in the East Indies*.Sin-gapore and Leiden：NUS Press.

Clark, G.N., and W.J.M.van Eysinga.1940 and 1951.*The Colonial Conferences betweenEngland and the Netherlands* in 1613 and 1615, 2 vols.Leiden, Netherlands：Brill.

Grotius, H., 2004. *The Free Sea*, ed. and intr. D. Armitage, tr. R. Hakluyt.Indianapolis：Liberty Fund.

Ittersum, M. J. van. 2006. *Profit and Principle：Hugo Grotius, Natural Rights Theories andthe Rise of Dutch Power in the East Indies, 1595-1615*.Leiden：Brill.

Nellen, H.J.M., 2014.*Hugo Grotius, A Lifelong Struggle for Peace in Church and State, 1583-1645*.Leiden：Brill.

阿贝尔·扬森·塔斯曼，1603 年至 1659 年

阿贝尔·扬森·塔斯曼（Abel Janszoon Tasman）是一名荷兰探险家、商人和航海家，他职业生涯的大部分时间在荷兰东印度公司工作。他探索并绘制了印度洋和南太平洋大部分区域的地图，发现了范迪门岛（今塔斯马尼亚岛），环绕澳大利亚，绘制了新西兰海岸线和其他几个太平洋岛屿，包括汤加和斐济。他是第一个访问这些岛屿的欧洲人。

塔斯曼于 1603 年出生在荷兰的卢杰加斯，后来住在荷属东印度群岛的巴达维亚。他于 1633 年加入荷兰东印度公司。他在 1639—1642 年间作为探险队的二把手航行到北太平洋，访问了菲律宾、日本以及中国台湾。随后，公司领导人派遣塔斯曼负责该时期的一个伟大的勘探项目，一次两艘船的探险，考察南太平洋以及当时一些地理学家所称的"南方大陆"，这是一块面积和位置尚不清楚的南部大陆。1642—1644 年，塔斯曼探险队发现了塔斯马尼亚岛，并访问了毛里求斯、新西兰和其他岛屿。最重要的是，它绕过了澳大利亚，证明了澳大利亚南部没有与南极洲相连，两者之间存在海上通道。在回程中，塔斯曼发现了汤加。在随后 1644 年的一次航行中，他绘制了澳大利亚的北海岸地图。然而，塔斯曼认为澳大利亚对荷兰东印度公司来说前景不佳，不太可能产生利润。因此，直到 18 世纪，欧洲人在很大程度上忽视了澳大利亚和周边岛屿。

塔斯曼后来率领一个贸易代表团前往泰国（1647 年），并指挥一支船队在菲律宾附近航行拦截西班牙宝藏舰队（1648—1649 年），但未能捕获目标。1649 年，他因未经审判就绞死一名水手而被定罪，他被罚款并被停职。他很快又为荷兰东印度公司航行，但于 1653 年退休，前往巴达维亚，成为一名成功的货运商人和该地区最大的地主之一。他于 1659 年 10 月 10 日去世。

肖恩·莫顿

拓展阅读

Anderson，Grahame.2001.*The Merchant of the Zeehaen*：*Isaac Gilsemans and the Voyages of Abel Tasman.*Wellington：Te Papa Press.

Sharp，A.，1968.*The Voyages of Abel Janszoon Tasman.*Oxford ：Oxford University Press.

Slot，B.，1992.*Abel Tasman and the Discovery of New Zealand*，Amsterdam：O.Cram-winckel.

威廉·范·德·维尔德，1611 年至 1693 年

荷兰著名的绘图家、海军和航海主题画家威廉·范·德·维尔德（Wllem wan de Velde）于 1611 年出生于荷兰莱顿，他被称为"长者"，以区别于同样画海洋主题的儿子。他的作品具有非凡的历史价值，因为他记录了 17 世纪荷兰海军扩张和海上贸易黄金时代的重要海上行动。他的绘画特别注重细节，使人们能够就此对 17 世纪的海军建造进行复杂的分析。他经常陪着荷兰舰队出海，从小船上观察战斗，冒着生命危险捕捉战斗的激情，对斯韦宁根战役（1653 年）和英荷战争中其他行动做出非常真实的描述。

范·德·维尔德对荷兰海军成就的颂扬和对海战的记录引起了英国国王查理二世（1630—1685）的注意，查理二世在 1660 年登基后扩大了皇家海军，并努力使英国成为一个全球海军强国。1672 年，在第三次英荷战争期间（1672—1674 年），范·德·维尔德做出了一个大胆的决定，接受查理二世的委托，搬到英国，为自己国家的敌人画图。范·德·维尔德搬到了伦敦的格林尼治附近，那里历史上与海洋事业有着密切的联系，是皇家海军学院的旧址，也是国家海洋博物馆的现址。范·德·维尔德在女王的房子里建立了他的画室，这是伊尼戈·琼斯于 1616 年为查理二世的

1672 年 6 月 7 日发生的索尔湾之战，一个东北部的角度（阿姆斯特丹瑞奇斯克博物馆）

祖母丹麦安妮女王设计的皇家住宅。由于范·德·维尔德通过绘画创作了荷兰民族叙事，他现在也为英国创作了同样的作品，对皇家海军及其在 17 世纪最后几十年对公海的征服进行了宏大的描绘。

范·德·维尔德与朱迪思·阿德里安多克特尔·范·列文的关系很不融洽，他们于 1631 年结婚，于 1662 年离婚，但后来又和好了。他们有三个孩子：玛格达莱娜（1632—?），风景画家阿德里安（1636—1672）和小威廉（1633—1707）。小威廉经常和他的父亲一起工作，并因自己的画作而闻名，他的许多作品和他父亲的一样，都是受英国政府委托创作的。随着威廉和玛丽于 1689 年即位，范·德·维尔德失去了皇家委任，从格林尼治搬到伦敦皮卡迪利广场附近。他于 1693 年 12 月 13 日在伦敦去世，葬在伦敦威斯敏斯特的圣詹姆斯教堂。

珍妮弗·戴利

拓展阅读

Cordingly, David.1982.*The Art of the van de Veldes*. "Introductory Chapter." London：National Maritime Museum.

Robinson, M.S., 1953 and 1978.*Van de Velde Drawings*：*A Catalogue of Drawings in the National Maritime Museum Made by the Elder and the Younger Willem van de Velde*, 2 vols.Cambridge：Cambridge University Press.

Robinson，M.S.，1990.*The Paintings of the Willem Van de Veldes.*Greenwich：National Maritime Museum.

奥斯曼帝国，1450 年至 1770 年

追溯奥斯曼海军力量的历史，关注的重点是奥斯曼领导人对不断变化的地缘政治条件的适应，因为奥斯曼扩张需要投资建立和维持一支海军。奥斯曼帝国政治兴起之初，其规模约有 100 万人。1300 年，海军成为不必要的东西，因为奥斯曼（1299—1326 年）的"贝利克"（由独立的土耳其君主统治的领土）是内陆国。然而，安纳托利亚西部与爱琴海和地中海沿岸的竞争对手土耳其贵族在 14 世纪早期组建了有效的海军，当时奥斯曼人完全依赖陆地力量。尤穆尔·比伊（1334—1348 年）是爱琴海海岸艾登·贝利克的统治者，因其从伊兹密尔对爱琴海岛屿、巴尔干半岛和黑海海岸发动海军攻击而被称为"加齐"（"掠袭者"或"信仰战士"）。以前的海战都和宗教正义有关，而这些骁勇善战的海军战士也在 15 和 16 世纪晚期被奥斯曼土耳其帝国收入麾下。

一旦奥斯曼人获得了海岸线，发展海上力量的必要性就出现了，哪怕只是为了防御。当海军力量被忽视时，帝国的命运受到了影响。奥斯曼人通过征服邻国获得海岸，同时获得了领土和经验丰富的海员。这些海员通常来自沿海地区的居民，到了 14 世纪，沿海地区的居民都是在多种族和多宗教的基础上混居的。因此，奥斯曼帝国的海员来自许多不同的种族背景，但是那些成功的人具有个人航海经历上的共同特征。

在 15 世纪，奥斯曼帝国海军与陆地部队的部署相结合，以便为苏丹征服各地。在统治初期，出于君士坦丁堡的战略和象征意义，穆罕默德二世（1451—1481）决心征服君士坦丁堡。这种征服需要陆海军之间的协调。梅米德二世第一次获得博斯普鲁斯海峡的控制权，他在欧洲海岸建造了一座名叫乌奇·希萨尔的城堡，与亚洲海岸上巴耶齐德一世（1389—1402）建造的城堡阿纳多卢·希萨尔相对应。接着，奥斯曼军队占领了马尔马拉海沿岸的海港，随后，在加里波利建造的奥斯曼舰队穿过达达尼尔海峡进入马尔马拉海，在那里与包围君士坦丁堡的奥斯曼军队进行了再次改编。拜占庭人在被称为金角湾的入口处拉了一条锁链，以防止奥斯曼舰队在城墙上攻破另一个位置。在 4 月的一个夜晚，奥斯曼军队拖着大帆

船越过加拉塔山来到金角，轰炸海堤。1453 年 5 月 29 日，舰队打破了锁链，进入了金角，并协助陆军征服了这座城市。

　　奥斯曼海军在奥斯曼帝国的持续扩张中扮演着越来越重要的角色，因为穆罕默德的儿子巴耶齐德一世（1481—1512）开始将海盗（私掠船）纳入奥斯曼官方海军部队。16 世纪奥斯曼海权的基础是在 15 世纪后期奠定的。16 世纪最著名的两位海员，以其制图工作而闻名的皮里·赖斯（1553 年去世）和以奥斯曼舰队司令的胜利而闻名的海雷丁·帕沙（1546 年去世），将他们的海军技能归功于他们作为海盗的训练。尽管这两个人都来自奥斯曼帝国领土的核心部分，但在后来以官方身份为奥斯曼国家服务之前，他们都独立于奥斯曼国家取得了成功。

　　海军力量对苏莱曼大帝统治时期的奥斯曼帝国至关重要。在塞利姆一世（1512—1520）于 1517 年击败马穆鲁克之后，奥斯曼人统治了埃及、叙利亚和阿拉伯。为了保卫这些领土并从它们的贸易和资源中获益，一支有效的海军是必不可少的。在 15 世纪 30 年代，苏莱曼认识到有必要派遣具有海军专长的人来领导奥斯曼帝国的海军。在海雷丁·帕沙的领导下，奥斯曼海军控制了整个地中海，尤其是他在 1538 年取得了普雷维拉卡战役的胜利后。随着奥斯曼人与法国结成军事联盟，奥斯曼人也影响了欧洲的均势局面。这个联盟的一项重要诉求是支持法国在 15 世纪 40 年代和 50 年代与奥斯曼舰队在西地中海的倡议。1543 年，奥斯曼舰队与法国军队联合围攻尼斯，然后在法国过冬，最后于 1544 年返回伊斯坦布尔。奥斯曼海军力量继续影响 15 世纪 60 年代的事件，1560 年哈布斯堡军队在杰尔巴战败。1571 年，奥斯曼人在莱班托遭受了一次重大的海军失败。他们的海军为征服塞浦路斯提供了便利。1574 年，奥斯曼帝国的陆海军一起征服了突尼斯，这确保了他们对除摩洛哥以外的北非大部分海岸的控制。然而，在这些征服之后，海军被忽视，这种情况持续到 17 世纪初，使奥斯曼帝国的财产容易受到海上攻击，尤其是马耳他骑士团和其他基督教海盗的攻击。

　　1517 年对埃及的征服也影响了奥斯曼帝国的海上贸易。亚历山大港在历代王朝一直是贸易中心，并在奥斯曼帝国统治下得以延续，尽管许多欧洲船只继续在那里贸易。此外，奥斯曼帝国在埃及和伊斯坦布尔之间的海上贸易对帝国的繁荣至关重要。埃及成为伊斯坦布尔粮食和财富的来源。奥斯曼帝国和哈布斯堡王朝之间的主要海战在勒班托战役（1571

年）之后停止，但是在 16 世纪后期和 17 世纪上半叶，双方对对方商船的攻击均有所增加。埃及和伊斯坦布尔之间的重要海上贸易通常受到奥斯曼海军的保护，但是如果这种保护无法实现，奥斯曼的航运损失可能会很大。尽管奥斯曼帝国将其大部分资源用于保护地中海和黑海的贸易，它还是在印度洋与葡萄牙人发生冲突，阻止葡萄牙人垄断该地区的航运，并完全控制印度洋。除了海上贸易，奥斯曼帝国的臣民从伊斯坦布尔乘船到埃及去朝圣。17 世纪，一艘载有高级官员前往埃及朝圣的奥斯曼船只遭到袭击，引发了奥斯曼—威尼斯在克里特岛的战争。

17 世纪下半叶，随着帝国扩张的停止，奥斯曼帝国海军的优势逐渐减弱。1644 年，奥斯曼帝国决定征服威尼斯的领地克里特岛。这是帝国最后一次重大的领土扩张。对克里特岛的远征始于 1645 年春天，尽管该岛的大部分地区很快被征服，但要塞城市坎迪亚（伊拉克利翁）直到 1669 年才被征服。因为奥斯曼帝国的舰队无法对该岛进行有效的海上封锁，这座城市的征服推迟了 24 年。更明显的是，在 1647—1656 年间，威尼斯舰队经常阻碍奥斯曼人穿越达达尼尔海峡。1656 年，威尼斯在海峡给奥斯曼帝国带来了自勒班托以来最严重的失败。奥斯曼海军的弱点可以解释为缺乏有效的海军领袖，因为奥斯曼人在 75 年的海盗战争中没有充分利用他们的海军力量。这通常被解释为不愿意更新他们的船只，同时宁愿雇用大型帆船，都不愿意雇用战舰。

意识到包括首都在内的许多领土由于海军薄弱而变得脆弱，奥斯曼海军于 1682 年组建了一个航行舰队，由一名官职为"卡普达"的军官指挥，这些军官经常是称职的海员。然而，海军总指挥官仍然是加莱船舰队的指挥官，他们通常是从传统的行政精英中招募的，基本没有海军经验。因为海军将领的人数超过了战舰指挥官的人数，这些"卡普达"专家的建议可能会被忽略——有时会带来灾难性的后果。在 18 世纪，奥斯曼帝国的主要敌人是俄罗斯帝国。在凯瑟琳大帝统治期间（1763—1794 年），一支俄罗斯探险队从波罗的海穿过直布罗陀海峡，穿过地中海，进入爱琴海。这次远征的最初目的是帮助伯罗奔尼撒半岛的希腊人反抗奥斯曼人。当这种情况变得无法维持时，俄罗斯舰队的目标变成了通过达达尼尔海峡以控制海上交通。尽管有人警告说奥斯曼舰队正在前往地中海的途中，探险队还是将其击退。1770 年 7 月，俄国人用装载有火药的船只摧毁了奥斯曼帝国的舰队，该舰队曾在塞斯港避难。这一失败造就了俄罗斯在黑海的统治地位，正如《库库古库克·卡伊纳卡条约》（1774 年）所解释的那样，并进一步推动了奥斯曼海军的训练和专业化。

与俄罗斯的战争，持续到 19 世纪，通常与支持巴尔干民族主义有关。在希腊独立战争（1821—1832 年）期间，俄国、英国和法国的联合舰队在 1827 年纳瓦罗诺战役中击败了奥斯曼和埃及的联合舰队。为了替换在这场战斗中损失的战舰，马哈茂德二世（1808—1839）为伊斯坦布尔的造船厂招募了熟练的外国人。第一艘奥斯曼帝国蒸汽船于 1837 年下水，其他船只建于 19 世纪 40 年代，尽管它们依赖英国锅炉和枪支。奥斯曼帝国的海军不仅军舰的制造技术落后，而且缺乏训练有素的军官和水手来驾驶这些新船。奥斯曼人引进外国顾问来训练海军，结果好坏参半。对奥斯曼政府来说，奥斯曼帝国海军的军官训练是一个很重要的任务，但这并不总是这些外国任命者的首要任务。由于海军军官经常缺乏航海训练和航海经验，所以发生了更多的灾难，比如 1853 年克里米亚战争期间（1853—1856 年），俄罗斯摧毁了在锡诺普的奥斯曼舰队。

1869 年，奥斯曼帝国从英国和法国购买了新的装甲船，用于对抗克里特岛的叛军。1897 年，在克里特岛与希腊的一场战争暴露了奥斯曼帝国海军的全部弱点。奥斯曼舰队的失败迫使阿卜杜勒·哈米德二世（1876—1909）对海军进行现代化改造。他成立了一个评估海军状况的委员会，建议对现有装甲战舰进行现代化改造，并购买六艘外国制造的战舰。阿卜杜勒·哈米德二世在位期间，利用购买船只的可能性来改善与欧洲大国的关系。

就在第一次世界大战前（1914—1918 年），政府领导人做出了彻底改革奥斯曼海军的努力，然而糟糕的财政状况和政治内讧阻碍了更多的进展。100 多年来，英国海军一直在伊斯坦布尔执行任务。1908 年，新任首脑道格拉斯·甘布尔爵士试图对奥斯曼帝国海军进行重大改革。几个因素限制了这个计划的成功，包括：海军指挥通常具有仪式性，许多军官从未在船上航行，但他们却获得了报酬；在土耳其青年革命引发的激烈内部政治动荡中，海军部长在 1908—1911 年间更换了九次。不过，海军改革的主要障碍还在于购买新船的必要性。奥斯曼帝国负债累累，无力购买昂贵的现代战舰。最激烈的谈判涉及从英国和德国购买军舰。尽管有许多财政障碍，1914 年初，英国皇家海军为奥斯曼帝国海军建造了两艘战舰，部分费用由一个公共订购项目支付。1914 年 8 月，随着第一次世界大战的临近，英国政府行使了扣押这些船只的权力，尽管奥斯曼帝国的船员已经抵达英国，接近了苏丹奥斯曼一世和雷沙迪耶。此后不久，两艘德国巡洋舰戈本号和布雷斯劳号（在地中海的一支英国舰队逃离），在达达尼尔海峡避难，并被奥斯曼人"购买"，虽然德国船员仍然留在船上，他们仍然由德国海军上将威廉·苏昆（1864—1946）指挥。尽管奥斯曼决定与中央列强一起加入第一次世界大战比英国夺取两艘战列舰和两艘德国战舰的到来要复杂得多，但这些事件确实影响了支持德国的公众舆论。

几个世纪以来，奥斯曼帝国的海军力量一直是帝国军事力量中不可或缺但经常被忽视的一个方面。帝国的地缘政治形势使忽视海军变得危险，但是帝国庞大的规模和多样化的威胁也使维持强大的海军力量变得困难。由于帝国财政紧张，遭受损失的往往是海军以及奥斯曼帝国的航运。

克里斯汀·伊索姆-维哈伦

拓展阅读

Çelebi, Katip. 2012. *The History of the Maritime Wars of the Turks*. Princeton：Markus Wiener.

Guilmartin, John.1974.*Gunpowder and Galleys*.Cambridge：Cambridge University Press.

Imber, Colin.1980. "The Navy of Süleyman the Magnificent." *Archivum Ottomanicum* 6：211-81.

Isom-Verhaaren, Christine.2011.*Allies with the Infidel：The Ottoman and French Alliance in the Sixteenth Century*.London：IB Tauris.

Soucek, Svat.2008.*Studies in Ottoman Naval History and Maritime Geography*.Istanbul：Isis Press.

Soucek, Svat. 2013. *Ottoman Maritime Wars, 1700-1914*. Istanbul：Isis Press.

Soucek, Svat. 2015. *Ottoman Maritime Wars, 1416-1700*. Istanbul：Isis Press.

Zorlu, Tuncay.2011.*Innovation and Empire in Turkey：Sultan Selim III and the Moderni-sation of the Ottoman Navy*.London：IB Tauris.

加莱船

在整个中世纪，加莱船（Galley）一直是地中海的主要战舰。拜占庭帝国使用的就是加莱船。快速大帆船在中世纪早期的演变体现在四个方面：船桨数量的变化，三角帆取代了方形帆，加莱船完全铺满了甲板，水下柱塞被水面上的骨刺取代。这可能会毁坏敌方船只的船桨并使其瘫痪。动力系统随着时间的推移而改变，从每个桨手划一支单独的桨转变为几个桨手坐在一起拉着同一支桨。

后来在地中海的意大利和穆斯林帆船都源自拜占庭帆船。整个中世纪，意大利的海洋城市都使用加莱船，它们的船只也随着新环境的发展而不断改进。穆斯林国家还建造了舰队，以不同的名字描述了不同大小的船只。12 世纪 90 年代，威尼斯人开始雇用加莱船来运输诸如丝绸、香料和宝石之类的高价商品。加莱船有一条船索和通常数量的划桨人，但由于有三根桅杆，所以船更大，载货更多，帆也更多。这些加莱船还将朝圣者从欧洲运送到圣地。在 14 世纪，这些船是首选的旅行方式，因为它们经常停下来，允许朝圣者在旅途中游览许多地方。

加莱船在 16 世纪不再用于贸易，它们被改造成"三桅装军舰"，威尼斯人将其当作战舰使用。这些船有一个火炮甲板，虽然速度很慢，但它们的火力使它们比普通的加莱船优越。最终，这些需要大量桨手的大型船只变得过于昂贵，难以维护。加莱船的最大开支是桨手的食物和其他补给，这些开支随着加莱船规模的扩大而增加。补充这些物资需要定期上岸，并为舰队保护基地。

加莱船不依赖风，因此在某些任务中，它们优于帆船。奥斯曼人和威尼斯人在 17 世纪就有了加莱船。最终，他们的战术优势被他们的战略局限所削弱。帆船的改进导致它们最终取代了加莱船，甚至包括地中海地区。

克里斯汀·伊索姆-维哈伦

拓展阅读

Gardiner, Robert.1995.*The Age of the Galley：Mediterranean Oared Vessels Since Pre-Classical Times*.London：Conway Maritime Press.

Guilmartin, John.1974.*Gunpowder and Galleys*.Cambridge：Cambridge University Press.

勒班陀战役

在 1571 年 10 月 7 日的勒班陀战役中，由基督教国家仓促组成的神圣联盟舰队在一场激烈的战斗中击败了奥斯曼舰队，这是在地中海的最后一场加莱船之间的大型海战。

　　穆依津扎德·阿里指挥了由 251 艘加莱船组成的奥斯曼舰队。神圣联盟由奥地利人唐璜指挥，由来自西班牙、威尼斯、热那亚、罗马教皇和几个较小国家的船只组成，共有 206 艘大船和 6 艘"加莱赛"（"大的加莱船"）——它们号称装载有比普通战舰多得多的大炮。大约 8 万名奥斯曼士兵和水手面对约有 7 万名士兵的神圣联盟舰队，但后者的船只携带更多的大炮，数量是奥斯曼 750 门大炮的两倍多。1571 年 5 月 25 日，神圣联盟的成员们希望阻止奥斯曼征服威尼斯属地塞浦路斯。

　　17 世纪奥斯曼帝国海军历史学家卡蒂布·C. 埃莱比、乌尔吉·阿里（后来的基利吉·阿里）——一位有经验的战士和阿尔及尔总督，他指挥一部分奥斯曼舰队，建议不要开战。当时正值战争频繁发生的时期，奥斯曼帝国人力不足。乌尔吉·阿里还建议不要让任何船只过于靠近陆地，因为一旦失败，靠岸和逃跑的诱惑太大，这一点准确地预言了部署在靠近海岸右岸的一些船只的情况。尽管如此，乌尔吉·阿里确信他的部队人数超过了敌人，他还是寻求战斗。

　　当舰队彼此接近时，基督教舰队前面部署的六艘战舰对前进中的奥斯曼帝国的中枢造成了巨大的破坏。尽管如此，奥斯曼帝国的军队还是采取了进攻和攻击基督徒侧翼的策略。指挥基督教右翼的热那亚海军上将乔瓦尼·安德烈·多利亚成功地封锁了指挥奥斯曼左翼的乌尔吉·阿里的战船，但是在这一行动中，他的部队和基督教中心之间打开了一个缺口，乌尔吉·阿里利用了这个缺口，突破并占领了几艘船只。然而，中间和左边的基督教势力在激烈的战斗中击败了来自奥斯曼帝国的对手。在奥斯曼人战斗时，乌尔吉·阿里放弃了大部分战利品，带领他的中队走向安全地带。奥斯曼帝国的大约 200 艘船只被击沉或俘获。

　　这场战斗通常被视为历史的转折点，但其直接影响其实微乎其微。奥斯曼人征服了塞浦路斯，没有让基督教势力失去任何领土。然而，据保守估计，训练有素的人力损失为 3 万人，事实证明很难有人再替代。这些人不仅包括水手，也包括精锐的卫队士兵和熟练的弓箭手，他们通常在陆地战斗中充当骑兵。尽管如此，奥斯曼人在接下来的战役期间推出了新的舰队，尽管其船员缺乏经验，但事实证明这是足够的。神圣联盟成员之间的分歧，特别是热那亚和威尼斯之间的长期竞争，很快导致了该联盟的解体，私掠船的非正常行动再次成为地中海海战的主要形式。

克里斯汀·伊索姆-维哈伦

拓展阅读

Capponi, Niccolo. 2007. *Victory of the West*. Cambridge, MA：Da Capo Press.

Guilmartin, John. 1974. *Gunpowder and Galleys*. Cambridge：Cambridge University Press.

Imber, Colin. 1996. "The Reconstruction of the Ottoman Fleet After the Battle of Lepanto." Imber, *Studies in Ottoman History and Law*. Istanbul：Isis，85-101.

苏莱曼·迈赫里等，1480 年至约 1554 年

苏莱曼·迈赫里是 16 世纪最重要的阿拉伯航海家之一。他在印度洋和东南亚岛屿的海上航行方面的工作促进了整个地区的贸易和航运路线的建立和发展。

苏莱曼于 1480 年出生在现代的沿海城镇谢赫尔。他的名字表明他是马哈拉阿拉伯部落的成员。他的私人生活鲜为人知，但年轻时，他成了著名的阿拉伯航海家和制图师艾哈迈德·伊本·马吉德（1421—约1500）的学生。伊本·马吉德和苏莱曼·迈赫里共同撰写了《航海原理实用资料》，这是那个时期的阿拉伯航海著作之一。总的来说，伊本·马吉德倾向于把重点放在航海理论，而迈赫里为普通海员提供有用的细节，他们的合作对海员广泛有益。例如，伊本·马吉德强调了 70颗对导航者有用的恒星，并在他的作品中引用了它们。迈赫里将这个数字减少到了 15 颗重要的恒星，这极大地帮助了他学习如何在印度洋和东南亚岛屿上航行，他在这个区域进行了广泛的旅行，并将主要关注点集中于该地。

迈赫里致力于将经验丰富的海员的经验性知识与他自己的科学调查相结合。他写了五本书和几部关于航海和航海学的短篇作品。它们大多在1511—1513 年间出版，融合了实用和理论知识，详细介绍了航海天文学，洋流，沿海和公海航行，气象学和季风的时间，穿过印度洋、波斯湾、红海和南海的主要海上航线以及港口和其他重要地标的位置。他们还向读者介绍了磁罗盘。迈赫里的作品促进了印度洋的航行，并指出了包括马六

甲、新加坡和几个香料群岛在内的重要市场和贸易中心。他的作品被翻译成土耳其语，证明对奥斯曼帝国扩张到阿拉伯和参与印度洋贸易非常重要。

爱德华·萨洛

拓展阅读

Newton, Lynne S., 2009. *A Landscape of Pilgrimage and Trade in Wadi Masila*, *Yemen*：*Al-Qisha and Qabr Hud in the Islamic Period.* Oxford：Archaeopress.

Sezgin, Fuat. 2000. *Mathematical Geography and Cartography in Islam and Their Continuation in the Occident.* Frankfurt am Main：Institute for the History of Arabic-Islamic Science.

海雷丁·帕沙（巴巴罗萨），约 1466 年至 1546 年

海雷丁·帕沙出生于 1466 年前后的莱斯博斯岛，被欧洲人称为"巴巴罗萨"，是 16 世纪最著名的奥斯曼海员。海雷丁的父亲雅库布是巴尔干地区一名骑兵的儿子，他于 1462 年参与了征服莱斯博斯岛的战役。雅库布留在岛上，娶了当地一名基督教妇女为妻。他们有四个儿子，其中奥鲁克和赫尔（后来被称为海雷丁）成为著名的海员。苏丹·贝耶齐德二世（1481—1512）的儿子科尔库德授权奥鲁克参与打击罗德斯骑士团私掠的行动。但是科尔库德在塞利姆一世（1512—1520）的王位继承战争中失败了，在 1513 年，奥鲁克和赫尔不得不逃离奥斯曼领土，选择在突尼斯附近另起炉灶，在那里他们建立了一个基地。奥鲁克于 1518 年被杀，此后，赫尔独自在阿尔及尔立足。海雷丁对阿尔及尔的控制是脆弱的，1519 年，他派遣使节到塞利姆请求援助。1520 年 9 月，在苏丹提供了 2000 名苏丹亲兵和大炮之后，海雷丁成为奥斯曼帝国的总督，统治了阿尔及尔。在接下来的十年里，海雷丁在阿尔及尔的命运起伏不定，但是他在 1530 年牢牢控制了该地区。

1533 年，苏丹苏莱曼（1520—1566）召见海雷丁，任命他为奥斯曼帝国海军司令。奥斯曼帝国海军曾在几次战役中败给热那亚海军司令安德烈·多利亚，这位曾指挥哈布斯堡皇帝查理五世海军的热那亚海军上将甚至在他正式任命之前就充当了法国弗朗西斯一世和苏莱曼之间的中间人。在乘船前往伊斯坦布尔前不久，他接待了弗朗西斯一世的大使。作为海军

元帅，海雷丁从一个参与私掠的奥斯曼偏远前哨的总督提升为奥斯曼海军的首脑，其职责包括海军领导的各个方面。

在接下来的 12 年里，在 1546 年去世之前，海雷丁带领奥斯曼海军取得了一场又一场胜利。1534 年，他短暂地控制了突尼斯，尽管在 1535 年查理五世征服了这个城市，并安置了一个傀儡统治者。海雷丁回到伊斯坦布尔的第二年袭击了卡拉布里亚海岸。1537 年，海雷丁根据弗朗西斯一世的意愿，准备了一支舰队来支持法国人进攻哈布斯堡在意大利的领地。1536 年，弗朗西斯大使与大维兹尔·易卜拉欣谈判了奥斯曼人和法国人之间的军事联盟。由于后勤问题以及协调法国和奥斯曼舰队的困难，1537 年的联合远征失败了。当时法国舰队未能按计划抵达阿夫隆纳，海雷丁率领奥斯曼舰队包围科孚的尝试失败了，但也成功征服了几个属于威尼斯的爱琴海岛屿。海雷丁于 1538 年在普雷维萨战役中赢得了他最大的胜利。在那里，他击败了安德烈·多利亚率领的威尼斯、教皇和查理五世的联合舰队。他的判断力和勇气将一场潜在的失败转化为彻底的胜利。1539 年，他重新征服了卡斯特利诺沃，该城在普雷维萨之后被多利亚占领。

海雷丁最后一次大规模远征是在 1543 年支持弗朗西斯一世对抗查理五世，这是在与法国大使谈判后安排的又一次远征。海雷丁和奥斯曼舰队前往法国南部，指挥了尼斯的围攻，并保护舰队在土伦港过冬。春天，在得到苏莱曼允许后，他率领舰队突袭了当时在哈布斯堡统治下的意大利海岸。

苏莱曼把海雷丁也列为他最喜欢的人之一，并依赖他对地中海西部的知识。他们在 1543—1544 年之间的通信证明了这一点。海雷丁死于 1546 年，当时他正在为另一次远征做准备。尽管他的继任者是一系列缺乏海军经验的宫廷宠臣，但这些海军将领还是依靠图尔古德·帕沙（1565 年前去世）的建议，他曾与海雷丁作战，并得到海雷丁的指导。

克里斯汀·伊索姆-维哈伦

拓展阅读

Bradford, Ernle. 1968. *The Sultan's Admiral: The Life of Barbarossa*. London: Hodder & Stoughton.

Isom-Verhaaren, Christine.2011.*Allies with the Infidel: The Ottoman and French Alliance in the Sixteenth Century*.London: IB Tauris.

皮里·里斯，约 1465 年至 1554 年

皮里·里斯（Piri Reis），一位著名的奥斯曼制图家，出生于 1465—1470 年间，可能在加利波利。大约在 1481 年，他和叔叔凯末尔·瑞斯（1451—1511）一起出海。14 年来，皮里和凯末尔都是海盗，他们是海上"抗击异教徒的勇士"（"宗教战士"）的一员，袭击基督教商船。皮里从凯末尔那里学到了航海知识，他们从爱琴海一直航行到阿尔及利亚海岸，穿越整个地中海。1495 年，奥斯曼苏丹巴耶齐德二世（1447—1512）招募了凯末尔和皮里两人为其服务。

凯末尔·里斯对建立奥斯曼帝国海军力量的重要贡献包括在地中海与威尼斯人作战、挑战西班牙和葡萄牙的海上扩张。作为一名顾问和成功的海军指挥官，凯末尔赢得了苏丹的喜爱，因此引起了受过教育的奥斯曼帝国宫廷人士的嫉妒。人们认为，也许是伊斯肯德上将派遣凯末尔乘坐一艘不安全的船航行，导致了他的死亡。这艘船在 1511 年的一场风暴中沉没。就这样，皮里失去了他的叔叔、导师以及他在宫廷的影响力。

1511 年后，皮里在加利波利的岸上活动至少与海上活动一样重要。1513 年，皮里绘制了包括美洲在内的地图。他综合了大约 30 张地图的信息，其中包括克里斯托弗·哥伦布绘制的一张地图，这张地图是他从跟随哥伦布踏上美国之旅的西班牙奴隶那里获得的。1517 年夏天，在奥斯曼征服埃及后，皮里在开罗向苏丹塞利姆一世（1465—1520）展示了他的地图。皮里继续在地中海航行，参加了当时最重要的海上冲突，还研究并绘制了地图。

1524 年，当苏丹苏莱曼（1494—1566）派遣大臣易卜拉欣·帕沙（1493—1536）到埃及组织政府时，皮里由于他作为航海家的技能被选为随员。易卜拉欣鼓励皮里修改《海洋之书》的粗略版本，这是一份描述整个地中海的图表，他在 1526 年为苏丹制作了一个更精确的版本。皮里最后幸存的地图成就是一幅世界地图，于 1528 年完成。

皮里·里斯随后从奥斯曼的史料中消失，直到 1547 年他被任命为"苏伊士舰队司令"在印度洋航行。皮里的第一个任务是重新征服亚丁湾，他在 1549 年完成了这个任务。1552 年，皮里率领一支由 30 艘船组成的小舰队从苏伊士起航，攻击葡萄牙控制的另一个战略港口霍尔木兹。

袭击失败了，皮里于 1553 年夏天乘船前往巴士拉，然后返回苏伊士，将大部分舰队留在巴士拉。他从苏伊士前往开罗，在 1554 年，他在那里被处决，可能是因为他在霍尔木兹的失败。皮里的名声到 20 世纪依然响亮，当时他的地图被公认为是制图学的杰作。

克里斯汀·伊索姆-维哈伦

拓展阅读

Isom-Verhaaren，Christine.2014."Was There Room in Rum for Ottoman Corsairs：Who Was an Ottoman in the Naval Forces of the Ottoman Empire in the 15th and 16th Cen-turies?" *The Journal of Ottoman Studies* XLIV：235-64.

Soucek，Svat.1996.*Piri Reis and Turkish Mapmaking after Columbus*.London：Oxford University Press.

葡萄牙，1450 年至 1770 年

作为一个国家和政治实体的葡萄牙王国，起源于 1095 年前后在伊比利亚半岛西北部建立的小厄尔多姆港（"康达多"）。它的领土包括多罗河和蒙德戈河，与卡斯蒂利亚和加利西亚接壤。马迈德战役（1128年）后，阿方索·亨利克斯宣布自己为葡萄牙国王，并通过一系列战役将自己的领土扩展到南部，其中包括成功围攻和占领里斯本（1147 年）。他的继任者继续这些活动，在 1249 年完成了对阿尔加维王国的征服，建立了葡萄牙的现代边界。葡萄牙位于从英国、法国和中欧的北欧市场通往地中海的航线上，是一个重要的贸易中心，国家经历了稳定的经济增长。葡萄牙人出口的主要产品有岩盐、水果、葡萄酒和软木塞等。此外，其不断增长的人口需要持续进口谷物，这些谷物主要来自波罗的海，从丹泽和里加发货。从波罗的海港口城镇出发的汉萨同盟船只也为日益增长的葡萄牙造船业运输木材，因为当地的葡萄牙树种不够高或不够强壮，无法用作船桅。14 世纪末，葡萄牙人还与意大利商人建立了贸易关系。

一般来说，葡萄牙的海上发现和扩张可分为以下时间上连续的四个阶段：大西洋岛屿发现和扩张的时期（1415—1497 年）；大航海时代的发现和建立了一个横跨南美、非洲和印度洋的海洋帝国（1497—1580 年）；伊比利亚两国的联合以及荷兰和英属印度公司等欧洲竞争对手的崛起

（1580—1640 年）；葡萄牙人的统治得以恢复，庞贝侯爵（1640—1755）重组帝国。

葡萄牙的海上发现和探索始于在约翰一世统治时期（1358—1433年）对休达的征服。这个港口城市位于非洲大陆的北端，与伊比利亚半岛被直布罗陀海峡隔开，征服这个港口城市是政治、宗教和经济因素共同作用的结果，它体现着葡萄牙在伊比利亚半岛以外扩大统治的可能性。天主教会批准了对穆斯林的十字军东征。在伊比利亚半岛，基督教国家与穆斯林格拉纳达交战；在北非，葡萄牙人占领了由商队穿越撒哈拉沙漠带来的非洲商品和当地种植的谷物的重要市场苏塔。

在 15 世纪的头几十年里，葡萄牙人探索大西洋，在马德拉群岛和亚速尔群岛上考察并建立种植园，然后沿着非洲海岸向南航行。在航海家亨利王子（1394—1460）的指挥下，他们到达几内亚湾和佛得角群岛，并沿着塞内加尔河探险。后来的航海探索了黄金海岸（大致相当于现在的加纳），并与当地人民建立了贸易关系，用谷物和布料交换黄金（后来又交换奴隶）。巴托罗穆·迪亚斯（1451—1500）于 1488 年完成了对非洲大西洋海岸的勘探，同年绕过了非洲南端，进入了印度洋，到达了今天在南非被称为阿古拉斯湾的地方。

为了维持和扩大在这些新土地上的政治和经济活动，葡萄牙人在战略要地［包括阿古丁（毛里塔尼亚西部）和埃尔米纳（几内亚湾）］建造了设防的贸易点（一般称作"feitorias"）和要塞，借此辐射影响力和维护船只。在14 世纪 60 年代，葡萄牙国王授予威尼斯商人费尔南多·戈麦斯开发和商业化佛得角群岛的垄断权。到 15 世纪末，葡萄牙政府将大西洋经济活动集中于位于里斯本的几内亚和米纳商会（Casa de Guiné e da Mina）。1482 年，在约翰二世（1455—1495）统治时期，王室开始规划和管理前往葡萄牙海外贸易点的航线，包括圣乔治·达米纳、阿古丁和佛得角群岛。当时，这些据点成了向阿德拉群岛和加那利群岛种植园提供奴隶的重要转口港。作为交换，中欧的金属制品如铜和黄铜手镯、水壶和刀具被出口到非洲市场。

葡萄牙扩张的第二阶段是在瓦斯科·达·伽马和佩德罗·阿尔瓦雷斯·卡布拉尔分别航行到印度洋（1497—1499 年）和巴西之后（1500年）建立的第一个欧洲海上帝国。1494 年前，葡萄牙国王约翰二世和西班牙统治者卡斯蒂莱的伊莎贝尔一世以及阿拉贡的费迪南德二世签署了《托德西拉斯条约》，保证了葡萄牙对这些新发现的领土的主权，这些新发现的领土分割了世界，在伊比利亚强国之间大西洋和印度洋的领土还未被欧洲人发现。达·伽马和卡布拉尔成功航行后，葡萄牙的勘探和扩张加速，在印度洋和大西洋上遵循不同的模式。然而，葡萄牙的统治者控制了贸易，禁止在其日益壮大的帝国的各个地区之间直接航行，要求其组成部分之间的贸易，如印度洋、西非和巴西，通过里斯本——葡萄牙的首都和主要港口进行。

葡萄牙帝国的东部，即"葡属印度邦"，在 1506 年正式建立，由总督统治，从非洲的好望角一直延伸到马六甲、东帝汶和中国澳门。贸易总部设在里斯本的印度商会，这是一个以皇室为中心的组织，源于航海家亨利建立的几内亚和米纳商会，其设立目的是确保对非洲贸易的垄断。这个葡萄牙皇家机构管理着国家大部分的海事活动，包括船舶的设计和建造。它每年都配备和组织贸易船队，航行到其海外属地和贸易前哨，并控制海外产品的销售。葡萄牙希望通过里斯本和安特卫普市场大量进口亚洲香料，特别是胡椒粉，并出口欧洲金属制品和铜锭，从而垄断欧洲和亚洲之间的长期贸易。

"倾斜"技术

"倾斜"是指一种用于清洁和维修的技术，修理没于水下的船体。

船舶的船体，特别是浸泡在热带水域的木质船体，很容易受到诸如船蛆等海洋生物的攻击甚至破坏。包括藤壶和海藻在内的其他海洋生物也聚集在浸没于水下的船体表面，干扰沿着船体的水流，降低速度，增加运营成本。清洁可以恢复船体的效率，保护船体免受海洋生物的破坏性影响。

在使用"倾斜"技术之前，船员通过卸载尽可能多的货物、备用品和其他便携材料来减轻船的重量。倾斜是通过把船开到浅水中，让它在潮水退去时沉入地面来完成的。为了暴露更多较低的船体，可以安装绳索和滑轮使船进一步倾斜。在修理和重新密封船体铺板之前，船员清除暴露在外的船体上的杂草和其他生物。然后船向相反的方向倾斜，露出另一侧。清洗和修理工作完成后，船在涨潮时再浮起。

拉里·A. 格兰特

印裔葡萄牙人的航行和商业活动依赖于一个由海军陆战队（葡萄牙武装商船）和大帆船组成的舰队系统（被称为"远征印度的舰队"），该系统将葡萄牙帝国的首都里斯本与印度王国的首都果阿联系起来。由于印度洋的航行受季风的控制，这些舰队遵循定期的出航和返航日历。他们于 3 月至 5 月离开里斯本，8 月底或 9 月抵达印度，12 月底或 1 月开始返航，8 月或 9 月回到欧洲。总的来说，往返航行需要将近一年半的时间。从整个埃斯塔多·达尼迪来的货物，主要是香料和瓷器，被运往果阿，再从那里运往里斯本。欧洲的货物依次流向果阿，然后从那里运往亚洲其他地区。

葡萄牙西帝国，特别是在巴西的勘探、建立定居点，遵循了不同的模式。在其最初的几十年中，国王授予一些商人为期数年的垄断特权，其中包括诺罗尼亚的费诺南（约 1470—1540），使他们有权出口巴西商品，如巴西的木材。作为交换，国王要求这些商人建立稳定的贸易站，并自费探索周边地区。这些私人财富创造了永久性定居点和城镇的基础，如佩纳姆布科和巴伊亚，它们在巴西周围蓬勃发展。由于大西洋缺乏由季风导致的刚性模式，贸易船队每年会进行几次航行。

15 世纪 70 年代，由于亚洲香料贸易的利润下降，巴西甘蔗种植园的成功为皇室提供了新的收入来源。这引发了一场从帝国东部地区向大西洋彼岸贸易的转向，这种贸易持续了两个世纪。

到 16 世纪末，葡萄牙人面临着来自荷兰和英国东印度公司日益激烈的竞争，在 1580—1640 年间，葡萄牙自己也落入西班牙国王的统治之下。商业竞争导致大西洋和印度洋的海战延伸到东南亚。葡属印度内部的政治冲突和腐败进一步加剧了葡萄牙的问题。胡椒价格的下降也是如此，这是由于竞争和对欧洲出口的增加导致的。1622 年，一支英国与波斯联军打败了葡萄牙人，并将他们驱逐出霍尔木兹。荷兰人在东南亚日益活跃，在 1641 年打败了葡萄牙人，从他们手中夺取了马六甲。葡萄牙在亚洲的地位在 17 世纪持续下降。

荷兰还袭击了葡萄牙在西方的领地，占领了部分领土。从 1624 年荷兰人占领巴西东北部，到 1654 年葡萄牙人将荷兰人驱逐出累西腓岛，巴西的甘蔗种植园持续蓬勃发展，葡萄牙参与的跨大西洋奴隶贸易为他们和西班牙在秘鲁的银矿提供了劳动力。甘蔗出口仍然是葡萄牙王室的主要收入来源，后来又加上巴西很兴旺的烟草和牛。在巴西发现的黄金引发了

18 世纪的淘金热，矿业公司纷纷涌向里约热内卢及其以北的米纳斯吉拉斯州，葡萄牙的收入进一步增加。

巴西向印度洋地区出口烟草恢复了葡属印度邦的活力，就像 17 世纪晚期参与东非奴隶贸易一样。葡萄牙与中国内地的贸易继续通过澳门进行，在葡萄牙政府允许巴西与葡萄牙东部领土之间直航后，特别是果阿和澳门，整个葡萄牙的贸易额因此而增加。轮船在巴西停泊，装载烟草和黄金，驶向印度，在那里卸下货物，然后载着新货物驶向里斯本。其他船只将在莫桑比克港口停靠，为巴西运送奴隶，然后将烟草、糖和黄金运往里斯本，继而运往欧洲市场。

在 18 世纪中叶，特别是 1755 年毁灭性的里斯本大地震之后，葡萄牙在其帝国实施了深刻的结构改革，许多人在当时的国务卿塞巴斯蒂安·何塞·德·卡瓦略·埃·梅洛（1699—1782）的命令下，进一步开放了帝国的贸易。莫桑比克以前是印度的一部分，在 1752 年获得了行政独立，随着时间的推移，葡萄牙东帝国的其他部分也获得了独立，同时越来越多的种植园在巴西建立，种植棉花、可可和咖啡。除糖和烟草外，非洲奴隶流向巴西的数量不断增加，扩大了葡萄牙对奴隶贸易的参与。

托尔斯泰·多斯桑托斯·阿诺德

拓展阅读

Borschberg, Peter. 2010. *The Singapore and Melaka Straits: Violence, Security and Diplomacy in the 17th Century*. Singapore. NUS Press.

Boxer, Charles R. 1991. *The Portuguese Seaborne Empire, 1415–1825*. Manchester: Carcanet.

Boxer, Charles R., 2001. *The Church Militant and Iberian Expansion, 1440–1770*. Baltimore: Johns Hopkins University Press.

Boyajian, James C., 1993. *Portuguese Trade in Asia under the Habsburgs 1580–1640*. Baltimore: Johns Hopkins University Press.

Disney, Antony R., 2009. *A History of Portugal and the Portuguese Empire*. Cambridge: Cambridge University Press. 2 vols.

Fonseca, Luís Adão da. 1999. *The Discoveries and the Formation of the Atlantic Ocean: 14th Century to 16th Century*. Lisbon. Comissão Nacional para as Comemorações dos Descobrimentos Portugueses.

Newitt, Malyn. 2005. *A History of Portuguese Overseas Expansion, 1400–*

1668.London，New York：Routledge.

Newitt，Malyn. 2010. *Portugal in European and World History*.London：Reaktion Books.

Russel－Wood，A. J. R. 1998. *The Portuguese Empire，1415－1808—A World on the Move*.Baltimore：Johns Hopkins University Press.

Souza，George Bryan.2004.*The Survival of Empire：Portuguese Trade and Society in China and South China Sea，1630－1754*.Cambridge：Cambridge University Press.

Subrahmanyam，Sanjay.1993.*The Portuguese Empire in Asia 1500－1700：A Political and Economic History*.London，New York：Longman.

阿方索·德·阿尔布克尔克，1453 年至 1515 年

阿方索·德·阿尔布克尔克（Afonso de Albuquerque）是葡属印度的第二任总督，也是葡萄牙帝国的缔造者之一。作为一名成功的外交家和将军，他帮助葡萄牙获得了对亚洲香料贸易的垄断地位，葡萄牙在 16 世纪的大部分时间里一直保持着这种贸易。

作为弗兰克斯维尔勋爵岗卡罗·德·阿尔布克尔克和多纳·埃莉诺·德·梅内兹的次子，阿尔布克尔克参加了葡萄牙国王阿方索、约翰二世和曼努埃尔一世在北非的几次战役。在瓦斯科·达·伽马成功从他的第一次印度之行返回时，曼纽尔一世派遣了一系列远征队去印度。阿尔布克尔克指挥的第五支队伍于 1503 年 4 月 6 日出发，9 月 2 日抵达科钦。在那里，阿尔布克尔克推翻了当地的统治者"萨摩林"，代之以一个对葡萄牙友好的政权。为了确保葡萄牙人的控制，他在科钦建立并驻守了一座要塞，还在奎隆建立了一个贸易站，然后带着满载香料的货物回到了家乡。

在与王室就葡萄牙在亚洲的政策进行了长时间的讨论之后，阿尔布克尔克于 1506 年 4 月 6 日率领第八次远征印度次大陆。在途中，在阿尔布克尔克接到了国王任命他为葡属印度总督的密封命令，代替葡萄牙的第一任印度总督弗朗西斯科·德·阿尔梅达。阿尔布克尔克和达库尼亚击败了一支阿拉伯舰队，并在东非的索科特拉建立了一个要塞，以控制红海和印度洋之间的通道。之后，阿尔布克尔克与达古纳分离，并于 1507 年 8 月率领七艘船在波斯湾的入口处占领了霍尔木兹。阿尔布克尔克由于缺乏资源和他的军官之间的不和，被迫放弃了这一地区，前往印度，沿途袭击阿

拉伯和波斯海岸。在印度，他与阿尔梅达对峙，阿尔梅达拒绝放弃他的职位，直到他为儿子的死报仇。1509 年 2 月，阿尔梅达在第乌击败了奥斯曼帝国领导的联军舰队，取得了决定性的胜利。

阿尔布克尔克希望控制和驻守该地区的主要港口。他第一次攻击科钦失败了，但在 1510 年 11 月，他占领了果阿——葡萄属印度的首府。1511 年 7 月，他占领了富饶的马六甲港，其战略位置使葡萄牙能够主导与香料群岛东部的贸易。然而，阿尔布克尔克花在保卫葡萄牙帝国上的时间和他扩张葡萄牙帝国的时间一样多，但他的军队力量薄弱，使继续扩张变得困难。1513 年在红海的激烈战役并没有带来新的征服，但在 1515 年 2 月，他的军队将波斯人从霍尔木兹赶走，并使其统治者成为葡萄牙的附庸。阿尔布克尔克在这次竞选中病倒，在前往果阿的途中去世。在果阿，他原以为自己会在那里面对那些急于取代他的政治对手，就像阿尔梅达一样。

雅库布·巴斯塔

拓展阅读

Bouchon, Geneviève.1992.Albuquerque.Le lion des mers d'Asie.Paris：Editions Desjon-quéres.

Disney, A.R., 2009.*A History of Portugal and the Portuguese Empire.*Cambridge：Cambridge University Press.

Prestage, Edgar. 1929. *Afonso de Albuquerque*, *Governor of India：His Life*, *Conquests and Administration.*Watford, England：Voss & Michael.

佩德罗·阿尔瓦雷斯·卡布拉尔，约 1467 年至 1520 年

佩德罗·阿尔瓦雷斯·卡布拉尔（Pedro Alvares Cabral）是一名葡萄牙水手和航海家，被公认为第一个探索巴西海岸的欧洲人。卡布拉尔是穷贵族费恩·卡布拉尔和伊莎贝尔·德·古维亚 12 个孩子中的一个。他曾在曼努埃尔一世（1469—1521）皇家法院任职，并在国王议会和基督军令中获得职位。卡布拉尔的早期生活和职业所知甚少，但他一定赢得了皇家的信任，因为在 1500 年 2 月，他被任命为前往印度的第二支葡萄牙舰队的指挥官。

卡布拉尔指挥 13 艘船和 1500 人于 3 月 9 日离开里斯本。舰队沿着非洲西海岸著名的路线经过加那利群岛。当他们向西南航行时，在 4 月 22 日发现了陆地，并探险了 10 天。他们最初认为那里是一个岛屿，但他

们很快意识到发现了一大片陆地，后来以一种当地的木材将之命名为巴西。他们持有大量土地，与当地人进行贸易，并根据《托德西拉斯条约》征用土地。一艘船返回葡萄牙报告这一发现，其他船只继续向南航行，在 5 月 23 日或 24 日遭遇严重风暴，几艘船在风暴中失踪。

幸存的船只在古德角附近的非洲海岸会合，希望在继续前往印度的航程之前在那里进行维修。卡布拉尔沿着非洲东海岸航行，在马林迪与当地统治者会面，然后穿越印度洋，于 9 月 13 日抵达卡利卡特。在那里，卡布拉尔成功地与当地的统治者"扎莫林"建立了关系，并获得了设立贸易站的许可。然而，在 12 月 17 日，当地的阿拉伯商人和一些印第安人袭击了这个哨所，杀死了大部分的成员。在扎莫林拒绝卡布拉尔惩罚袭击者并提供赔偿之后，他炮轰了这座城市并袭击了当地的船只，俘获了 10 艘阿拉伯船只，并处决了他们的船员。

探险队随后向东南航行到科钦，卡利克特的对手、卡利克特的统治者热烈欢迎卡布拉尔。交易成功后，他们在 1501 年，即新年后不久，乘船回家。卡布拉尔派出了他最快的快艇来报告他成功的消息。卡布拉尔本人于 1501 年 7 月 21 日带着剩余的船只抵达葡萄牙，并与在前一年的风暴中失去的一艘船只重聚。总之，他的七艘船返回葡萄牙，其中五艘满载贸易货物。尽管在船只和船员方面损失惨重，但这些货物使探险队获得了几乎 10 倍的利润。

国王曼努埃尔一世对这次探险的结果很满意，并最初指派卡布拉尔率领另一支探险队前往印度，在卡布拉尔返回之前，他已经派遣几艘船去巴西探险。由于尚不清楚的原因，卡布拉尔失去了国王的支持，在监督舰队准备再次航行时被解除了指挥权。卡布拉尔回到他在下贝拉地区的领地养老，从此再也没有航行过。

雅库布·巴斯塔

拓展阅读

Greenlee, William Brookes (ed.). 1938. *The Voyage of Pedro Alvares Cabral to Brazil and India from Contemporary Documents and Narratives*. London: Hakluyt Society, 2nd series, no.81.

MacClymont, James Roxburgh, William Brooks Greenlee, Pero Vaz de Caminha et al. 2009. *Pedro Cabral*. Middlesex: Viartis.

轻便帆船

尽管轻便帆船（Caravels）被用于各种海上航行的角色，包括做战船使用，但其最重要的历史作用是被葡萄牙探险家用来克服非洲海岸的航行危险。葡萄牙和西班牙的探险家一直使用轻便的小帆船，包括克里斯托弗·哥伦布的"尼娜"号和"品塔"号，作为 14、15 和 16 世纪探险的主要船只。

使用"小帆船"来描述所有这些船只，并不意味着它们是按照标准设计建造的。个别船壳往往根据造船商和探险家的要求而有所不同，而且在使用期间，该类型的基本特征也有很大差异。大多数对船的描述依赖于零碎的记载和推测，因此只有一般的特征是已知的。

欧洲探险家的轻便帆船大约有 60 英尺长，40—75 英尺的长度也并不少见。从剖面上看，主甲板的线沿着船舶长度上平滑连续的曲线（垂直线），上升到船头和船尾水线上方的最高点。尽管船头没有任何升高的上层建筑，但在船尾的一个封闭舱上装有升高的船尾甲板。小帆船的几个特点，包括三角帆的使用和船体的一般形状，可能起源于阿拉伯单桅帆船。不管它的起源是什么，商队在 12 世纪中期在地中海开始使用小帆船，13世纪中期开始在大西洋使用它。

早期的商队使用的是全方位的三角帆，这使得他们比单独使用方帆更有效地"迎风航行"。大约在 1400 年后，许多商队使用了一种组合式索具，这种索具将拉藤帆和方帆结合在一起，以便在上下风航线上获得更大的灵活性。通常装有两根桅杆，一些船上有三根甚至四根桅杆。

克拉维尔号的船身是由一根直龙骨构成的，它采用一种称为"雕刻"结构的方法，将木板边缘（不重叠）铺在一个内部框架上。这产生了一个强大的平滑的船体，可以承载更多的帆，也可以更快地通过水道。平底船和船体的整体强度也使其适合在浅水中使用。最初，在 15 世纪末，轻便帆船的船尾被磨圆，采用了一种平的横框船尾，在中心线上安装了一个舵。随着欧洲与东部富裕的转口港的贸易，货运量较大的船只取代了轻便帆船。

拉里·A. 格兰特

拓展阅读

Parry, John Horace.1974.*The Discovery of the Sea*.New York：Dial Press.
Unger., Richard W., 1980. *The Ship in the Medieval Economy*, *600 -*

1600.London：Croom Helm.

Villain‑Gandossi, Christiane, Salvino Busuttil, and Paul Adam (eds.). 1989.*Medieval Ships and the Birth of Technological Societies：The Mediterranean Area and European Integration.* Valetta, Malta：European Coordination Centre for Research and Documen‑tation in Social Sciences.

巴托洛缪·迪亚斯，1450 年至 1500 年

作为一名葡萄牙探险家和航海家，巴托洛缪·迪亚斯（Bartolomiu Dias）是第一位在非洲南端航行并进入印度洋的欧洲探险家。在那次航行中，他发现，通过从佛得角群岛向南航行并远离非洲，船只可以避开先前阻碍环球航行的逆风。一旦往南走得足够远，西风可以助力一艘船绕着开普敦和印度洋环流。这一发现促进了未来葡萄牙对印度洋的探险，特别是瓦斯科·达·伽马（1469—1524）的探险。在葡萄牙国王约翰二世（1455—1495）任命迪亚斯带领一支远征队环游非洲之前，人们对他的早年生活或他在何处获得海上经验知之甚少。1487 年 8 月，迪亚斯离开里斯本，他带着三艘船，在出海的同时绕过非洲最南端，进入印度洋。

一场风暴把船只吹离了海岸线，但在 1488 年 2 月 3 日，迪亚斯到达了距离非洲最南端 160 英里以东的莫塞尔湾。他们继续前往阿尔戈亚湾，然后到达布什曼河口。1488 年 3 月 12 日，迪亚斯在那里放置了一个"界标"（padrão），它是一个大型石灰石标记，葡萄牙人用它来标记领土并作为路标。迪亚斯的探险队在返航途中第一次看到大西洋和印度洋交汇的非洲南端。迪亚斯把这个地点命名为"风暴角"。

1488 年 12 月，国王约翰二世将其更名好望角，象征着进入印度洋贸易的机会。据一些报道，克里斯托弗·哥伦布（1451—1506）在迪亚斯讲述他返回王国的旅程时在场，迪亚斯的报告可能影响了哥伦布探索西部的决定。

迪亚斯离开佛得角群岛寻求在加纳的贸易机会，欧洲人很快发现了可以获得奴隶的非洲海岸。

1500 年，迪亚斯指挥了由佩德罗·伊瓦雷斯·卡布拉尔（约 1467—1520）率领的四艘远征船，他们沿西风航线航行，成为第一个看到巴西的欧洲船队。卡布拉尔的舰队在 5 月 24 日遭遇了一场大风暴，其中几艘船失踪，其中包括迪亚斯指挥的船只。

萨曼莎·J. 海因斯

巴托洛缪·迪亚斯雕像（1450—1500），他是葡萄牙人的贵族。1488 年，他绕非洲最南端航行，从大西洋到达印度洋，他是已知的第一个沿该条路线航行的欧洲人。（saphareovadia/dreamstime.com）

拓展阅读

Bartolomeu Dias Museum Complex. 2015. "Historical Background." http：//diasmuseum.co.za/index.php/about-the-dias-museum/historical-background. Accessed June 15, 2016.

Ravenstein, Ernst Georg, William Brooks Greenlee, and Pero Vaz de Caminha. 2010. *Bartolomeu Dias*. London, England：Viartis.

葡属印度

葡属印度（Estado da India）是一个用来描述葡萄牙人在印度洋和亚洲存在的几个特点的术语。葡属印度是由总督统治并管理的一个王国，以维护葡萄牙在该地的经济和政治利益，并获得对印度洋海上贸易，尤其是欧亚香料贸易的绝对优势。它由一系列的海岸要塞组成，它们被称为"贸易哨所"（trade posts），服务于行政、外交和经济利益。

尽管葡萄牙人的存在很少延伸到内陆地区，但伴随着宗教团体的传教远征，如多米尼加人、方济各会士和耶稣会士于 1540 年成立了耶稣会。弗朗西斯·泽维尔和安东尼奥·维埃拉等著名的天主教神父曾传播罗马天主教，人们把他们称为"印度赞助者"（Padroado da India）。

1506 年，葡萄牙首任总督弗朗西斯科·德·阿尔梅达（D. Francisco de Almeida）建立葡属印度时，葡萄牙在非洲好望角以东没有任何领土。1509—1515 年，在总督阿方索·德·阿尔布克尔克（Afonso de Albuquerque）的领导下，帝国迅速扩张。德·阿尔布克尔克基本征服了包括马六甲和果阿在内的几个关键前哨，并将埃斯塔多的首都迁往这些前哨。在鼎盛时期，葡属印度包括了葡萄牙在好望角之间的所有领土，以及它在澳门、东帝汶和长崎的东部前哨——葡萄牙在 1571 年获准在那里建立一个贸易站。

被称为"印度远征队"的这支舰队，是主要的通信工具，也是执行海外政治、经济和军事战略的手段。除了指导葡萄牙在该地区的扩张，葡属印度还监管印葡贸易。贸易建立在一个集中的亚洲内部港口系统的基础上，如马六甲和摩鹿加群岛，从埃斯塔多的首都进出，以及每年从埃斯塔多的首都到葡萄牙首都里斯本的直航。葡萄牙的竞争对手荷兰、英国和法国后来采纳了葡属印度的一些贸易惯例，特别是在当地可连接中心枢纽的航线，从这些枢纽可直接航行到欧洲港口。

从 17 世纪开始，葡萄牙人在印度洋和亚洲水域的活动由于欧洲竞争者和当地居民的反对而逐渐减少。1622 年，霍尔木兹沦陷于英格兰之手。1641 年，马六甲沦陷于荷兰。莫桑比克于 1752 年分治，中国澳门和帝汶岛于 1844 年分治。葡属印度的最终解体发生在 1961 年，当时印度控制了果阿以及葡萄牙在印度次大陆的剩余领土。

托尔斯泰·多斯桑托斯·阿诺德

拓展阅读

Boxer, Charles R., 1991. *The Portuguese Seaborne Empire*, *1415 - 1825*. Manchester：Car-canet.

Disney, Antony R., 2009.*A History of Portugal and the Portuguese Empire*.Cambridge：Cambridge University Press.

Newitt, Malyn.2005.*A History of Portuguese Overseas Expansion*, *1400 - 1668*.London：Routledge.

Subrahmanyam, Sanjay.1993.*The Portuguese Empire in Asia 1500 - 1700*：*A Political and Economic History*.New York：Longman.

瓦斯科·达·伽马，1469 年至 1524 年

维迪圭拉伯爵多姆·瓦斯科·达·伽马（Vasco da Gama）是第一个从大西洋航行到印度洋并到达印度的欧洲人。在他三次探访印度的过程中，达·伽马帮助欧洲建立了在东非、印度和印度洋的持续联系和贸易。他对当地人民的暴力攻击也造成了在欧洲人与生活在非洲和印度次大陆的许多人民之间的紧张关系。

在达·伽马第一次出航之前，人们对他的生平知之甚少。他可能出生在葡萄牙阿连特霍省的一个小贵族家庭。他于 1481 年加入圣地亚哥军事教团。他的名字第一次出现在当代记录是在 1492 年，当时国王约翰二世（1455—1495）授予达·伽马指挥一项特殊的海军任务。这一命令表明，早在 1492 年，国王就知道并重视达·伽马和他的航海技能。

约翰二世的继任者曼努埃尔一世（1469—1521）选择达·伽马在 1497 年率领舰队前往印度，并任命他为船长。这支舰队建立在葡萄牙几十年来对印度的陆上探险以及之前的海上航行的基础上，这些海上航行都试图到达印度，但都以失败告终。达·伽马奉命前往以胡椒闻名的印度马拉巴尔海岸。他还被告知要与沿途遇到的任何基督徒建立友好关系。

1497 年 7 月初，达·伽马和他的船队，包括 4 艘船和大约 170 名船员，从葡萄牙出发。达·伽马和他的船队并没有沿着西非海岸航行，这通常需要与逆风和逆流作斗争，而是向大西洋之中驶去，利用有利的风和洋流将它们吹向非洲南端。在南非和东非登陆后，达·伽马与他遇到的人民和城邦的交往方式为他的三次航行树立了一个典型的模式。达·伽马个人倾向于怀疑，达·伽马的船员和他们遇到的人民之间经常爆发袭击和全面战争。他还能够利用地方统治者之间的紧张关系为自己谋利。一位友好的统治者——马林迪苏丹，介绍了一位了解印度洋的向导，他带领达·伽马的舰队到达了马拉巴尔海岸。1498 年 5 月 20 日，它停泊在富裕而强大的卡利卡特外。尽管达·伽马希望与扎莫林（来自 "Samudri raja"，意为 "海上领主"）达成官方贸易协议，但他们的关系最终恶化了。在谈判期间，葡萄牙人能够做一些交易，但他们以多次暴力冲突而告终，舰队不得不迅速离开马拉巴尔地区。返回葡萄牙的旅程漫长而艰难。探险队大约一半的成员死于坏血病，迫使达·伽马放弃了他的一艘船。他于 1499 年 8 月底或 9 月初抵达里斯本。

曼努埃尔国王授予达·伽马 "爵士" 的称号、拥有参加皇家委员会的特权、每年的津贴、在印度的贸易特权以及 "印度洋上将" 的称号。曼努埃尔继续赞助每年前往马拉巴尔海岸的舰队，试图与该地区建立一种成功的香料贸易。1502 年，达·伽马被授予第四支前往印度的舰队指挥权。为了报复在卡利克特被杀的葡萄牙人以及与卡利克特的竞争对手科钦谈判官方贸易关系，1503 年，他带着 3 千至 3 千 5 百吨香料返回葡萄牙。

坏血病

当水果和蔬菜短缺的时候，生活在北方气候条件下的人在冬天可能会经历坏血病，但症状可能是温和的。坏血病直到欧洲远航后才被认为是一种疾病。第一次是在瓦斯科·达·伽马从印度回来的航行中发现的。在海上航行数月的水手都有过包括极度疲劳在内的症状：海绵状，牙龈出血；出血性溃疡，随后内出血；妄想；发烧；心脏病；最后是死亡。

　　达·伽马无视当地人的建议，逆风航行，他穿越印度洋的返航需要四个月的时间，170 名船员中几乎一半的人丧生。严重虚弱的船员在返航途中继续死亡，其中包括达·伽马的兄弟帕洛。

　　由于维生素 C 缺乏，坏血病是航海时代困扰水手的最常见的，因缺乏营养而导致的疾病。在海上生活几个月，以硬饼干和腌肉为生，营养不足是常见的。许多船长，如詹姆斯·库克，都在试验他们自己设计的治疗方法，但结果并不一致。

　　到 18 世纪中叶，人们认识到新鲜的食物可以预防坏血病，但直到后来经过详细的实验，医生才确定治疗坏血病的最佳食物。1795 年，在越来越多的医学证据的说服下，英国海军部要求舰队在航行时装备柠檬汁。

斯蒂芬·K. 斯坦

　　在接下来的 20 年里，达·伽马与曼努埃尔国王关系紧张。1518 年，他威胁要离开葡萄牙，并在别处出售他的航海技术，直到 1519 年曼努埃尔让他成为维迪圭拉伯爵。1521 年曼努埃尔去世后，他的儿子约翰三世（1502—1557）决定派达·伽马再次前往印度，希望在那里清除葡萄牙总督府内部的腐败，并与当地人民建立友好的关系。达·伽马被任命为印度总督，并于 1524 年 4 月 9 日动身前往该地区。尽管他于 1524 年 10 月到达科钦并开始他的任务，但他的健康状况迅速恶化，并于 1524 年 12 月下旬在印度去世。

　　当达·伽马去世时，他目睹并参与了前所未有的变化。他 1497 年的航行建立了一条通往印度的海上航线，该航线将持续使用数百年，使欧洲人、东非人、印度人和印度洋其他商人之间的贸易关系得以持续发展。这条路线帮助葡萄牙成为 16 和 17 世纪的主要帝国。他对当地居民的态度和利用紧张局势的能力也有助于确保这个葡萄牙帝国以暴力和征服为基础。

林赛·J. 斯塔克

拓展阅读

Aimes, Glenn. 2005. *Vasco da Gama：Renaissance Crusader*. New York：Pearson Education, Inc.

Disney, Anthony, and Emily Booth（eds.）.2000.*Vasco da Gama and the Linking of Europe and Asia*.Oxford：Oxford University Press.

Subrahmanyam, Sanjay.1997.*The Career and Legend of Vasco da Gama*.Cambridge：Cambridge University Press.

Watkins, Ronald.2003.*Unknown Seas：How Vasco da Gama Opened the East*.London：John Murray.

领航员亨利，1394 年至 1460 年

唐姆·恩里克·德阿维斯，维塞马公爵（Oinfante Dom Henrique Duque ole Viseu），更常见的名字是"领航员亨利"（Prince Henry the Navigator），是一位葡萄牙王子，他在 15 世纪葡萄牙政治生活中发挥了重要作用，并鼓励欧洲力量和贸易扩张到北非、大西洋群岛和韦斯海岸。亨利王子是葡萄牙国王约翰一世（1358—1433）的第三个儿子。通过他个人对在非洲打击穆斯林的兴趣和赞助，亨利促进了葡萄牙探险和海上贸易的发展。

作为第三个儿子，亨利不大可能继承他父亲的王位。相反，他的生计依赖于土地赠款、公务、贸易特权和军事行动。14 世纪 40 年代初，亨利和他的兄弟们说服父亲派遣一支军事远征队去北非。这次探险于 1415 年出发，占领了摩洛哥的主要贸易港口休塔。当亨利返回葡萄牙时，约翰一世任命亨利为维塞马公爵、科维利勋爵和国王的中尉，负责休塔的事务。1420 年，他被任命为基督军令的总督。这一成功的军事行动为亨利提供了他余生的主要焦点之一，即葡萄牙在北非的势力和影响力不断扩大，帮助他领导在 1437 年和 1458 年对丹吉尔和阿尔卡扎尔的攻击。

亨利在休塔的新角色以及作为基督秩序的统治者所获得的资源和权力，推动了他对葡萄牙海上活动的兴趣。摩洛哥军队不断攻击驻扎在休塔要塞的葡萄牙军队。亨利在休塔担任国王的中尉，意味着他有责任监督葡萄牙军舰的驻防。没有证据表明亨利在舰队战船上航行。然而，有证据表明亨利在 1420 年早期拥有这些船，并且他把这些船的指挥权交给了他的家人。这些船只在塞尤塔为葡萄牙人提供食物，还袭击非洲海岸，寻找他们在欧洲出售的奴隶和其他货物。

在整个 1420 年和 1430 年初，亨利赞助和管理的海盗开始在西非海岸外登陆岛屿。尽管未能从卡斯蒂莱岛上夺取加那利群岛，亨利和他的人能

Padrao dos descobrimentos（关于这些发现的纪念碑），在葡萄牙里斯本。主要雕像是航海家亨利王子，他扩大了欧洲对非洲和大西洋的了解。（**coplandj/dreamstime.com**）

够确立葡萄牙人对马德拉、亚速尔群岛和佛得角群岛的控制。亨利于1433 年请愿并被授予对马德拉的管辖权，于 1439 年获得对亚速尔群岛和佛得角群岛的管辖权。这个管辖权允许亨利任命监督这些岛屿的定居和发展的人，并向亨利提供他们利润的一部分。

　　以休塔岛和这些岛屿为基地，亨利麾下赞助的海盗也袭击了非洲西海岸，俘获当地人并作为奴隶贩卖。这种有利可图的突袭和非洲人对这些突袭的反应增加了亨利和更多的欧洲人对沿海岸向南旅行的兴趣，并最终鼓励欧洲商人和更多地区的西非人民建立贸易关系。一旦欧洲人袭击了非洲的一个特定定居点，他们就倾向于向内陆移动，迫使欧洲水手向南航行，为他们的奴隶袭击找到更容易的目标。到了 14 世纪 40 年代后期，这些船只已经驶过博哈多尔角，到达了今天的塞拉利昂境内。他们在撒哈拉沙漠以南遭遇的非洲人民抵抗力更强。这种反抗鼓励葡萄牙人建立工厂，并与非洲集团建立贸易关系。为了换取奴隶和黄金，欧洲人提供小麦、马、盐和布。亨利对这个行业非常感兴趣。他请求对其进行控制，并在 1443 年被授予了垄断权，这意味着在西非进行贸易的任何船舶都需要他颁发许可证。1444 年，他还在拉各斯成立了一个财团，向西非派遣船只，并在 1445 年后在现代毛里塔尼亚海岸外的阿金岛设立了一个贸易点。在整个 14 世纪 50 年代，他努力巩固自己的个人收益，并通过向人们请求承认葡萄牙对非洲和大西洋领土的主权，为他们提供进一步的支持。

尽管亨利本人并没有多次到非洲旅行，但他在休塔岛的统治、对大西洋岛屿定居点的管辖权以及对西非贸易的垄断，意味着他为那些正在探索这些领土、建立和发展与西非人民的定居点、贸易和新接触的欧洲人提供了鼓励以及船只和物资。

林赛·J. 斯塔克

拓展阅读

Diffie，Baily W.，and George D.Winius.1977.*Foundations of the Portuguese Empire 1415–1580*.Minneapolis：University of Minnesota Press.

Newitt，Malyn.1986. "Prince Henry and the Origins of Portuguese Expansion." Malyn Newitt （ed.）.*The First Portuguese Colonial Empire*.Exeter：University of Exeter Press，9–35.

Russell，Peter.2000.*Prince Henry "The Navigator:" A Life*.New Haven：Yale University Press.

Zurara，Gomes Eannes de.1896.*The Chronicle of the Discovery and Conquest of Guinea*.Charles Raymond Beazley and Edgar Prestage （ed.and trans.）.London：Hakluyt Society.

纳乌

"纳乌"（Naus）是指葡萄牙高甲板武装商船，主要用于里斯本和印度之间的航海贸易。从早期葡萄牙的巴托洛缪·迪亚斯去往印度洋发现好望角的航行（1488 年）和瓦斯科·达·伽马的环球航行（1497—1499年），到印度长途海上航行需要一种新的、更耐用的船舶类型，它能够在公海航行并拥有在大西洋比轻快帆船具有更大的货运能力。

纳乌主要在里斯本造船厂建造，但也在波尔图和果阿。纳乌基于一种卡维尔建造的船体结构，特点是在南欧国家普遍使用的骨架优先的铺板方法。纳乌的一般长度与宽度比例为 3：1。这些三桅船设计有三到四层甲板、首楼和船尾楼，船头有方帆，主桅和后桅有横帆。另外一个前桅也装了方帆。纳乌的容量是用托内测量的，其中 1 托内等于 1.368 立方米或334 美制加仑。从 16 世纪到 17 世纪初，纳乌的最大容量从 450 吨增加到800—900 吨。著名的葡萄牙纳乌是"拉玛之花"号，它是阿尔伯克基群岛（Afonso de Albuquerque）在马拉卡（Malaka，1510 年）战役中的旗舰以及俗称胡椒沉船的"我们的英雄夫人"号（1606 年）。直到 19 世纪早期，葡萄牙—印度航运公司还在使用这种特殊类型的船。

托尔斯泰·多斯桑托斯·阿诺德

拓展阅读

Fernandez, Manoel.1995.*Livro de Traças de Carpintaria—Book of Draughts of Shipwrights*.Lisbon：Academia de Marinha.

Gardner, Robert （ed.）.1994.*Cogs, Caravels, and Galleons：The Sailing Ship, 1000—1650*.London：Conway Maritime Press.

Newitt, Malyn. 2004. *A History of Portuguese Overseas Expansion 1400 - 1668*.New York：Routledge.

Oliveira, Fernando.1991.*O Livro da Fábrica das Naus—The Book of Ship-building*, Lisbon：Academia de Marinha.

佩德罗·努涅斯

佩德罗·努涅斯（Peelro Nuñes）是文艺复兴时期最有声望的科学家之一。在地理大发现的年代，这位葡萄牙数学家和制图师写了大量关于宇宙学、航海、代数、球形几何和天文学的书。最出名的是他对航海科学的贡献，他是第一个将数学方法用于航海的人。他发明了几种测量装置协助船舶航行。

努涅斯 1502 年出生于葡萄牙的阿尔卡塞多萨尔，他曾就读于萨拉曼卡大学和里斯本大学。他于 1523 年毕业，娶了一个西班牙女人乔玛·

德·阿里亚斯，他们有六个孩子。努涅斯是葡萄牙国王约翰三世
（1502—1557）的弟弟路易斯王子的导师，并向马蒂姆·阿方索·德索萨
（Martim Afonso de Sousa，约 1500—1564）和乔·卡斯特罗（1500—
1548）教授航海和数学。马蒂姆·阿方索于 1530 年领导了第一次到巴西
的殖民探险；乔·卡斯特罗是一位科学家、探险家和作家，曾担任葡属印
第四任总督等。

从 1532 年到 1544 年，努涅斯在里斯本大学教授数学、哲学和其他领
域的课程，并在写几本书的同时指导许多学生。他于 1534 年开始写《代
数学》，但直到 34 年后才出版完成这部著作。他于 1537 年出版了《环球
航行记》，随后出版了两部航海著作，标志着航海科学的顶峰。1537 年，
乔欧国王任命努涅斯为葡萄牙王国的宇宙学家，以表彰他的专长。努涅斯
继续教授和写作航海和数学，他的著作包括《关于暮光的一切》（De Crep-
usculis，1542 年），这是由他的一个学生提出的问题而写出的书，以及算
术和几何代数书（1567 年）。他的著作有助于发展新的科学方法和制造新
的航海仪器。

以前，用星盘不可能精确测量一段弧的小部分。努涅斯设想了一个非
尼乌斯的概念，即一种可以附在星盘上测量度数分数的仪器。它使用 44
个同心辅助圆来精确读取一个象限中恒星的高度。他的另一个重要发现是
地球仪上的斜航线曲线，也被称为恒向线———一种在两极会聚的螺旋线。
线阵线是一条与子午线保持固定角度的线。一艘沿着固定的罗盘方向航行
的船，它不完全是南北或东西走向的，它是沿着一条斜侧航线航行的。努
涅斯发现了这些线，并主张绘制一幅以直线形式出现的斜侧航线螺旋线地
图。这最终导致了墨卡托投影，目前仍在使用。

吉尔·M. 丘奇

拓展阅读

Martyn，John R.C.（ed.and trans.）.1996.Pedro Nuñes（1502-1578）：His
Lost Algebra and Other Discoveries.New York：Peter Lang Publishing，Inc.

O'Connor，J.J.，and Robertson，E.F.2010."Pedro Nuñes Salaciense." ht-
tp：//www-history. mcs. st-andrews. ac. uk/Biographies/Nunes. html. Accessed
January 25，2016.

Randles，W.G.L.，1997."Pedro Nuñes' Discovery of the Loxodromic
Curve（1537）." Journal of Navigation 50/1：85-96.

俄罗斯，1450 年至 1770 年

俄罗斯的海上传统最常与彼得大帝（1672—1725；1682—1725）联系在一起，彼得大帝为俄罗斯提供了波罗的海港口，并建立了俄罗斯帝国海军。彼得有句著名的宣言："任何拥有军队的君主都有一只手，但拥有舰队的君主便有了双拳。"这句格言被铭刻在 1720 年的《海上活动官方条例》（Morskoi Ustav）的开篇页上。将俄罗斯航海与彼得一世联系起来是准确的，但也是片面的。他强调建立国家海军，但忽略了俄罗斯帝国在没有国家直接监督的情况下所追求的，出于各种目的的丰富经验和深厚的航海传统。彼得的远见超出了海军的战略和商业利益。他把俄罗斯变成欧洲国家的构想包括建造圣彼得堡，他在 1703 年建立的这一北部首都是一个河流之城，有像威尼斯和阿姆斯特丹这样的运河。这座城市横跨几个岛屿和河岸，船只是主要的出行方式。彼得一世也启动了运河系统的建设，以促进货物运到首都，他试图把首都变成俄罗斯最重要的港口。俄罗斯的"欧洲之窗"至今仍保留着与其创始人相关的航海主题。

16 世纪：莫斯科人向外看

在彼得一世之前，早期的俄罗斯政府有着丰富的捕鱼、内河航行甚至海外旅行的传统。有证据表明，第一个俄罗斯国家基辅罗斯（Kievan Rus，成立于 9 世纪）的臣民在黑海上熟练地航行和交易。莫斯科大公国是在蒙古人在 15 世纪中叶被击退后重建的俄罗斯实体，它借鉴了这些海上传统，并沿波罗的海、黑海和里海之间的水系建立了贸易路线。

伊凡四世（1530—1584）收购了几个战略港口，为俄罗斯与周边文明的贸易开辟了新的可能性。在利沃尼亚战争（1558—1583 年）中他征服了纳瓦（1558—1583 年），给了俄罗斯一直都想要的波罗的海港口，但在战争结束时，它于 1581 年被归还瑞典。沙皇在伏尔加河上征服了喀山（1552 年）和阿斯特拉罕（1556 年），为俄罗斯贸易打开了河谷和里海。俄罗斯商人经常从阿斯特拉罕（Astrakhan）航行至里海，阿斯特拉罕位于伏尔加河流入大海的地方。他们与汗国希瓦和布哈拉以及沿海城市巴库和德本特进行贸易。莫斯科商会商人安东尼·詹金森（Anthony Jenkinson）早在 1561 年就记录了俄罗斯舰队和船只在里海的存在。

阿斯特拉罕港在 17 世纪成为俄罗斯与亚洲贸易的主要焦点。向中亚扩张对于获得东方奢侈品是一条捷径，但是除了在 1722—1735 年彼得大帝短暂地占领了里海的西岸外，直到 19 世纪，它仍然不在俄罗斯人的控制范围之内。

1583—1584 年，沙皇伊万四世下令在白海建造阿尔汉格尔斯克港（英语来源称为 Arkhangel，中文译为大天使）。阿尔汉格尔斯克港位于北德维纳河口，比起同样位于北德维纳沿岸但条件不太好的霍尔莫戈里和塞维罗德文斯克（有时被称为圣尼古拉斯），它更不适合停靠深海船只。它的建设使英国和荷兰商人得以开展直接与俄罗斯商人合作的业务，排除了垄断波罗的海贸易的瑞典中间商。阿尔汉格尔斯克被莫斯科人称为俄罗斯的"海上之门"，直到 18 世纪，阿尔汉格尔斯克成为并一直是俄罗斯最繁忙的港口。莫斯科大公国依靠间接税和与通过那里的对外贸易有关的海关收入，占其收入的 40% 以上。通过阿尔汉格尔斯克的主要出口产品是毛皮、"iufti"（一种经过特殊处理的皮革产品）、钾肥、牛脂和谷物。阿尔汉格尔斯克有着边疆城镇的所有特征，也因其臭味而闻名，这是由当地的酿酒厂、牛脂和盐厂以及造船业造成的。就连彼得大帝也在他三次访问中，因为其臭味没有一次留在此地的城里学习航海的艺术。

17 世纪：发展和巩固

俄罗斯北部的捕鱼业全年都在运营，以捕捞淡水鱼、海洋鱼类和海洋哺乳动物为主。波莫人以及土著民族在白海周围的极地地区以及附近的河流和湖泊中生活、捕鱼和狩猎。谈及鱼肉或淡水鱼，如梭子鱼、白鱼、鲈鱼、鲱鱼和胡瓜鱼，它们提供了廉价的日常消费食品。迁徙的鲑鱼是一种很有价值的捕获物。鲱鱼、鳕鱼和大比目鱼是从科拉半岛海岸外的海洋环境中获取的重要商品。猎人们还寻找海象，寻找宝贵的鲸脂和象牙，有些甚至远到斯匹茨卑尔根去猎杀鲸鱼。

科拉半岛的摩尔曼斯克海岸是与丹麦—挪威王国的渔民和猎人进行接触的一个重要地点，偶尔会导致该地区渔业权利的争议。每日捕获的鱼用盐保存下来，并分发到俄罗斯帝国的遥远地区。

在遥远的北方，僧侣和当地寺院在渔业中发挥了重要的精神和实践作用。在危险的海洋环境中，当地人发展了一系列的仪式，将异教徒的迷信与正统基督教的信条结合起来。社区寻求神的保护，并利用东正教的支持。渔民和猎人通常在回家后把一部分利润捐给当地的教堂。修道院还为建造内河和远洋船只提供了一系列熟练的木工和铁匠技术专家，并促进了鱼类和海洋哺乳动物产品的贸易。

就像欧洲在美洲的扩张，俄罗斯向东扩张进入西伯利亚的中心和太平洋是一个征服、流离失所、暴力、剥削和转化的故事。15世纪末，莫斯科公国袭击西伯利亚，把俄罗斯的存在推向了北部和东部。莫斯科公国吞并了俄罗斯历史上波罗的海汉萨贸易出口的独立城市诺夫哥罗德，并在乌拉尔以外展开军事远征，在乌拉尔与西伯利亚土著部落的接触中获得了贡品和毛皮。16世纪，由哥萨克或其他军事人员组成的国家特派团向东行进，收集"伊萨克"（"贡品"），以增加莫斯科公国对该地区的了解和控制。俄罗斯对东部的勘探利用了河网，其中欧卜河、叶尼塞河、利纳河、伊安纳、因迪吉尔卡河和科利马河形成了俄罗斯扩张的连续边界。传说中的哥萨克人埃马克·蒂莫菲耶夫征服了西比尔汗国（1581—1585年），把俄国人带到了额尔齐斯河。伊万·莫斯克维汀于1639年到达太平洋海岸。瓦西里·波亚科夫是第一个到达阿穆尔河（黑龙江）的欧洲人，他沿着阿穆尔河的旅行使该地区部分进入了俄罗斯的区域（1649—1652年）。通过他们的探索，一些哥萨克领导人沿着备受追捧的东北通道旅行。17世纪中叶，西蒙·德日涅夫号从科利马河出发，沿北极海岸航行，进入太平洋。17世纪90年代，弗拉基米尔·阿特拉索夫的探险队绘制了堪察加半岛和鄂霍次克海沿岸的海图。俄罗斯对该地区的扩张也受到无数无名的职业毛皮贩运商（Promyshlenniki）的推动，这些人是企业家、毛皮动物捕捉者、商人和勘探者，他们为了寻找"软黄金"而移居西伯利亚。当西伯利亚毛皮耗尽后，他们就移居到北太平洋的海洋环境中。在阿留申群岛和白令群岛上，他们一直延伸到阿拉斯加，捕猎海獭、海豹和蓝狐，这些动物因此濒临灭绝。

18 世纪：俄罗斯帝国繁荣

对于这些早期的传统，更准确地说，彼得大帝建立的海上传统是把俄罗斯航海置于国家的管辖之下。在彼得一世的统治下，这一传统开始包括他在亚速海（1695—1696年）、里海（1722—1723年）和大北方战争（1700—1721年）中进行的的海军战役。《纳斯塔德条约》（1721年）结束了俄罗斯和瑞典之间的北方大战，将爱沙尼亚和利沃尼亚的领土割让给了俄罗斯帝国，使俄罗斯永久进入波罗的海港口。彼得在圣彼得堡附近建造了码头和海上堡垒等海军基础设施，包括用以容纳波罗的海舰队的克朗斯塔特。彼得还在莫斯科建立了数学和导航科学学院（1701 年）以及圣彼得堡的海军学院（1715 年），为水手和海军工程师提供技术教育。

在彼得的领导下，俄罗斯北部和太平洋海岸的探索也经历了一个更加科学的转变，这是该国日益增长的"领土"的一部分——更加关注帝国用于指导治理实践的空间和资源（桑德兰，2007：34）。由丹麦船长维图斯·白令率领的第一次堪察加探险（1725—1730 年），确立了亚洲大陆和美洲大陆之间的海峡。第二次堪察加探险（1733—1743 年），也是在白令的指挥下，包括一项重要的学术研究——人们开始第一次对堪察加半岛和北太平洋海洋环境的自然历史描述。成立于 1724 年的俄罗斯科学院，在指导和利用从这些探险中获得的知识方面开始发挥更大的作用。普罗米什伦尼基还利用了对该地区地理和自然资源的更好理解，继续获取毛皮并开发环境资源。

凯瑟琳二世（生卒：1729—1796；任期：1762—1796 年）的统治被证明是俄国航海的一大福音。女皇重新组织了海军部的行政机构，为黑海舰队的建设提供了众多资源，并重振了北太平洋地区的科学探索。一些商业和勘探项目因与奥斯曼帝国（1768—1774 年；1787—1791 年）和瑞典（1788—1790 年）的几场战争而搁浅，但其他项目，如比林斯北太平洋探险队（1789—1795 年）则持续推进。因其立法项目而闻名的凯瑟琳大帝通过武装中立联盟（1780 年）建立俄罗斯贸易法律制度，以期获得最佳的国际社会地位。

凯瑟琳的伟大事业之一是第一次群岛探险（1769—1774 年）。1768年俄国—奥斯曼战争爆发后，凯瑟琳从波罗的海舰队派遣了五个中队绕欧洲大陆航行，进入爱琴海。这些中队支援希腊对奥斯曼帝国的起义。摩雷亚的起义失败了，但在 1770 年 7 月 5—7 日俄国海军在爱琴海战役中取得胜利后，海军将领在爱琴海群岛进行了俄罗斯的第一个海外帝国计划。来自希腊群岛的近 30 个岛屿的代表宣誓他们的岛屿将成为俄罗斯的宗主权国家，并且海军司令部开始实施帝国统治，试图最终使希腊人完全自治。这次探险为俄国人提供了一个机会，可以绘制该地区的海军地图和海图，并将古典文明的文物带回俄罗斯。俄国人在 1774 年与奥斯曼帝国签订的和平条约中放弃了所谓的"群岛公国"，以换取其他让步，从而结束了俄罗斯在海外统治的第一次尝试。

在整个 18 世纪，俄罗斯帝国一直努力从奥斯曼帝国手中夺回在黑海航行和安全通过博斯普鲁斯海峡和达达尼尔海峡的权利。1774 年的《库乌卡纳卡条约》是实现这些野心的第一步。奥斯曼帝国的条约让步在 19 世纪一直受到挑战，博斯普鲁斯海峡和达达尼尔海峡成为许多地缘政治争论的主题。

尽管鲜有俄罗斯人生活在海边，但海洋的概念在人们的想象中发挥了重要作用。在俄罗斯的民间传说中，通过对"海洋"的大量暗示（18 世纪的地图上出现了大量的水），他们一直自居是一个海上强国。瓦西里·朱可夫斯基和亚历山大·普希金的浪漫主义诗歌以大海为特色，普希金童话中的许多人物都生活在海边。俄罗斯政府对帝国郊外海洋环境的探索和发现对国际公众保密，这增加了俄罗斯作为陆上帝国的形象。然而在帝国内部，仪式、艺术和文学讲述了俄罗斯作为一个航海帝国的自我形象的不同故事。

朱莉亚·莱金

拓展阅读

Bonhomme, Brian. 2012. *Russian Exploration, from Siberia to Space: A History*. London: McFarland & Co.

Jones, Ryan Tucker. 2014. *Empire of Extinction: Russians and the North Pacific's Strange Beasts of the Sea, 1741 – 1867*. New York: Oxford University Press.

King, Charles. 2004. *The Black Sea: A History*. Oxford: Oxford University Press.

Kivelson, Valerie A. 2006. *Cartographies of Tsardom: The Land and Its Meanings in Seventeenth-Century Russia*. Ithaca, NY: Cornell University Press.

Kotilaine, Jarmo. 2004. *Russia's Foreign Trade and Economic Expansion in the Seventeenth Century*. Leiden: Brill.

Kraikovski, Alexei. 2015. " 'The Sea on One Side, Trouble on the Other': Russian Marine Resource Use before Peter the Great." *Slavonic and East European Review* 93 (1) (January 2015): 39–65.

Sunderland, Willard. 2007. "Territorial Thought and Practice in the Eighteenth Century." In *Russian Empire: Space, People, Power, 1700 – 1930*.

Jane Burbank and Mark Von Hagen（eds.），33–66.Bloomington：Indiana U-niversity Press.

维图斯·白令，1681 年至 1741 年

维图斯·白令是一位丹麦出生的船长，他在 18 世纪为俄罗斯帝国探索北太平洋。他穿过以他的名字命名的白令海，登陆阿拉斯加，使俄罗斯商人、捕鲸者得以进入此地。

白令是以外祖父的名字命名的，是丹麦霍森斯市的乔纳斯·斯文森和安娜·白令的儿子。他的童年是在日德兰度过的。在阿姆斯特丹接受了基本的海军训练后，他搬到了圣彼得堡，在那里，由沙皇彼得大帝建立的俄罗斯海军迅速晋升。俄罗斯是海上探险的后来居上者，沙皇不仅委任外国人为他的舰队的军官，而且领导探险队寻找一条穿过北冰洋到达中国和日本的路线。航海前驱是科尼利厄斯·克鲁斯，他的父母来自挪威和荷兰，他进入俄罗斯海军，晋升为海军上将，并吸引其他外国人到俄罗斯服役，其中包括维图斯·白令。克鲁斯和白令等斯堪的纳维亚航海家对俄罗斯海军的发展产生了重要的影响。

白令率领两支探险队前往堪察加半岛。这些都是海陆合作，有三个重要成果：更精确地描绘西伯利亚的地理范围，绘制东西伯利亚海岸和阿拉斯加之间的北太平洋，并为俄罗斯未来对阿拉斯加的殖民提供基础。白令及其船员的贡献扩大了俄罗斯帝国对其海域的了解，表明俄罗斯帝国可以与其他欧洲海上强国竞争。

1724 年 8 月启程的第一次堪察加探险，目的是确定亚洲和北美是否通过陆地相连。从堪察加半岛向北航行，白令和他的船员绘制了东西伯利亚和阿拉斯加之间的海峡图，以"白令"命名。此前俄罗斯海员塞米恩·德什涅夫也发现了海峡，但他的探险记录却丢失了。白令之所以获得比德什涅夫更多的荣誉，是因为在 17 世纪俄罗斯对北冰洋的勘探是由个人完成的。但在 18 世纪，它成为一项国家努力的事业，由受过科学训练的官员指导探险。1731 年，白令率领第二次远征，进一步探索了海峡，最重要的是，他发现并登陆了阿拉斯加海岸。两次陪同探险的德国博物学家乔治威廉·斯特勒记录了他们的成果，其中包括大量的很快吸引了猎人的海獭、海豹和海狮。这次漫长的探险对白令的船员造成了沉重的打击，其中许多人死于坏血病，包括 1741 年 12 月 8 日去世的白令本人。他的第

二任指挥官斯文·韦克斯尔在第二年带领幸存者返回。

伊娃·玛丽亚·斯托伯格

拓展阅读

Frost，Orcutt. 2003. *Bering. The Russian Discovery of America*. New Haven：Yale University Press.

Lauridsen，Peter. 2012（first ed. 1889）. *Vitus Bering. The Discovery of the Bering Strait*. Cambridge：Cambridge University Press.

Oliver，James. A. 2006. *The Bering Strait Crossing. A 21st Century Frontier Between East and West*. Exmouth：Company of Writers.

Steller，Georg Wilhelm. 1988. *Journal of a Voyage with Bering*，*1741 - 1742*. With an Introduction by O. W. Frost（ed.）. Margritt A. Engel and O. W. Frost（trans.）. Stanford：Stanford University Press.

塞米扬·伊万诺维奇·迭日涅夫，1605 年至 1673 年

塞米扬·伊万诺维奇·迭日涅夫（Semyon Ivanovich Dezhnev）是第一个穿越白令海峡的俄国探险家。1648 年，他从西伯利亚东部的科雷马河河口出发，向东沿着北极海岸航行，到达楚科奇半岛的阿纳德尔河河口。当时，沙俄帝国没有海上探险的纪录，因此德日涅夫的发现被遗忘了。相反，楚科塔和阿拉斯加之间的海峡是以 100 年后航行于此的船长维图斯·白令命名的。

德日涅夫在俄罗斯北冰洋西部的白海出生和长大，他对北冰洋产生了毕生的热爱。在 1648 年远征之前，他曾沿着西伯利亚的许多河流航行，包括额尔齐斯河和叶尼塞河。这些流入北冰洋的河流是通往遥远北方的道路。德日涅夫在西伯利亚西部担任政府特工后，于 17 世纪 40 年代前往雅库特，致力于扩大毛皮贸易。这就需要对东部的河流和海路进行勘探。德日涅夫受到当地部落的阻挠，这些部落曾与俄国人和其他部落交战，德日涅夫成功地调解了他们之间的矛盾。

德日涅夫率领了几支探险队向东进发。第一次探险由莫斯科商人资助，于 1647 年开始，但由于冰层太厚而失败。第二年，他们又试了一次，尽管有些船被风暴毁坏了，但结果是成功的。这次探险持续了一年，经过好战的楚科奇部落居住的海岸，到达楚科奇和阿拉斯加之间的海峡。然而，西伯利亚殖民当局认为，德日涅夫发现的这条通道没有实

际用途，因为厚厚的冰层使它在一年中的大部分时间内都无法通行。因此，东西伯利亚海岸和阿拉斯加之间的通道被遗忘，直到 18 世纪才被重新发现。俄罗斯现代史学认为，德日涅夫是北冰洋的伟大探险家，一个海角和一艘破冰船以他的名字命名。1983 年，尼古拉·古萨罗导演的电影《德日涅夫》在苏联影院首映，宣传了俄罗斯在北极探险中的重要性。

伊娃·玛丽亚·斯托伯格

拓展阅读

Black，Lydia.2004.*Russians in Alaska，1732－1867*.Fairbanks，Alaska：University of Alaska Press.

Fisher，Raymond F.1981.*The Voyage of Semen Dezhnev in 1648.Bering's Precursor with Selected Documents*.London：The Hakluyt Society.

Myarikyanova，Elvira.2005."Dezhnev，Semyon." Mark Nuttal（ed.）.*Encyclopedia of The Arctic.Volumes 1，2，and 3.A－Z*.New York：Routledge.

莫斯科公司

莫斯科公司，也被称为俄罗斯公司，是一家英国股份公司，在 1555—1649 年间对该国与莫斯科公国（今俄罗斯）的贸易拥有垄断权。该公司于 1555 年 2 月 26 日收到了宪章，10 月获得了俄罗斯沙皇伊凡四世的许可，在俄罗斯进行贸易。起初，该公司在白海经营着一条通往俄罗斯塞维罗德文斯克市的贸易路线（英语称为"圣尼古拉斯"）。然而，在十年内，该公司的活动扩展到 1558 年被俄罗斯征服的波罗的海的纳瓦港，并通过沙皇的土地到达波斯。

该公司从俄罗斯进口商品和原材料，出口到俄罗斯的是制成品。用于操纵船只的绳索是莫斯科公司进口到英国的最重要的商品。17 世纪前几十年，英国航运的扩张增加了对绳索的需求，最大的消费者是英国海军和东印度公司。制造蜡烛、肥皂、布和皮革所必需的动物脂是第二重要的基本商品，几乎所有这些商品都是从俄罗斯进口到伦敦的。其他物品包括优质俄罗斯皮革（iuft）、鱼子酱和钾盐（用于制造布、肥皂和玻璃）。对俄罗斯来说，主要进口产品是奢侈的布料，如俄罗斯贵族所需的意大利丝绸以及生产军火所需的铅、锡和铜等非贵金属。莫斯科公司的成功很大程度上归功于它从俄罗斯政府获得的特权，包括在俄罗斯境内进行贸易的权利以及免除缴纳关税、通行费和其他税费的权利。这些特权使英国商人远远领先于在俄罗斯进行贸易的荷兰和瑞典商人。除它之外，即使是俄罗斯商人的大公司也不能免除关税。沙皇伊凡四世的优待是希望与英国建立政治和军事联盟，以对抗邻国。当英国人拒绝时，俄罗斯政府开始削减英国商人获得的一些特权。然而，英国人设法将他们的免税期维持到 1646 年。

到 17 世纪初，莫斯科公司的地位是不稳定的。尽管该公司的贸易仍然有利可图，但在世纪之交的俄罗斯政治形势下多灾多难的年代危及了它的业务。这家公司损失了大部分财产，产生了许多债务人。它在 1620 年进行了再融资和重组；英国的政治动荡阻碍了它在 17 世纪余下的时间里的行动。1649 年 6 月，沙皇阿列克谢·罗曼诺夫撤销了该公司在俄罗斯贸易宪章。尽管他将查理一世国王的处决作为一个因素，但俄罗斯商人削减西欧商人的请求可能影响了这一决定。连续几次的英国访问试图恢复该公司的特权，但只有少数商人获得了在俄罗斯境内进行贸易的许可。到 17 世纪末，莫斯科公司的会员人数下降到了十几个商人。1699 年议会通过的扩大与俄罗斯贸易的法案结束了对俄罗斯的垄断，取消了对其成员资格的限制，该公司重新组建为俄罗斯公司。

朱莉亚·莱金

拓展阅读

Arel, Maria Salomon. 1999. "Masters in Their Own House: The Russian Merchant Élite and Complaints Against the English in the First Half of the Seventeenth Century." *The Slavonic and East European Review* 77 (3) (July): 401-47.

Baron, Samuel H., 1991. *Explorations in Muscovite History*. Hampshire: Variorum.

Willan, Thomas S., 1956. *The Early History of the Russia Company 1553-1603*. Manchester: Manchester University Press.

彼得大帝，1672 年至 1725 年

1682—1696 年，彼得大帝与他的哥哥伊凡五世联合统治俄罗斯。在他哥哥死后直到 1725 年他自己去世，彼得是唯一的统治者。在他的众多成就中，圣彼得堡于 1703 年在波罗的海建立了俄罗斯的新首都，并激发

了俄罗斯的海上宏愿。

彼得出生于 1672 年 6 月 9 日，对海洋产生了浓厚的兴趣。16 岁时，他在荷兰弗朗茨·提默曼的监督下学会了航海。作为沙皇，他进行了一系列的政治和军事改革，扩大了俄罗斯的陆军和海军，并与瑞典和奥斯曼帝国进行了成功的战争。他渴望使俄罗斯现代化，在 1697—1698 年，他周游西欧，观察和学习。他在阿姆斯特丹附近的赞丹学习木工和造船，并参观了德普特福德的英国码头。彼得钦佩英国人是航海的民族，英国的熟人约翰·佩里（John Perry）曾报道彼得说："在英国当海军上将比在俄罗斯当沙皇要幸福得多。"

英国 18 世纪的彼得大帝传记作者亚历山大·戈登（Alexander Gordon）报道说，沙皇视察了位于河流上适合造船的城镇。回来后，彼得建立了几个港口，并扩大了多德尔斯，包括里加、瑞威和威伯格。他增加了对俄罗斯海军的资助，并从英国、荷兰和斯堪的纳维亚聘请造船商，建造一支现代化的远洋和内河舰队。彼得的新舰队在船只游行和其他海上展览中被展示，并在与瑞典人和奥斯曼人的战争中被证明是成功的。

彼得扩张海军的动机有三个方面：商业、军事和科学。在彼得的统治下，波罗的海、白海和里海、亚速海和北太平洋与俄罗斯内陆水道的联系日益紧密，为贸易提供了燃料，其中包括谷物、木材、大麻、铁、钾肥和俄罗斯著名的运往西方市场的鱼子酱。

为继续推进俄罗斯航海的专业化和现代化，彼得于 1700 年建立了莫斯科数学与航海学院。十年后，航海学院转到圣彼得堡。目的是提供陆地测量、海洋测量和船舶工程方面的技术培训。该学院仿照英语模式，出版了第一本斯拉夫语航海教科书。彼得还命令由白令带领的堪察加探险队去探索北太平洋。他于 1725 年 2 月 8 日远征开始后不久去世。

伊娃·玛丽亚·斯托伯格

拓展阅读

Bushkovitch，Paul. 2001. *Peter the Great*. Lanham：Rowman & Littlefield Publishers.

Cross，Anthony. 1997. *By the Banks of the Neva. Chapters from the Lives and Careers of the British in Eighteenth-Century Russia*. Cambridge：Cambridge University Press.

Gordon, Alexander. 1755. *The History of Peter the Great, Emperor of Russia.* Aberdeen：F.Douglass & W.Murray.

Hughes, Lindsey. 2002. *Peter the Great. A Biography.* New Haven：Yale University Press.

Philipps, Edward J. 1995. *The Founding of Russia's Navy. Peter the Great and the Azov Fleet, 1688—1714.* Westport, CT：Greenwood Publishers.

西班牙，1450 年至 1770 年

西班牙作为统一的国家，其海洋扩展历史可分为地中海、大西洋和太平洋等许多不同的海洋阶段。因为大西洋沿岸的领土和地中海在历史上不是在同一个政权的统治之下，它们经历了不同的社会经济发展。卡斯提尔的伊莎贝拉一世（1451—1504）与阿拉贡国王费迪南二世（1452—1516）之间的王朝婚姻，为西方统一和西班牙化奠定了基础。作为天主教君主（"Reyes catlicos"，教皇亚历山大六世在 1494 年授予的头衔，以表彰他们捍卫天主教），他们在 1492 年完成了对伊比利亚半岛的收复，在他们战胜西班牙最后一个穆斯林王国格拉纳达的纳西里德酋长国之后，除了领土巩固和强制转换，犹太人同样被驱逐出复合君主国。

尽管卡斯蒂利亚历史上与葡萄牙交织在一起，头戴阿拉贡王冠的复合君主国在 14 和 15 世纪变成了地中海帝国，控制着巴利阿里群岛（马洛卡，1344 年）、西西里岛（1381 年）、撒丁岛（1297 年）和那不勒斯王国（1442 年）。地中海西部的王国以马约卡（Majorca，绘图师学校）主要的犹太制图师而闻名。商业自治被称为"洛加"（Llotja，也称为"海洋领事馆"），具有海事和商法的司法职能，帮助巴塞罗那、帕尔马和巴伦西亚等港口城市组织良好的商业社区在 15 世纪的黄金时代繁荣发展。加泰罗尼亚人还与葡萄牙和热那亚一起参与了 13 世纪以来对加那利群岛、亚速尔群岛和西非海岸线的探索。

卡斯蒂利亚大西洋扩张主义始于加那利群岛，该群岛位于摩洛哥南部海岸以西约 60 英里，距西班牙海岸 600 多英里。自让·德·B.恩·考特（1362—1425）于 1405 年带领探险队前往兰扎罗特和富尔特凡图拉（Fuerteventura）以来，卡斯蒂利亚就已向群岛提出了主权

要求，随后分别于 1480 年和 1495 年在格兰加那利亚和特内里费（Tenerife）逐渐确立殖民统治和单一作物种植制度。1462 年，第一位西多尼亚公爵胡安·阿隆索·德·古兹姆·恩（1405—1468）在摩洛哥海岸占领了直布罗陀和 1497 年的梅利亚。1479 年的《阿尔克—奥瓦条约》结束了葡萄牙—卡斯蒂利亚的继承战争，将卡斯蒂利亚排除在西非海岸博贾多角以南的任何活动之外。这一限制使伊莎贝拉决定赞助克里斯托弗·哥伦布（约 1451—1506）的远征队寻找一条通往东亚的西线。在哥伦布的第一次航行中，他带着他的三艘船在现在的巴哈马登陆时，无意中发现了一个"新大陆"。次年哥伦布率领 17 艘船和 1500 人（包括士兵和殖民者）开始探索和殖民安的列斯群岛。

在他们的海事项目中，阿拉贡和卡斯蒂利亚的王国得益于对外国投资开放的广泛贸易网络（来自热那亚的金融家和葡萄牙人的传教士），以及阿拉伯穆斯林犹太航海遗产。可靠的远洋船只、对洋流和风的了解、海军仪器的使用和先进的地图制作，是伊比利亚海上扩张的支柱，并促进了有记录的第一次跨越大西洋和太平洋。经验丰富的外国海员和学者也将帮助设计用于远距离运输和防御的大吨位船舶。在大西洋扩张的早期阶段，最常见的船只是轻便帆船，一种三桅地中海商船，通常在西班牙北部的船厂建造和装备。它经常充当旗舰，就像哥伦布第一次航行中的圣玛丽亚号和从费迪南德·麦哲伦（1480—1521）环球航行项目中返回的唯一船维多利亚号一样。然而，西班牙长途贸易中最著名的远洋船只是大帆船。随着与佛兰德斯和法国的沿海贸易的发展，三到四根桅杆和高达 2000 吨货舱的多层甲板大帆船成为大西洋和太平洋商业航行的首选船只。

潜水钟

潜水钟是一个封闭的金属舱，挂在绳子或链条上，拴在船上。由于水压，空气被困在潜水钟内，使潜水员能够在潜水钟内下降，探索海洋和海床。潜水者由于被拴在船上而无法移动潜水钟。亚里士多德（公元前 384—前 322 年）首先描述了潜水钟，从远古以来，在现代潜艇发明之前，各种各样的人一直在使用潜水钟。例如，亚里士多德和亚历山大大帝（公元前 356—前 323 年）用潜水钟探索地中海海床。

潜水钟在不同的时间被重新发明，在打捞作业中被证明特别有用。例如，西班牙王冠用青铜潜水钟从努埃斯特拉岛（Nuestra Seora de Atocha）打捞宝藏，这艘宝藏船于 1622 年在佛罗里达群岛被飓风击沉。在接下来的几年里，他们回收了船上大约一半的货物，尽管许多从事这项行动的美洲土著奴隶在从 60 英尺深处快速拖到水面时，由于快速减压而死亡。18 世纪的潜水钟使用风箱将新鲜空气泵入潜水钟，从而延长了潜水钟的使用寿命。到了 20 世纪，潜水钟可以在几百英尺深的地方工作，潜水者被缓慢地带到水面，以保护他们免受减压的影响。

马修·布莱克·斯特里克兰

在第一艘西班牙航船抵达加勒比几个月后，著名的教皇法令（如"教宗亚历山大六世下令"以及"教皇附加令"，又称"捐赠法令"）在 1493 年承认西班牙对所有距亚速尔群岛和佛得角群岛 100 里格（1 里格约为 3 海里）的假想分界线以西的新界的主权。几乎所有的西班牙海外领地都被教皇合法化了。由于担心西班牙入侵南大西洋，葡萄牙人要求修改这些条款。1494 年著名的《托德西拉斯条约》理论上世界被位于葡萄牙和卡斯蒂里亚之间的佛得角群岛以西 370 里格的经线划分。它试图建立两个独立的势力范围，确保葡萄牙王室独家使用途经好望角前往印度的路线，通过巴西积极参与美洲贸易。条约的条款鼓励卡斯蒂利亚人通过安的列斯群岛扩展到美洲大陆。一旦西班牙人在瓦斯科·努伊兹·巴尔博亚（约 1475—1519）1513 年"发现"（在印度的帮助下）巴拿马地峡和费迪南德·麦哲伦 1519—1520 年试图绕海航行并在摩卢卡斯和菲律宾登陆，这个描绘葡萄牙—西班牙势力范围的术语就扩展到了亚洲，并在萨拉戈萨 1529 年条约中得到界定。

新的海外领土和日益增长的跨大西洋贸易需求需要广泛的皇家行政机构参与。伊莎贝尔拉王于 1503 年在塞维利亚建立了"贸易商会"（Casa de Contratacion，意为"贸易之家"），指导对新领土的勘探、征服和贸易（类似于葡萄牙的 Casa da India，1434 年在里斯本建立了 Casa de Ceuta）。对所有进入西班牙的贵金属征收"真实税"（20%税），有执照的领航员，负责保护和调节贸易舰队如跨大西洋的印度或新西班牙舰队（在 5 月和 9 月旅行），和太平洋彼岸的马尼拉大帆船。它制作了"教父绘制法"主地图模板，用于绘制 1508 年后西班牙所有船只的地图，提供海军训练，并记录新发现的信息。1524 年，查理五世（1500—1558）实施了印度委员会（Consejo de Indias）的律师们为美洲和菲律宾制定的所有的法律和决定。位于距大西洋 50 英里的瓜达尔基维尔河的一条支流旁，塞维利亚于 1248 年被基督教统治。这个城市成为大西洋贸易的中心，它的繁荣是西班牙黄金时代的特征，在 16 世纪，大西洋系统支持了经济的快速增长。Carrera de Indias 把塞维利亚与哥伦比亚的卡塔赫纳和墨西哥的韦拉克鲁斯连接起来，从阿卡普尔科到马尼拉。西班牙参与三角贸易意味着前往美洲的船只运送奴隶、酒、纺织品、谷物、武器、王室命令、移民、传教士和殖民地人员，然后带着金条、染料、异国木材和热带商品返回。与此同时，它也对大西洋两岸的贸易造成了负面的生物和生态后果。

随着西班牙和葡萄牙于 1580—1581 年及 1640 年间的皇室联盟，西班牙的菲利普二世（1527—1598）成为真正的全球统治者，该国正处于政治和经济权力的顶峰。然而，这也是欧洲西北部（包括低地国家的七个省）与新教统治者关系日益紧张的时期，他们成功地反抗了菲利普二世的统治。16 世纪后半叶，法国和英国加入荷兰人，在海上挑战西班牙，垄断大西洋贸易。当对西班牙宝藏舰队的袭击和英国海盗对大西洋和太平洋港口的袭击增加时，西班牙于 1588 年在东帝汶派遣了 130 艘战舰组成的强大的"西班牙舰队"，企图入侵英国并结束英国对荷兰的干涉。

同时，西班牙在地中海的海上边界也成为与基督教统治者进行霸权斗争以及西班牙与伊斯兰教斗争的舞台。1510 年，斐迪南国王在的黎波里建立了西班牙驻军。几十年后，奥斯曼向西扩张，引起包括教皇在内的基督教统治者的恐慌，并导致了西班牙参与的各种神圣联盟的形成。奥斯曼在普雷韦萨战役（1538 年）中的胜利标志着一个新的奥斯曼秩序在地中海开始建立。天主教君主的孙子西班牙的卡洛斯一世，继续他的反伊斯兰运动。包括北非巴巴里海岸的苏丹人和他们的海盗，经常攻击西班牙港口。1541 年，他率领一支探险队对抗阿尔及尔，但类似于他的继任者菲利普二世（Philip II）领导下的 1560 年的德贾尔巴战役，均以西班牙舰队的惨败告终。关于西班牙在意大利的影响力冲突，查尔斯的帝国海军上将安德里亚·多利亚成功地扩大了西班牙哈布斯堡对意大利的统治。到了勒班托战役（1571 年），西班牙的海军力量则越来越依赖于意大利的资源。然而，由教皇皮乌斯五世发起、由奥地利唐胡安（1547—1578）率领的圣公会基督教舰队（威尼斯共和国、西班牙、罗马教皇国、热那亚共和国）联合起来，对抗阿里·帕夏（由亚历山大和乌鲁·阿里的海盗船迈赫梅德·西科支持）领导的奥斯曼海军，阻止了奥斯曼帝国的扩张。再往西一点，该项目主要由西班牙哈布斯堡人资助，对天主教欧洲具有重要的象征意义。

在 17 世纪，西班牙的经济和政治危机以各种方式影响着海事事务。1609 年后，当国王下令驱逐多达 30 万莫里斯科斯的前穆斯林时，他们中的许多人都定居在北非，加入了反西班牙海盗袭击他们原来的家园。此外，莫里斯科斯的驱逐和熟练劳动力的损失减少了糖的生产。在哈布斯堡最后一任国王和卡洛斯二世（1661—1700）无子而亡后，西班牙卷入了一场涉及欧洲主要强国的继承战争（1700—1713 年）。最后，安茹的菲利普（1683—1746）以菲利普五世的身份登上了西班牙的王位，但也对西班牙海外的财产如直布罗陀产生了影响，直布罗陀成了英国的前哨。

在 1717 年，加的斯取代塞维利亚成为贸易中心的所在地。波旁新国王实行了经济和政治改革，目的是重新获得对跨大西洋贸易的控制权，并对帝国建立更严格的控制。17 世纪 60 年代，国王查理三世（1716—1788）在加利西亚大西洋上建立了科鲁瓦港，作为一个邮港（Correo Ultramarino），护卫舰每三个月将邮件从这里运往哈瓦那和蒙得维的亚，极大地改善了西班牙帝国内部的通信状况。然而，这个帝国很快就被一系列的战争打乱了，其中包括美国独立战争、法国大革命和拿破仑战争，这些战争削弱了西班牙对殖民地的控制，许多殖民地在 19 世纪的头几十年中获得了独立。

比尔吉特·特莱姆-沃纳

拓展阅读

Abulafia, David.1994.*A Mediterranean Emporium.The Catalan Kingdom of Majorca*, Cambridge：Cambridge University Press.

Elliott, John H., 2006.*Empires of the Atlantic World.Britain and Spain in America*, *1492-1830*.New Haven, CT：Yale University Press.

Goodman, David. 1997. *Spanish Naval Power*: *1589 - 1665. Reconstruction and Defeat*. Cambridge: Cambridge University Press.

Kamen, Henry. 2002. *Spain's Road to Empire*: *The Making of a World Power*. London: Allen Lane.

O'Flanagan, Patrick. 2008. *Port Cities of Atlantic Iberia*, *c. 1500 - 1900*. Aldershot: Ashgate Publishing.

Parry, J. H., 1990. *The Spanish Seaborne Empire*. Berkeley: University of California Press.

Stein, Stanley J., and Barbara H. Stein. 2000. *Silver*, *Trade*, *and War*: *Spain and America in the Making of Early Modern Europe*. Baltimore: Johns Hopkins University Press.

哥伦布交换

大约 12000 年前，全球气候变暖，融化了地球表面低纬度地区形成的大部分巨大冰盖。被冰川锁住的水涌进了世界海洋，使得各地的海平面升高，淹没了横跨白令海峡的陆桥。人类曾经经由陆桥从非洲—欧亚大陆穿越到美洲。在这种新的水生结构中，居住着智人的两个大陆岛屿几乎完全独立于彼此，在广阔的太平洋和大西洋的缓冲之下各自进化。1492 年，克里斯托弗·哥伦布和他的船员抵达加勒比海，打破了这种孤立状态，开创了生物群从一个主要陆地持续转移到另一个主要陆地的历史，历史学家称之为"哥伦布交换"（Colunbian Exchange）。

哥伦布从伊比利亚半岛出发，寻找一条穿越大西洋到达东南亚香料丰富的土地的路线，并没有预料到美洲大陆的阻碍。1492 年欧洲水手面对大西洋的必要条件是在 14 世纪末和 15 世纪初形成的，当时葡萄牙、法国和西班牙的王室入侵了摩洛哥海岸附近的马德拉和加那利群岛。在这些岛屿的定期航行中，航海家了解了海风的周期性运动。更具体地说，他们发现在北回归线以南的纬度地区，信风会使船向西航行，而在北回归线以北的西风带则会使船向东航行。再加上船只和航海技术的进步，人们对如何可靠地驾驭大西洋海风的知识推动了哥伦布和其他一心追求利益的欧洲水手尝试在未知的大海里航行。

哥伦布交换重新统一了亚非和美洲不同的生活轨迹，这产生了爆炸性的后果。首先，哥伦布及其工作人员携带的病原体对美洲土著造成了特别

严重的破坏性影响，可能在一个世纪内造成 95% 的人口死亡。人类重聚
的杀伤力源于两个大陆在分离期间的进化差异。非洲—欧亚大陆早期的农
业倾向导致了大量密集的居住区和一系列家畜，为机会主义微生物（如
天花、炭疽和斑疹伤寒）从动物宿主到人类宿主的转化提供了完美的条
件。相反，在美洲，无论是社会环境还是生物环境都没有达到同样的水
平。这种病理学上认识的断裂塑造了"哥伦布交换"的一个特点。

随着美洲土著人口因疾病而减少，欧洲人开始利用美洲的经济潜力。
事实上，在哥伦布交换的早期阶段，从非洲—欧亚大陆到美洲的一些最重
要的植物群是奢侈品作物，其种植受到气候或劳动力限制。甘蔗是最早也
是最有影响的品种。由于中世纪阿拉伯农学家在地中海地区推广这种植
物，大多数南欧人在公元前 1 世纪末尝到了加工甘蔗的结晶甜味。然而，
在 15 世纪初征服马德拉和加那利群岛之前，要想找到欧洲生态系统来扩
大热带植物的种植范围是很困难的。哥伦布的航行为欧洲甘蔗的生产开辟
了一个广阔的新世界，因为实际上整个美洲的大西洋海岸都在热带地区之
间，这一地理位置促进了植物的生长。更重要的是，西班牙人收获的第一
批有利可图的甘蔗很快就被非洲奴隶运走，这些奴隶被强制的高强度的劳
动使得早在 1526 年就开始建立和扩大了商业化种植园。甘蔗和其他奢侈
品作物，如棉花、烟草和咖啡的扩散，在接下来的三个世纪里，在可怕的
大西洋奴隶贸易的发展中起到了核心作用。

"哥伦布交换"的遗产也可以在异族生物群的地方和地区寄生中观察
到。例如，爱尔兰易碎的土壤证明是安第斯原生的马铃薯的宜居之地。在
撒哈拉以南非洲温暖的阳光下，一种在墨西哥驯养的草类植物玉米以前所
未有的速度迅速生长。秘鲁番茄作为一种观赏和药用植物在欧洲保持了几
个世纪后，在地中海地区的饮食中找到了一个显著的位置。另外，美洲没
有驯养大型的反刍动物，这意味着非洲—欧亚动物出口在西半球的草原上
蓬勃发展。此外，将马和牛引入美洲为美洲大陆提供了第一批负重的动
物，它们快速和强壮的身体使放牧牛和其他驯养动物成为可能，或分别拉
动重型犁穿过弯曲的植物根系。

到 1492 年，非洲—欧亚大陆种植小麦、大麦和水稻等主要作物的大
部分有利地区已得到充分开发，几乎没有增加粮食产量的空间。然而由于
"哥伦布交换"，从美洲引进了新的动植物，使人们能够利用以前不适合
传统做法的土壤和季节。在爱尔兰和撒哈拉以南非洲，土豆和玉米不仅仅

是哥伦布以前的主食的替代品，而且由于将未使用的土地或休耕周期提上日程而带来了农业产量的增加。通过这种方式，"哥伦布交换"为全球农业制度增加了如此多的粮食，以至于世界人口水平在之后的几个世纪里发生了极为罕见的事情。尽管美洲发生了流行病灾难，但人口急剧增加，这一趋势仅可与 1 万年前新石器时由游牧到农耕的农业变革所带来的人口增长相比拟。从这些角度来看，"哥伦布交换"的重要性可以与农业革命一起衡量，因为农业革命是工业前人类发展的产物，具有真正的全球意义。

本杰明·格雷厄姆

拓展阅读

Cook，Noble David.1998.*Born to Die：Disease and New World Conquest，1492-1650*.Cambridge：Cambridge University Press.

Crosby，Alfred.1972.*The Columbian Exchange：Biological and Cultural Consequences of 1492*.Westport，Connecticut：Greenwood Publishing Company.

Crosby，Alfred.2009.*Ecological Imperialism：The Biological Expansion of Europe，900-1900*，2nd ed.Cambridge，Cambridge University Press.

Diamond，Jared.1999.*Guns，Germs，and Steel：The Fates of Human Societies*.New York：W.W.Norton & Company.

Gentilcore，David.2010.*Pomodoro！A History of the Tomato in Italy*.New York：Columbia University Press.

Mintz，Sidney.1985.*Sweetness and Power：The Place of Sugar in Modern History*.New York：Penguin.

Nunn，Nathan，and Nancy Qian.2010."The Columbian Exchange：A History of Disease，Food，and Ideas."*The Journal of Economic Perspectives* 24（2）：163-88.

克里斯托弗·哥伦布，1451 年至 1506 年

克里斯托弗·哥伦布是一位意大利探险家，他提出通过向西穿过大西洋的路线到达亚洲，却发现并探索了加勒比海以及中美洲和南美洲的部分地区。由西班牙国王斐迪南二世（1452—1516）和王后伊莎贝拉一世（1451—1504）赞助，哥伦布和他探险队的成员穿过大西洋到达美洲，这次新大陆的发现成为维京人航行历史被长久忽视以来欧洲的第一次成就。

像马可·波罗这样的旅行家沿着丝绸之路传回欧洲有关东方伟大文明

的传说，以及香料贸易所带来的财富，鼓励了欧洲的海上探险，希望能找到通往东方的新航线。与今天的流行观点相反，哥伦布时代的人不相信地球是平的。这个概念是由美国小说家华盛顿·欧文（1783—1859）和后来的作家推广的。哥伦布和同时代其他受过教育的人一样，知道地球是圆的，这种认识可以追溯到古希腊文明。争论围绕着地球的大小展开。哥伦布是严重低估地球大小的人之一，正是这种对距离的误解鼓励他向西航行到达亚洲。他希望能在几周内到达东印度群岛、日本和中国，而不是实际需要的几个月，然后带着装满香料和其他财富的船只返回。

这样的航行需要财政支持，哥伦布首先向葡萄牙国王提出了他的计划，但被葡萄牙国王拒绝了。失望之下，他把注意力转向了西班牙，但仍被拒绝了七年。此后统一西班牙的统治者国王斐迪南二世和王后伊莎贝拉一世，同意资助他在1492年1月的航行。几个月后，他们征服了西班牙最后一个穆斯林国家格拉纳达酋长国，并下令将所有犹太人驱逐出他们的领土，除非他们皈依基督教。征服和驱逐使国王更加富有。4月17日，斐迪南和伊莎贝拉与哥伦布签署了一项协议，任命他为海洋上将，并任命他为他所发现的任何领土的总督，这些领土将被西班牙占领，同时还将获得哥伦布航海所得利润的十分之一。哥伦布为他的航行获得了三艘船：尼娜号、平塔号和圣玛丽亚号（它是三艘中最大的）。

第一次航行，1492年至1493年

哥伦布于1492年8月3日起航，但他们很快就在加那利群岛停下来修理平塔号的舵。后来，这个中队向西航行。尽管随着时间的推移，探险队的一些成员变得灰心丧气，但哥伦布坚持了下来。10月份在水中看到的鸟类和木头碎片，表明陆地已经接近，但在10月7日错误地看到陆地之后，水手们变得越来越焦躁不安。对哥伦布来说幸运的是，他认为陆地在西南方向的决心被证明是正确的，10月12日，他们到达巴哈马群岛。

哥伦布最初以为他们已经在日本登陆，但后来断定是在印度，他把他们遇到的泰诺人命名为"印第安人"。哥伦布和他的人探索了巴哈马群岛、古巴和伊斯帕尼奥拉岛，圣玛丽亚号在那里搁浅并被遗弃。他们用船上的材料在岛上建立了一个小殖民地，哥伦布将其命名为"纳维达德"。1月13日，探险队与西加尤斯勇士发生了一场小规模冲突，这是探险队与当地居民的唯一一次暴力冲突。他们乘坐尼娜号和平塔号前往西班牙，不久之后由于风暴分别抵达。他们带着少量的金子、当地植物的标本以及他们通过贸易获得的各种物品，还有七八个在这次航行中幸存下来的加勒比土著人。可能还有 12 人在旅途中丧生。在费迪南德和伊莎贝拉的热烈欢迎下，哥伦布开始计划一次更大规模的探险，以返回新大陆。

第二次及以后的航行

哥伦布于 1493 年 9 月 24 日第二次起航，这次共有 17 艘船、1200 多人，以及建立永久定居点所需的物资。他们在 11 月 3 日看到了陆地，哥伦布又进行了探险，找到了包括波多黎各和维尔京群岛在内的许多其他岛屿。11 月 22 日，他们回到纳维达德，发现它已被全部烧毁，39 人中有11 人死亡，其他人失踪了。哥伦布和他的部下在伊斯帕尼奥拉的北海岸"伊莎贝拉"建立了一个新的定居点，并在那里待了五个月，然后起航前往古巴。他们恢复了一段时间的探险活动，但是哥伦布在接下来的一年半的大部分时间里都在建立定居点，并为西班牙在这个新的世界找到了立足点。虽然哥伦布是一位出色的航海家，但事实证明他是一位差劲的管理者，他通过奴役当地人民来加剧他的管理不善，同时他也带了一些当地人回西班牙，开创了跨大西洋奴隶贸易。

哥伦布第三次返回加勒比（1498—1500 年），考察了中美洲，但后来被捕，并被控对西班牙在加勒比的殖民企业管理不善。在斐迪南的赦免下，他返回进行了第四次也是最后一次航行（1502—1504 年），探索了中美洲海岸。一场飓风损坏了他的船只，船上也长满了船蛆等。中美洲贫穷的国家把哥伦布困在牙买加，他不得不等待救援返回西班牙。在那里，他发现他的赞助人伊莎贝拉女王死了。哥伦布本人两年后去世。

哥伦布的四次跨大西洋航行打开了欧洲对美洲剥削、殖民以及奴隶贸易的大门。它们标志着世界历史上的一个重要转折点，对欧洲、美洲和世界其他地区产生了长期影响。动物、植物、思想、技术和人从新世界来回传播到旧世界，极大地改变了环境和社会。美洲的发现刺激了欧洲列强之间的竞争和战争，同时也鼓励欧洲寻求对世界的更多的了解。哥伦布本人仍然是一个备受争议的人物，他因在到达美洲的过程中所取得的成就而受到称赞，但在到达美洲后却因自己的行为而受到批评。

沃尔特·斯图克

拓展阅读

Axtell, James. 1992. *Beyond 1492: Encounters in Colonial North America.* New York and Oxford: Oxford University Press.

Catz, Rebecca. 1993. *Christopher Columbus and the Portuguese, 1476 – 1498*.Santa Barbara, CA：Praeger Publishers.

Columbus, Christopher.1992.*The Four Voyages*.J.M.Cohen（trans.）.New York：Penguin Classics.

Columbus, Ferdinand.1992.*The Life of the Admiral Christopher Columbus by His Son Ferdinand*.Benjamin Keen（trans.）.New Brunswick, NJ：Rutgers University Press.

Granzotto, Gianni.1986.*Christopher Columbus*.Stephen Sartarelli（trans.）.London：Collins.

Irving, Washington.1829：*The Life and Voyages of Christopher Columbus*.New York：G.& G.& H.Carvill.

Morison, Samuel Eliot. 1991. *Admiral of the Ocean Sea：A Life of Christopher Columbus*.New York：Little, Brown and Co.

Phillips, Jr.William D., and Carla Rahn Phillips. 1993. *The Worlds of Christopher Columbus*.New York：Cambridge University Press.

费尔南多·德·麦哲伦，1480 年至 1521 年

费尔南多·德·麦哲伦（Fernão de Magalhães）是一名葡萄牙水手、探险家和领航员。他首先为葡萄牙（1505—1513 年）进行探险，然后为西班牙（1519—1521 年）进行探险。为此他领导了第一次成功环游世界的探险，尽管他是在世界航行结束之前去世的。在他环游世界之前，他是几个参与早期商业和殖民航行到东南亚的葡萄牙船长之一。

麦哲伦是鲁伊·德·马加莱斯和阿尔达·德·梅斯基塔的儿子，出生于葡萄牙北部富裕家庭。在父母去世后，麦哲伦仅 10 岁时，便成为葡萄牙王后阿拉贡的莱昂塔尔（1458—1525）的侍童。15 年后，他加入了弗朗西斯科·德·阿尔梅达舰队，此人是葡萄牙第一个在 1505 年出海的印度总督。麦哲伦在亚洲度过了接下来的八年。他参加了许多葡萄牙人的工作和战役，包括第乌战役（1509 年 2 月 2—3 日）和征服马六甲（1511 年）。他娶了一位印尼妇女，并从香料贸易中积累了大量财富。1513 年回到葡萄牙后，他参加了一次去摩洛哥的探险，在这次探险中，他受伤了。后来，他未能从曼努埃尔一世国王那里得到更多的职位（1469—1521 年）。

在国内遭到拒绝后，麦哲伦和葡萄牙天文学家鲁伊法莱罗一起为西班牙国王卡洛斯一世（即查理五世，1500—1558）提供服务。他们提议向西航行以寻求南美洲到达香料群岛的通道，因为《托德西拉斯条约》保留了葡萄牙人环绕非洲的通道。国王接受了他们的计划，任命他们为探险队的总队长，并承诺他们在发现的任何路线上拥有 10 年的垄断权，并任命他们为新发现的土地的管理者，这使他们有权从中获得 5% 的利润。探险队一再拖延，直到 1519 年 9 月 20 日才起航，没有鲁伊法莱罗的陪伴和葡萄牙水手，只是配有许多西班牙人，以平息有些人对麦哲伦意图的怀疑。探险队由西班牙法院和富有的商人克里斯托弗·德哈罗资助，由五艘船组成，分别是特立尼达号（麦哲伦的旗舰）、圣安东尼奥号、康塞普西昂号、维多利亚号和圣地亚哥号。有大约 270 人，主要是西班牙人和葡萄牙人，但也有来自其他国家的一些人，包括威尼斯人安东尼奥·皮加费塔（约 1491—1531），后来他写了一篇详细记录此次航行的文章。麦哲伦1511 年在马六甲招募了一个名叫恩里克的仆人，他在舰队到达东南亚后成为一名大有作为的翻译。

麦哲伦的船只避开了葡萄牙派来阻止他们的舰队，经过加那利群岛，驶往巴西。11 月 27 日，他们穿过赤道，12 月 13 日在今天的里约热内卢附近抛锚，在那里他们接受了补给，然后出发沿着海岸前进，寻找一条大陆南部的通道。他们于 3 月 30 日抵达圣朱利安港（在今阿根廷）。在那里，他们庆祝复活节。麦哲伦还镇压了由两名西班牙船长领导的叛乱，处决了其中一名船长，并将另一名船长放逐到一个岛上，但原谅了叛变的水手，因为他们对探险的成功至关重要。

后来，艰苦的航行继续进行。在探险队之前进行侦察的圣地亚哥号，虽然其中的船员幸存下来并获救，但船被一场风暴摧毁了。1520 年 10 月21 日，探险队剩下的四艘船到达南纬 52 度，绕过南美洲东南端的维吉尼斯角，基于深度和盐度，他们得出正确的结论，找到了通往太平洋的通道。11 月 28 日，麦哲伦的三艘船在 373 英里的航道上小心航行，抵达太平洋（麦哲伦以"平静的海水"命名）。第四艘船的船长圣安东尼奥，一周前放弃了这次任务，驾船返回西班牙，声称这次探险失败了。

麦哲伦率领他的三艘船沿着现代智利海岸航行，12 月中旬，他的船出海了，太平洋的宽度还不确定，他们错误地认为太平洋的大小大致相当于大西洋。1521 年 3 月 6 日，船在海上航行 99 天后，由于缺少食物和水，他们停靠在马里亚纳群岛的关岛。在那里，他们得到了淡水、水果、蔬菜和其他食物。三天后，他们返回大海，继续他们的航行，并在 3 月 16 日抵达菲律宾，这是一个先前葡萄牙水手到访过的群岛。麦哲伦在无人居住的霍蒙洪岛上登陆，他的部下在那里收集食物和水。继续前进，他们与利马萨瓦岛和宿务岛上的土著接触，建立了友好关系，并努力将他们转化为基督教。在这些新朋友的鼓励下，4 月 27 日，麦哲伦带领一支小型探险队在麦肯岛与敌人作战。麦哲伦希望他们的领袖拉普·拉普改过自新，但却遭遇了激烈的抵抗。麦哲伦和他的几个部下被大约 1500 名战士打倒在战场上。幸存者逃回他们的船上。

在麦哲伦死后，探险队继续前进，减少了两艘船的船员，这两艘船到达了摩卢卡斯。在那里，一艘船只损坏得无法继续航行，船员被葡萄牙人囚禁。由胡安·塞巴斯蒂安·埃尔卡诺指挥最后一艘船——维多利亚号，于 1522 年 9 月 8 日抵达西班牙。埃尔卡诺和他的 17 名幸存船员成为第一批环球航行的水手。

雅库布·巴斯塔

拓展阅读

Bergreen, Laurence. 2003. *Over the Edge of the World：Magellan's Terrifying Circumnavi-gation of the Globe*.New York：William Morrow & Company.

Pigafetta, Antonio. 1969. *Magellan's Voyage：A Narrative Account of the First Circum-navigation*（R. A. Skelton trans.）.New Haven：Yale University Press.

Zweig, Stefan.2011.*Magellan*.London：Pushkin Press.

胡安·庞塞·德·莱昂，1460 年至 1521 年

胡安·庞塞·德·莱昂（Juan Ponce de León），1460 年出生于西班牙圣塞尔瓦·德雷德坎波斯，是一名西班牙征服者和探险家。1490 年初，他在格拉纳达对穆斯林摩尔人的战斗中树立了自己的军事声誉。然后在 1493—1494 年，他跟随哥伦布的第二次远征美洲舰队去航行。他领导的探险队在 1508 年征服了波多黎各，但最著名的是他在佛罗里达州对"青春之泉"的探索和寻找。

在哥伦布服役后，莱昂定居在伊斯帕尼奥拉，在那里他获得了大量的

土地地租。他成功地领导西班牙军队攻打了本土的泰诺斯岛，并在 1504 年获得了东部省份希格斯省的奖励。1508 年，莱昂率领一支探险队征服了波多黎各，在那里，他奴役了幸存的泰诺斯人，并将他们的土地分给了他的部下。作为加勒比地区最富有的人之一，莱昂获得了西班牙国王斐迪南的批准，以探索和占领更多的加勒比岛屿。

1513 年 4 月 2 日，莱昂的三艘船在他认为是一个岛屿的地方登陆，命名为"丰饶的佛罗里达"（Pascua Florida，"华丽的复活节"），并开始探险，根据后来的传统去寻找黄金，还有传说中的"青春之泉"。4 月 21 日，探险队的船只遇到了大西洋湾流，该暖流沿顺时针旋转，从加勒比海和美国东南部的部分地区流过，然后流入大西洋。尽管海上有风、航帆可以发挥作用，但两艘船还是被海流推向海中，幸亏他们发现后成功地抛锚了。第三艘船被海流冲走了，不见了两天。他们意外地发现，原来就是墨西哥湾流推动形成了在美洲和西班牙之间黄金和其他货物运输的主要路线。

莱昂，仍然认为佛罗里达是一个从未达到其北部极限的岛屿，回到西班牙向斐迪南国王报告他的发现，斐迪南国王将他提升为佛罗里达将军和州长。1521 年，他带着 200 人回到佛罗里达，在现在的夏洛特港附近定居下来。不久，当地的卡卢萨人袭击了他们，西班牙人在他们之前的探险中对他们产生了敌对情绪，他们放弃了定居点，驶往古巴的哈瓦那。在那里，莱昂在战斗中被一支箭射中，死于感染。

约翰·R. 伯奇

拓展阅读

Weber, David J., 1992. *The Spanish Frontier in North America*. New Haven：Yale University Press.

Weddle, Robert.1985.*Spanish Sea：The Gulf of Mexico in North American Discovery*, *1500–1685*.College Station，TX：Texas A&M University Press.

西班牙"无敌舰队"

西班牙"无敌舰队"是当时最大的舰队之一，1588 年由梅迪纳·西多尼亚公爵指挥从西班牙起航。40 艘大型战舰护送大约 90 艘运输船，准备入侵英国，但被一支规模较小的英国军队击败并赶走。舰队的失败标志着英国作为一个重要海上力量的出现。

16 世纪末，一支西班牙军队为了镇压由新教的蔓延和政治分歧引发的荷兰革命而战斗。类似的争端加上英国的海盗行为，恶化了西班牙和英国之间的关系。当英国在 1585 年向荷兰人提供援助时，西班牙国王菲利普二世下令准备入侵英国的船只。

得知菲利普的决定后，英格兰在 1587 年派遣了一支部队在弗朗西斯·德雷克的领导下作战，破坏了西班牙的准备工作。德雷克的攻击摧毁或俘获了 20 艘船。因此，西班牙舰队直到 1588 年 5 月才出海，但因为不利条件迫使它转向港口又导致了出航时间的推迟。

1588 年 7 月 29 日，西班牙舰队终于在英国西南海岸出现。随着舰队的推进，在 7 月 30 日至 8 月 4 日期间，三次以附近的地理位置普利茅斯、波特兰比尔和怀特岛命名的遭遇发生了（日期来自英国使用的儒略历；西班牙使用较新的公历）。

埃芬厄姆男爵领导下的英国快艇很快就获得了被称为"天气测量仪"的战术优势，这使它们能够用更重的远程枪支骚扰西班牙人。西班牙人希望用步兵靠近并登上英国军舰，但他们速度较慢的船只却无法做到这一点。8 月 6 日，舰队在加莱港附近抛锚。英国军舰继续骚扰舰队，8 月 8 日午夜过后，有利的风和潮汐将英国消防船带入西班牙编队。许多舰队舰长切断了他们的锚索后逃离危险，舰队被分散。

第二天早上，在格拉夫林附近，英国人再次袭击了混乱的西班牙人。再加上逆风，这些袭击迫使梅迪娜·西多尼亚放弃入侵，向北逃走。舰队基本上还完好无损，梅迪纳·西多尼亚希望绕着苏格兰、英格兰航行并返回家乡，但这次航行对他的大多数船只都是致命的。航行失误和风暴使许多船只不堪重负，尤其是那些已被切断锚的船只无法安全地锚定以抵御风暴。最初的 130 艘船只中只有 67 艘返回西班牙，与舰队一起航行的近30000 人中只有 10000 人返回。

英国采用并熟练使用装备重型火炮的快艇，拥有允许快速重新装填的炮膛，给了它的船只一个决定性的优势。西班牙舰队的失败标志着武装舰艇在海战中的卓越地位的开始。不过，真正摧毁西班牙舰队的不是英国的炮击，而是天气。

拉里·A. 格兰特

拓展阅读

Barratt, John. 2005. *Armada 1588: The Spanish Assault on England*. Barnsley：Pen & Sword Military.

　　Hutchinson，Robert.2014.*The Spanish Armada*.New York：Thomas Dunne Books，St.Martin's Press.

　　Martin，Colin，and Geoffrey Parker.2002.*The Spanish Armada*.Manchester：Manchester University Press.

　　Matthews，Rupert. 2009. *The Spanish Armada*：*A Campaign in Context*. Stroud：Spellmount.

《托尔德西拉斯条约》

　　1494 年 6 月 7 日缔结的《托尔德西拉斯条约》是葡萄牙国王约翰二世（1455—1495）和西班牙斐迪南国王（1452—1516）与卡斯蒂利亚和阿拉贡女王伊莎贝拉（1451—1501）之间的一项条约，将大西洋分为两个独立的势力范围。条约规定葡萄牙在佛得角群岛以西 370 里的边界线，允许葡萄牙保留对该线以东的土地和海洋的主权。它授予西部土地和海洋上的卡斯蒂利亚权利。

　　在克里斯托弗·哥伦布（约 1451—1506）于 1493 年 3 月 4 日第一次出航返回葡萄牙之后，卡斯蒂利亚和葡萄牙之间的协议变得非常必要。斐迪南和伊莎贝拉为哥伦布的航行提供了资金，试图找到一条通往亚洲的西方航线以及利润丰厚的贸易航线。15 世纪后期，葡萄牙曾试图通过沿非洲西海岸航行到达亚洲，当时哥伦布在非洲登陆，声称已经抵达日本和亚洲大陆海岸以外的一些其他岛屿，斐迪南、伊莎贝拉以及诺昂二世设法为自己和臣民谋利，否认这些地方为来自其他王国的人的领土。伊莎贝拉和斐迪南借鉴了葡萄牙历代国王的先例，请求教皇亚历山大六世（1431—1503）授予他们和他们的臣民有争议的土地和路线，他在 1493 年的四项教皇教令中也的确这样做了。约翰二世没有赢得西班牙教皇的新人，他威胁要武装一支舰队，攻击任何在大西洋航行的西班牙船只。在这一点上，斐迪南、伊莎贝拉和诺昂二世决定通过谈判来避免战争，从而达成了《托尔德西拉斯条约》。

　　尽管该条约只适用于大西洋，但很快成为西班牙和葡萄牙君主国对非洲、亚洲和美洲未发现土地和人民的权利扩展的基础。它还被用来阻止欧洲其他国家进入这些领土。在欧洲历史上，海洋首次成为一个政治化的空间，在整个欧洲殖民扩张时期，欧洲君主们一直为这个空间而斗争。（纽

伊特，2005：57）

林赛·J. 斯塔克

拓展阅读

Brown，Stephen R.2011.*1494：How a Family Feud in Medieval Spain Divided the World in Half.*New York：St.Martin's Press.

Dawson，Samuel Edward.1899."The Lines of Demarcation of Pope Alexander VI and the Treaty of Tordesillas A.D.1493 and 1494." *The Transactions of the Royal Society of Canada*，vol.Ⅴ，sec.Ⅱ.Ottawa：J.Hope & Sons.

Newitt，Malyn.2005.*A History of Portuguese Overseas Expansion 1400 – 1668.*London：Routledge.

Nowell，Charles Edward.1945."The Treaty of Tordesillas and the Diplomatic Background of American History." Adele Ogden and Engel Suiter（eds.）.*Greater America：Essays in Honor of Herbert Eugene Bolton*，1 – 18. Berkeley：University of California Press.

亚伯拉罕·本·扎卡托，约 1452 年至 1515 年

亚伯拉罕·本·扎卡托（Abrham B. zacut）是一位天文学家和历史学家，他以改进水手的星盘和开发航海图而闻名。他的贡献促进了葡萄牙人和西班牙探险家到美洲和非洲各地到印度洋的海上航行。

扎卡托出生于西班牙萨拉曼卡，父母是法国犹太人。20 岁时，他开始了他最重要的工作——创作《哈希伯哈伽多》（《永恒的天体年鉴》），并于 1478 年完成。随后，它被从希伯来语翻译成西班牙语、阿拉伯语和拉丁语。他的朋友和赞助人，主教冈萨洛·德维韦罗，安排扎卡托成为著名的萨拉曼卡大学的天文学教授，在那里他设计了第一个特别适合在海上使用的星盘。它更小更准确，帮助海员确定纬度。更重要的是，在 65 张详细的天文图表中追踪了太阳、月亮和五颗行星的位置，易于使用。扎卡托的图表促进了葡萄牙和西班牙的探索活动，特别是在赤道附近无法辨别北极星位置的地区。

1492 年，扎卡托会见克里斯托弗·哥伦布并献策，哥伦布带着扎卡托的天文表出发。扎卡托被困在牙买加的最后一次美洲之旅中。他的图表使哥伦布能够预测月食，哥伦布利用这一点说服那些不情愿的当地人为他提供食物。

哥伦布第一次出访的同一年，西班牙的斐迪南和伊莎贝拉颁布了驱逐令，命令犹太人离开这个国家。扎卡托移民到葡萄牙，只要犹太人支付费用，那里就接受犹太人。诺昂国王（1455—1495）任命扎卡托为葡萄牙法庭的天文学家。1496 年，国王向扎卡托请教有关达·伽马前往印度的航行指南，达·伽马的船上装备了扎卡托的星盘。葡萄牙探险家在前往巴西的旅途中也使用了扎卡托的工具和图表。

尽管扎卡托对葡萄牙的探索做出了贡献，但他在约翰国王死后成为反犹太主义的牺牲品，逃离葡萄牙以逃避被迫的皈依。他在北非生活了一段时间，在那里他写了几部历史著作，然后前往耶路撒冷，他很可能死于 1515 年。

乔纳森·亨德森

拓展阅读

Chabás, José, and Bernard R. Goldstein. 2000. *Astronomy in the Iberian Peninsula*：*Abraham Zacut and the Transition from Manuscript to Print*, Volume 90, Part 2. American Philosophical Society.

Goldstein, Bernard R., 1998. "Abraham Zacut and the Medieval Hebrew Astronomical Tradition." *Journal for the History of Astronomy* 29.2：177.

Randles, W.G.L., 1985. "Portuguese and Spanish Attempts to Measure Longitude in the 16th Century." *Vistas in Astronomy* 28：235-41.

主要文献

瓦斯科·达·伽马第一次航海，1460 年至 1524 年

瓦斯科·达·伽马（约 1460—1524）指挥葡萄牙人第一次远征印度。一份关于这次航行的日记由一名船员匿名发表，可能是阿尔瓦罗·维略（Alvaro Velho）。不过一些学者觉得圣拉斐尔号的若昂·德·萨（Joao de Sa，死于 1514 年）更有可能，这艘船由达·伽马的兄弟保罗（死于 1499 年）指挥。不幸的是，人们对这两人知之甚少。然而，《航海日志》提供了这次探险的详细情况。下面的节录描述了他们遇到的一些阿拉伯船只、他们到达印度卡利卡特港以及他们在返航途中的可怕经历。

在绕过好望角向北航行后，探险队在现代莫桑比克海岸遇到了阿

拉伯船只。这个国家的船只体积大，甲板好。没有钉子，木板像他们的船一样是用绳子穿起来的。帆是用棕榈草席做的。他们的水手有热那亚针［罗盘］，他们可以用它来导航，用它来做象限仪和航海图。

到了印度，我们在离卡利卡特市两里外的地方抛锚，我们这样做是因为我们的领航员把那个地方的一个小镇卡普亚误认为是卡利卡特。当我们抛锚后，四艘船从陆地上靠近我们，他们问我们是哪个国家的。我们告诉了他们，然后他们向我们指出了卡利卡特。

第二天（5 月 21 日），当少校船长把其中一个罪犯（几个被判有罪的罪犯和达·伽马一起坐船寻求赦免）送到卡利卡特时，这些同样的船再次靠岸，和他一起去的人把他带到突尼斯的两个摩尔人那里，他们可以说卡斯蒂利亚语和热那亚语。他收到的第一个问候是这样的话："愿魔鬼把你带走！是什么把你带到这里来的？"他们问他在远方找什么，他就告诉他们，他来找基督徒和香料。……谈话之后，他们把他带到他们的住处，给了他面包和蜂蜜。吃过饭，他回到船上，身边跟着一个摩尔人，他刚上船，就说："一次幸运的冒险，一次幸运的冒险！很多红宝石，很多绿宝石！你应该感谢上帝把你带到了拥有如此财富的国家！"听到他的谈话，我们感到非常惊讶，因为我们从来没有想到会听到我们的语言在葡萄牙这么远的地方说出来。

事实证明，他们无法与卡利卡特的统治者建立友好的贸易关系，但他们确实学到了很多关于当地贸易的知识。

从这个卡利卡特国家……提供在葡萄牙东部和西部，以及世界上所有其他国家，人们所消费的香料，也是各种各样的宝石。要找到以下香料……很多姜、胡椒和肉桂，尽管最后一种的质量不如从一个叫锡兰的岛（今斯里兰卡）带来的那么好，这是从卡利卡特出发八天的旅程。……丁香是从马六甲岛运来的。麦加（阿拉伯）的船只将这些香料从这里运往麦加（阿拉伯）的一个叫朱迪亚（犹太）的城市……顺风航行 50 天的航程，因为这个国家的船只不能逆风航行。他们在朱迪亚［吉达］卸下货物，向大苏丹缴纳关税。然后，货物被转运到较小的船只，这些船只将货物通过红海运往……在图乌兹，海关税在这里再次缴纳。商人们从那里用骆驼驮着香料……去开罗，需要 10 天的旅程。在开罗，关税再次得到支付。在通往开罗的这条路上，他们经常被居住在该国的盗贼抢劫，例如贝都因人和其他人。

在开罗，香料被运往尼罗河。然后顺流而下几天后，他们到达了一个叫做罗塞塔的地方，在那里他们必须再次支付关税。在那里，他们被安置在骆驼上，一天之内被运送到一个叫亚历山大港的城市。威尼斯和热那亚的苦役船到过这个城市，寻找这些香料，给大苏丹带来了 60 万卡扎多（一种葡萄牙金币）的关税收入。

在返航途中，达·伽马成功地找到了其他港口进行贸易，但船员们在与季风的航行中患上了坏血病。

因为时常风平气和，过了三个月，又过了三天，我们才过了阿拉伯海。我们众海员牙龈肿大，以致不能吃饭。他们的腿也肿了，身体的其他部位也肿了，这些肿一直扩散到病人死去，没有表现出任何其他疾病的症状。我们有 30 个人死在这样的船上——以前也有同样多的人死过——而每艘船的船员只有七八个人，甚至这些人也没有他们应有的素质……如果这种情况再持续两个星期，船上就根本不会有人掌舵了。（船长们考虑返回印度，但）上帝的仁慈让我们感到高兴，他给我们送来了一阵风，在六天的时间里，风把我们带到了看得见陆地的地方，我们为此感到高兴……

资料来源：Anonymous，E. G. Ravenstein（ed.）. 1898. *A Journal of the First Voyage of Vasco da Gama*. London：Hakluyt Society，pp. 26，48 - 49，77-78，87.

《托尔德西拉斯条约》，1494 年 6 月 7 日

西班牙和葡萄牙都向西探索大西洋，并在他们发现的岛屿上定居下来。在 15 世纪 20 和 30 年代，他们对加那利群岛的控制权产生了争议，直到教皇（尤金四世）确认了西班牙的主权主张。15 世纪 50 年代，三个教皇法令确保了葡萄牙在西非的主权。葡萄牙人继续探索南大西洋和印度洋，而哥伦布对美洲的探索似乎可能引发葡萄牙和西班牙之间的进一步争端。为了保持这些天主教势力之间的和谐，教皇再次帮助协商解决问题。

《托尔德西拉斯条约》为西班牙保留了哥伦布的发现，但葡萄牙控制了从欧洲到印度的唯一已知航线——好望角，这条航线不久将由瓦斯科·达·伽马航行，并为葡萄牙进一步探索南大西洋留下了可能性。

唐·斐迪南和多娜·伊莎贝拉，上帝的恩典国王和王后的卡斯提尔、莱昂、阿拉贡、西西里、格拉纳达……治疗……与最宁静的多姆·约翰，在上帝的恩典下，葡萄牙国王……关于哪一部分属于我们，哪一部分属于这位最安详的国王的争论……同意……如下：

（1）虽然上述各领主之间存在着某种争议，但其组成部分，即到本条约签订之日为止，在海洋中发现的所有土地中，哪些土地属于上述各部分；因此，为了和平与和谐，为了维护葡萄牙国王和王后之间的关系和爱，这是殿下的荣幸，他们……同意确定边界或直线，并在上述海洋上，从北极到南极，从一极到另一极。如前文所述，这条界线应在绿皮群岛以西370法里的直线上画，以度数或任何其他被认为是最好和最方便的方法计算，但其距离不得大于上述距离。和所有土地，这两个岛屿和内陆——或能找到和发现以后，说葡萄牙国王和他的船只在这边说行，确定如上所述，朝东，北或南纬度，东边的界线也就应当表述为东西界限不交叉，应当属于，拥有并保持，永远属于，葡萄牙国王和他的继任者。和所有其他的土地，岛屿和内陆发现或被发现以后，已发现或应当发现的卡斯蒂利亚的国王和王后说，阿拉贡，等等，他们的船只，西边的界线，确定如上所述，后通过界线向西，在其北或南纬度，应当属于，拥有并保持，永远属于，说到国王和王后的卡斯蒂利亚、莱昂等人，以及他们的继任者。

（2）表示代表承诺，上述确认的权力，从这个日期不得派遣船舶如下：卡斯蒂利亚的国王和王后宣称，莱昂、阿拉贡等等，这个界线的一部分，和它的东面，在这边说绑定，这属于葡萄牙和阿尔维加斯等；还说明了葡萄牙国王的另一部分；与卡斯蒂利亚的国王和王后说，阿拉贡，等发现和寻求任何内陆或岛屿的目的，或为交易的目的，以物易物，或任何形式的征服。

（3）为了让这条线……在佛得角群岛以西370里的距离内，尽可能保持直线……在本条约签署之日后的十个月内，上述各成员国领主应派遣两至四个商队，即各派遣一至两个商队，数量根据双方认为必要而定。这些船只应在此期间在大加那利岛等各派遣一个。

其中，应当派专人负责，也可以派引航员、占星家、水手以及其他他们认为需要的人参加。以便他们共同研究和考察，以便更好地利用海洋、航道、风和太阳或北纬的度数，并制定上述联盟，以便在确定界线和边界时，上述双方在上述船只上发送和授权的所有人应共同同意……

（4）由于卡斯蒂利亚国王和王后、莱昂、阿拉贡等国的上述船只，如前所述，从其王国和领地航行至上述领土另一侧的领土，因此必须穿过与上述葡萄牙国王有关的这一侧海域，因此双方一致同意所述卡斯蒂利亚国王和王后、莱昂、阿拉贡等国的船只应在任何时候、无任何阻碍地自由、安全并和平地驶过所述葡萄牙国王的海域……

资料来源：Davenport, Frances Gardiner. 1917. *European Treaties Bearing on the History of the United States to 1648.* Washington, DC：The Carnegie Institution of Washington.

麦哲伦的环球航行，约 1491 年至 1535 年

费尔南多·麦哲伦（1480—1521）认为太平洋比实际面积要小得多，于是他与西班牙国王卡洛斯一世（1500—1558）签订合同，向西航行穿过大西洋，从那里寻找一条通往亚洲和香料群岛的航道。麦哲伦的五艘船和 280 名官兵中有安东尼奥·皮加费塔（1491—1491）。他为这次航行和麦哲伦的归来发表了一篇赞赏的文章。麦哲伦在航行中遇到了许多危险，包括风暴、坏血病和几位船长的叛变。麦哲伦在菲律宾的萨马岛战役中死亡。只有一艘由胡安·塞巴斯蒂安·埃尔卡诺（Juan Sebastian Elcano，1476—1526）率领的探险船完成了环球航行，返回西班牙。皮加费塔，仍然在寻找冒险，在马耳他加入了圣约翰骑士，并被认为在 1535 年死于土耳其斗争。下面的段落描述了后来被命名为麦哲伦海峡的发现、探险队与饥饿和坏血病斗争的经历，以及他们与他们所探索的土地上的土著居民的多次接触之一。

在纪念圣吴苏乐节庆（圣女厄休拉日）［10 月 21 日］，我们奇迹般地发现了一个海峡，我们把它叫做［今天的景维尔奇尼斯，麦

哲伦海峡的入口]。这条海峡有 110 法里、440 英里长，几乎有不到半法里宽，它通往另一个海中，那就是太平海（即太平洋）……这个海峡是一个四面环山的圆形地方。更多的水手认为没有地方可以从那里进入平静的大海……船长［麦哲伦］派了他的两艘船，一艘叫圣安东尼，另一艘叫构思号，去寻找和发现这个海峡的出口……另外两艘船遇到了逆风，几乎在海湾的尽头形成了一个岬角。他们要到我们这里来，几乎要被赶到岸上。可是，当他们快要走到海湾的尽头，眼看就要迷路了，却看见了一个小出海口……他们投身其中，以至于用武力发现了那个海峡……

进入海峡后，我们发现有两个口，其中一个通向西罗科（S.E.），另一个通向加尔宾（S.W.）。为此，船长又派了两艘船，圣安东尼号和怀胎号，去看看朝向西罗科的那个出海口，是否有一个出口，通向平静的大海。圣安东尼号的军官们对他们的船长麦哲伦兄弟发动了兵变，怀胎号由于不能跟着，一直在等待着它，并在那里来回摇摆……于是我们在那里等了四天，等着另外两艘船。在我们派了一艘配备齐全的人和给养的船去发现另一个海角后不久，这两艘船就在往来中停留了三天。他们告诉我们他们发现了海角，大海又大又宽。将军听到这件事高兴得哭了起来。

1520 年 11 月 28 日星期三，我们……进入平静的海水，我们在那里待了三个月二十天，没有吃任何食物或其他点心，我们只吃了变粉的陈饼干，里面满是脏物，而且吃好饼干时又有老鼠弄脏发出的臭味，我们喝的水又黄又臭。我们还吃了一些保护绳索的牛皮。因为太阳、雨水和风，它们很硬，我们把它们放在海里四五天，然后我们把它们放在余烬上，然后把它们吃了；还有木屑和老鼠，每只花半个钱……我们大多数人的上下牙龈都长得很黏，以至于不能吃东西。这样一来，许多人都受了折磨，19 人死了，而且……25 岁或 30 岁的人因各种各样的疾病而生病，包括胳膊、腿和其他地方的疾病，因而很少能保持健康。然而，感谢上帝，我没有生病。在那三个月二十天里，我们去了一个开阔的海上，在平静的大海上跑了 4000 里路。这就是著名的太平洋，因为在这段时间里，我们没有遇到风暴，除了两个无人居住的小岛外，没有看到陆地，只有鸟和树……

3 月 6 日星期三，我们在西北方向发现了一个小岛，另外两个小岛位于西南方向。其中一个岛屿比另外两个（可能是关岛）更大更高。船长希望接触这三个岛屿中最大的一个，以获取食物；但这是不可能的，因为这些岛屿的居民进入船只并抢劫了我们，这样就不可能保护自己不受他们的伤害。当我们落帆上岸的时候，他们偷走了。……那条小船紧紧地系在船长的船尾，他非常恼火，带着 40 个武装人员上岸，烧了四五十座房子，几艘小船，在岛上杀死了七个人，他们把小船收回来。在这之后，我们突然起航，沿着同一航线行驶。

资料来源：Lord Stanley of Alderley. 1874. *The First Voyage Around the World by Magellan*，*Translated from the Accounts of Pigafetta*（*1536*）.London：Hakluyt Society，pp.57-59，64，67.

托梅·皮列士东方苏玛的"宫殿"，1516 年

托梅·皮列士（Tomé Pires，约 1465—1524）是来自里斯本的葡萄牙药剂师。1512—1515 年，他居住在马六甲。在那里，他开始从事香料贸易，并撰写了《东方苏玛》一书，描述了该地区和当地的贸易。它可能是作为给葡萄牙国王曼努埃尔（1469—1521）的报告而写的，直到 1944 年学者们在档案中发现它才得以出版。皮列士于 1516 年作为葡萄牙使团的一员来到中国。他们从未受到过以怀疑的眼光看待葡萄牙的君主的接见。被困在中国的皮列士可能死于 1524 年，但也可能活到 1540 年。皮雷在下面的段落中进行了描述印度和马六甲的区域贸易。

　　我现在来到坎贝（Cambay，今印度古吉拉特）做生意。古吉拉特人在商品知识和交易方面就像意大利人……（他们）拥有这一行的精华……还有一些开罗商人定居在坎贝，还有许多来自亚丁和奥尔穆兹的呼罗珊人和桂兰人，他们都在坎贝的海港城镇做着大量的贸易；但这些都比不上异教徒（古吉拉特人），尤其是在知识方面。我们那些想成为职员的人应该到那里去学习，因为贸易本身就是一门科学，它不会妨碍任何其他高尚的活动，但却大有帮助。
　　因此，古吉拉特人和定居在坎贝的（外国）商人……航行许多船只到各地，到亚丁、奥尔穆兹、德干王国、果阿、巴特卡尔，和整

个马拉巴尔、锡兰、孟加拉、佩古、暹罗、波尔图、帕斯、马六甲，在那里他们采购了大量的商品，带回其他种类，从而使坎贝丰富和重要。由坎贝主要伸出两条支路，右边伸向亚丁，另一边伸向马六甲，作为最重要的航行目的地……

开罗的商人把来自意大利、希腊和大马士革的商品带到亚丁，如金、银、水银、朱砂、铜、玫瑰水、卡姆莱、染料、有色毛布、玻璃珠、武器和类似的东西。

亚丁商人将亚丁从西拉、贝培拉和苏亚金群岛、海峡和阿拉伯得到的上述货物，加上麦德、葡萄干、鸦片、玫瑰水、大量金银和马匹，运到坎贝经商。他们把马六甲的所有产品都带回来了：丁香、肉豆蔻、瓷器和其他东西。……以及来自国家本身的以下物品：大米、小麦、肥皂、靛蓝、黄油。……来自塞维利亚（西班牙）的石油、卡内利亚人、粗制陶器以及各种布料，用于在泽拉、贝培拉、索科特拉、基尔瓦、马林迪、摩加迪沙和阿拉伯其他地方进行贸易。这种贸易是由亚丁的船只和坎贝的船只进行的。

最后，在马六甲港经常存在 84 种语言，正如马六甲居民所确认的那样，每一种语言都是不同的；仅在马六甲就有这样的说法，因为在从新加坡和卡里蒙到摩鹿加群岛的群岛上，有 40 种已知的岛屿语言。

因为那些来自开罗、麦加和亚丁的人不能在同一个季风季节中到达马六甲，还有帕塞斯人和奥穆兹人……土耳其人和亚美尼亚人等类似的民族，在他们自己的时代，他们来到古吉拉特，带来大量有价值的商品……从开罗来的人把他们的货物运到托尔，从托尔运到吉达，从吉达运到亚丁，从亚丁运到坎贝，他们在那里出售有价值的土地上的东西，其他的则运到马六甲……

从开罗来的人带来了威尼斯大帆船运来的货物，也就是说，许多武器，红色的谷物，彩色的羊毛布、珊瑚、铜、水银、朱砂、钉子、银、玻璃等珠子，以及金制玻璃器皿。

麦加人带来了大量的鸦片、玫瑰水等商品，以及药水。

来自亚丁的人给古吉拉特邦来了大量的鸦片、葡萄干、麦德、靛蓝、玫瑰水、银、籽珍珠和其他在坎贝很有价值的染料。

在这些公司里有帕西人、土耳其人、土库曼人和亚美尼亚人，他们来古吉拉特邦接他们的公司提货，然后在三月从那里上船，直接驶向马六甲。返程时，他们在马尔代夫群岛停靠。

他们带来的商品是 30 种布料，这些布料很值钱。他们还带来了玫瑰水和鸦片，从坎贝和亚丁带来了种子、谷物、挂毯和许多香品，带来了 40 种商品……

资料来源：Armando Cortesao（trans.）.1944.*The Suma Oriental of Tomé Pires and the Book of Francisco Rodrigues*.London：Hakluyt Society，I：41-43 and II：268-270.Used by permission.

戈特利布·米特尔伯格的宾夕法尼亚之旅，1754 年

在 18 世纪，超过 100 万移民来到北美，戈特利布·米特尔伯格（Gottlieb Mittelbege）描述了从欧洲来的海上航行的恶劣条件以及出售契约的艰苦经历——人们在到达后，用数年的工作收入来支付他们的航海费用。米特尔伯格在费城附近的一个德国小社区新普罗维登斯的德国圣奥古斯丁教堂找到了一份风琴手和教师的工作，但四年后他回到了德国。米特尔伯格写这篇文章是为了警告人们他们将面临的困难，并揭露契约仆役的恶劣工作环境。

1750 年 5 月，我从威兴县恩茨威兴根出发。我的家乡，海尔布隆，那里有一架风琴随时准备运往宾夕法尼亚。带着这架风琴，我像往常一样，沿着内卡河和莱茵河航行到荷兰的鹿特丹。我从鹿特丹出发，载着大约 400 人……穿过北海到英格兰的考普［考斯］，然后穿过大洋，直到我在费城登陆……从家乡到鹿特丹，包括在那里的逗留，我在莱茵河和荷兰的多次停留中度过了 7 个星期。但从鹿特丹到费城的航程持续了 15 周……

出版这本小书最重要的场景是穷苦人还有那些从德国到这片新大陆的人的悲惨处境，还有荷兰商人和他们的强盗使者的无耻和无情行径……向德国人揭露最纯正的真理……当这一切将会被阅读时，我不怀疑有些人可能仍然渴望去那里，或者将继续留在他们的祖国，并谨慎地避免这冗长而乏味的旅程和死亡。

这段旅程从 5 月初一直持续到 10 月底，整整半年，在这样的困

难中，没有人能够充分描述他们的痛苦。

从海尔布隆到荷兰的莱茵河船必须经过 36 个关卡，所有这些海关卡都要检查，这是在海关官员方便的情况下进行的。同时船上的人也被扣留了很长时间，所以乘客不得不花很多钱。因此，仅莱茵河之旅就持续 4—5 甚至 6 周。

当船只到了荷兰，他们也被拘留了 6 个周。无论是在鹿特丹还是在阿姆斯特丹，人们都像鲱鱼一样密集地聚集在大型海船上。一个人在床架上只能拥有 2 英尺宽、6 英尺长的地方，而许多船能载 400—600 个人。更不用说无数的工具、给养、水床和其他占据很大空间的东西了。

由于逆风，船只有时需要 2、3 和 4 周的时间从荷兰到英国去。所有的东西都在那里检查了，关税也支付了，船要在那里停留 8—14 天，甚至更长的时间，直到他们带上全部货物。在那期间，每个人都不得不把最后剩下的钱花掉，消耗掉为海洋储备的少量粮食；因此，大多数旅客发现自己在海洋上，在那里他们将更需要它们，必须忍受饥饿和匮乏。

来自英国的船只，除非有有利的风，否则必须经常航行 8—12 周才能到达费城。但即使有最好的风，航行也要持续 7 周。但在航行中，这些船上有可怕的痛苦、恶臭、烟雾、恐怖、呕吐、各种晕船、发烧、痢疾、头痛、发热、便秘、疖子、坏血病、癌症、口臭等，这些都来自于古老的、咸得很厉害的食物和肉，也来自于非常恶劣和污浊的水，所以许多人不幸地死去。

再加上缺乏食物、饥饿、口渴、霜冻、炎热、潮湿、焦虑、缺乏、痛苦和哀伤。虱子非常多，尤其是在病人身上，所以可以从身上把它们刮下来。1—7 岁的儿童很少能在航行中幸存……

大多数人生病并不奇怪，因为除了所有其他的艰难困苦之外，每周只供应三次温热的食物，口粮很差，而且很少。这样的食物是不洁净的，是不可吃的。船上供应的水，常常是黑乎乎的，又浓又满是虫子，以致人即使口渴，也不能毫无顾忌地喝。

当船在长途航行抵达费城时，除支付过路费或能提供良好安全保障的人外，任何人不得离开船上。其他不能支付费用的人必须留在船上，直到他们被购买，并由他们的买主从船上领走。

英国人、荷兰人和上流德国人每天都来自费城和其他地方的城市，然后上船。在他们从认为适合自己业务的健康人中挑选并与他们谈判。成年人士须以书面约束，根据其年龄和力量，按其应缴款额服务 3—6 年。但是非常年轻的人，从 10 岁到 15 岁，必须服役到 21 岁。

资料来源：Eben, Carl Theo.（trans.）.1898.*Gottlieb Mittelberger's Journey to Pennsylvania in the Year 1750 and Return to Germany in the Year 1754.* Philadelphia：John Jos. McVey. From the Historical Society of Pennsylvania, http：//hsp.org/sites/default /files/legacy_files migrated/mittelberger.pdf.Accessed November 24，2016.

一艘奴隶船《非洲人生活的有趣叙事》，奥兰达·厄奎亚诺，1789 年

奥兰达·厄奎亚诺（Olauolah Equiano，约 1745—1797）11 岁时在西非被绑架并卖给奴隶贩子。他被运到大西洋彼岸，在弗吉尼亚出售，他有几个主人，直到 20 岁被费城的贵格会商人罗伯特·金（Robert King）买下。罗伯特·金教会了奥拉迪·奎诺阅读，并允许他以 40 英镑的代价来换取自由。虽然罗伯特·金提出让他做自己的生意伙伴，但厄奎亚诺害怕在殖民地的生活，害怕被绑架和再次被奴役，于是搬到了英国。在那里，他找到了工作，结了婚，养育了两个女儿，并积极参与废奴运动。他的书影响了英国在 1807 年禁止奴隶贸易的决定。下面他描述了把他带到美国的奴隶船。

当我到达海岸时，第一件令我大开眼界的是大海，还有一艘当时正在抛锚等待货物的奴隶船。这些东西使我感到惊讶，当我被抬上船时，很快就变成了恐惧。我立刻被处理起来，被一些船员扔了起来，看我是否有声音。我现在被说服，我已经进入了一个恶鬼的世界，他们要杀了我。他们的肤色和我们太不一样了，他们的长发和他们所说的语言（这和我听过的任何语言都非常不同）联合在一起，证实了我的信仰。事实上，当时我的观点和恐惧是如此可怕，以至于如果一万个世界是我自己的，我都可以大方地把它们都让出去，把我现在所

的环境和我自己国家最卑鄙的奴隶交换。我也环顾了一圈船，看见一个大火炉或一个正在沸腾的铜锅，一大群形形色色的黑人被捆在一起，他们的每一张脸上都流露出沮丧和悲伤，我不再怀疑自己的命运了。

我被恐惧和痛苦压倒了，一动不动地倒在甲板上，昏了过去。当我恢复了一点，我发现一些黑人在我身边，我相信他们中的一些人把我带到船上，一直在接受他们的报酬。他们和我说话是为了给我加油，但都是徒劳的。我问他们，我们是不是不能被那些面色恐怖、脸红、头发蓬松的白人吃掉。他们告诉我不是，有一个船员用酒杯给我拿了一小杯烈性酒，但我怕他，不肯从他手里拿出来。于是，一个黑人把它从他手里拿出来给了我，我喝了一点，它没有像他们想象的那样使我苏醒，反而使我对它产生的奇怪的感觉大为惊愕，因为我以前从未尝过这种酒。不久之后，把我带上船的黑人离开了，让我陷入绝望。我现在看到自己失去了回到祖国的一切机会，甚至一点能到岸的希望都没有了。我甚至希望我经历的是以前的奴隶制，而不是我现在的处境，这是充满了各种恐怖的，但我对我将要经历的事情的无知仍使我的恐惧更加强烈。

我不久就受了苦，很快就被放在甲板下，在那里我的鼻孔里受到了我一生中从未经历过的不舒服的感觉，于是我带着难闻的臭气和别人一起哭泣，还变得病态低落，连吃都吃不下了，我一点也不想吃什么东西。我现在希望最后一个朋友——死神能救我，但很快，令我伤心的是，两个白人给了我吃的东西。而且在我拒绝吃饭的时候，他们中的一个紧紧地抓住我的手，把我放在对面，我想是起锚机，把我的脚绑了起来，而另一个却狠狠地鞭打了我。我以前从来没有经历过这样的事。虽然我不习惯于水，但我第一次看到它时，自然而然地害怕这个元素，然而，我能越过网吗？我会跳到边上，但我不能。而且船员们常常密切注视着我们，他们没有被拴在绳子上。绳子防止我们跳进水里。我也见过一些贫穷的非洲囚犯因为试图这样做而受到最严厉的惩罚，而且每小时都因为不吃东西而受到鞭打。我自己也经常这样。

不久之后，在那些被束缚的穷人中间，我发现有一些人来自我的国家，这在一定程度上使我的思想得到了放松。我问他们要怎样对待我们，他们让我明白我们要被带到这些白人的国家为他们工作。

资料来源：Olaudah Equiano. 1789. *The Interesting Narrative of the Life of Olaudah Equiano, or Gustavus Vassa, The African, Written by Himself.* London, pp.71-75.